面向 21 世纪课程教材

化工环境工程概论

第三版

汪大翚　徐新华　赵伟荣　编

化学工业出版社

·北京·

结合化工的特点，本书在介绍环境、环境污染及环境保护等概念的基础上，重点阐述了化工废水、废气、废渣的污染控制及资源化、环境评价等，并以一定的篇幅介绍了化工清洁生产工艺、绿色化工及化工可持续发展等最新内容。

本书可作为高等院校化工类、石化类、制药类、材料类、冶金类及其他相关专业的教材或教学参考书，也可供从事化工及相关专业管理、设计、研究等工作的工程技术人员参考。

图书在版编目（CIP）数据

化工环境工程概论/汪大翚，徐新华，赵伟荣编．

3 版 .—北京：化学工业出版社，2006.9（2025.1 重印）

面向 21 世纪课程教材

ISBN 978-7-5025-9500-5

Ⅰ. 化…　Ⅱ.①汪…②徐…③赵…　Ⅲ. 化学工业-环境工程-高等学校-教材　Ⅳ.X78

中国版本图书馆 CIP 数据核字（2006）第 117966 号

责任编辑：王文峡　　　　　　　　　　文字编辑：荣世芳
责任校对：凌亚男　　　　　　　　　　装帧设计：郑小红

出版发行：化学工业出版社（北京市东城区青年湖南街 13 号　邮政编码 100011）
印　　装：北京建宏印刷有限公司
787mm×1092mm　1/16　印张 17¼　字数 424 千字　　2025 年 1 月北京第 3 版第 24 次印刷

购书咨询：010-64518888　　　　　　售后服务：010-64518899
网　　址：http://www.cip.com.cn
凡购买本书，如有缺损质量问题，本社销售中心负责调换。

定　　价：42.00 元

第三版前言

本书结合化工的特点，比较完整、系统地论述了化工环境保护及工程的基本概念、基础理论和三废处理的基本方法，曾为浙江大学化工类专业本科"环境学概论"和"环境工程"教材及环境工程专业本科生、研究生的入门教材。全书共分九章，在介绍环境、环境污染及环境保护等概念的基础上，重点阐述了化工废水、废气、废渣的污染控制及资源化、环境评价等，并以一定的篇幅介绍了化工清洁生产工艺、绿色化工及化工可持续发展等最新内容。

本教材着眼于面向 21 世纪化工类专业人才的培养，力求做到章节层次分明，内容重点突出，概念理论清晰，应用实例丰富。力争使化工类专业的学生在研修本书后，不仅对环境和环境保护有深刻的认识，而且能在以后的化工生产、管理、设计及研究等工作中自觉地把化工污染控制及污染排放最小化放在重要地位，因此具有相当的实用性。

本书在第二版的基础上，减少对一般环境污染及防治内容的讲述，突出化工污染的防治，并在有关章节以实例的形式来讲述化工环境保护的内容，针对性有所加强。

使用本书进行教学，可以根据不同的专业和不同的课时选择教学内容，一般以 60 学时为宜。本书可作为高等院校化工类、石化类、制药类、材料类、冶金类及其他相关专业学生的教材或教学参考书，也可供从事化工及相关专业管理、设计、研究等工作的工程技术人员参考。

参加本书编写的有浙江大学汪大翚（第一章、第二章），徐新华（第三章、第五章、第六章、第九章），赵伟荣（第四章、第七章、第八章）。全书由汪大翚审阅。

因编写人员水平和时间所限，书中不妥之处在所难免，敬请读者批评指正。

编者
2006 年 8 月

第二版前言

本书结合化工的特点，比较完整、系统地论述了化工环境保护及工程的基本概念、基础理论和"三废"处理的基本方法，曾为浙江大学化工学院化工类专业本科"环境学概论"和"环境工程"教材及环境工程专业本科生、研究生的入门教材。全书共分九章，在介绍环境、环境污染及环境保护等概念的基础上，重点阐明了化工废水、废气、废渣的污染控制及资源化、环境评价等，并以一定的篇幅介绍了化工清洁生产工艺、绿色化工及化工可持续发展等最新内容。

本教材着眼于面向 21 世纪化工类专业人才的培养，力求做到章节层次分明、内容重点突出、概念理论清晰、应用实例丰富。力争使化工类的学生在研修本书后，不仅对环境和环境保护有深刻的认识，而且能在以后的化工生产、管理、设计及研究等工作中能自觉地把化工污染控制及污染排放最小化放在重要地位，因此具有相当的实用性。

使用本书进行教学，可以根据不同的专业和不同的课时选择教学内容，一般以 60 学时为宜，本书可作为高等院校化工类、石化类、制药类、材料类、冶金类及其他相关专业的教材或教学参考书，也可供从事化工及有关专业的管理、设计、研究等工作的工程技术人员参考。

本书由浙江大学汪大翚（第一章、第二章、第三章），徐新华（第四章、第五章、第七章），杨岳平（第六章、第八章、第九章）编写，全书由汪大翚审阅。

因编写人员学术水平和时间、经验所限，书中缺点和错误在所难免，敬请读者批评指正。

编者

2001 年 9 月

目 录

第一章　环境与环境保护

第一节　环境与环境科学

一、环境的概念与定义

环境是一个应用广泛的名词或术语，因此它的含义和内容既极其丰富，又随着各种具体状况的差异而不同。从哲学上来说，环境是一个相对于主体的客体，它与其主体之间相互依存；它的内容随着主体的不同而异。这样，在不同的学科中，"环境"一词的科学定义也不相同，其差异源于主体的界定。对于环境科学而言，"环境"的含义应是"以人类社会为主体的外部世界的总体"。这里所说的外部世界主要指：人类已经认识到的，直接或间接影响人类生存和社会发展的周围世界。主要是指地球表面与人类发生相互作用的自然要素及其总体。它是人类生存发展的基础，也是人类开发利用的对象。环境是以人类为主体的客观物质体系，它具有整体性、区域性、变动性等最基本的特征。更通俗意义上讲，环境指的就是人类生存的周围空间、人们生存的这个星球及这一星球上各种自然要素的相互关系。我国1989年12月26日颁布的《中华人民共和国环境保护法》明确地对"环境"概念做了如下规定："本法所称环境是指影响人类生存和发展的各种天然的和经过人工改造的自然因素的总和，包括大气、水、海洋、土地、矿藏、森林、草原、野生生物、自然遗迹、人文遗迹、自然保护区、风景名胜区、城市和乡村等"。这是一种把环境中应当保护的要素或对象界定为环境的一种工作定义，其目的是从实际工作的需要出发，对环境一词的法律适用对象或适用范围做出规定，以保证法律的准确实施。

二、环境科学及其研究的目的和对象

环境科学是一门新兴、边缘、综合性学科，是在人们亟待解决环境问题的社会需要下迅速发展起来的。它是一个多学科到跨学科的庞大体系组成的新兴学科，是涉及自然科学、工程技术、医学和社会科学的一门边际学科，是一门还处于初生阶段、尚未成型的边际科学。目前环境科学可定义为："是一门研究人类社会发展活动与环境演化规律之间相互作用，寻求人类社会与环境协同演化、持续发展途径与方法的科学"。

环境科学研究的目的与我国《环境保护法》的任务是一致的，《环境保护法》总则第二章指出："中华人民共和国环境保护法的任务，是保证在社会主义建设中，合理利用自然环境，防治环境污染和生态破坏，为人民造成清洁适宜的生活和劳动环境，保护人民健康，促进经济发展。"

一般认为，环境科学是以"人类和环境"这对矛盾之间的关系作为研究对象的科学。就是人类社会发展活动与环境演化规律之间相互作用的关系，只有认识和掌握这种关系，才能根据此种关系发展过程的规律，进一步对此关系的发展进程进行预测和控制，从而寻求人类社会与环境（即"人类生活和劳动的自然环境"）协同演化、持续发展的途径与方法。它是

具体研究环境质量的形成、变化和发展规律的科学。通过对这些方面的研究，其目的是要通过调整人类的社会行为，保护、发展和建设人类的生存环境，从而使环境永远为人类社会持续、协调、稳定的发展提供良好的支持和保证。

当前，环境科学的具体研究内容包括：人类社会经济行为引起的环境污染和生态破坏，环境系统在人类活动影响下的变化规律；确定当前环境质量恶化的程度及其与人类社会经济活动的关系；寻求人类社会经济与环境协调持续发展的途径和方法，争取人类社会与自然界的和谐。

三、环境科学的任务

从某些国家的环境科学和环境保护工作的发展动向来看，大致可以分为三个阶段。第一阶段是应急阶段，面临着严重的环境污染现实，进行应急治理。第二阶段进入防、治结合阶段，以防止污染的发生为主，并加以综合治理，这一阶段目前仍处于发展时期。第三阶段是完善和美化环境阶段，这一阶段中将更加强调环境的综合性，即强调人类与环境的协调发展，强调环境管理、全面规划、合理布局和资料的综合利用等，并把环境教育当作解决环境保护问题的根本手段。从事这些问题的研究教育是环境科学的重要任务。

环境科学的任务，实质上与环境科学的研究对象是一致的。它的主要任务是：揭示人类活动同自然生态之间的对立统一关系；探索全球范围内环境演化的规律；探索环境变化对人类生存的影响；研究区域环境污染综合防治的技术措施和管理措施。

四、环境科学的分支学科

环境科学的研究领域，在 20 世纪 70 年代以前比较侧重于自然科学和工程技术等方面的研究，目前已扩大到社会学、经济学、法学等社会科学方面。对环境问题的系统研究，要运用地学、生物学、化学、物理学、医学、工程学、数学以及社会学、经济学、法学等多种科学知识。所以，环境科学是一门综合性很强的学科。

在现阶段，环境科学主要是运用自然科学和社会科学等有关学科的理论、技术和方法来研究环境问题，形成与其有关的学科相互渗透、交叉的许多分支学科。

属于自然科学方面的有：环境工程学、环境地学、环境生物学、环境化学、环境物理学、环境数学、环境水利学、环境系统工程学、环境医学等。

属于社会科学方面的有：环境社会学、环境经济学、环境法学及环境管理学等。

环境是一个有机的整体，环境污染又是极其复杂的、涉及面相当广泛的问题。因此，在环境科学发展过程中，环境科学的各个分支学科虽然各有特点，但又互相渗透、互相依存，它们是环境科学这个整体的不可分割的组成部分。

五、环境工程概况

环境工程是环境科学的一个重要分支，是一门以工程手段防治污染、保护环境的综合性学科和技术。是在人类与各种污染进行斗争和保护生存环境过程中逐渐形成和发展起来的。从环境工程的形成和发展来看，主要有三个方面的内容，即环境污染防治工程、环境系统工程和环境质量评价工程。另外，围绕环境工程的经济工程、监测技术及卫生工程，也是环境工程的重要内容。

（一）环境污染防治工程

环境污染防治工程主要是解决从污染产生、发展，直至消除的全过程存在的有关问题和采取防治措施。例如，确定和查明污染产生的原因，研究防治污染的原理和方法，设计消除污染的工艺流程，开发无公害能源和新型设备等。污染防治工程既包括单个污染源或污染物的防治，也包括区域污染的综合防治。按照不同的专业，它又分为大气污染防治工程、水污染防治工程、固体废物处理与处置工程、噪声和振动控制工程、恶臭防治工程、生态污染防治工程等。

（二）环境系统工程

环境系统工程就是运用数学、物理学、生物学等的基本原理，对环境污染防治工艺、实验室模拟结果及污染系统实测数据进行系统分析，并应用现代方法，建立数学模式和污染控制模式等，从而对污染防治系统及其有关参数进行分析和描述，表达出它们间的相互关系，为配合控制污染物排放，正确选择污染防治工艺流程，提供科学依据。

从理论上讲，这样来解决环境问题是最优化、最理想的。但是，由于环境科学本身还比较年轻，环境工程手段亦处于发展阶段，再加上各种影响因素十分复杂，有些还搞不清楚，所以具体运用环境系统工程理论解决环境问题还不普遍。随着科学技术的发展，系统工程解决的问题必将越来越多。

（三）环境质量评价工程

环境质量评价，就是对环境质量的优劣进行定量和半定量的描述和评定，以便为制订规划、采取措施和加强管理提供科学依据。通过环境质量评价，可以了解区域环境质量的历史和现状，以及预断环境质量的发展趋势，从而为控制环境污染和治理重点污染源提出要求；为控制区域环境质量标准及污染物排放标准提供依据；为制订城市规划及工程项目建设方案提供指导。

（四）其他

环境工程的经济问题引起各国的普遍重视。20 世纪 60 年代以来，用于环境保护的费用不断增加。环保费用占国民经济的比例在逐年上升，有些工程项目中，环境工程的投资占到基建投资的 10% 以上甚至更多。因此从技术经济的观点研究环境污染所造成的影响，选择效果更好而费用最低的控制措施，已成为环境经济学的重要研究内容。

环境工程还包括环境监测及环境分析，通过环境监测和环境分析，为环境工程的研究提供设计资料和基础数据，为环境污染防治提供依据，同时环境工程项目的好坏也只能通过监测检查其效果，并可通过监测来评价工程项目对周围环境造成的近期和远期影响。

第二节　环境问题

一、环境问题及其发展

环境问题的发生有一个从轻到重，从局部到区域到全球的发展过程。环境问题是指由于自然或人为活动而使环境发生的不利于人类的变化。这些变化影响人类的生存、生产和生活，甚至带来灾难，是人类违背自然规律所受到的大自然的报复。人类对环境问题的认识是从环境污染与资源破坏开始的。

人类早期的生产活动比较简单，规模较小，对环境影响不大，自然界的自我调节也抵消了许多不利的影响。因此，人们对环境问题的认识不深，没有采取任何环境污染治理措施，这种状况一直延续到 19 世纪初。

环境污染作为一个重大的社会问题，是从产业革命开始的。由于当时只顾生产，不顾对环境的污染，造成了严重的后果。产业革命的故乡——英国伦敦市早在 19 世纪末 20 世纪初连续发生了一系列煤烟型大气污染事件，每次都造成众多人员的伤亡。

进入 20 世纪，特别是二次世界大战之后，科学、工业、交通都迅猛地发展，尤其是石油工业的崛起，使工业过分集中，城市人口过分密集，环境污染由局部逐步扩大到区域，由单一的大气污染扩大到大气、水体、土壤和食品等各方面的污染，酿成了不少震惊世界的公害事件。所谓世界八大公害事件，就是指 20 世纪 30～60 年代在一些工业发达国家中发生的对公众造成严重危害的事件。其中，比利时马斯河谷烟雾事件，一周内导致几千人受害发病，60 人死亡。美国多诺拉镇烟雾事件，该镇仅有 1.4 万人，4 天内就有 5900 人因空气污染而患病，20 人死亡。1952 年，英国伦敦烟雾事件，5 天内死亡 4000 人。日本水俣事件，因甲基汞中毒受害发病 1004 人，死亡 206 人。日本富山事件，因镉中毒，10 年内患"骨痛病"惨死者近 100 人。日本四日市事件，10 年内全国患四日市气喘病者高达 6376 人。其实世界上大的污染事件，还远不止这八件。1970 年 7 月 13 日发生在东京市的光化学烟雾事件，受害者达 6000 多人。1972 年发生在伊拉克的汞中毒事件，受害者 7000 人，死亡500 人。

随着环境问题的发展，人类对环境问题的认识也在不断发展。20 世纪 50 年代以来，环境污染问题出现了两次高潮，人类的认识也随之出现了两次高潮。第一次是在 20 世纪的五六十年代。在工业发达国家环境污染达到了严重程度，直接威胁到人们的生命和安全，成为重大的社会问题，激起了广大人民的强烈不满，也影响了经济的顺利发展，如在 1970 年 4 月 22 日，美国环境保护主义者还推动组织了 2000 万人大游行，提出"先污染，后治理"这条路不能再继续走下去了。被动的防治局面必须改变，预防为主的综合防治办法必须尽早实施。这就是 1972 年 6 月联合国在斯德哥尔摩召开的人类环境会议的历史背景。这次会议通过了《人类环境宣言》，唤起了全世界的注意。这次会议对人类环境问题来说是一个里程碑。工业发达国家把环境问题摆上了国家的议事日程，制定法律，建立机构，加强管理，采用新型技术，环境污染得到了有效控制，环境质量有了很大的改善。第二次高潮是 20 世纪 80 年代初伴随环境污染和大范围生态破坏出现的一次高潮。人们关心的是一些影响范围大和危害严重的环境问题，主要是酸雨、臭氧层破坏和"温室效应"。这些全球性环境问题严重威胁着人类生存和发展，不论是广大公众还是政府官员，也不论是发达国家还是发展中国家，都普遍对此表示不安。1988 年 11 月在德国汉堡召开的全球气候变化会议上指出：如果"温室效应"不被阻止，世界在劫难逃。各国政府都充分认识到了这些问题的严重性、预防污染的必要性。为治理和改善已被污染的环境、防止新的污染发生，就要加强环境管理。同时，必须全面正确地认识环境问题。

各国积极建立环保机构，国际组织踊跃参与推动环境保护的发展。斯德哥尔摩人类环境会议之后，许多国家相继成立了环保管理机构（局、部、理事会、委员会等）。20 世纪 70 年代初成立的环保管理机构还不到 10 个，到 1974 年增至 60 个，到 1982 年就大约有 100 个。同时致力于环境保护问题的非政府组织也越来越多，1972 年估计有 2500 个，1981 年增至 15000 个，其中已在环境联络中心正式登记的有 5200 个。这期间，联合国许多主要机构，如联合国粮农组织（FAO）、世界卫生组织（WHO）、联合国科教文组织（UNESCO）、国际原子能机构（IAEA）、国际气象组织（IMO）等以不同形式致力于某些环境保护问题。各区域委员会、大自然养护会、经济合作和发展组织以及欧洲经济共同体（EEC），都对推动环境保护的发展起了积极作用。在此期间我国从中央到地方都相应成立了环境保护管理机构。

各国在成立环保机构的同时，加快了环境立法的步伐。20 世纪 70 年代，发达国家与发展中国家的环境立法风起云涌。例如经济合作和发展组织各国从 1955～1960 年的 5 年间只通过了 4 个重要的环境法律，1961～1970 年 10 年间通过了 28 个，而在 1971～1979 年的 9 年间就通过了 56 个。我国也于 1979 年 9 月 13 日公布了《中华人民共和国环境保护法（试行）》，使我国的环境保护走上了法制化的轨道。

有的科学家将人类所面临环境问题总结归纳，分为三种类型。

（1）消耗型　包括从环境中摄取某种物质资源而引起的所有问题，如各类矿物资源、生物资源、森林资源的急剧减少等。

（2）污染型　包括向环境排放污染物引起的所有问题，如水、大气、土地等环境污染及固体废物排放等。

（3）破坏型　包括所有引起环境结构变化的问题，如生态系统的破坏、景观的破坏、人员伤亡、干涸等。

二、当前世界环境的主要问题

当前我国环境形势仍然相当严峻，主要表现在主要污染物排放总量远远高于环境承载能力，大气、水体、土壤污染已相当严重，区域性酸雨污染严重，已成为世界三大酸雨区之一；城市河道、湖泊、近海海域均受到不同程度的污染，农业面源污染导致水体富营养化；城市生活垃圾和有毒有害固体废物污染，畜禽粪便、水产养殖和不合理使用农药、化肥等造成土壤污染严重，农产品质量安全不容乐观；生态恶化的趋势加剧，生物多样性锐减，有害外来物种入境增加，生物安全面临威胁。

某些环境问题包含了多种环境要素，同一个环境污染物也可以引起多种环境问题。这种分类方法主要是从各种人类活动或污染物对环境产生的效果上分类的，它基本包含了人类所面临的各种环境问题。目前，国际社会最为关注的和对人类生产、生活影响较大的几个环境问题有：人口、资源、生态破坏和环境污染问题。它们之间相互关联、相互影响，已经成为当今世界环境学科所关注的主要问题。

（一）人口问题

人是最可观的财富，可是在若干国家中，特别是发展中国家，由于人口的迅速增长，加上贫穷、环境退化及不利的经济形势，已使人口与环境之间形成的平衡严重失调。人口的增长与分布超过了当地环境的负载能力。人口迅速增长是贫穷加深的因素，人口与环境相互影响造成了紧张的社会关系，出现"环境难民"问题。

可以讲，人口的急剧增加是当今环境的首要问题。人类对环境的影响途径在增多，影响范围在扩大。人类影响环境的原因主要在于人口激增，人口增长速度在加快，旧石器时代人口的倍增期为 3 万年，公元初为 1000 年，19 世纪为 150 年，现代只需 40 年，其中发展中国家速度更快，是发达国家的 2 倍以上，具体见表 1-1。近百年来，世界人口的增长速度达到了人类历史上的最高峰，目前人口已经超过 60 亿！有些国家已实现人口平衡，达到了低生育率、低死亡率及高平均寿命。但发展中国家多与此相反，据估计，至 2025 年，世界人口可能超过 80 亿，新增加的人口中 90％都出生在发展中国家。而这些国家有的正遭受森林破坏、水土流失、木材缺乏、沙漠扩大等问题。众所周知，人既是生产者，又是消费者。从生产者的人来说，任何生产都需要大量的自然资源来支持，如农业生产要有耕地，工业生产要有能源、各类矿产资源、各类生物资源等，随着人口增加，生产规模的扩大，一方面所需要的资源要继续或急剧增大；一方面在任何生产中都有废物排出，随着生产规模的增大而使环境污染加重。从消费者的人类来说，随着人口的增加、生活水平的提高，则对土地的占用（住、生产食物）越大，对各类资源如不可再生的能源和矿物、水资源等的需求亦急剧增加，当然排出的废物量亦增加，加重了环境污染。我们都知道，地球上的一切资源都是有限的，即使是可恢复的资源如水、可再生的生物资源，在每年中也是有一定可供量的，其中尤其是土地资源不仅总面积有限，人类难以改变，而且还是不可迁移和不可重叠利用的。这样，有限的全球环境及资源，必将限定地球上的人口也是有限的。如果人口急剧增加，超过了地球环境的合理承载能力，则必造成生态破坏和环境污染。这些现象在地球上的某些地区已出现了，正是要研究和改善的问题。所以，从环境保护和合理利用环境以及持续发展的角度上来看，我们根据人类各个阶段的科学技术水平，计划和控制相应的人口数量，是保护环境、进行可持续发展的主要措施。

表 1-1　发达国家与发展中国家人口增长情况的比较

项　　目	年出生率/％		年死亡率/％		年增长率/％		倍增期/年	
	1973	1988	1973	1988	1973	1988	1973	1988
世界平均	3.3	2.8	1.3	1	2.0	1.7	35	41
发达国家	1.6～1.8	1.5	0.8～1.0	0.9	0.7～1.0	0.6	70～100	116
发展中国家	3.7～4.6	3.1	1.0～2.0	1	2.3～2.8	2.1	25～30	33

我国在历史上一直是一个人口大国，1949 年中华人民共和国成立时，人口已达 5.4 亿。此后经过 50 年代和 60 年代两次人口增长高峰，人口数量又大幅度增长。到 1990 年 7 月，中国人口已达 11.6 亿，占世界人口的 22％左右，目前已经超过 13 亿。并且我国人口具有老龄化越来越突出、人口分布不平衡、农村人口比重大以及人口整体素质偏低等一系列问题，这些问题不仅阻碍了我国经济发展，也将进一步加剧环境污染。

（二）资源问题

资源问题是当今人类发展所面临的另一个主要问题。众所周知，自然资源是国民经济与社会发展的重要物质基础，也是人类生存发展不可缺少的物质依托和条件，自然资源与人类社会和经济发展存在着相互作用、相互制约的密切关系。然而，随着全球人口的增长和经济的发展，对资源的需求与日俱增，人类对自然资源的巨大需求和大规模的开采消耗已导致资源基础的削弱、退化、枯竭的严重挑战。如何以最低的环境成本确保自然资源可持续利用，将成为当代所有国家在经济、社会发展过程中所面临的一大难题。全球资源匮乏和危机主要表现在：土地资源在不断减少和退化，森林资源在不断缩小，淡水资源出现严重不足，生物物种在减少，某些矿产资源濒临枯竭等。

1. 土地资源

土地资源损失尤其是可耕地资源损失、土壤退化与沙漠化已成为全球性的问题，发展中国家尤为严重。目前，人类开发利用的耕地和牧场，由于各种原因正在不断减少或退化，沙漠化、盐碱化的问题比较严重。而全球可供开发利用的备用资源已很少，许多地区已经近于枯竭。虽然过去30年中粮食产量大大增加，但随着世界人口的快速增长，使得许多国家粮食不能自给，人均占有的土地资源在迅速下降，加之缺乏适当的环境管理，把森林和草原改为了耕地，从而加快了土壤退化与水土流失、土壤肥力下降、土地盐碱化。农药和化肥的不适当使用，导致土壤污染。这一系列问题对人类的生存构成了严重威胁。据联合国环境规划署的资料，从1975～2000年，全球已有3亿公顷耕地被侵蚀，另有3亿公顷可能被压成新的城镇和公路。同时森林、植被的破坏使全世界每年流失的土壤达240亿吨，几乎全部土地的三分之一有变成沙漠的危险。研究结果表明：全世界三分之二的土地即20亿公顷的土地不同程度地受到了沙漠化的影响（其中16.1亿公顷为牧区），每年估计有21亿公顷具有潜在生产能力的土地，由于人类活动丧失了经济价值。而受沙漠化影响的主要是发展中国家，现在世界上有8.5亿人口生活在不毛之地或贫瘠的土地上。由此可见土地资源问题的严重性。

2. 森林资源

森林覆盖着全球陆地的三分之一，热带森林总面积共逾190亿公顷，其中120亿公顷是密闭森林，其余则是宽阔树丛。森林是木材的供应来源并具有贮水、气候调节、水土保持及提供生境、保障生物多样性等重要作用。目前世界森林资源的总量在减少。历史上森林植被变化最大的是温带地区。自从大约8000年前开始大规模的农业开垦以来，温带落叶林已减少33%左右。但近几十年中，世界毁林集中发生在热带地区，热带森林正以前所未有的速率在减少。据估计，1981～1990年间全世界每年损失森林平均达1690万公顷，每年再植森林约1054万公顷。所以森林资源减少的形势仍是严峻的。

砍伐森林的主要原因是把林地改作耕地，提供燃料和木材。由于森林砍伐和造林步伐的严重失调造成土地裸露、土壤流失、小区天气变化，河水流量减少、湖面下降、农业生产力降低、面临灭绝的野生生物物种数目增加等。

3. 水资源

水是人类和一切生物赖以生存的物质基础。全球总贮水量估计为13.9亿立方千米，但其中淡水总量仅为0.36亿立方千米。可利用的不到世界总贮水量1%的淡水，与人类的关系最密切，并且具有经济利用价值。

随着世界人口的高速增长以及工农业生产的发展，水资源的消耗量越来越大，世界采水量以3%～5%的速率递增。目前，世界上有43个国家和地区缺水，占全球陆地面积的60%。约有20亿人用水紧张，10亿人得不到良好的饮用水。除了自然条件影响以外，水体污染破坏了水资源是造成水资源危机的重要原因之一。目前全世界每年约有4200多亿立方米的污水排入江河湖海，污染了5500亿立方米的淡水，约占全球径流量的14%以上。估计今后30年内，全世界污水量将增加14倍。特别是第三世界国家，污水、废水基本不经处理即排入水体，造成世界的一些地区有水但严重缺乏可用水的现象。水资源短缺已成为许多国家经济发展的障碍，成为全世界普遍关注的问题。当前，水资源正面临着水资源短缺和用水量持续增长的双重矛盾。正如联合国早在1977年所发出的警告："水不久将成为一项严重的社会危机，石油危机之后下一个危机是水危机。"

（三）生态环境的恶化

全球性的生态环境恶化问题，从广义讲，包括人口、粮食、资源的矛盾；从环境角度看主要包括森林减少、土地退化、水土流失、沙漠化、物种消失等多个方面。

土地退化是当代最为严重的生态环境问题之一，它正在削弱人类赖以生存和发展的基础。土地退化的根本原因在于人口增长、农业生产规模扩大和强度增加、过度放牧以及人为破坏植被，从而导致水土流失、沙漠化、土地贫瘠化和土地盐碱化。

水土流失是当今世界上一个普遍存在的生态环境问题。据最新估计，全世界现有水土流失面积 2500 万平方公里，占全球陆地面积的 16.8%，每年流失的土壤高达 257 亿吨，高出世界土壤再造速度数倍。全世界每年损失土地 600 万～700 万公顷，受土壤侵蚀影响的人口80% 在发展中国家。

土地沙漠化是指非沙漠地区出现的以风沙活动、沙丘起伏为主要标志的沙漠景观的环境退化过程。目前全球有 36 亿公顷干旱土地受到沙漠化的直接危害，占全球干旱土地的70%。沙漠化的扩展使可利用的土地面积缩小，土地产出减少，降低了养育人口的能力。我国荒漠化也很严重，全国约 1.7 亿人口受到荒漠化的危害和威胁，每年因荒漠化造成的经济损失约 20 亿～30 亿美元。

生物种消失是全球普遍关注的重大生态环境问题。物种濒危和灭绝一直呈发展趋势，而且越到近代，物种灭绝的速度越快。据粗略估计，从公元前 8000 年至 1975 年，哺乳动物和鸟类的平均灭绝速率大约增加了 1000 倍。生物学家警告说，如果森林砍伐、沙漠化及湿地等的破坏按目前的速度继续下去，那么到 2000 年将会有 100 万种生物从地球上永远地消失。

（四）大气环境污染

大气环境污染作为全球性的重要环境问题，主要指的是温室气体过量排放造成的气候变化、广泛的大气污染和酸沉降、臭氧层破坏等。

1. 酸雨

矿物燃料作为人类的主要能源一直被广泛利用。工业革命以来，大气中的硫和氮的氧化物浓度显著增加。1852 年，英国污染检查团的一位早期成员在《科学》杂志上报道说，他发现在曼彻斯特附近地区的降雨中有硫酸。1872 年，他在撰写的调查报告中使用了"酸雨"一词。

酸雨是指 pH 小于 5.6 的雨雪或其他方式形成的大气降水（如雾、露、霜、雹等），是一种大气污染现象。因大气中 CO_2 的存在，所以即使是清洁的雨雪等降水，也会因 CO_2 溶于其中形成碳酸而呈弱酸性。空气中 CO_2 浓度平均在 $621mg/m^3$（$316×10^{-6}$）左右，此时雨水中饱和 CO_2 后的 pH 为 5.6，故通常认为雨水的"天然"酸度为 pH5.6。由于人为向大气中排放酸性物质，使得雨水 pH 降低，当 pH 低于 5.6 时，便形成了酸雨。

但近年来通过对降水的多年观测，特别是对清洁本底的监测，已经对 pH5.6 能否作为酸性降水的界限以及判别人为污染的界限提出了异议。有人认为降水 pH 小于 5.0 为酸雨比较合适。

大气中不同的酸性物质所形成的各类酸，都对酸雨的形成起作用，但它们作用的贡献不同，一般说来，对形成酸雨的作用，硫酸占 60%～70%，硝酸占 30%，盐酸占 5%，有机酸占 2%。所以，人为排放的 SO_2 和 NO_x 是形成酸雨的两种主要物质。

酸雨的危害主要是破坏森林生态系统，改变土壤性质与结构，破坏水生生态系统，腐蚀建筑物和损害人体的呼吸道系统和皮肤。当酸雨降到地面后，导致水质恶化，各种水生动植物都会受到死亡的威胁。植物叶片和根部吸收了大量的酸性物质后，引起枯萎死亡。酸雨进入土壤后，使土壤肥力减弱。人类长期生活在酸雨中，饮用酸性的水质，会造成呼吸器官、肾病和癌症等一系列疾病。例如，在欧洲 15 个国家中有 700 万公顷森林受到酸雨的影响，森林在遭受死亡综合征的侵袭；在瑞典北部地区，因受酸雨的影响，土壤酸化而使肥力减退，河湖酸化而影响水生生物的生长和繁殖，瑞典农业部曾经在河道中投加石灰来治理酸雨对水体的酸化。此外，还有因酸雨水渗入地下，使地下水酸化而造成地下水污染的事例。据统计，酸雨每年要夺走7500～12000人的生命。

酸雨的危害遍及欧洲和北美，在世界上酸雨分布的地区较广。酸雨有时飘越国境影响别国，如20世纪50～70年代中，美国东北部和加拿大降水pH变酸的趋势十分明显，北美的湖泊酸化十分严重，这涉及了两国之间酸的污染来自何方的争议。由于各国研究对空气污染物长距离输送和超越国界现象的肯定，酸雨问题已不仅被视为区域性环境污染问题，而且有时也被列入全球性环境问题。

据国家环保总局公布的《2004年环境质量公报》：

2004年，全国527个市（县）降水的年均pH范围为3.05（湖南省吉首市）～8.20（甘肃省嘉峪关市）。出现酸雨的城市298个，占统计城市的56.5%。降水年均pH小于5.6的城市218个，占统计城市的41.4%，其中湖南省长沙、常德、吉首，广东省韶关，江西省高安降水年均pH小于4.0，降水酸度较强；酸雨频率大于40%的城市占统计城市的30.1%，其中湖南常德、江西德兴、浙江丽水、安吉、开化酸雨频率为100%。

与上年相比，出现酸雨的城市比例增加了2.1个百分点；降水年均pH≤5.6的城市比例上升了4个百分点，其中pH小于4.5的城市比例增加了2个百分点；酸雨频率超过80%的城市比例上升了1.6个百分点。降水年均pH低、酸雨频率高的城市比例均比上年增加，表明本年度酸雨污染较上年加重。

酸雨区域分布范围基本稳定，2004年降水年均pH小于5.6（酸雨）的城市主要分布在华中、西南、华东和华南地区。华中酸雨区污染最为严重，降水（年均pH≤5.6）为酸雨的城市占58.3%，酸雨频率大于80%的城市比例达21.4%。湖南和江西是华中酸雨区酸雨污染最严重的区域。华南酸雨区主要分布在广东以珠江三角洲为中心的东南部和广西东部。降水年均pH小于5.6的城市比例为58.9%，与上年相比，华南地区酸雨污染加重。西南酸雨区以四川的宜宾、南充、贵州的遵义和重庆为中心，降水年均pH小于5.6的城市比例为49.0%；与上年相比，酸雨污染有所缓和。华东酸雨区分布范围较广，覆盖江苏省南部、浙江全省、福建沿海地区和上海。高酸雨频率（≥80%）和高酸度降水（pH≤4.5）的城市比例仅次于华中酸雨区，分别为21.0%和14.6%。北方城市中的北京，天津，河北的秦皇岛和承德，山西的侯马，辽宁的大连、丹东、锦州、阜新、铁岭、葫芦岛，吉林的图们，陕西的渭南和商洛，甘肃的金昌降水年均pH小于5.6。

酸雨控制区112个城市中，降水年均pH范围在3.05（湖南吉首市）～7.26（湖南郴州市）范围。出现酸雨的城市101个，占90.2%。降水年均pH小于或等于5.6的城市有83个，占74.1%，比上年增加3.4个百分点；降水年均pH小于4.5的城市比例上升了6.4个百分点，广东的韶关和湖南的长沙、常德、吉首年均pH低于4.0。酸雨频率大于40%的城市67个，占59.8%，比上年增加6.1个百分点。酸雨控制区内酸雨污染范围基本稳定，但污染程度进一步加重。

2. 臭氧层的破坏

臭氧层破坏是当前人类面临的三大全球性环境问题之一，对人类身体健康与生物生长有直接影响，因此受到世界各国的极大关注。

臭氧是大气中的微量气体之一，其主要浓集在离地面15～50km的大气平流层中，集中了地球上90%的臭氧气体，即大气的臭氧层。虽然其浓度从未超过十万分之一，全部集中起来也只有比鞋底还要薄的一层，但它却有效地吸收了对生物有害的、波长小于295nm的太阳紫外线UV-C，而对生物无害、波长大于320nm的太阳紫外线UV-A却让它们全部通过，对生物有一定危害、波长在295～320nm的太阳紫外线UV-B大部分也被吸收。从而保护人和地球上其他生命免遭过量紫外线的伤害。因此，臭氧层对地球生命如同氧气和水一样重要，没有臭氧层的防护，地球生命就会遭受毁灭性灾难，同时臭氧层对调节地球的气候也具有极为重要的作用。

1985年11月在环境署总部召开了关于全球环境问题特别是臭氧层问题的讨论会，与会的专家们共同讨论了有关臭氧层的最新科研情况：由于大气中痕量气体浓度的增加，必然改变大气中的臭氧含量和在垂直面上的分布，这将影响紫外线对地面的辐射量。自1970～1980年同温层中的臭氧总量在减少，特别是20世纪70年代中期以来，根据卫星监测的结果，在南极洲上空臭氧总量在春季（即10月）浓度减少约25%～30%，近年来南极上空出现了一个直径上千公里的臭氧层空洞（地球同温层臭氧平均含量高于250个多布森单位，而空洞中臭氧平均含量低于200个多布森单位）。科学家们预言：2050年时，即使不考虑在南北极上空的特殊云层化学，在高纬度地区臭氧的消耗将是4%～12%，这就是说，停止使用氯氟烃和其他危害臭氧层的物质刻不容缓。

来自欧洲、美洲和亚洲的100多名科学家于1991年11月至1992年3月对北极上空的臭氧层进行首次大规模的测量，也发现了同南极类似的情况。

臭氧浓度降低和臭氧层的破坏，将对地球生命系统产生极大的危害。臭氧可以减少太阳紫外线对地表的辐射，臭氧减少导致地面接收的紫外线辐射量增加，对健康和植物会产生影响。因此科学家认为，保护臭氧层和解决全球气候变化是关系到人类生存的重大问题。据研究，臭氧减少1%，紫外线辐射所引起的白内障将使10万人失明，并增加3%的非黑瘤皮肤癌，皮肤癌和黑瘤死亡率也将增加。此外还影响免疫系统，它将抑制皮肤对某些感染的抵抗力。影响农作物的生长，如果臭氧浓度减少25%，大豆的产量将下降20%～25%。同时，氯氟烃也是能产生温室效应的气体，据估计目前气候变暖的因素中10%～25%是氯氟烃作用的结果。因此，保护臭氧层已成为一个全球性的问题。

导致大气中臭氧减少和耗竭的物质，主要是平流层内超音速飞机排放的大量NO_x以及人类大量生产与使用的氯氟烃化合物（氟利昂），如$CFCl_3$（氟利昂-11）、CF_2Cl_2（氟利昂-12）等。1973年，全球这两种氟利昂的产量达480万吨，其大部分进入低层大气，再进入臭氧层。氟利昂在对流层内性质稳定，但进入臭氧层后，易与臭氧发生反应而消耗臭氧，以致降低臭氧层中O_3浓度。导致大气中臭氧减少的机理较复杂，通常认为是与NO_x的催化作用有关。

国际保护臭氧层行动已持续了20多年，先后出台了《关于臭氧层行动世界计划》（1978年），《保护臭氧层维也纳公约》（1985年），《消耗臭氧层物质的蒙特利尔议定书》（1987年），以及1989年4月发布了《赫尔辛基宣言》，1990年又通过了修改后的《蒙特利尔议定书》。我国在1992年编制了《中国消耗臭氧层物质逐步淘汰国家方案》，核算了我国的受控制物质的生产量与消耗量，提出2005年全面停止生产CFCs类物质的计划。

目前臭氧层遭到破坏，主要是工业发达国家造成的。1990年左右全世界每年使用的受控氯氟烃和卤族化合物物质约114万吨，其中美国占28.6%，欧洲经济共同体占30.6%，日本占7%，独联体和东欧国家占14%，澳大利亚和加拿大占3.5%，上述合计占83.7%。而中国和其他发展中国家只占16.3%。根据"多排放、多削减、多负责"的原则，当今保护臭氧层，控制和削减受控物质的重点在工业发达国家，这项历史责任是不允许推托的。

3. 温室气体及全球气候变化

二氧化碳对全球气温的平衡起着重要作用。二氧化碳能让太阳的短波辐射透过大气到达地面并能吸收地面反射回空间的红外辐射（长波辐射）。从而使低层大气温度升高，使气温发生变化。

由于人类大量使用矿物燃料，加之毁坏森林又增加了二氧化碳的排放量，二氧化碳排放量已从 1950 年的 16.39 亿吨增至 1984 年的 53.30 亿吨。大气中二氧化碳的含量已从 19 世纪中叶的 $260\sim280\times10^{-6}$ 增至 20 世纪 80 年代的 340×10^{-6}。据预测，21 世纪中叶还可能达到 600×10^{-6}。由于二氧化碳含量增倍，其他温室气体浓度增加也会很快，根据不同模式预测，到 2030 年全球平均温度将增加 $1.5\sim4.5℃$，极地升高 $6\sim10℃$。这一升温现象会造成很多影响：改变降雨和蒸发体系、影响农业和粮食资源、改变大气环流进而影响海洋水流，导致富营养地区的迁移、海洋生物的再分布和一些商业捕鱼区的消失。海洋变暖和冰川熔化，使海平面升高。估计全球平均温度会像从上次冰河时期到现在全球温度变化一样巨大。到 2100 年时，全球海面将会升高 $144\sim217cm$。进一步的研究表明，气候问题还不仅仅是二氧化碳气体问题，根据计算，其他痕量气体，特别是氟氯烃、一氧化二氮和甲烷也会对地面温度有影响，它们对气候的影响与二氧化碳造成的影响相当。

对现存观测资料序列的国内外研究表明，近百年来全球平均地面气温增加了 $0.3\sim0.6℃$，气候的确有变暖的趋势。20 世纪最暖的 7 年都发生在 1980 年以后，即 1980、1981、1983、1987、1988、1990 和 1991 年。1988 年全球平均气温比 1949 年至 1979 年多年平均气温高 $0.34℃$，比 20 世纪初的相应值上升了 $0.59℃$。近百年来，全球平均海平面上升了 14cm，也是全球变暖的有力佐证。但是地球上不同纬度、不同地理区域，其气候变化的趋势和幅度是存在明显差异的。

通过对近 40 年来我国气象台站的全年平均气温分析表明：东北、华北、新疆北部等地区有变暖趋势，但我国南部变暖不明显，甚至有变冷趋势。

南极的总面积原为 1300 万平方千米，但是近年来的卫星探测显示，20 世纪 70 年代以来，南极洲冰域已缩小了 2.848 万平方千米。最近，南极冰缘又有几处出现大幅度的缩小。此外，南极洲沿岸的冰川也正在向海里流失。从卫星在近 20 年间所拍到的图像可以发现，南极沿岸的 10 条冰川，每年往海里移动 105m 到 2.2km。科学家还发现，南维多利亚的霍尔湖的湖冰帽，在 1979 年至 1986 年之间薄了 $3\sim6m$。地球极地冰域的缩小，将影响到海平面的变化。历史资料表明，在过去的 1.8 万年间，由于极地边缘冰层的融化，海面上升了近 100m。据估计，如果今后南、北两极的冰块进一步融化的话，在 21 世纪，海面将会再上升 1m 左右，会造成世界沿海地区的大灾难。此外，极地冰块的流失，还会改变海洋、空气的循环系统等。

气候变化还会对今后的人类环境带来最严重的威胁，它能影响全球生态系统、农业、水资源和海洋。臭氧层的改变威胁人类健康和产生其他危害。当然大气污染方面还有酸雨、光化学烟雾等也不容忽视。

联合国环境署正与世界气象组织和国际科学协会理事会等就全球性和区域性气候变化进行研究和评价。与会者一致认为，这个问题是当前必须处理的最严重的环境问题。目前已制定重要方案以期提高大众对该问题的认识，鼓励对气候变化进行区域性评价，查明有关对策，学习国内外的科学技术，掌握关于空气污染、酸性降水和其他主要大气问题的知识和查明解决这些问题的办法。

（五）有毒化学品贸易的危险废物管理

过去数十年中，化学品的生产和使用猛增，现在的化学品国际贸易值每年逾200亿美元。有毒化学品（特别是杀虫剂）在国际贸易中给环境带来潜在的威胁。从环境的安全角度考虑，必需加强对化学品，尤其是被禁止的或严格限制的化学品在国际贸易中的管理工作。1987年2月环境署在伦敦召开了会议，通过了"国际化学品贸易中交流的伦敦准则"，此准则制定的目的是想在国际贸易中通过加强情报交流，从而提高各国使用和管理的经验以及进口化学品的安全性。通过科学、技术、经济和法律资料的交流，使化学品得以安全处理，尤其是要交流禁止或严格限制的化学品情报。"准则"要求输出或输入国之间要加强合作，要对化学品对人类健康和环境存在的潜在危险负责。同时要求出口国在进口国缺乏有关化学品知识或没有取得进口国（特别是指发展中国家）同意的情况下不得以任何形式出口。61个国家政府参加了这一工作。1988年9月又在塞内加尔召开了国际化学品贸易交流情报专家会议，讨论"预先通知对方并取得对方同意"的具体合作方式。目前环境署已将有毒化学品贸易的伦敦准则修订为正式公约交各国政府通过。

由于各国经济发展不一致，世界各国对废物的管理方法有很大区别。1985年12月环境署在开罗召开了会议，讨论、制定了危险废物的环境无害管理政策。要求对危险废物跨国界移动问题，输出国与输入国之间要本着对保护全球环境负责的精神实行国际合作。由于发达国家对危险废物的立法越来越多，结果导致增加了把这些废物倾卸于费用较低和管制较不严的地区（主要指发展中国家）趋向。如果不制定国际条约来对危险废物越界输送加以适当管制，即有可能发生任意处置的事情。联合国系统和环境署协同各国政府做了一些有关危险废物越界转移的管制工作，制定了一整套准则和原则，其目的是帮助各国制定危险废物的环境无害化管理政策，帮助各国避免因危险废物管理不善而带来严重的环境问题。通过实施准则各国可将废物安全管理政策和自己国家的经济发展政策结合起来。同样环境署已将"危险废物的环境管理开罗准则"修订、完善，成为国际公约。

（六）生物多样性危机

全世界自然环境的恶化，正在导致物种灭绝达到空前的速度，因此养护自然生态系统和保护生物多样性是当今世界迫在眉睫的问题之一。全世界已经正式辨明并分类的植物、动物、微生物品种有170万种，仍未发现或加以鉴定的动植物种不可记数，可能逾3000万种，多数都在热带具有作为食物、纤维、药品、化学品或其他材料来源的重大价值。不过由于人类活动的频繁，人类的足迹差不多已经遍及世界上的每个角落，尤其是由于生物物种生境的不可逆转，这些生物物种正以空前的速度在灭绝。全世界的湿地和天然林地特别受到了威胁，不仅是物种，即使是动植物种之内的品系和族系也在消失，因此物种多样性也在减少。这种损失在热带雨林区内最为显著。据估计，倘若一个森林区的原面积减少10%，即可使继续存在的生物品种下降至50%。由于所有栽培作物和家畜都来源于野生物种，因此，保护其野生亲属的样品代表作为继续进行遗传选择和改良的基础是绝对必要的。养护人类和自然遗产，基于经济和科学方面的论点早已得到确认。全世界都已认识到养护物种和生态系统在道义、文化、心理和娱乐上的价值。

要有效地管理动植物就必须维持其生境并控制其利用。必须把养护目标结合到发展方案内。各国应制定国家养护战略，目前全世界约有3000个保护区，实现生境保护的面积不到全世界土地的4%。

环境污染是促使生物多样性减少的另一重要原因，污染物毒性及地球气候的变化加剧了生物的死亡和灭绝。国际社会为此采取了一系列的行动，1980年，联合国环境署（UNEP）和世界野生动物基金会（WWF）共同制定了《世界自然资源保护大纲》。1992年，联合国环发大会通过了酝酿已久的《生物多样性公约》。国际上还建立了诸如国际资源和自然保护联合会、世界野生生物基金会等推动世界自然保护的国际组织。

（七）海洋污染

海洋面积辽阔而又拥有巨量的海水，由陆地流入海洋的各种物质全部被海洋所吞没，而海洋本身却没有因此而发生重大变化。正是这种稳定性，加上海洋是重要的运输渠道，使得海洋成为人类各类污染物的聚集地。百川归海，人类的工业与生活废水通过千百条江河汇集到大海之中，任何地面上的物质都可能通过水这种载体，甚至通过大气为载体进入海洋。从重金属到放射性元素，从无机物质到营养成分和食品，从石油到农药，从液体到固体，从物质到能量都会造成海洋的污染。

据报道，人类每年向海洋倾倒约600～1000万吨石油，约1万吨汞，约25万吨铜，约390万吨锌，约30万吨铅，约100万吨有机氯农药等。废弃物和污染物对海洋生态系统特别是海洋生物构成巨大威胁。工业废物已毒死了北海的几千只海豹，死亡海豹的含汞量最高达 $2860×10^{-6}$，高出正常水平的600倍以上。在许多国家的近海海域，鱼贝类因受重金属、农药或其他有毒物质污染而不能食用。

油污染对海洋生态的破坏是严重的，油在海面上漂移会杀死或严重影响浮游生物，从而破坏海洋生物的食物链，且越是高等的生物所受的影响越大。海洋污染往往不同于地面水和大气污染，它污染面极大，并且随风和洋流迅速扩散，使污染的治理工作极难开展。一艘小型海轮发生泄漏往往会影响几百平方公里的海面。现在还没有足够的技术与经济实力对海洋污染进行治理。

三、环境污染及其对人体的危害

（一）环境污染

整体而言，环境污染来源于自然界和人为活动两个方面，通常所说的环境污染问题是指后者。随着人类社会生产力水平的不断提高和科学技术的不断进步，人类社会行为对环境系统的作用也越来越大。人类在开发环境、利用环境来创造和丰富物质文明的同时，也在污染和破坏自身的生存环境，并由此受到环境系统施加的"报复"，即产生了环境问题。

人为环境污染一般可分为两类，一是不合理开发利用自然资源使自然环境遭到破坏；一是城市化和工农业高速发展而引起的环境污染。

环境污染有各种类型，按环境要素可分为大气污染、水体污染、土壤污染等；按人类活动的性质可分为农业环境污染、城市工业环境污染等；按造成污染的性质、来源可分为化学污染、生物污染、物理污染（噪声、放射性、热污染、电磁波等）、固体废物和能源污染等。

（二）污染物侵入人体的途径

有毒的环境污染物，它们可以通过多种途径侵入人体。大气中的有毒气体和烟尘，主要通过呼吸道作用人体。水体和土壤中的毒物，主要通过饮用水和食物经过消化道被人体所吸收。而一些脂溶性毒物，如苯、有机磷酸酯类和农药，以及能与皮肤的脂酸根结合的毒物，如汞、砷等，可经过皮肤被人体吸收。

1. 呼吸道系统

呼吸空气，对人体的生存是不可缺少的行为。一般成年人，每天需要呼吸两万次以上，每次呼吸的空气量大约为 500mL 左右。这样，大气中的污染物很容易通过呼吸道进入人体。整个呼吸系统，包括气管、支气管及肺泡等，黏膜组织都能吸收毒物，而吸收能力尤以肺泡最强。而且经肺泡吸收的毒物，是不经过肝脏的解毒作用而直接进入血液循环，分布到全身，造成很大危害。如漂浮在空气中的气溶胶小粒子很容易被人吸入并沉积在支气管和肺部，粒子越小，越容易通过呼吸道进入肺部，其中特别是粒径小于 $1\mu m$ 的粒子可以直达肺泡内。而小粒子中往往富集了大量的有毒物质，对人体的危害更大。

2. 消化系统

污染物也可以经由口腔、肠、胃进入人体。肠、胃及口腔黏膜均可吸收毒物。不过需经过肝脏的解毒作用之后，才分布到全身，因此往往对口腔、肠胃及肝脏等器官造成危害。

3. 皮肤

有毒物质如苯、二硫化碳和有机磷化物等脂溶性物质，可以通过皮肤的表皮经过毛孔到达皮脂腺及腺体细胞而被吸收，还有些毒物可以通过汗腺进入人体。通过皮肤进入人体的有毒物质，也是不经过肝脏的解毒作用而直接进入血液循环，分布到全身。

通过上述途径侵入人体内的污染物，在进入血液进行全身循环时，有的毒物在血液中即同血红细胞或血浆中的某些成分发生作用，破坏血液的输氧功能，抑制血红蛋白的合成代谢，发生溶血作用。有的毒物能在不同的身体器官和部位进行贮存富集、产生毒性作用，或者进行生物转化作用，如铅蓄积在骨骼内，DDT 蓄积在脂肪组织中等。很多污染毒物在人体内经过生物转运和生物转化而被活化或被解毒。肾脏、肠、胃，特别是肝脏对各种毒物具有生物转化功能。体内毒物以其原形或代谢产物作用于靶器官，发挥其毒害作用。最后毒物经过肝脏、消化道和呼吸道排出体外，少数也可以随汗液、乳汁、唾液等排出体外；有的在皮肤的代谢过程中进入毛发而脱离机体。

（三）环境污染对人体健康的危害

环境污染对人体健康的危害，是一个十分复杂的问题。有的污染物在较短时期内通过空气、水体、食物链等多种介质侵入人体，或几种污染物联合侵入人体，造成急性危害。也有些污染物，小剂量持续地侵入人体，经过相当长时间才显露出对人体的慢性危害或远期危害，甚至影响到子孙后代。所以，可将环境污染对人体健康的危害，按时间分为急性危害、慢性危害和远期危害三种。

1. 急性危害

在短时期内（或者是一次性的），有害物大量地进入人体所引起的中毒为急性中毒。例如 20 世纪 30～70 年代世界几次大的烟雾污染事件，都属于环境污染的急性危害。急性危害对人体影响最明显，较为典型的是 1952 年 9 月发生在英国伦敦的烟雾事件，死亡达 4000 余人，并在病理解剖中发现，死者多属于急性闭塞性换气不良，造成急性缺氧或引起心脏病恶化而死亡。

急性危害的急性毒作用，常用动物实验来阐明环境污染物对机体的作用途径、毒性表现和对机体的剂量与效应之间的关系。急性毒作用一般以半数有效量（ED_{50}）来表示，它指直接引起一群受试动物的半数产生同一中毒效应所需的毒物剂量。ED_{50} 值越小，则受试物的毒性越高，反之则毒性越低。半数有效量加以死亡作为中毒效应的观察指标，则称为半数致死量（LD_{50}）或半数致死浓度（LC_{50}）。半数有效量是以数理统计方法计算出预期能引起

50％的动物出现同一生物学效应的受试物剂量。它有一定的误差，故常用"可信限"来表示可能的变动范围。环境污染物毒性根据半数致死量，一般分为5级，具体见表1-2。

表1-2 急性毒性分级

毒性分级	大鼠一次经口的 LD$_{50}$①	6只大鼠吸入4h,死亡 2～4只的浓度/(mg/kg)	家兔经皮肤 LD$_{50}$①	对人可能致死 估算量②
极毒	<1	<10	<5	0.1
高毒	1～50	10～100	5～44	3～30
中等毒	50～500	100～1000	44～350	30～250
低毒	500～5000	1000～10000	350～2180	250～1000
微毒	5000	10000以上	2180以上	1000以上

① 受试动物每千克体重所接受的受试物的质量（mg）。
② 指进入人体（60kg体重）的受试物质量（g）。

2. 慢性危害

小量的有害物质，经过长时期的侵入人体所引起的中毒，称为慢性中毒。慢性中毒，一般要经过长时间之后才逐渐显露出来。环境污染物对人体的慢性毒作用，既是环境污染物本身在体内逐渐蓄积的结果，又是污染物引起机体损害逐渐积累的结果。例如，由镉污染引起的骨痛病便是环境污染慢性中毒的典型例子。

人和动物对慢性毒作用易呈现耐受性。但是，污染物长时间作用于机体，往往会损及体内的遗传物质，引起突变，给机体带来远期的危害，甚至通过遗传会影响到子孙后代的身体健康。因此，慢性毒作用对人体的损害可能比急性毒作用更加深远和严重。

3. 远期危害

远期危害包括致畸作用、致突变作用和致癌作用。环境污染物通过人或动物母体影响胚胎发育和器官分化，使子代出现先天性畸形的作用，称之为致畸作用。致突变作用是指环境污染物或其他环境因素引起生物体细胞遗传物质或遗传信息发生突然改变的作用。而环境中致癌物质诱发肿瘤的作用称为致癌作用。目前，已被发现的致癌的化学物质越来越多，但是对于致癌物质的致癌机理尚不十分清楚。表1-3列举出的致癌物质，可供参考。由于引起癌症的因素相当复杂，致癌物质的作用又与剂量、体质，进入人体的途径和其他生活条件等多方面的情况有关，所以有些物质在一些条件下是致癌物质，而在另外一些情况下又可以没有致癌作用。

表1-3 致癌物质

致癌器官	致癌物质
皮肤	铬、砷、钴等及化合物,多环芳烃类,X射线、电离辐射、紫外线等
肠道	砷、联苯胺、芳苯、亚硝胺
骨	铍及其化合物、氡及其子体、镭、铀核裂变物
造血系统	苯及其化合物
膀胱	2-萘胺、1-萘胺、联苯胺、4-氨基联苯、4-硝基联苯、亚硝胺、洋红、二甘醇、埃及血吸虫
肝	乙酰胺、氯化烯烃、黄曲霉毒类等
甲状腺	氨基三唑
肺	多环芳烃类、异丙油、芥子气、双氯甲醚、砷、铬、镍及氯甲镍、石棉、氡及其子体、镭、铀核裂变物

第三节 我国的环境保护

中华民族是有悠久历史文化的伟大民族，在古代文明史上长期处于世界的前列。在开发和利用自然环境和自然资源的过程中，逐步形成了一些环境保护的意识，在《周礼》、《左传》、《尚书》、《孟子》、《荀子》、《韩非子》、《史记》等书中均有记载和反映，但并没有达到真正意义上的环境保护。

中国的环境保护事业的发展史，也是中国环境政策演变深化的历史。但我国正式的环境保护事业起步较晚，自1972年6月我国派代表团出席了斯德哥尔摩的联合国人类环境会议，标志着我国把环境保护工作正式列入议程以来，先后召开了五次全国环境保护会议。经过三十多年的努力，在污染防治上取得了很大的成绩，但也走过一些弯路。我国的环境保护事业大体上走过了三个阶段。

一、第一个阶段是20世纪70年代，这是我国环保事业的创建时期

1972年召开的联合国人类环境会议，使中国了解了世界环境状况和环境问题对经济社会发展的重大影响。斯德哥尔摩会议以后，在周恩来总理的关心下，于1973年8月5日至20日，国务院委托国家计委在北京召开了全国第一次环境保护会议，会上总结了我国建国以来正反两方面的经验，并在吸取国际上的"公害"教训的基础上，确定了我国的环境保护的"三十二字"方针，即"全面规划，合理布局，综合利用，化害为利，依靠群众，大家动手，保护环境，造福人民"。会议还制定了《关于保护和改善环境的若干规定（试行草案）》。

1974年5月，国务院批准成立国务院环境保护领导小组及办公室。随后，各省、自治区、直辖市和国务院有关部、局也相应设立了环境保护管理机构。

从1973年以来，我国从中央到地方陆续建立了管理机构和科研教育机构。1984年成立国务院环境保护委员会，并将城乡建设环境保护部环境保护局改为国家环保局。各省（区）、市（地）县也成立了相应的环境保护局，形成了相应的环境管理体系。

1978年3月5日，五届人大一次会议通过的《中华人民共和国宪法》明确规定：国家保护环境和自然资源，防治污染和其他公害。

1979年9月13日，五届人大常委会第十一次会议原则通过《中华人民共和国环境保护法（试行）》，并予以颁布。它是我国环境保护的基本法，为制定环境保护方面的其他法规提供了依据。确定了环境保护的基本方针（即"三十二字"方针）和"谁污染，谁治理"政策，明确要建立机构，加强管理，它标志着我国环境保护工作开始走上法制的轨道。

二、第二阶段是20世纪80年代，为环境保护事业的开拓期

1982年12月4日，五届人大五次会议通过《中华人民共和国宪法》，这部宪法在环境保护方面的规定比较详细、具体。如"国家保护环境和改善生活环境和生态环境，防治污染和其他公害"，"国家保障自然资源的合理利用，保护珍贵的动物和植物"，"国家保护名胜古迹，珍贵文物和其他重要历史文化遗产"等。

1983年12月31日至1984年1月7日，国务院在北京召开了第二次全国环境保护会议，这次会议在总结过去十年环境保护工作经验教训的基础上，提出了到20世纪末我国环境保护工作的战略目标、重点、步骤和技术政策。会上，李鹏总理代表国务院宣布"保护环境是我国的一项基本国策"。提出了"三建设、三同时、三统一"（即经济建设、城乡建设、环境建设，同步规划、同步实施、同步发展，实现经济效益、社会效益和环境效益的统一）的战略方针，确定了强化环境管理作为环境保护工作的中心环节。

1989年召开的第三次全国环境保护会议上，在继续推行原来《三同时》制度、《环境影

响评价》制度和《排污收费》制度的同时，又正式提出了环境管理的新五项制度：《环境保护目标责任制》、《城市环境综合整治定量考核》、《排放污染物许可证制度》、《污染集中控制》和《污染限期治理》五项制度。前三项和后五项总称八项管理制度。

1989年12月26日第七届人大常委会第十一次会议通过环境保护法，并从公布日起施行。该法的颁布标志着我国环境保护法制建设跨进了新阶段。新的《中华人民共和国环境保护法》把在实践中行之有效的制度和措施以法律的形式固定下来，这就形成了由环保专门法律、国家法规和地方法规相结合的环保法律法规体系。

三、第三阶段为20世纪90年代，是环境保护事业的发展期

1992年8月，在联合国环境与发展大会以后不久，党中央、国务院又批准了我国环境与发展的十大对策。这十大对策吸取了国际社会的新经验，总结了我国环境保护工作20余年的实践经验，集中反映了当前和今后相当长的一个时期我国的环境保护政策。这十大对策是：①实行持续发展战略；②采取有效措施，防治工业污染；③深入开展城市环境综合整治，认真治理城市"四害"；④提高能源利用效率、改善能源结构；⑤推广生态农业，坚持不懈地植树造林，切实加强生物多样性保护；⑥大力推行科技进步，加强环境科学研究，积极发展环保产业；⑦运用经济手段保护环境；⑧加强环境教育，不断提高全民族的环境意识；⑨健全环境法制，强化环境管理；⑩参照环发大会精神，制定中国行动计划。在联合国环发大会之后的一年多时间内，我国就组织制定了《中国21世纪议程》。

1994年3月国务院批准了《中国21世纪议程——中国21世纪人口、环境与发展白皮书》，它将环境问题与人口、资源、发展等问题一起统筹考虑，把可持续发展原则贯穿到各个领域。

1996年7月，国务院召开了第四次全国环境保护大会，会议确定了《国家环境保护"九五"计划和2010年远景目标》，明确了要实行经济体制和经济增长方式这两个根本转变，把科教兴国和可持续发展作为两项基本战略。发布了《国务院关于环境保护若干问题的决定》，部署了《污染物排放总量控制计划》和《跨世纪绿色工程规划》。

2002年1月8日，国务院召开第五次全国环境保护会议，提出环境保护是政府的一项重要职能，要按照社会主义市场经济的要求，动员全社会的力量做好这项工作。

面对经济发展中如影随形的高消耗、高污染和资源环境约束问题，中国开始寻求经济增长模式的全面转变，走节约型发展道路。2004年中央经济工作会议提出大力发展循环经济。循环经济是一种以资源的高效利用和循环利用为核心，以减量化、再利用、资源化为原则，以低消耗、低排放、高效率为基本特征，符合可持续发展理念的经济增长模式，是对"大量生产、大量消费、大量废弃"的传统增长模式的根本变革。

2005年12月3日，国务院发布了《关于落实科学发展观加强环境保护的决定》（以下称《决定》），这是深入贯彻十六届五中全会精神，落实科学发展观，构建社会主义和谐社会，指导我国经济、社会与环境协调发展的一份纲领性文件，《决定》是引领环保事业发展的重要指南，《决定》是环境保护发展史上一个新的里程碑。

进入21世纪，我国进入全面建设小康社会，加快推进社会主义现代化建设的新时期。我国的环保事业已取得了举世瞩目的进展。

（1）基本建立了环境保护法律法规体系框架。至2002年，我国已颁布实施了《环境保护法》等6部环境法律，34项环境保护法规，90余项部门规章，1100多件地方性环保法

规。这些法律、法规以及制度和标准在实践中逐步健全和完善。

（2）环境监管能力逐步加强。环保队伍从无到有，并不断发展壮大。环境科研、监测、规划、信息、宣教、执法能力和水平有了较大提高，环保产业发展很快，成为环保事业不断取得进展的重要支持和基础。

（3）坚持污染防治与生态保护并重。污染防治力度和规模不断扩大，工业污染防治取得初步的成效，生态环境保护工作逐步加强，实施了退耕还林还草、退田还湖和天然林保护工程，加强了生态功能区、自然保护区的建设和管理。

（4）随着环境污染的日趋严重，国家对环保治理投入不断上升。"六五"期间，我国环保投资是 150 亿元，占 GDP 的 0.5%；"七五"期间环保投资为 550 亿元，占 GDP 的 0.67%；"八五"期间增长至 800 多亿元，占 GDP 的 0.8%以上；"九五"期间环保投资总额达到 3600 亿元，占 GDP 的 0.93%；2004 年环境保护投资占到当年全国 GDP 的 1.4%。"十一五"期间，我国全社会环保投资预计达到 13750 亿元（约占同期 GDP 的 1.6%）。

（5）涌现出了一批环境、经济、社会协调发展的城市和地区，如环境保护规范城市、生态示范区、生态工业园区、生态农业示范点、绿色学校等，为环境与经济、社会协调发展发挥了重要的示范作用。

（6）加强了宣传教育，公布环境信息，鼓励公众参与，使公众参与成为强化环境监督管理的重要措施。

（7）加强国际环境合作。我国为解决全球环境问题做出了重要贡献，我国环境保护也得到了国际社会的广泛支持和积极帮助。

虽然我国环境保护取得了显著成绩，全国环境污染加剧的趋势得到基本控制，部分城市和地区环境质量得到改善；但是，环境形势依然十分严峻，一些地区的环境问题仍很突出，环境质量仍在恶化，生态恶化加剧的趋势还没有得到有效遏制。且呈现出以下特点。

（1）结构性污染突出，经济结构不合理是其重要原因。

（2）污染物的构成发生变化，工业污染比重下降，生活污染比重上升，农业面源污染越来越突出，城市机动车尾气污染越来越严重。

（3）污染物排放总量大，超过环境承载能力。

（4）众多环境问题集中出现，发达国家 100 多年工业化进程中不同阶段出现的环境问题，在我国的发展中正在显露出来。

由于我国人口多，经济增长快，科技水平和管理水平相对落后，加上长期存在的粗放型的增长方式，造成了我国在比较短的发展时期内，出现了上述严重的环境问题。一些地方、单位环境意识和可持续发展意识不高，重局部、轻整体，重眼前、轻长远，法制观念不强，地方保护和部门保护等是环境问题加剧的重要原因。解决我国的环境问题必须结合经济结构的战略性调整和经济增长方式的根本性转变，在可持续发展中解决发展不足和发展不当造成的环境问题。

30 多年来，我国环境保护在借鉴国际经验的同时，积极探索适合国情的环境保护道路。实践证明，我国实施的一系列环境保护方针政策、法律法规和制度措施，是适合国情和市场经济体制的，为促进可持续发展发挥了重要作用。

第二章　化工对环境的污染

按国民经济行业分类，化学工业包括 2 个大类，43 个分类，有关部分化工行业分类情况见表 2-1。

表 2-1　国民经济分类表中部分化学工业

分 类 编 号	行 业 分 类	分 类 编 号	行 业 分 类
26	化学原料及化学品制造业	2653	涂料制造业
261	基本化学原料制造业	2655	染料制造业
2611	无机酸制造业	267	专用化学品制造业
2613	烧碱制造业	2671	化学试剂助剂制造业
2615	无机盐制造业	2672	专项化学用品制造业
2619	其他基本化工原料制造业	2675	信息化学品制造业
262	化学肥料制造业	2677	添加剂制造业
2621	氮肥制造业	266	合成材料制造业
2622	磷肥制造业	2661	聚烯烃塑料制造业
2623	钾肥制造业	2666	合成橡胶制造业
2624	复合肥料制造业	2667	合成纤维单(聚合)体制造业
2625	微量元素肥料制造业	27	医药工业
2629	其他化学肥料制造业	2710	化学药品原药制造业
263	化学农药制造业	2720	化学药品制剂制造业
2631	农药原药制造业	2730	中药材及中成药加工业
2633	农药制剂制造业	2740	畜用药品制造业
265	有机化学产品制造业	2750	生物制品制造业
2651	有机化工原料制造业		

1999 年 5 月出版的《中国化工和石油产品目录》收集了我国 20000 个企业 25000 种化工和石油产品，共计 30 个大类，即：石油产品及助剂，煤炭及矿产品，天然化工产品，化学肥料，无机化工产品，有机化工原料及中间产品，合成树脂及塑料，橡胶和橡胶制品，合成纤维制品，染料，涂料，颜料，医药产品，农药，胶黏剂，香精原料，催化剂，表面活性剂，通用化学助剂，化学试剂，专用化学品，信息化学品，电子及能源化学品，火工产品，碳素制品，建筑用化学品，皮革化学品，水处理化学品，食品添加剂，饲料添加剂。

化学工业是环境污染较为严重的部门，从原料到产品，从生产到使用，都有造成环境污染的因素。化学工业的特点是产品多样化，原料路线多样化和生产方法多样化。随着化工产品、原料和生产方法的不同，污染物也多种多样。弄清这些污染物的来源和特点，对于进行防治具有十分的重要意义。

以松花江水污染事件为代表的一系列严重突发环境事件拉响了环保警报。针对愈演愈烈的化工污染，国家环保总局"环保风暴"2006 年刮向了化工石化类项目，并明确要求，各级环保部门在建设项目环保"三同时"验收时，凡是环境风险应急预案与事故防范措施未落实的项目，一律不予验收。

第一节 化工环境污染概况

化学工业是对环境中的各种资源进行化学处理和转化加工的生产部门，其产品和废物从化学组成上讲都是多样化的，而且数量也相当大，这些废物在一定浓度以上大多是有害的，有的还是剧毒物质，进入环境就会造成污染。有些化工产品在使用过程中又会引起一些污染，甚至比生产本身所造成的污染更为严重、更为广泛。表 2-2 列出了化工、石化及医药行业废水和废气污染物。

表 2-2　化工、石化及医药行业废水和废气污染物

行业类别	废水污染物	废气污染物
焦化	硫化物,挥发酚,氰化物,石油类,氨氮,苯类,多环芳烃	硫化氢,氨,苯系物,苯并[a]芘
硫酸	硫化物,氟化物,铜,铅,镉,砷	二氧化硫,粉尘,氟化物,三氧化硫
石油炼制	氰化物,挥发酚,硫化物,石油类,苯类,多环芳烃等	二氧化硫,苯,硫化氢,氮氧化物,烃类,酚,一氧化碳等
染料	酸碱度,挥发酚,硫化物,苯胺类,硝基苯,氯苯类	氯,氯化氢,二氧化硫,氯苯,苯胺类,硫化氢,硝基苯类
医药	石油类,硝基苯类,酚类,苯胺类,肼,硫化物,醛类,氨氮	氯,硫化氢,二氧化硫,肼,苯类,醛类,氨,氯化氢

我国的工业污染在环境污染中占 70%。随着工业生产的迅速发展，工业污染的治理工作越来越引起人们的广泛注意。几十年来，国家在工业污染治理方面进行了大量投资，建立了大批治理污染的设施，也取得了比较明显的环境效益。然而，我国工业污染治理的发展还远远落后于工业生产的发展。到目前为止，我国工业污染的治理率还很低，工业废水治理率仅 20%，工业废气治理率为 56%，工业废渣治理率为 50%，因此，解决我国工业污染的任务还相当艰巨。

西方发达国家，由于近代化学工业迅速发展，化工污染也随之加重，从化学工业的发展过程来看，国外化工污染大体可以分为三个阶段。

1. 化学工业污染的发生期

早期的化学工业（大约在 19 世纪末），是以生产酸、碱等无机化工原料为主，虽然也有些有机化工原料的工业，如以煤焦油为原料合成染料以及酒精工业等，但都还是处于发展的初级阶段。特别在生产规模上与无机化学工业相比要小得多，所以当时化学工业主要的污染物还是酸、碱、盐等无机污染物。同时，这一时期的无机化工生产规模没法与现在的化学工业相比，品种也比较少，因此产生的污染物质比较单一，这不足以构成大面积的区域性污染，环境污染问题还不明显。

2. 化学工业污染的发展时期

从 20 世纪初到 20 世纪 40 年代，由于冶金、炼焦工业的迅速发展，化学工业也随之发展，并进入以煤为原料来生产化工产品的煤化学工业时期。

从那时起，煤不再单纯作为燃料燃烧，而且成为化学工业的主要原料。一系列以煤、焦炭和煤焦油为原料的有机化学工业产品开始大量生产，大量新建的化工企业不断兴建，世界化学工业有了较快的发展。同时在这个时期内无机化学工业的规模和数量也不断扩大，所以造成的无机污染在数量上及危害程度上都有所加剧，而且有机化学工业也开始发展，导致有

机污染对环境污染的影响加大，有时与无机污染物有协同作用。因此，化学工业污染现象显得更加严重。

3. 化学工业污染的泛滥时期

从 20 世纪 50 年代开始，世界各国陆续发现了储量丰富的油气田，从此石油工业发展迅速，石油工业已成为现代能源及国民经济的重要组成部分，石油工业的崛起，引起世界各国的燃料结构逐步从煤转向石油和天然气。从而，化学工业也进入了以石油和天然气为主要原料的"石油化学时代"，石油化学工业开始迅猛发展，环境污染泛滥成灾，达到了前所未有的地步。污染类型也发生了质的转变，由原先的煤烟型转化为石油型污染。

化工污染，是化学工业发展过程中亟待解决的一个重大问题，若不能妥善加以解决，势必会制约化学工业的可持续发展。因此，努力提高环境保护和治理环境污染的科学技术水平，已成为促进经济发展的必要手段。化工污染除了决定化工生产过程本身外，还与生产的管理有密切的关系。

第二节　化工污染物种类及来源

化工污染物的种类，按污染物的性质可分为无机化学工业和有机化学工业污染；按污染物的形态来分，有废气、废水及废渣。总的来说，化工污染物都是在生产过程中产生的，但其产生的原因和进入环境的途径则是多种多样的。具体包括：①化学反应的不完全所产生的废料；②副反应所产生的废料；③燃烧过程中产生的废气；④冷却水；⑤设备和管道的泄漏；⑥其他化工生产中排出的废物。概括起来化工污染物的主要来源大致分为以下两个方面。

一、化工生产的原料、半成品及产品

1. 化学反应不完全

目前，所有的化工生产中，原料不可能全部转化为半成品或成品，其中有一个转化率的问题。未反应的原料，虽有部分可以回收再用，但最终总有一部分，因回收不完全或不可能回收而被排放掉，若化工原料为有害物质，排放后便会造成环境污染。化工生产中的"三废"，实际上是生产过程中流失的原料、中间体、副产品，甚至是宝贵的产品。尤其是农药、化工行业的主要原料利用率一般只有 30%～40%，即有 60%～70% 以"三废"形式排入环境。因此，对"三废"的有效处理和利用，既可创经济效益又可减少环境污染。如某药业公司生产喹乙醇，每吨产品所需的原料消耗达 7.24t（表 2-3），除掉原料中的水分，实际原料消耗达 3t，故原料的实际利用率只有 33% 左右，剩余的 67% 原料以"三废"形式排入环境，这其中还不包括辅料及能源的消耗。

又如氮肥工业利用氨与硫酸的中和反应制取硫酸铵时，虽然反应过程比较简单，技术也

表 2-3　喹乙醇生产中主要原料消耗

序　号	原料名称	单耗/(t/t 产品)	序　号	原料名称	单耗/(t/t 产品)
1	邻硝基苯胺	0.75	4	乙醇胺	0.45
2	次氯酸钠	4.70	5	乙醇	0.60
3	液碱	0.30	6	双乙烯酮	0.44

比较成熟，但 260kg 氨和 750kg 硫酸，质量共 1010kg，生产的硫酸铵也只有 1000kg，还有约 1%的原料不能有效反应，随着排气跑到空气中去了。再如硫酸工业制造硫酸时，最后的工序是用硫酸吸收三氧化硫，吸收后的废气排入空气中，其中既含有硫酸不吸收的二氧化硫，也含有吸收不完全而随着废气跑掉的三氧化硫和硫酸雾。

2. 原料不纯

化工原料，有时本身纯度不够，其中含有杂质，这些杂质因一般不需要参与化学反应，最后也要排放掉，而且大多数杂质为有害的化学物质，对环境会造成重大污染，有些化学杂质甚至还参与化学反应，而生成的反应产物同样也是所需产品的杂质。对环境而言，也是有害的污染物。

例如氯碱工业电解食盐溶液制取氯气、氢气和烧碱，只能利用食盐中的氯化钠，其余占原料约 10％左右的杂质则排入下水道，成为污染源。

3. "跑、冒、滴、漏"

由于生产设备、管道等封闭不严密；或者由于操作水平和管理水平跟不上；物料在贮存、运输以及生产过程中，往往会造成化工原料、产品的泄露，习惯上称之为"跑、冒、滴、漏"现象。这一现象不仅造成经济上的损失，同时还可能造成严重的环境污染事故，甚至会带来难以预料的后果。

二、化工生产过程中排放出的废物

1. 燃烧过程

化工生产过程一般需要在一定的压力和温度下进行，因此，需要有能量的输入，从而要燃烧大量的燃料。但是在燃料的燃烧过程中，不可避免地要产生大量的废气和烟尘，对环境造成极大的危害。

烟气中各种有害物质的含量与燃料的品种有很大的关系。如以重油为燃料时，各种污染物的排放量列于表 2-4，以煤为燃料时，污染将更为严重。

表 2-4　燃烧重油时各种污染物的单位排放量

污　染　物	排放量/(kg/m³ 油)		污　染　物	排放量/(kg/m³ 油)	
	大　用　户	小　用　户		大　用　户	小　用　户
乙醛	0.049	0.164	SO_2	12.874×S％	12.874×S％
CO	0.0033	0.164	SO_3	0.1968×S％	0.164×S％
烃类化合物	0.2624	0.164	烟尘	0.656	0.984
NO_x(以 NO_2 计)	8.528	5.904			

注：1. S％指重油中硫的含量。

2. 大用户指大型工业锅炉，小用户指小型商业或民用小锅炉。

鉴于污染物的单位排放量都是在一些特定的条件下产生的，各地区、各单位及不同时期由于条件的不同，测得的数值会有所差异，甚至会有很大的变化，有人对我国使用的典型煤炭、燃油和天然气燃烧时产生的各种污染物的排放量，根据有关的资料和实际监测等多方面数据进行统计处理，现将所得的结果列于表 2-5 中。

表 2-5 燃烧各种燃料的污染物排放量

污 染 物	排放量/kg					
	燃烧 1t 煤炭		燃烧 $1m^3$ 燃油		燃烧 100 万立方米天然气	
	大用户	小用户	大用户	小用户	大用户	小用户
CO	0.23	22.7	0.05	0.238	ND	6.3
NO_x	9.08	3.62	12.47	8.57	6200	1843
SO_2	16.72S*		18.68S*		630	
烟尘	3	11	1	1.2	239	302

注：表中 S* 指煤炭或重油中硫的含量。

2. 冷却水

化工生产过程中除了需要大量的热能外，还需要大量的冷却水。例如生产 1t 烧碱，大约需要 100t 冷却水。在生产过程中，用水进行冷却，一般有直接冷却和间接冷却两种方式。当采用直接冷却时，冷却水直接与被冷却的物料进行接触，这种冷却方式很容易使水中含有化工物料，而成为污染物质。但当采用间接冷却时，虽然冷却水不与物料直接接触，但因为在冷却水中往往加入防腐剂、杀藻剂等化学物质，排出后也会造成污染问题，即便没有加入有关的化学物质，冷却水也会对周围环境带来热污染问题。热污染会影响到渔业生产，一方面水温升高可使水中溶解氧减少，另一方面又使鱼的代谢率增高而需要更多的溶解氧，鱼在热应力作用下发育受到阻碍，甚至死亡。研究表明，在不适合的季节，河流水温只要增高 5℃，就会破坏鱼类的生活。一般水生生物能够生存的水温上限是 33～35℃，大约在此温度下，一般的淡水有机体还能保持正常的种群结构，超过这一温度就会丧失许多典型的有机体。藻类种群也随温度而发生变化。在具有正常混合藻类种的河流中，在 20℃ 时，硅藻占优势；在 30℃ 时绿藻占优势；在 35～40℃ 时蓝藻占优势。蓝藻占优势时，则发生水污染，水有不好的味道，不宜饮用，此外，还有些种属对牲畜和人类有毒害作用。

3. 副反应

化工生产中，在进行主反应的同时，经常还伴随着一些人们所并不希望得到的副反应和副产物。虽然可以回收副产物，但副产物的数量往往不大，且成分又比较复杂，要进行回收必将面对许多技术障碍，且需要耗用一定的经费，所以实际上往往将副产物作为废料排弃，故会引起环境污染。

如磷肥工业中用磷矿、焦炭、硅石反应制取黄磷时，同时还生成有一氧化碳和硅酸钙，分别形成了废气和废渣：

$$Ca_3(PO_4)_2 + 5C + 3SiO_2 = 2P + 5CO\uparrow + 3CaSiO_3$$

又如纯碱工业中利用氯化镁和氢氧化钙反应制取氢氧化镁时，同时还生成氯化钙，形成废水：

$$MgCl_2 + Ca(OH)_2 = Mg(OH)_2\downarrow + CaCl_2$$

4. 生产事故造成的化工污染

比较经常的事故是设备事故。在化工生产中，因为原料、成品或半成品很多都是具有腐蚀性的，容器、管道等很容易被化工原料或产品腐蚀坏，如检修不及时，就会出现"跑、冒、滴、漏"等现象，流失的原料、成品或半成品就会造成对周围环境的污染。比较偶然的事故是工艺过程事故，由于化工生产条件的特殊性，如反应条件没有控制好，或催化剂没有及时更换，或者为了安全而大量排气、排液，或者生成了不需要的东西；这种废气、废液和不需要的东西，数量比平时多，浓度比平时高，就会造成一时的严重污染。

总之，化学工业排放出的废物，不外乎是三种形态的物质，即废水、废气和废渣，总称为化工"三废"。然而，任何废物本身并非是绝对的"废物"，从某种程度上讲，任何物质对人类来说都是有用的，一旦人们合理地利用废物，就完全能够"变废为宝"。

第三节　化工污染的特点

化学工业排出的污染物对水和大气都会造成污染，其中尤以水污染问题更为突出，且不同生产方法和生产工艺产生的污染源会不同，见表2-6。本节重点介绍"化工三废"的特点。

表 2-6　不同生产方法和生产工艺的污染源

原料及生产规模	生产方法及生产工艺	废气污染源	废水污染源	废　　渣
石脑油或油田气为原料 30 万吨/年合成氨	汽化:烃的水蒸气转化法　气体净化:高低温变换,溶液吸收脱碳,甲烷化,压缩合成,冷冻	①脱硫过热炉和预热炉烟气　②加热炉烟气　③一段转化炉烟气　④干气精制再生塔排气　⑤变换冷凝液汽提塔排气　⑥二氧化碳汽提塔排气	①预脱硫分离器排含油水　②变换工艺冷凝液(回用)　③二氧化碳冷凝液　④废热锅炉排污	脱硫,转化,变换,甲烷化所排废催化剂
煤为原料 30 万吨/年合成氨	汽化:德士古加压汽化炉　气体净化:耐硫变换,NHD 脱硫脱碳,液氮洗,压缩合成,冷冻	①汽化闪蒸气　②NHD 汽提塔排气　③硫回收尾气　④脱碳塔塔顶放空气	①汽化废水　②硫回收废水　③变换冷凝液(回用)	①汽化煤渣　②变换,甲烷化所排废催化剂　③废活性污泥

一、水污染的特点

化工废水是在化工生产过程中所排出的废水，其成分主要决定于生产过程中采用的原料以及应用的工艺。化工废水又可分为生产污水和生产废水。所谓的生产废水是指较为清洁，不经处理即可排放或回用的化工废水（例如化工生产中的冷凝水）。而那些污染较为严重，需经过处理后方可排放的化工废水就称之为生产污水。

国外化工厂一般多集中布置在江、河、湖、海附近，生产废水大多就近排入水域，因此对水域的污染极为严重。化工废水的污染特点有以下几个方面。

（1）有毒性和刺激性　化工废水中含有许多污染物，有些是有毒或剧毒的物质，如氰、酚、砷、汞、镉和铅等，这些物质在一定浓度下，大多对生物和微生物有毒性或剧毒性；有的物质不易分解，在生物体内长期积累会造成中毒，如六六六、滴滴涕等有机氯化物；有些据称是致癌物质，如多环芳烃化合物、芳香族胺以及含氮杂环化合物等，此外，还有一些有刺激性、腐蚀性的物质，如无机酸、碱类等。

（2）生化需氧量（BOD）和化学需氧量（COD）都较高　化工废水特别是石油化工生产废水，含有各种有机酸、醇、醛、酮、醚和环氧化物等，其特点是生化需氧量和化学需氧量都较高。有的高达几万毫克每升。这种废水一经排入水体，就会在水中进一步氧化分解，从而消耗水中大量的溶解氧，直接威胁水生生物的生存。

（3）pH 不稳定　化工生产排放的废水，时而呈强酸性，时而呈强碱性，pH 很不稳定，对水生生物、构筑物和农作物都有极大的危害。

（4）营养化物质较多　化工生产废水中有的含磷、氮量过高，造成水域富营养化，使水中藻类和微生物大量繁殖，严重时还会形成"赤潮"，造成鱼类窒息而大批死亡。

（5）废水温度较高　由于化学反应常在高温下进行，排出的废水水温较高。这种高温度水排入水域后，会造成水体的热污染，使水中溶解氧降低，从而破坏水生生物的生存条件。有的鱼类在水温 30℃ 以上就会死亡。

（6）油污染较为普遍　石油化工废水中一般都含有油类，不仅危害水生生物的生存，而且增加了废水处理的复杂性。

图 2-1　水污染特点示意图

（7）恢复比较困难　受化工有害物质污染的水域，即使减少或停止污染物排出，要恢复到水域的原来状态，仍需很长时间，特别是对于可以被生物所富集的重金属污染物质，停止排放后仍很难消除污染状态。

水污染特点可用如图 2-1 所示的简图表示。

二、大气污染的特点

空气和水一样是人类生存不可缺少的关键性物质，但是，因为在正常情况下人们可以随时随地得到它，所以往往不觉得其珍贵，其实我们周围的空气和人类生存的关系极为重要，人在五天内不饮水尚能生存，而人只要有五分钟断绝空气就会死亡，空气提供人们需要的氧气，对人类生命起着决定作用。空气中的污染物数量超过一定浓度，将引起空气质量恶化，从而影响人体的健康和生物的生存。

化工生产过程中排放的气体（化工废气），通常含有易燃、易爆、有刺激性和有臭味的物质，污染大气的主要有害物质有碳氢化合物、硫的氧化物、氮氧化物、碳的氧化物、氯和氯化物、氟化物、恶臭物质和浮游粒子等。化工废气对大气的污染特点如下。

（1）易燃、易爆气体较多　这类气体有低沸点的酮、醛、易聚合的不饱和烃等。在石油化工生产中，特别是发生事故时，会向大气排出大量易燃易爆气体，如不采取适当措施进行处理，容易引起火灾、爆炸事故，危害很大，为了防止火灾和爆炸的危害，通常都把这些气体排到专设的火炬系统进行焚烧处理。

（2）排放物大都有刺激性或腐蚀性　化工生产排出刺激性和腐蚀性的气体很多，如二氧化硫、氮氧化物、氯气、氯化氢和氟化氢等，其中以二氧化硫和氮氧化物的排放量最大。这是因为化工生产过程中需要加热和燃烧的设备较多，这些设备无论用煤、重油或天然气作燃料，在燃烧过程中都会产生大量的二氧化硫和氮氧化物等气体。此外，在硫酸生产和使用硫酸的生产过程中，也会产生大量的二氧化硫。二氧化硫气体直接损害人体健康，腐蚀金属、建筑物和器物的表面，而且还易氧化成硫酸盐降落地面，污染土壤、森林、河流和湖泊。在硝酸、硫酸、氮肥、尼龙和染料的生产过程中，会产生大量的氮氧化物，它除直接损害人体健康外，对农林业也有极大破坏作用。

（3）浮游粒子种类多、危害大　化工生产排出的浮游粒子包括粉尘、烟气和酸雾等，种类繁多，其中以各种燃烧设备排放的大量烟气和化工生产排放的各种酸雾对环境的危害较大。烟气中微小碳粒子吸附性很强，能吸附烟气中的焦油状碳氢化合物。其中如苯并芘是一种致癌物质，它容易被烟气吸附而污染环境，威胁人体健康。特别是浮游粒子与有害气体同时存在时能产生协同作用，对人体的危害更为严重。

三、固体废物对环境污染的特点

由工矿企业的生产过程中所排出的丢弃物质，都称为废物，这些废物以固体形式存在的，就叫做固体废物，通常又叫做废渣。工业废渣，按照其来源的不同，可以分为冶金废渣、采矿废渣、燃料废渣、化工废渣等。

化工废渣，是由化学工业生产中排出的工业废渣，包括硫酸矿渣、电石渣、碱渣、塑料废渣等。其中以硫酸矿渣数量较大，每生产 1t 硫酸，要排出 1.1t 废渣。

工业废渣对环境的污染，主要表现在下面三个方面。

1. 对土壤的污染

存放废渣需要占用大量的场地，在自然界的风化作用下，到处流散，尤其是有毒的废渣，既使土壤受到污染，又可导致农作物等受到污染，污染物转入农作物或者转入水域后，会给人类健康带来很大的危害。而且一旦土壤受到污染，很难得到恢复，甚至永远成为不毛之地。

2. 对水域的污染

工业废渣对水域的污染可由图 2-2 来说明。废渣对水域的污染以化工废渣最为突出，尤其是将化工废渣不做任何处理，直接倒入江河、湖泊或沿海海域，将造成更为严重的水体环境污染。

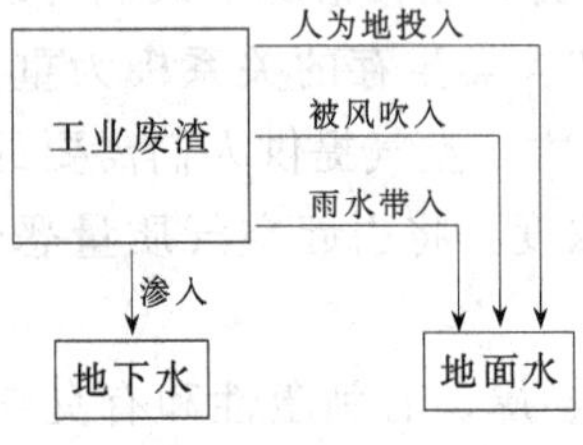

3. 对大气污染

化工废渣在堆放过程中，在温度、水分的作用下，某些有机物质发生分解，产生有害气体扩散到大气中，对大气造成污染。例如，石油化工厂排出的重油渣及沥青块等，在自然条件的作用下，会产生多环芳烃气体。

图 2-2 废渣对水域的污染途径

总的来说，固体废物对环境的污染，虽然还不如废水、酸气那样严重，但从其所造成的危害来看，是必须加以治理的。

第三章 化工废水处理

第一节 化工废水的来源及特点

一、废水的来源及特征

化工废水是从每一种化工产品生产过程中排放出来的废水（包括工艺废水、冷却水、废气洗涤水、设备及场地冲洗水等）。不同行业、不同企业、不同原料、不同的生产方式和不同类型的设备、生产管理的好与坏、操作水平的高与低都对废水的产生数量和污染物的种类及浓度有很大的影响。

（一）化工废水的主要来源

（1）化工生产的原料和产品在生产、包装、运输、堆放的过程中因一部分物料流失又经雨水或用水冲刷而形成的废水。

（2）化学反应不完全而产生的废料。由于反应条件和原料纯度的影响，任何反应都有一个转化率问题。一般的反应转化率只能达到 $70\%\sim80\%$。未反应的原料虽然可以经分离或提纯后再使用，但在循环使用过程中，由于杂质越积越多，积累到一定程度，就会妨碍反应的正常进行，如发生催化剂中毒现象。这种残余的浓度低且成分不纯的物料常常以废水形式排放出来。

（3）化学反应中副反应生成的废水。化工生产中，在进行主反应的同时，经常伴随着一些副反应，产生了副产物。这些副产物一般可回收利用。在某些情况下，如数量不大，成分比较复杂，分离比较困难，分离效率也不高，回收经济不合算等，常不回收利用而作为废水排放。

（4）冷却水。化工生产常在高温下进行，因此，需要对成品或半成品进行冷却。采用水冷时，就排放冷却水。若采用冷却水与反应物料直接接触的直接冷却方式，则不可避免地排出含有物料的废水。

（5）一些特定生产过程排放的废水。如：焦炭生产的水力割焦排水，蒸汽喷射泵的排出废水，蒸馏和汽提的排水与高沸残液，酸洗或碱洗过程排放的废水，溶剂处理中排出的废溶剂，机泵冷却水和水封排水等。

（6）地面和设备冲洗水和雨水，因常夹带某些污染物，最终也形成废水。

（二）化工废水分类

化学工业废水按成分可分为三大类：第一类为含有机物的废水，主要来自基本有机原料、合成材料（含合成塑料、合成橡胶、合成纤维）、农药、染料等行业排出的废水；第二类为含无机物的废水，如无机盐、氮肥、磷肥、硫酸、硝酸及纯碱等行业排出的废水；第三类为既含有有机物又含有无机物的废水，如氯碱、感光材料、涂料等行业。如果按废水中所含主要污染物分则有含氰废水、含酚废水、含硫废水、含氟废水、含铬废水、含有机磷化合物废水、含有机物废水等。

（三）化工废水的特点

化学工业在经济建设中处于十分重要的地位。然而，它又是造成环境污染的主要工业系统之一。化工废水污染有如下特点。

（1）废水排放量大　化工生产中需进行化学反应，化学反应要在一定的温度、压力及催化剂等条件下进行。因此，在生产过程中工艺用水及冷却水用量很大，故废水排放量大。废水排放量约占全国工业废水总量的30％左右，居各工业系统之首。

（2）污染物种类多　水体中的烷烃、烯烃、卤代烃、醇、酚、醚、酮及硝基化合物等有机物和无机物，大多是化学工业生产过程中或一些行业应用化工产品的过程中所排放的。

（3）污染物毒性大，不易生物降解　所排放的许多有机物和无机物中不少是直接危害人体的毒物。许多有机化合物十分稳定，不易被氧化，不易为生物所降解。许多沉淀的无机化合物和金属有机物可通过食物链进入人体，对健康极为有害，甚至在某些生物体内不断富集。

（4）废水中有害污染物较多　全国化工废水中主要有害污染物年排放总量为215万吨左右，其中主要有害污染物如废水中氰化物的排放量占总氰化物排放量的一半，而汞的排放量则占全国排放总量的2/3。六价铬的排放量占全国总排放量的12％（1986年）。

（5）化工废水的水量和水质视其原料路线、生产工艺方法及生产规模不同而有很大差异　一种化工产品的生产，随着所用原料的不同，采用生产工艺路线的不同，或生产规模的不同，所排放废水的水量及水质也不相同。以乙醛生产为例，根据生产所采用三种不同原料路线和三种不同生产工艺方法，其排放废水的水质和水量也各异。

（6）污染范围广　化学工业厂点多，遍及整个城市及郊区，甚至农村地区。由于化工具有行业多、厂点多、品种多、生产方法多及原料和能源消耗多等特点造成污染面广。表3-1

表3-1　主要化工行业废水来源及主要污染物

行　业	主　要　来　源	废水中主要污染物
氮肥	合成氨、硫酸铵、尿素、氯化铵、硝酸铵、氨水、石灰氮	氰化物、挥发酚、硫化物、氨氮、SS、CO、油
磷肥	普通过磷酸钙、钙镁磷肥、重过磷酸钙、磷酸铵类氮磷复合肥、磷酸、硫酸	氟、砷、P_2O_5、SS、铅、镉、汞、硫化物
无机盐	重铬酸钠、铬酸酐、黄磷、氰化钠、三盐基硫酸铅、二盐基亚磷酸铅、氯化锌、七水硫酸锌	六价铬、元素磷、氰化物、铅、锌、氟化物、硫化物、镉、砷、铜、锰、锡和汞
氯碱	聚氯乙烯、盐酸、液氯	氯、乙炔、硫化物、Hg、SS
有机原料及合成材料	脂肪烃、芳香烃、醇、醛、酮、酸、烃类衍生物及合成树脂（塑料）、合成橡胶、合成纤维	油、硫化物、酚、氰、有机氯化物、芳香族胺、硝基苯、含氮杂环化合物、铅、铬、镉、砷
农药	敌百虫、敌敌畏、乐果、氧化乐果、甲基对硫磷、对硫磷、甲胺磷、马拉硫磷、磷胺	有机磷、甲醇、乙醇、硫化物、对硝基酚钠、NaCl、NH_3-N、NH_4Cl、粗酯
染料	染料中间体、原染料（含有机颜料）、商品染料、纺织染整助剂	卤化物、硝基物、氨基物、苯胺、酚类、硫化物、硫酸钠、NaCl、挥发酚、SS、六价铬
涂料	涂料：树脂漆、油脂漆。无机颜料：钛白粉、立德粉、铬黄、氧化锌、氧化铁、红丹、黄丹、金属粉、华兰	油、酚、醇、醛、SS、六价铬、铅、锌、镉
感光材料	三醋酸纤维素酯、三醋酸纤维素酯片基、乳胶制备及胶片涂布、照相有机物、废胶片及银回收	明胶、醋酸、硝酸、照相有机物、醇类、苯、银、乙二醇、丁醇、二氯甲烷、卤化银、SS
焦炭、煤气粗制和精制化工产品	焦炉炭化进入集气管，用氨水喷洒冷却煤气产生剩余氨水 回收煤气中化工产品产生的煤气冷却水 粗制提取和精制蒸馏加工的产品分离水 煤气水封和煤气总管冷凝水	酚、氰化物、氨氮、COD_{Cr}、油类、硫化物
硫酸（硫铁矿制酸）	净化设备中产生的酸性废水	pH（酸性）、砷、硫化物、氟化物、悬浮物

列出了几种典型的化工行业生产所排出废水情况，表 3-2 列出了化工废水中重点污染物的主要来源。

表 3-2　化学工业废水中重点污染物的主要来源

重点污染物	来　　源
汞	聚氯乙烯(电石法)厂、汞试剂厂
镉	无机和有机镉生产厂、镉试剂厂
铅	颜料厂、铅盐生产厂
砷	硫酸生产厂、农药厂
铬	铬盐生产厂、铬黄颜料厂
酸类	硫酸、盐酸、硝酸、合成染料、农药、塑料生产厂
氨、铵盐	化肥(氮肥)厂、焦化厂
碱类	氯碱厂、纯碱厂
氟化物	硫酸厂、氟塑料生产厂、磷肥生产厂、制冷剂厂
酚类	合成苯酚生产、合成染料、酚醛树脂厂、农药厂、焦化厂
氰化物	焦化厂、煤气生产厂、氰化钠生产厂、氮肥厂、有机化工厂
硫化物	硫酸厂、焦化厂、染料厂、有机化工厂、无机盐厂
有机磷	农药厂、有机化工厂
有机氯	农药厂、有机化工厂
BOD、COD_{Cr}	染料厂、塑料厂、农药厂、焦化厂、涂料厂、其他有机化工原料厂

二、水体污染物

废水中的污染物种类大致可分为：固体污染物、需氧污染物、营养性污染物、酸碱污染物、有毒污染物、油类污染物、生物污染物、感官性污染物、热污染等。水体中的污染物大致分类见表 3-3。

表 3-3　水体中的污染物

分　　类	主　要　污　染　物
无机有害物	水溶性氯化物、硫酸盐，无机酸、碱、盐中无毒物质，硫化物
无机有毒物	铝、汞、砷、镉、铬、氟化物、氰化物等重金属元素及无机有毒化学物质
耗氧有机物	碳水化合物、蛋白质、油脂、氨基酸等
植物营养物	铵盐、磷酸盐和磷、钾等
有机有毒物	酚类、有机磷农药、有机氯农药、多环芳烃、苯等
病原微生物	病菌、病毒、寄生虫等
放射性污染	铀、锶、铯等
热污染	含热废水

为了表征废水水质，规定了许多水质指标。主要有有毒物质、有机物质、悬浮物、细菌总数、pH、色度、温度等。一种水质指标可以包括几种污染物；而一种污染物又可以属于几种水质指标。

(一) 固体污染物

固体污染物常用悬浮物和浊度两个指标来表示。

悬浮物是一项重要的水质指标，它的存在不但使水质浑浊，而且使管道及设备堵塞、磨损，干扰废水处理及回收设备的工作。由于大多数废水中都有悬浮物，因此去除水中的悬浮物是废水处理的一项基本任务。

浊度是对水的光传导性能的一种测量，其值可表征废水中胶体和悬浮物的含量。主要是水体中含有泥沙、有机质胶体、微生物以及无机物质的悬浮物和胶体物而产生的浑浊现象，以致降低水的透明度，而影响感官甚至影响水生生物的生活。

固体污染物在水中以三种状态存在：溶解态（直径小于 1nm）、胶体态（直径介于 1～100nm）和悬浮态（直径大于 100nm）。水质分析中把固体物质分为两部分：能透过滤膜（孔径约 3～10μm）的叫溶解固体（DS）；不能透过的叫悬浮固体或悬浮物（SS），两者合称为总固体（TS）。在水质监测中悬浮物（SS）是一个比较重要的指标。

（二）耗氧有机物

绝大多数的耗氧污染物（需氧污染物）是有机物，无机物主要为还原态的物质，如 Fe、Fe^{2+}、S^{2-}、CN^- 等，因而在一般情况下，耗氧污染物即指需氧有机物或耗氧有机物。天然水中的有机物一般是水中生物生命活动的产物。人类排放的生活污水和大部分生产废水中含有大量的有机物质，其中主要是耗氧有机物如碳水化合物、蛋白质、脂肪等。

耗氧有机物种类繁多，组成复杂，难以分别对其进行定量、定性分析。一般情况下，不对它们进行单项定量测定，而是利用其共性，间接地反映其总量或分类含量。在工程实际中，采用以下几个综合水质污染指标来描述。

1. 化学需氧量（COD）

化学需氧量是指在酸性条件下，用强氧化剂将有机物氧化成 CO_2、H_2O 所消耗的氧量，以 mg/L 表示。COD 值越高，表示水中有机污染物的污染越严重。目前常用的氧化剂主要是重铬酸钾和高锰酸钾。由于重铬酸钾氧化作用很强，能够较完全地氧化水中大部分有机物和无机性还原性物质（但不包括硝化所需的氧量），此时化学需氧量用 COD_{Cr} 表示，主要适用于分析污染严重的水样，如生活污水和工业废水。如采用高锰酸钾作为氧化剂，则写作 COD_{Mn}。适用于测定一般地表水，如海水、湖泊水等。目前，根据国际标准化组织（ISO）规定，化学需氧量指 COD_{Cr}，而称 COD_{Mn} 为高锰酸盐指数。

与 BOD_5 相比，COD_{Cr} 能够在较短时间内（规定为 2h）较为精确地测出废水之中耗氧物质的含量，不受水质限制。缺点是不能表示可被微生物氧化的有机物量，此外废水中的还原性无机物质也能消耗部分氧，会造成一定的误差。

2. 生化需氧量（BOD）

生化需氧量是指在有氧条件下，由于微生物的活动，降解有机物所需的氧量，称为生化需氧量，以 mg/L 表示。生化需氧量越高，表示水中耗氧有机物污染越严重。

废水中有机物的分解，一般可以分为两个阶段。第一阶段 BOD，或称碳化阶段，是有机物中碳氧化为二氧化碳，有机物中的氮氧化为氨的过程。碳化阶段消耗的氧量称为碳化需氧量，用 L_a 或 BOD_u 表示。第二阶段 BOD，或称为氮化阶段或硝化阶段，氨在硝化细菌作用下，被氧化为亚硝酸根和硝酸根。硝化阶段的耗氧量称为硝化需氧量，用 L_N 或 BOD_u 表示。

有机物耗氧过程与温度、时间有关。在一定范围内温度越高，微生物活力越强，消耗有机物就越快，需氧越多；时间越长，微生物降解有机物的数量和深度越大，需氧量越多。在实际测定生化需氧量时，温度规定为 20℃。此时，一般有机物需 20d 左右才能基本完成第一阶段的氧化分解过程，其需氧量用 BOD_{20} 表示，它可视为完全生化需氧量 L_a。在实际测定时，20d 时间太长，目前国内外普遍采用在 20℃条件下培养 5d 的生物化学过程需要氧的量为指标，称作为 BOD_5，简称 BOD。BOD_5 只能相对反映出氧化有机物的数量，各种废水的水质差别很大，其 BOD_{20} 与 BOD_5 相差悬殊，但对某一种废水而言，此值相对固定，如生活污水的 BOD_5 约为 BOD_{20} 的 70%左右。但是，它在一定程度上亦反映了有机物在一定条件下进行生物氧化的难易程度和时间进程，具有很大的使用价值。

如果废水中各种成分相对稳定，那么 COD 与 BOD 之间应有一定的比例关系。一般来说，$COD > BOD_{20} > BOD_5 > COD_{Mn}$。其中 BOD_5/COD 比值可作为废水是否适宜生化法处理的一个衡量指标。比值越大，越容易被生化处理。一般认为 BOD_5/COD 大于 0.3 的废水才适宜采用生化处理。

3. 总需氧量（TOD）

有机物主要元素是 C、H、O、N、S 等。在高温下燃烧后，将分别产生 CO_2、H_2O、NO_2 和 SO_2，所消耗的氧量称为总需氧量 TOD。TOD 的值一般大于 COD 的值。

TOD 的测定方法是：向氧含量已知的氧气流中注入定量的水样，并将其送入以铂为催化剂的燃烧管中，在 900℃ 高温下燃烧，水样中的有机物即被氧化，消耗掉氧气流中的氧气，剩余氧量可用电极测定并自动记录。氧气流原有氧量减去剩余氧量即得总需氧量 TOD。TOD 的测定仅需要几分钟。但 TOD 的测定在水质监测中应用比较少。

4. 总有机碳（TOC）

总有机碳是近年来发展起来的一种水质快速测定方法，通过测定废水中的总有机碳量可以表示有机物的含量。总有机碳的测定方法是：向氧含量已知的氧气流中注入定量的水样，并将其送入特殊的燃烧器（管）中，以铂为催化剂，在 900℃ 高温下，使水样汽化燃烧，并用红外气体分析仪测定在燃烧过程中产生的 CO_2 量，再折算出其中的含碳量，就是总有机碳 TOC 值。为排除无机碳酸盐的干扰，应先将水样酸化，再通过压缩空气吹脱水中的碳酸盐。TOC 的测定时间也仅需几分钟。TOC 虽可以以总有机碳元素量来反映有机物总量，但因排除了其他元素，仍不能直接反映有机物的真正浓度。

（三）富营养化污染

废水中所含 N 和 P 是植物和微生物的主要营养物质。当废水排入受纳水体，使水中 N 和 P 的浓度分别超过 0.2mg/L 和 0.02mg/L 时，就会引起受纳水体的富营养化，提高各种水生生物（主要是藻类）的活性，刺激它们的异常繁殖，并大量消耗水中的溶解氧，从而导致鱼类等窒息和死亡。除此之外，水中大量的 NO_3^-、NO_2^- 若经食物链进入人体，将危害人体健康或有致癌作用。

（四）无机无毒物质（酸、碱、盐污染物）

无机无毒物质主要指排入水体中的酸、碱及一般的无机盐类。酸性废水主要来源于矿山排水、工业废水及酸雨。碱性废水主要来自碱法造纸、化学纤维制造、制碱、制革等工业的废水。酸碱废水的水质标准中以 pH 来反映其含量水平。酸性废水和碱性废水可相互中和产生各种盐类；酸性、碱性废水亦可与地表物质相互作用，生成无机盐类。所以，酸性或碱性污水造成的水体污染必然伴随着无机盐的污染。

酸性和碱性污水使水体的 pH 发生变化，破坏了自然的缓冲能力，抑制了微生物的生长，妨碍了水体的自净，使水质恶化、土壤酸化或盐碱化。此外酸性废水也对金属和混凝土材料造成腐蚀。同时，还因其改变了水体的 pH，增加了水中的一般无机盐类和水的硬度等。

（五）有毒污染物

废水中能对生物引起毒性反应的化学物质，称有毒污染物。工业上使用的有毒化学物已经超过 12000 种，而且每年以 500 种的速度递增。

毒物是重要的水质指标，各类水质标准对主要的毒物都规定了限值。废水中的毒物可分为三大类：无机有毒物质、有机有毒物质和放射性物质。

1. 无机有毒物质

这类物质具有强烈的生物毒性，它们排入天然水体，常会影响水中生物，并可通过食物链危害人体健康，这类污染物都具有明显的累积性，可使污染影响持久和扩大。无机有毒物质包括金属和非金属两类。金属毒物主要为汞、铬、镉、铅、镍、铜、锌、钴、锰、钛、钒、钼和铋等，特别是前几种危害更大。如汞进入人体后被转化为甲基汞，有很好的脂溶性，易进入生物组织，并有很高的蓄积作用，在脑组织内积累，破坏神经功能，无法用药物治疗，严重时能造成死亡。镉进入人体后，主要贮存在肝、肾组织中不易排出，镉的慢性中毒主要使肾脏吸收功能不全，降低机体免疫能力以及导致骨质疏松、软化，并引起全身疼痛、腰关节受损、骨节变形，即八大公害之一的骨痛病，有时还会引起心血管病等。

重要的非金属有毒物有砷、硒、氟、硫、氰、亚硝酸根等。如砷中毒时引起中枢神经紊乱、腹痛、肝痛、肝大等消化系统障碍。并常伴有皮肤癌、肝癌、肾癌、肺癌等发病率增高现象。无机氰化物的毒性表现为破坏血液，影响血液运送氧的机能而导致死亡。亚硝酸盐在人体内还能与仲胺生成硝酸铵，具有强烈的致癌作用。

2. 有机有毒物质

有机有毒物质的种类很多，这类物质大多是人工合成的有机物，难以被生物降解，并且它们的污染影响、作用也不同。大多是较强的三致物质（致癌、致突变、致畸），毒性很大。主要有：酚类化合物、有机农药（DDT、有机氯、有机磷、有机汞等）、多氯联苯（PCB）、多环芳烃等。有机氯农药有很强的稳定性，在自然环境中的半衰期为十几年到几十年，且这类物质的水溶性低而脂溶性高，可以通过食物链在人体和动物体内富集，对动物和人体造成危害。

3. 放射性物质

放射性是指原子核衰变而释放射线的物质属性。主要包括 X 射线、α 射线、β 射线、γ 射线及质子束等。天然的放射性同位素 ^{238}U、^{226}Ra、^{232}Th 等一般放射性都比较弱，对生物没有什么危害。人工的放射性同位素主要来自铀、镭等放射性金属的生产和使用过程，如核试验、核燃料再处理、原料冶炼厂等。其浓度一般较低，主要引起慢性辐射和后期效应，如诱发癌症，促成贫血、白细胞增生，对孕妇和婴儿产生损伤，引起遗传性损害等。

（六）油类污染物

油类污染物包括"石油类"和"动植物油"两项。沿海及河口石油的开发、油轮运输、炼油工业废水的排放、内河水运以及生活废水的大量排放等，都会导致水体受到油污染。油类污染物能在水面上形成油膜，影响氧气进入水体，破坏了水体的复氧条件。它还能附着于土壤颗粒表面和动植物体表，影响养分的吸收和废物的排出。当水中含油 $0.01 \sim 0.1 mg/L$ 时，对鱼类和水生生物就会产生影响。当水中含油 $0.3 \sim 0.5 mg/L$，就会产生石油气味，不适合饮用。同时，油污染还破坏了海滩休养地、风景区的景观等。

（七）生物污染物质

生物污染物质主要指废水中的致病性微生物，它包括致病细菌、病虫卵和病毒。未污染的天然水中的细菌含量很低，水中的生物污染物主要来自生活污水、医院污水和屠宰肉类加工、制革等工业废水。主要通过动物和人排泄的粪便中含有的细菌、病菌及寄生虫类等污染水体，引起各种疾病传播。如生活污水中可能含有能引起肝炎、伤寒、霍乱、痢疾、脑炎的病毒和细菌以及蛔虫卵和钩虫卵等。生物污染物污染的特点是数量大、分布广、存活时间长，繁殖速度快，必须予以高度重视。

（八）感官性状污染物

废水中能引起异色、浑浊、泡沫、恶臭等现象的物质，虽然没有严重的危害，但也引起人们感官上的极度不快，被称为感官性污染物。如印染废水污染往往使水色变红或含有其他染料颜色，炼油废水污染可使水色黑褐等。对于供游览和文体活动的水体而言，感官性污染物的危害则较大。各类水质标准中，对色度、臭味、浊度、漂浮物等指标都作了相应的规定。

（九）热污染

废水温度过高而引起的危害，称为热污染。热电厂等的冷却水是热污染的主要来源。这种废水直接排入天然水体，可引起水温升高，造成如下危害。

（1）可使水中的溶解氧减少，相应的亏氧量随之减少，故大气中的氧向水中传递的速率减慢；另一方面，会导致生物耗氧速度的加快，促使水体中的溶解氧进一步耗尽，使水质迅速恶化，造成鱼类和其他水生生物死亡。

（2）可加快藻类繁殖，从而加快水体的富营养化进程。

（3）导致水体中的化学反应加快，使水体中的物化性质如离子浓度、电导率、腐蚀性发生变化，可能导致对管道和容器的腐蚀。

（4）可加速细菌生长繁殖，增加后续水处理的费用。如取该水体作为给水源，则需要增加混凝剂和氯的投加量，且使水中的有机氯含量增加。

第二节　化工废水处理方法概述

废水中的污染物质是多种多样的，所以往往不可能用一种处理单元就能够把所有的污染物质去除干净。一般一种废水往往需要通过由几种方法和几个处理单元组成的处理系统处理后，才能够达到排放要求。采用哪些方法或哪几种方法联合使用需综合考虑废水的水质和水量、排放标准、处理方法的特点、处理成本和回收经济价值等，通过调查、分析、比较后决定，必要时，要进行小试、中试等试验研究。

一、按作用原理划分

针对不同污染物质的特征，发展了各种不同的废水处理方法，按作用原理可分为四大类：物理处理法、化学处理法、物理化学法和生物化学处理法。

1. 物理处理法

是通过物理作用，以分离、回收废水中不溶解的呈悬浮状态污染物质（包括油膜和油珠）的废水处理法。根据物理作用的不同，又可分为重力分离法、离心分离法和筛滤截流法等。属于重力分离法的处理单元有：沉淀、上浮（气浮、浮选）等，相应使用的处理设备是沉砂池、沉淀池、除油池、气浮池及其附属装置等。离心分离法本身就是一种处理单元，使用的处理装置有离心分离机和水旋分离器等，筛滤截流法截留和过滤两种处理单元，前者使用的处理设备是隔栅、筛网，而后者使用的是砂滤池和微孔滤池等。

2. 化学处理法

是通过化学反应和传质作用来分离、去除废水中呈溶解、胶体状态的污染物质或将其转化为无害物质的废水处理法。在化学处理法中，以投加药剂产生化学反应为基础的处理单元是混凝、中和、氧化还原等；而以传质作用为基础的处理单元则有萃取、汽提、吹脱、吸附、离子交换、电渗析和反渗透等。后两种处理单元又统称为膜处理技术。其中运用传质作用的处理单元具有化学作用，而同时又有与之相关的物理作用，所以也可以从化学处理法中分离出来，成为另一种处理方法，称为物理化学法，即运用物理和化学的综合作用使污水得到净化的方法。

3. 物理化学法

是利用物理化学作用去除废水中的污染物质。主要有吸附法、离子交换法、膜分离法、萃取法、气提法和吹脱法等。

4. 生物化学处理法

是通过微生物的代谢作用，使废水中呈溶液、胶体以及微细悬浮状态的有机性污染物质转化为稳定、无害的物质的废水处理方法。根据起作用的微生物不同，生物处理法又可分为好氧生物处理法和厌氧生物处理法。

二、按处理程度划分

现代废水处理技术，按处理程度划分，可分为一级处理、二级处理和三级处理。

1. 一级处理

一级处理是去除废水中的漂浮物和部分悬浮状态的污染物质，调节废水 pH、减轻废水的腐化程度和后续处理工艺负荷的处理方法。

污水经一级处理后，一般达不到排放标准。所以一般以一级处理为预处理，以二级处理为主体，必要时再进行三级处理，即深度处理，使污水达到排放标准或补充工业用水和城市供水，一级处理的常用方法如下。

（1）筛滤法　筛滤法是分离污水中呈悬浮状态污染物质的方法。常用设备有格栅和筛网。格栅主要用于截留污水中大于栅条间隙的漂浮物，一般布置在污水处理场或泵站的进口处，以防止管道、机械设备以及其他装置的堵塞。格栅的清渣，可采用人工或机械方法，有的是用磨碎机将栅渣磨碎后，再投入格栅下游，以解决栅渣的处置问题。筛网的网孔较小，主要用以滤除废水中的纤维、纸浆等细小悬浮物，以保证后续处理单元的正常运行和处理效果。

（2）沉淀法　沉淀法是通过重力沉降分离废水中呈悬浮状态污染物的方法。沉淀法的主要构筑物有沉砂池和沉淀池，用于一级处理的沉淀池，通称初级沉淀池，其作用为：去除污水中大部分可沉的悬浮固体；作为化学或生物化学处理的预处理，以减轻后续处理工艺的负荷和提高处理效果。

（3）上浮法　上浮法用于去除污水中相对密度小于 1 的污染物，或通过投加药剂、加压溶气等措施去除相对密度稍大于 1 的污染物。在一级处理工艺中，主要是用于去除污水中的油类及悬浮物质。

（4）预曝气法　预曝气法是在污水进入处理构筑物以前，先进行短时间（10～20min）的曝气。其作用为：可产生自然絮凝或生物絮凝作用，使污水中的微小颗粒变大，以便沉淀分离；氧化废水中的还原性物质；吹脱污水中溶解的挥发物；增加污水中的溶解氧，减轻污水的腐化，提高污水的稳定度。

2. 二级处理

二级处理是污水通过一级处理后，再加处理，用以除去污水中大量有机污染物，使污水

进一步净化的工艺过程。相当长时间以来，主要把生物化学处理作为污水二级处理的主体工艺。近年来，采用化学或物理化学处理法作为二级处理主体工艺，并随着化学药剂品种的不断增加，处理设备和工艺的不断改进而得到推广。

污水在经过筛滤、沉淀或上浮等一级处理之后，可以有效地去除部分悬浮物，也可以去除 25%～40% 的 BOD，但一般不能去除污水中呈溶解状态的和呈胶体状态的有机物、氧化物和硫化物等有毒物质，不能达到污水排放标准。因此需要进行二级处理，二级处理的主要方法如下。

（1）活性污泥法　废水生物化学处理的主要处理方法。以污水中有机污染物作为底物，在有氧的条件下，对各种微生物群体进行混合连续培养，形成活性污泥。利用这种活性污泥在废水中的凝聚、吸附、氧化、分解和沉淀等作用，去除废水中有机污染物。活性污泥法从开创至今已经有 90 多年的历史，目前已成为有机工业废水和城市污水最有效的生物处理法，应用非常普遍。活性污泥法运行方式多种多样，如传统活性污泥法、阶段曝气法、生物吸附法、混合式曝气法、纯氧曝气法、深井曝气法、氧化沟法（延时曝气活性污泥法）等。

（2）生物膜法　生物膜法是使废水通过生长在固定支承物表面的生物膜，利用生物氧化作用和各相之间的物质交换，降解废水中有机污染物的方法。主要构筑物有生物滤池、生物转盘和生物接触氧化池以及最近发展起来的悬浮载体流化床等。目前以生物接触氧化池应用最广。

近年来，有的国家正在研究和采用化学或物理化学处理法作为二级处理主体工艺，预期这些方法将随着化学药剂品种的不断增加，处理设备和工艺的不断改进而得到推广。

污水二级处理可以去除污水中大量 BOD 和悬浮物，在较大程度上净化了污水，对保护环境起到了一定作用。但随着污水量的不断增加，水资源的日益紧张，需要获取更高质量的处理水，以供重复使用或补充水源。为此，有时需要在二级处理基础上，再进行污水三级处理。

3. 三级处理

污水三级处理又称污水深度处理或高级处理。为进一步去除二级处理未能去除的污染物质，其中包括微生物未能降解的有机物或磷、氮等可溶性无机物。三级处理是深度处理的同义词，但两者又不完全一致。三级处理是经二级处理后，为了从废水中去除某种特定的污染物质，如磷、氮等，而补充增加的一项或几项处理单元；至于深度处理则往往是以废水回收、复用为目的，在二级处理后所增设的处理单元或系统。三级处理耗资较大，管理也较复杂，但能充分利用水资源。

完善的三级处理由除磷、除氮、除有机物（主要是难以生物降解的有机物）、除病毒和病原菌、除悬浮物和除矿物质等过程单元组成。根据三级处理出水的具体去向，其处理流程和组成单元是不同的。如果为防止受纳水体富营养化，则采用除磷和除氮的三级处理；如果为保护下游引用水源或浴场不受污染，则应采用除磷、除氮、除毒物、除病菌和病原菌等三级处理，如直接作为城市饮用水以外的生活用水，如洗衣、清扫、冲洗厕所、喷洒街道和绿化地带等用水，其出水水质要求接近于饮用水标准。

第三节　物理处理法

在工业废水的处理中，物理法占有重要的地位。与其他方法相比，物理法具有设备简单、成本低、管理方便、效果稳定等优点。它主要用于去除废水中的漂浮物、悬浮固体、砂和油类等物质。物理法一般用作其他处理方法的预处理或补充处理。

物理法包括过滤、重力分离、离心分离等。

一、重力分离

废水中含有的较多无机砂粒或固体颗粒，必须采用沉淀法除掉，以防止水泵或其他机械设备、管道受到磨损，并防止淤塞。沉淀池中沉降下来的固体，可用机械进行清除。

（一）沉淀法的分类

从化工废水中除去悬浮固体的方法，一般常采用沉淀法。此法是利用固体与水两者密度差异的原理，使固体和液体分离。这是对废水预先进行净化处理的方法之一，被广泛采用作为废水的预处理方法。例如对化工废水进行生化处理之前，为保证生化处理顺利进行，先要从废水中除去砂粒固体颗粒杂质以及一部分有机物质，以减轻生化装置的处理负荷。因此，在生化处理前，废水先要通过沉淀池进行沉淀，设备在生化处理之前的沉淀池，称为初级沉淀池，或一次沉淀。而在生化处理后的沉淀池，称为二次沉淀池，其目的是进一步去除残留的固体物质，包括生化处理后多余的活性污泥。

沉淀法又分为自然沉淀和混凝沉淀两种。

1. 自然沉淀

自然沉淀是依靠废水中固体颗粒的自身重量进行沉降。该法仅对较大颗粒才能有较好的去除效果。

2. 混凝沉淀

混凝沉淀的基本原理是在废水中投入电解质作为混凝剂，使废水中的微小颗粒与混凝剂黏结成较大的胶团，加速在水中的沉降，此法实质为化学处理方法，具体内容将在化学处理方法中介绍。

（二）影响沉淀的因素

影响废水或称污水悬浮颗粒沉降效率的主要因素有三个方面，即：①污水的流速；②悬浮颗粒的沉降速度；③沉淀池的尺寸。

在一定的污水流速下，对一定大小的沉淀池其沉降效率主要取决于颗粒的沉降速度。自由沉降的颗粒沉降速度，与颗粒的形状以及颗粒与流体间的相对运动情况有关。通常是用雷诺数 Re 来判断颗粒在水中沉降的相对运动类型，对于球形颗粒，Re 的计算式为：

$$Re = \frac{d_s u_s \rho}{\mu}$$

式中　d_s——颗粒的直径，m；

$\quad\quad u_s$——颗粒的沉降速度，m/s；

$\quad\quad \rho$——污水的密度，kg/m^3；

$\quad\quad \mu$——污水的黏度，Pa·s。

一般雷诺数 $Re < 1$，即流体与颗粒相对运动是呈滞流状态。此时，沉降速度 u_s，可以由斯托克斯（Stokes）公式来计算，即

$$u_s = \frac{d_s^2 (\rho_s - \rho) g}{18\mu}$$

式中　ρ_s——颗粒的密度，kg/m^3。

这说明：某一污水在某一沉淀池处理时，污水中的悬浮颗粒直径或密度愈大，其沉降速度愈快，则沉降效率愈高。

颗粒的沉降速度 u_s，有一个最小值，用 u'_s 表示。为了使悬浮颗粒，在从进沉淀池入口至沉淀池出口这段时间内，能沉降到池底，必须保证悬浮颗粒在沉淀池中有一定的停留时间。即

$$T_s = \frac{H}{u'_s}$$

式中 T_s——污水中悬浮颗粒的沉降时间，s；

H——沉淀池深度，m；

u'_s——颗粒的最小沉降速度，m/s。

这表明：在 u_s 一定时，随着沉淀池深度 H 的减少，沉淀时间 T_s 可以缩短。但是必须保持沉淀池有一定的深度 H，才能防止已沉淀的颗粒再被水的流动所扰动，而不重新被水带出沉淀池。所以，只有在保证池底沉淀物不受水流冲击和扰动的情况下，适当减小沉淀池深度，才能提高沉淀效果。

假定废水的流量为 $Q(\mathrm{m^3/s})$，废水在沉淀池（图 3-1）中的流速是 $u(\mathrm{m/s})$，那么

$$Q = uBH$$

式中 B——沉淀池的宽度，m。

而废水在沉淀池中停留时间 T

$$T = \frac{L}{u}$$

式中 L——沉淀池的长度，m。

对于某一沉淀池，其尺寸 H、B、L 固定，污水的流速

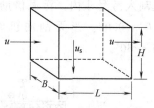

图 3-1　沉淀池的尺寸

u 愈大，则废水实际在沉淀池停留时间 T 愈短；反之，流速 u 愈小，停留时间 T 愈长。为了保证污水中悬浮颗粒的沉降时间 T_s，则污水停留时间 T 至少等于颗粒的沉降时间 T_s，即 $T = T_s$。

由上面式子，解得

$$Q = Au'_s$$

式中 A——沉淀池的底面积，$\mathrm{m^2}$。

通常将废水流量 Q 与沉淀池平面面积 A 之比称为表面负荷，亦称为过流率，用符号 q_0 表示，单位为 $\mathrm{m^3/(m^3 \cdot s)}$，即 $q_0 = \dfrac{Q}{A}$

或 $$Q = Aq_0$$

与前式比较可知，在同一沉淀池内，过流率的大小，与颗粒的最小沉降速度 u'_s 相等。过流率愈小，沉淀效果愈好。反之，则沉淀效果差。对一定流量的废水，沉淀面积愈大，则过流率愈小，沉淀效率也愈好。

实际上，由于污水在通过沉淀池的各过水断面上的流速分布是不均匀的，颗粒在沉淀池中的实际停留时间要比上面提到的停留时间 T_s 短；又由于受到水流本身的湍动影响，颗粒的实际沉降速度也要比上面提到的 u_s 小。所以沉降效果实际上要比理论效果低一些。

（三）沉降设备

生产上用来对污水进行沉淀处理的设备称为沉淀池，根据池内水流的方向不同，沉淀池

的形式大致可以分为五种：即平流式沉淀池、竖流式沉淀池、辐射式沉淀池、斜管式沉淀池、斜板式沉淀池。

沉淀池的操作区域可以分为水流部分和沉淀部分。

（1）水流部分　废水在这部分内流动，悬浮固体颗粒也在这部分区域内进行沉降。为了使水流均匀地通过各个水断面，一般均在污水的入口处设置挡板，并且要使进水的入口置于池内的水面以下。另外在沉淀池的出水口前，设置浮渣挡板，用以防止漂浮在水面上的浮渣以及油污等流出沉淀池。

（2）沉淀部分　沉降到池底的污泥需定期排放。采用机械排泥的沉降池底是平底。也可以采用泥浆泵或利用水的压力将污泥排出，此时池底应为锥形。另外还可以将两种排泥方式同时采用。

各类沉淀池的构造，简单介绍如下。

图 3-2 为附有链条刮泥机的平流式沉淀池。废水由进水槽经进水孔流入池中。进水挡板的作用是降低水流速度，并使水流均匀分布于池中过水部分的整个断面。沉淀池出口为孔口或溢流堰，有时采用锯齿形（三角形）溢流堰，堰前设置浮渣管（或浮渣槽）及挡板，以拦阻和排除水面上的浮渣，使其不致流入出水槽。在沉淀池前部设有污泥斗，池底污泥由刮泥机刮入污泥斗内，污泥借助池中静水压力从污泥管中排出，当有刮泥机时，池底坡度为 0.01～0.02。当无刮泥机时，池底常做成多斗形，每个斗有一个排泥管，斗壁倾斜 45°～60°。

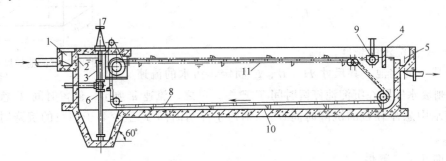

图 3-2　附有链条刮泥机的平流沉淀池

1—进水槽；2—进水孔；3—进水挡板；4—出水挡板；
5—出水槽；6—排泥管；7—排泥闸门；8—链带；9—排渣
管槽（能转动）；10—刮板；11—链带支撑

平流式沉淀池的优点是构造简单，效果良好，工作性能稳定，但排泥较为困难。

当废水含大量无机悬浮物且水量又大时，宜采用辐流式沉淀池（图 3-3）；水量较小时，则采用平流式沉淀池。当废水含大量有机悬浮物而水量又不大时，可以考虑采用竖流式沉淀池（图 3-4），如果废水量大，应采用平流式或辐流式沉淀池。

用沉淀法处理废水已有很长的历史，但此法设备庞大，生产能力不高。近年来，由于浅层沉淀理论的发展，开始从多层沉淀向斜板沉淀发展。据统计，当二次沉淀池中采用斜板沉淀时，如斜板与水平方向的倾斜角为 60°，板间距为 3.2cm 时，废水处理量可增加 2.3 倍。由于废水在管或板间处于层流状态，而且斜管（或斜板）还大大增加了沉淀池的沉淀面积，所以斜管（斜板）沉淀的效率也就提高了。

如图 3-5 和图 3-6 所示为斜管沉淀池和斜管标准体。

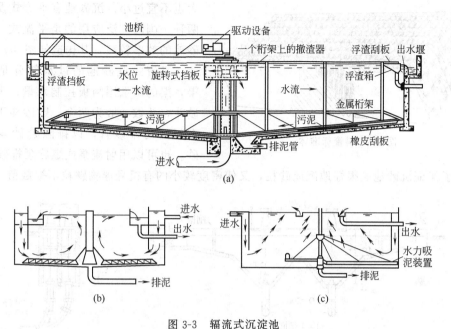

(a)

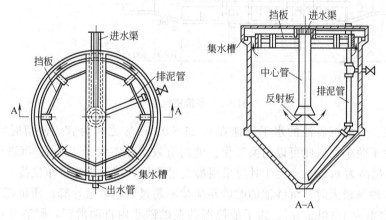

(b)   (c)

图 3-3　辐流式沉淀池

（a）中心进水周边出水辐流式沉淀池；（b）周边进水周边出水的辐流式沉淀池；

（c）周边进水中心出水辐流式沉淀池

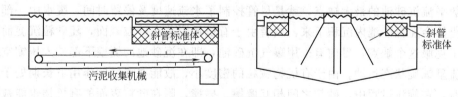

图 3-4　圆形竖流式沉淀池（重力排泥）

图 3-5　斜管沉淀池

（四）沉砂池

沉砂池也是一种沉淀池，用以分离废水中相对密度较大的无机悬浮物，如砂、煤粒、矿渣等，使这些悬浮物在池内沉降，以免进入后面的沉淀池污泥中而给排除及污泥处理带来困难。但是，在沉砂池内不能让相对密度较小的有机悬浮物沉降下来。所以，废水流速不宜过

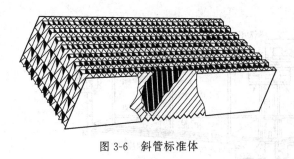

图 3-6　斜管标准体

大也不宜过小。沉砂池有平流式及竖流式两种。国内广泛应用的是平流式，平流沉砂池的效率较高，其构造如图 3-7 所示。

平流式沉砂池的过水部分是一条明渠，渠的两端用闸板控制水量，渠底有贮砂斗，斗数一般为两个。贮砂斗下部设带有闸门的排砂管，以排除贮砂斗内的积砂。也可以用射流泵或螺旋泵排砂。

为了保证沉砂池能很好地沉淀砂粒，又使密度较小的有机悬浮物颗粒不被截留，应严格

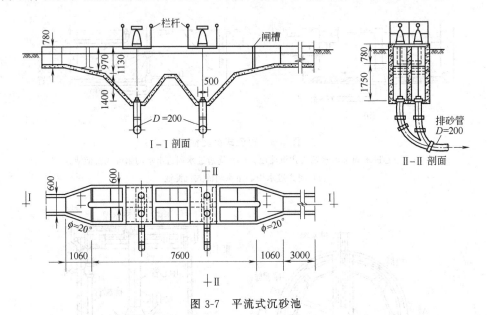

图 3-7　平流式沉砂池

控制水流速度。一般沉砂池的水平流速在 0.15～0.3m/s 之间为宜，停留时间不少于 30s。沉砂池应不少于两个，以便可以切换工作。池内有效水深不大于 1.2m，沉砂池渠宽不小于 0.60m，池内超高为 0.30m。设计时应采用最大过流量，用最小流量作校核。

当废水含砂量较大时，沉砂池的贮砂斗应按不超过两日砂量计算。所沉泥砂的含水率近似为 60%，容重为 1500kg/m³。为了能使泥砂在贮砂斗内自动滑行，贮砂斗的坡度不应小于 55°，下部排泥管径不小于 200mm。

一般平流沉砂池的最大缺点，就是尽管控制了水流速度及停留时间，废水中一部分有机悬浮物仍然会在沉砂池内沉积下来，或者由于有机物附着在砂粒表面，随砂粒沉淀而沉积下来。为了克服这个缺点，目前有采用曝气沉砂池，即在沉砂池的侧壁下部鼓入压缩空气，使池内水流呈螺旋状态运动。由于有机物颗粒的密度小，故能在曝气的作用下长期处于悬浮状态，同时，在旋流过程中，砂粒之间相互摩擦、碰撞，附在砂粒表面的有机物也能被洗脱下来。通常曝气沉砂池采用穿孔管曝气，穿孔管内孔眼直径为 2.5～6mm，空气用量为 2～3m³/m²（池面），螺旋形水流周边最大旋转速度为 0.25～0.3m/s，池内水流前进速度为 0.01～0.1m/s，停留时间为 1.5～3.3min。

（五）隔油池

石油开采与炼制：煤化工、石油化工及轻工业行业的生产过程排出大量含油废水。油品

相对密度一般都小于1，只有重油相对密度大于1。化工、炼油废水中的油类一般以三种状态存在，即：①悬浮状态：这部分油在废水中分散颗粒较大，易于上浮分离，占总含油量的80%～90%。②乳化状态：油珠颗粒较小，直径一般在0.05～25μm之间，不易上浮去除，约占总含油量的10%～15%。③溶解状态：这部分油仅占总含油量的0.2%～0.5%。只要去除前两部分油，则废水中的绝大多数油类物质被去除，一般能够达到排放要求。对于悬浮状态的油类，一般用隔油池分离；对于乳化油则采用浮选法分离。

常用的隔油池有平流式、竖流式及斜板式。国内多采用平流式隔油池，其构造与平流式沉淀池相似，在实际运行中主要其隔油作用，但也有一定的沉淀作用。

二、离心分离

（一）离心分离的原理

含悬浮物的废水在高速旋转时，由于悬浮颗粒和废水的质量不同，所受到的离心力大小不同，质量大的被甩到外圈，质量小的则留在内圈，通过不同的出口将它们分别引导出来，利用此原理就可分离废水中悬浮颗粒，使废水得到净化。当废水高速旋转时，水中的颗粒物所受的离心力表示如下：

$$F_c = ma_c = mr\omega^2 = m\frac{v_s^2}{r}$$

式中　F_c——颗粒受到的离心力，N；

　　　m——颗粒质量，kg；

　　　a_c——离心加速度，m/s²；

　　　r——旋转半径，m；

　　　ω——旋转角速度，s⁻¹；

　　　v_s——颗粒的圆周切线速度，m/s。

按照

$$v_s = 2\pi r\frac{n}{90}$$

式中　n——转速，r/min。

又已知分离系数 α 是表示离心力 F_c 与重力 G 之比，即：

$$\alpha = \frac{F_c}{G} = \frac{m\times\frac{1}{r}\times(2\pi r\times\frac{n}{90})^2}{mg} = \frac{rn^2}{895} \approx \frac{rn^2}{900}$$

如果旋转半径 $r=0.5$m，转速 $n=300$r/min，则 $\alpha=50$，因此离心力远超过重力的大小。显然，废水进行离心分离时，加大废水的旋转速度，能提高离心分离效率。又离心力 F_c 与 r 成反比，所以离心分离设备的直径不宜过大，一般小于500mm。

（二）离心分离方式

离心分离设备按离心力产生的方式不同可分为水力悬流器和高速离心机两种类型。水力旋流器（或称旋液分离器）有压力式（图3-8）和重力式两种，其设备固定，液体靠水泵压力或重力（进出水头差）由切线方向进入设备，造成旋转运动产生离心力。高速离心机依靠转鼓高速旋转，使液体产生离心力。压力式水力旋流器，可以将废水中所含的粒径5μm以上的颗粒分离出去。进水浓度的流速一般应在6～10m/s，进水管稍向下倾3°～5°，这样有利于水流向下旋转运动。

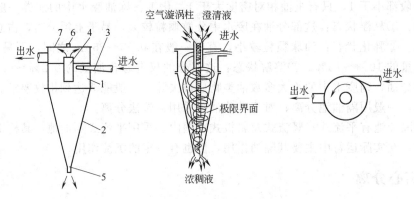

图 3-8　压力式水力旋流器

1—圆筒；2—圆锥体；3—进水管；4—上部清液排出管；

5—底部清液排出管；6—放气管；7—顶盖

压力水力旋转器具有体积小，单位容积的处理能力高，处理能力可达 $1000m^3/m^2$。此时沉淀池的生产能力约为 $1\sim2.5m^3/(m^2\cdot h)$，其具有构造简单、使用方便等优点，并易于安装维护，其分离效果与自然沉淀池相近；缺点是水泵和设备易磨损，所以设备费用高，耗电较多。

高速离心机处理废水，也称为机械旋转的离心分离方法，离心机的种类很多，按分离系数 α 的大小进行分类，离心机可以分为：

① 常速离心机，$\alpha<3000$；

② 高速离心机，$2000<\alpha<12000$；

③ 超高速离心机，$\alpha>12000$。

因为离心机的转速高，所以分离效率也高，但设备复杂，造价比较昂贵，一般只用在小批量的、有特殊要求的难处理废水方面。

三、过滤法

废水中含有的微粒物质和胶状物质，可以采用机械过滤的方法加以去除。该法有时作为预处理方法，用以防止水中的微粒物质及胶状物质破坏水泵，堵塞管道及阀门等。另外过滤法也常用在废水的最终处理，使滤出的水可以进行循环使用。

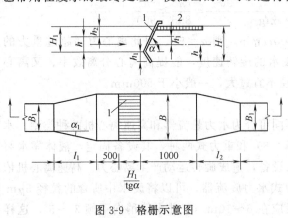

图 3-9　格栅示意图

1—栅条；2—工作平台

(一) 格栅过滤

格栅一般斜置在进水泵站集水井的进口处。它本身的水流阻力并不大，只有几厘米，阻力主要产生于筛余物堵塞栅条。一般当格栅的水头损失达到 $10\sim15cm$ 时就该清洗。

格栅按形状，可分为平面格栅和曲面格栅两种。按格栅栅条的间隙，可分为粗格栅（$50\sim100mm$）、中格栅（$10\sim40mm$）、细格栅（$3\sim10mm$）三种。新设计的废水处理厂一般都采用粗、中两道格栅，甚至采用粗、中、细三道格栅。

格栅的去除效率，跟格栅的设计很有关系。格栅的设计内容包括尺寸计算、水力计算、栅渣量计算。图3-9为格栅示意图。

1. 格栅的间隙数量 n 可由下式确定：

$$n = \frac{Q_{max}\sqrt{\sin\alpha}}{bhv}$$

式中　Q_{max}——最大设计流量，m^3/s；

　　　α——格栅安置倾角，度，一般为 $60°\sim70°$；

　　　h——栅前水深，m；

　　　v——过栅流速，m/s，最大设计流量时为 $0.8\sim1.0m/s$，平均设计流量时为 $0.3m/s$；

　　　b——栅条净间隙，m，粗格栅 b 为 $50\sim100mm$，中格栅 b 为 $10\sim40mm$，细格栅 b 为 $3\sim10mm$。

当栅条的间隙数为 n 时，则格栅的数目应为 $n-1$。

2. 格栅的建筑宽度 $B(m)$ 可由下式决定：

$$B = S(n-1) + bn$$

式中　S——栅条宽度，m。

3. 过栅的水头损失 h_2 由下式决定：

$$h_2 = k\xi\frac{v^2}{2g}\sin\alpha$$

式中　ξ——阻力系数，其值与格栅栅条的端面形状有关，见表3-4；

　　　g——重力加速度，m/s^2；

　　　k——考虑到由于格栅受污染物堵塞后，格栅阻力增大的系数，可用经验式 $k=3.36v-1.32$ 求定。一般采用 $k=3$。

表3-4　格栅的阻力系数 ξ 的计算公式

格栅断面形状	计算公式	数值
锐边矩形	$\xi = \beta\left(\dfrac{S}{b}\right)^{4/3}$	$\beta=2.42$
迎水面为半圆形的矩形		$\beta=1.83$
圆形		$\beta=1.79$
迎水、背水面均为半圆形的矩形		$\beta=1.67$
正方形	$\xi = \left(\dfrac{b+S}{\varepsilon b}-1\right)^2$	$\varepsilon=0.64$

注：表中 β 为栅条的形状系数，ε 为收缩系数。

4. 栅后槽的总高度由下式决定：

$$H = h + h_1 + h_2$$

式中　h——栅前水深，m；

　　　h_1——栅前渠道超高，m，一般用 $0.3m$。

5. 栅槽总长度计算公式：

$$L = l_1 + l_2 + 1.0 + 0.5 + \frac{H_1}{tg\alpha}　　(m)$$

其中
$$l_1 = \frac{B - B_1}{2\mathrm{tg}\alpha_1} \quad (\mathrm{m})$$

$$l_2 = \frac{l_1}{2} \quad (\mathrm{m})$$

式中　H_1——栅前槽高，m，$H_1 = h + h_2$；

　　　l_1——进水渠道渐宽部分长度，m；

　　　B_1——进水渠道宽度，m；

　　　α_1——进水渠展开角，一般用 20°；

　　　l_2——栅槽与出水渠连接渠的渐缩长度，m。

　　6. 每日栅渣量计算：

$$W = \frac{Q_{max} W_1 \times 86400}{K_{总} \times 1000} \quad (\mathrm{m}^3/\mathrm{d})$$

式中　W_1——栅渣量（$\mathrm{m}^3/10^3 \mathrm{m}^3$ 污水），取 0.1～0.01，粗格栅用小值，细格栅用大值，中格栅用中值；

　　　$K_{总}$——生活污水流量总变化系数，可参考表 3-5。

表 3-5　生活污水流量总变化系数

平均日流量/(L/s)	4	6	10	15	25	40	70	120	200	400	750	1600
$K_{总}$	2.3	2.2	2.1	2.0	1.89	1.80	1.69	1.59	1.51	1.40	1.30	1.20

（二）筛网过滤

　　一些工业废水含有较细小选择不同尺寸的筛网，能去除水中不同类型和大小的悬浮物，如纤维、纸浆、藻类等。他相当于一个初沉池的作用。

　　筛网过滤装置很多，有振动筛网、水力筛网、转鼓式筛网、转盘式筛网、微滤机等。下面介绍其中主要的几种。

　　振动式筛网示意图见图 3-10。它由振动筛和固定筛组成。污水通过振动筛时，悬浮物等杂质被留在振动筛上，并通过振动卸到固定筛网上，以进一步脱水。

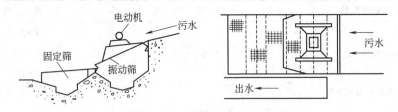

图 3-10　振动筛网示意图

　　水力筛网示意图见图 3-11。它也是由运动筛网和固定筛网组成。运动筛网水平放置，呈截顶圆锥形。进水端在运动筛网小端，废水在从小端到大端流动过程中，纤维等杂质被筛网截留，并沿倾斜面卸到固定筛以进一步脱水。水力筛网的动力来自进水水流的冲击力和重力作用。因此水力筛网的进水端要保持一定压力，且一般采用不透水的材料制成，而不用筛网。水力筛网已有较多的应用实例，但还未有定型的产品。

（三）颗粒介质过滤

　　颗粒状介质过滤适用于去除废水中的微粒物质和胶状物质，常用作离子交换和活性炭处理前的预处理，也能用作废水的三级处理。

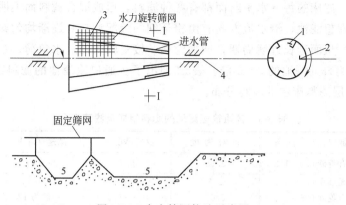

图 3-11　水力筛网构造示意图

1—进水方向；2—导水叶片；3—筛网；4—转动轴；5—水沟

颗粒介质过滤器可以是圆形池或方形池。过滤器无盖的称为敞开式过滤器，一般废水自上流入，清水由下流出。有盖且密闭的，称为压力过滤器，废水用泵加压送入，以增加压力。

过滤介质的粒度及材料，取决于所需滤出的微粒物粒子的大小、废水性质、过滤速度等因素。在废水处理中常用的滤料有石英砂、无烟煤粒、石榴石粒、磁铁矿粒、白云石粒、花岗岩粒以及聚苯乙烯发泡塑料球等。其中以石英砂使用最广。石英砂的机械强度大，相对密度在 2.65 左右，在 pH2.1～6.5 的酸性废水环境中化学稳定性好，但废水呈碱性时，有溶出现象，此时一般常用大理石和石灰石。无烟煤的化学稳定性较石英砂好，在酸性、中性及碱性环境中都不溶出，但机械强度稍差，其密度因产地不同而有所不同，一般为 1.4～1.9。大密度滤料常用于多层滤料滤池，其中石榴石和磁铁矿的相对密度大于 4.2，莫氏硬度大于 6。对含胶状物质废水则可用粗粒骨炭、焦炭、木炭、无烟煤等，在此情况下，过滤介质兼有吸附作用。

图 3-12 为常用的颗粒介质过滤设备——普通快速滤池。快滤池一般用钢筋混凝土建造，池内有排水槽、滤料层、垫料层和配水系统；池外有集中管廊，配有进水管、出水管、冲洗水管、冲洗水排出管等管道及附件。

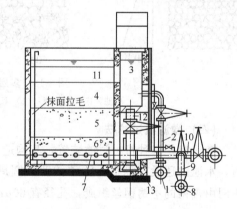

图 3-12　普通快速滤池

1—进水干管；2—进水支管；3—集水渠；4—水层；5—过滤层；6—承托层；7—排水系统；8—滤过水干管；9—滤过水支管；10—冲洗水管；11—洗砂排水管；12—排水管；13—废水渠

在废水的三级处理中，往往采用综合滤料过滤器，滤床采用不同的过滤介质，一般是以格栅或筛网及滤布等作为底层的介质，然后在其上再堆积颗粒介质。采用的一种综合滤料的组成是：无烟煤（相对密度 1.55）占 55%～60%，硅砂（相对密度 2.6）占 25%～30%，钛铁矿石榴石（相对密度 4 以上）占 10%～15% 以上。滤床上层是相对密度较小的无烟煤颗粒，一般粒径为 2mm；底层是相对密度较大的细粒材料，粒径为 0.25mm；最下面是砾石承托层。三种滤料之间适当的粒径和相对密度的比例是决定因素，而两种相对密度较大的滤料中应包括严格控制的各种细粒径滤料，这

45

样，在反冲洗后，滤床的每一水平断面都有各种滤料，形成混合滤料而无明显的交界面。综合滤料滤池接近理想滤池，沿水流方向有由粗至细的级配滤料和逐渐均匀减少的空隙，以提供最大截污能力，从而延长过滤周期，增加滤速，接受较大的进水负荷。这种滤池的滤速可达 15～30m/h，为普通滤池的 3～6 倍。表3-6列出了普通快速滤池的滤料组成和滤速范围，图 3-13 列出了多层滤料床层的粒径分布。

表 3-6　普通快速滤池的滤料组成及滤速范围

滤池类型	滤料及粒径/mm	相对密度	滤料厚度/m	滤速/(m/h)	强制滤速/(m/h)
单层滤池	石英砂 0.5～1.2	2.65	0.7	8～12	10～14
双层滤池	无烟煤 0.8～1.8	1.5	0.4～0.5	4.8～24	14～18
	石英砂 0.5～1.2	2.65	0.4～0.5	一般为 12	
三层滤池	无烟煤 0.8～2.0	1.5	0.42	4.8～24	
	石英砂 0.5～0.8	2.65	0.23		
	磁铁矿 0.25～0.5	4.75	0.07	一般为 12	
三层滤池	无烟煤 1.0～2.0	1.75	0.45	4.8～24	
	石英砂 0.5～1.0	2.65	0.20		
	石榴石 0.2～0.4	4.13	0.10	一般为 12	

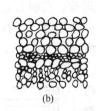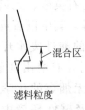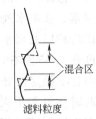

(a) 滤料粒度　　(b) 滤料粒度　　混合区　　(c) 滤料粒度　　混合区

图 3-13　多层滤料床层的粒径分布图
(a) 单滤料床层的剖面；(b) 双滤料床层的剖面；(c) 三种滤料床层的剖面

（四）微滤机过滤法

微滤机是一种机械过滤装置，其构造包括水平转鼓和金属滤网。转鼓和滤网安装在水池内，水池内还设有隔板。转鼓转动的圆周速度为 30m/min，三分之二的转鼓浸在池水中。滤网由含钼的不锈钢丝织成，孔径有 60μm、35μm、23μm 三种，亦有采用 100μm 孔径的金属丝网。带有金属滤网转鼓的微滤机，可参考图 3-14。

微滤机的工作原理是废水通过金属网细孔进行过滤。废水从转鼓的空心轴管，通过金属网孔过滤后流入水池。截留在网上的悬浮物，随着转鼓转动到上面时，被冲洗水冲下，收集在转鼓内，随同冲洗水一起，从空心轴出口排出。微滤机的过滤及冲洗过程均为自动进行。

此法的优点为设备结构紧凑，处理废水量大，操作方便，占地较小。缺点是滤网的编织比较困难。

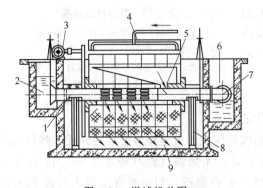

图 3-14　微滤机总图
1—空心轴；2—进水渠；3—电机；4—反冲洗设备；
5—集水斗槽；6—集水渠；7—反冲洗排水管；
8—支撑轴承；9—水池

另外，在化工废水的过滤处理中，还可以采用离心过滤机或板框过滤机等通用设备，近年来又有微孔管过滤机出现，微孔管代替金属丝网，起过滤作用，微孔管可由聚乙烯树脂或者用多孔陶瓷等制成。它的特点是，微孔孔径大小可以进行调节，微孔管调换比较方便，适用于过滤含有无机盐类的废水。

第四节　化学处理法

化学法是废水处理的基本方法之一。它是利用化学作用来处理废水中的溶解物质或胶体物质，可用来去除废水中的金属离子、细小的胶体有机物、无机物、植物营养素（氮、磷）、乳化油、色度、臭味、酸、碱等，对于废水的深度处理有着重要作用。

化学法包括中和法、混凝法、氧化还原、电化学等方法。

一、中和法

在化工、炼油企业中，对于低浓度的含酸、含碱废水，在无回收及综合利用价值时，往往采用中和的方法进行处理。中和法也常用于废水的预处理，调整废水的pH。

中和就是酸碱相互作用生成盐和水。例如：

$$H_2SO_4 + 2NaOH \Longrightarrow Na_2SO_4 + 2H_2O$$

对含酸或含碱废水、浓度在4%（含酸浓度；含碱浓度为2%）以下时，如果不能进行经济有效的回收、利用，则应经过中和，将废水的pH调整到呈中性状态，才能够排放。而对含酸、含碱浓度高的废水，则必须考虑回收及开展综合利用。

（一）中和酸性或碱性废水的方法

1. 酸性废水的中和处理方法

对酸性废水进行中和时，可采用以下一些方法。

① 使酸性废水通过石灰石滤床；

② 与石灰乳混合；

③ 向酸性废水中投加烧碱或纯碱溶液；

④ 与碱性废水混合，使废水pH近于中性；

⑤ 向酸性废水中投加碱性废渣，如电石渣、碳酸钙、碱渣等。

通常，尽量选用碱性废水或废渣来中和酸性废水，以达到以废治废的目的。而烧碱或纯碱不仅价格很贵，而且又是重要的工业原料，货源亦紧张，故不应轻易选用。

中和各种酸所需耗用的碱性物质质量见表3-7。

表 3-7　中和酸所需消耗的碱性物质质量

酸 的 种 类	中和1kg酸所需碱性物质的质量/kg						
	CaO	Ca(OH)$_2$	CaCO$_3$	MgCO$_3$	CaMg(CO$_3$)$_2$	NaOH	Na$_2$CO$_3$
硫酸	0.57	0.755	1.02	0.86	0.94	0.815	1.03
盐酸	0.77	1.01	1.37	1.15	1.26	1.10	1.45
硝酸	0.455	0.59	0.795	0.668	0.732	0.635	0.84
醋酸	0.466	0.616	0.83	0.695	—	0.666	0.88

注意：①采用中和法时，中和时间一般要长。例如对含有弱酸的废水，选用碳酸盐，反应时间很长；如含醋酸废水，适宜选用氢氧化物碱类进行中和；②中和后，应避免生产大量

沉渣，否则会影响处理效果，同时又带来沉渣的处理问题，故生成的盐要有一定大小的溶解度。例如含硝酸、盐酸的废水，中和后生产的盐，一般多易溶于水，不产生沉淀。又如含硫酸的废水，如果用石灰石中和时，则要产生大量的硫酸钙沉淀，因为硫酸钙在水中的溶解度比较小。

2. 碱性废水处理方法

对碱性废水，一般可以采用以下途径进行中和。

① 向碱性废水中鼓入烟道废气；

② 向碱性废水注入压缩的二氧化碳气体；

③ 向碱性废水投入酸或酸性废水等。

对碱性废水进行中和时，可首先考虑采用酸性废水的中和处理。若附近没有酸性废水时可采用投加酸进行中和。工业用硫酸是在碱性废水中和中应用比较多的酸。

用烟道气中和碱性废水，主要是利用烟道气中的 CO_2 和 SO_2 两种酸性气体对碱性废水进行中和。这是一种以废治废，开展综合利用的很好办法。既可以降低废水的 pH，又可以去除烟道气中的灰尘，并使烟道气中的 CO_2 及 SO_2 气体从烟气中分离出去，防止烟道气污染大气。实际应用证明，烟道气中和法对降低碱性废水 pH 效果明显，pH 一般可由 10～12 降至 5～7 左右；存在的问题是废水经中和后，废水中硫化物、色度、耗氧量都有所增加，仍需进一步处理。

（二）酸性废水中和处理的方式和设备

1. 酸性废水与碱性废水混合

若有酸性与碱性两种废水同时均匀的排出时，并且两者各自所含的酸、碱量又能够相互平衡。那么，两者可以直接在管道内混合，不需设中和池，但是，对于排水情况经常波动变化时，则必须设置中和池，在中和池内进行中和反应，如图 3-15 所示。

中和池一般应是平行设计两套，进行交替使用。设计时应考虑废水在中和池内停留的时间为 15min 左右，根据具体情况，控制经中和以后的出水 pH 在 5～8 的范围内。

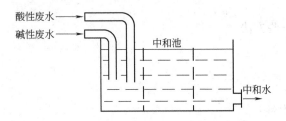

图 3-15 酸、碱性废水的中和处理流程

2. 投药中和

投药中和就是将碱性中和药剂如石灰、石灰石、电石渣、苏打等，投入到酸性废水中，经过充分中和反应，使废水得以治理。投药中和又分为干投法和湿投法两种。

（1）干投法　干投法是将固体的中和药剂按理论投加量的 1.4～1.5 倍，均匀连续地投入到酸性废水中。干法可采用利用电磁振荡原理的石灰振荡设备投加，以保证投加量的均匀。它设备简单，但反应较慢，而且反应不易彻底、投药量大。图 3-16 所表示的是用石灰石中和酸性废水的干投法流程。

（2）湿投法　当石灰成块状时，则不宜采用干投法，可采用湿投法。即先在石灰消化槽里将石灰加水消化，制成 40%～50% 浓度的乳液，投入乳液槽，再加水搅拌调配成 5%～10% 浓度的石灰水，然后用泵送到投配槽，经投加器投入渠道，与酸性废水共同流入中和反应池，发生中和反应后进行澄清，使水与沉淀物进行分离。其流程如图 3-17 所示。

3. 过滤中和

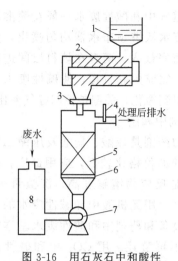

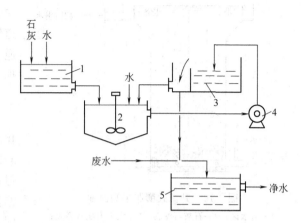

图 3-16　用石灰石中和酸性
废水的干投法流程

1—石灰石贮槽；2—螺旋输送器；

3—计量计；4—pH计；5—石灰石床

层；6—分配板；7—水泵；8—废水贮槽

图 3-17　石灰湿投法流程

1—石灰消化槽；2—乳液槽；

3—投加器；4—水泵；

5—中和池

过滤中和就是利用石灰石、大理石、白云石等作滤料，使酸性废水通过滤料得到中和。采用过滤中和时，要求对废水中的悬浮物、油脂等进行预处理，以便于中和的进行，并防止滤料的堵塞。

图 3-18 所示为普通中和滤池。以石灰石（$CaCO_3$）作滤料时，中和反应速率较使用其他滤料时要快，故从经济上考虑，一般选用石灰石最合适。但过滤中和含硫酸废水如用石灰石作滤料，则中和后产生的硫酸钙会覆盖滤料使之堵塞，而影响中和反应的继续进行。因此，一般采用白云石滤料对含硫酸废水进行过滤中和；此时，中和反应产生的硫酸镁易溶于水，不会影响中和反应的继续进行，但处理成本相对较高。

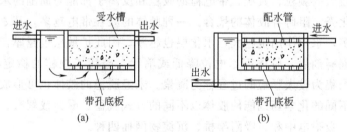

图 3-18　普通中和滤池

（a）升流式；（b）降流式

为了克服硫酸钙沉淀覆盖滤料这一缺点，利用石灰石作滤料处理含硫酸废水出现了新型的过滤中和反应器，即升流式膨胀中和滤池（图 3-19）。在石灰石膨胀过程中颗粒间的相互摩擦，破坏硫酸钙覆盖层，而脱下的硫酸钙随水带走。

（三）碱性废水中和处理的方式和设备

1．利用废酸性物质中和法

废酸性物质包括含酸废水、烟道气等。烟道气中 CO_2 含量可高达 24%，此外有时还含有高浓度的 SO_2 和 H_2S 等酸性气体，故可用来中和碱性废水。

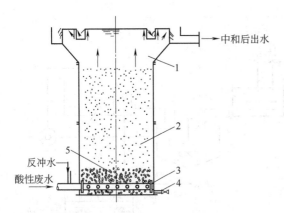

图 3-19　升流式膨胀中和滤池
1—清水区；2—石灰石滤料；3—大阻力配水系统；
4—放空管；5—卵石垫层

用烟道气中和碱性废水一般在喷淋塔中进行。废水从塔顶布水器均匀喷出，烟道气则从塔底鼓入，两者在填料层间进行逆流接触，完成中和过程，使碱性废水和烟道气都得到净化，关键是控制好气液比。

2. 药剂中和法

常用的药剂是硫酸、盐酸及压缩二氧化碳。硫酸的价格比较低，应用最广。盐酸的优点是反应物溶解度高，沉渣量少，但价格较高。用无机酸中和碱性废水的工艺流程与设备和药剂中和酸性废水基本相同，在此不再赘述。用 CO_2 中和碱性废水，采用设备与烟道气处理碱性废水类似，均为逆流接触反应塔。用 CO_2 作中和剂可以不需 pH 控制装置，但由于成本较高，在实际工程中使用不多，一般均用烟道气。

二、混凝沉淀法

(一) 混凝原理

混凝法的基本原理是在废水中投入混凝剂，因混凝剂为电解质，在废水里形成胶团，与废水中的胶体物质发生电中和，形成绒粒沉降。混凝沉淀不但可以去除废水中的粒径为 $10^{-3} \sim 10^{-6}$ mm 的细小悬浮颗粒，而且还能够去除色度、油分、微生物、氮和磷等富营养物质、重金属以及有机物等。

废水在未加混凝剂之前，水中的胶体和细小悬浮颗粒的本身重量很轻，受水的分子热运动的碰撞而作无规则的布朗运动。颗粒都带有同性电荷，它们之间的静电斥力阻止微粒间彼此接近而聚合成较大的颗粒；其次，带电荷的胶粒和反离子都能与周围的水分子发生水化作用，形成一层水化壳，阻碍各胶体的聚合。一种胶体的胶粒带电越多，其 ξ 电位就越大；扩散层中反离子越多，水化作用也越大，水化层也越厚，因此扩散层也越厚，稳定性越强。

废水中投入混凝剂后，胶体因 ξ 电位降低或消除，破坏了颗粒的稳定状态（称脱稳）。脱稳的颗粒相互聚集为较大颗粒的过程称为凝聚。未经脱稳的胶体也可形成大的颗粒，这种现象称为絮凝。不同的化学药剂能使胶体以不同的方式脱稳、凝聚或絮凝。按机理，混凝可分为压缩双电层、吸附电中和、吸附架桥、沉淀物网捕四种。

1. 压缩双电层机理

由胶体粒子的双电层结构可知，反离子的浓度在胶粒表面最大，并沿着胶粒表面向外的距离呈递减分布，最终与溶液中离子浓度相等。当向溶液中投加电解质，使溶液中离子浓度增高，则扩散层的厚度将减少。该过程的实质是加入的反离子与扩散层原有反离子之间的静电斥力把原有部分反离子挤压到吸附层中，从而使扩散层厚度减小。

由于扩散层厚度的减小，ξ 电位相应降低，因此胶粒间的相互排斥力也减少。另一方面，由于扩散层减薄，它们相撞的距离也减少，因此相互间的吸引力相应变大。从而其排斥力与吸引力的合力由斥力为主变成以引力为主（排斥势能消失了），胶粒得以迅速凝聚。

2. 吸附电中和机理

胶粒表面对异号离子、异号胶粒、链状离子或分子带异号电荷的部位有强烈的吸附作用，由于这种吸附作用中和了电位离子所带电荷，减少了静电斥力，降低了 ξ 电位，使胶体的脱稳和凝聚易于发生。此时静电引力常是这些作用的主要方面。三价铝盐或铁盐混凝剂投量过多，混凝效果反而下降的现象，可以用本机理解释。因为胶粒吸附了过多的反离子，使原来的电荷变号，排斥力变大，从而发生了再稳现象。

3. 吸附架桥机理

吸附架桥作用主要是指链状高分子聚合物在静电引力、范德华力和氢键力等作用下，通过活性部位与胶粒和细微悬浮物等发生吸附桥联的过程。

当三价铝盐或铁盐及其他高分子混凝剂溶于水后，经水解、缩聚反应形成高分子聚合物，具有线形结构。这类高分子物质可被胶粒所强烈吸附。聚合物在胶粒表面的吸附来源于各种物理化学作用，如范德华引力、静电引力、氢键、配位键等，取决于聚合物同胶粒表面两者化学结构的特点。因其线形长度较大，当它的一端吸附某一胶粒后，另一端又吸附另一胶粒，在相距较远的两胶粒间进行吸附架桥，使颗粒逐渐变大，形成粗大絮凝体。

4. 沉淀物网捕机理

当采用硫酸铝、石灰或氯化铁等高价金属盐类作混凝剂时，当投加量大得足以迅速沉淀金属氢氧化物 [如 $Al(OH)_3$、$Fe(OH)_3$] 或带金属碳酸盐（如 $CaCO_3$）时，水中的胶粒和细微悬浮物可被这些沉淀物在形成时作为晶核或吸附质所网捕。水中胶粒本身可作为这些沉淀所形成的核心时，凝聚剂最佳投加量与被除去物质的浓度成反比，即胶粒越多，金属凝聚剂投加量越少。

以上介绍的混凝的四种机理，在水处理中往往可能是同时或交叉发挥作用的，只是在一定情况下以某种机理为主而已。低分子电解质的混凝剂，以双电层作用产生凝集为主；高分子聚合剂则以架桥联结产生絮凝为主。故通常将低分子电解质称为混凝剂，而把高分子聚合物单独称为絮凝剂。

（二）影响混凝效果的因素

在废水的混凝沉淀处理过程中，影响混凝效果的因素比较多，其中重要的有以下几种。

（1）水样的影响　对不同水样，由于废水中的成分不同，同一种混凝剂的处理效果可能会相差很大。

（2）药剂投加量的影响　药剂投加量有其最佳值，混凝剂投加量不足，则水中杂质未能充分脱稳去除，加入太多则会再稳定。

（3）水温的影响　其影响主要表现在：①影响药剂在水中碱度起化学反应的速度，对金属盐类混凝剂影响很大，因其水解是吸热反应；②影响矾花的形成和质量。水温较低时，絮凝体形成缓慢，结构松散，颗粒细小；③水温低时水的黏度大，布朗运动强度减弱，不利于脱稳胶粒相互凝聚，水流剪力也增大，影响絮凝体的成长。该因素主要影响金属盐类的混凝，对高分子混凝剂影响较小。

（4）碱度的影响　主要指金属盐类，因其混凝过程中水解产生大量 H^+ 离子，造成 pH 下降，以致降到最优混凝条件以下，保持一定碱度则使反应过程中 pH 基本保持恒定；对于高分子混凝剂，因其作用并非靠大量水解来实现的，且水中均会保持有一定的碱度，故对其最佳投加量影响不大。

（5）废水 pH 的影响　对金属盐类，pH 影响其在水中水解产物的种类与数量，一般在 pH 5.5～8.0 时有较高脱除率；对人工合成高分子混凝剂，则影响其活性基团的性质。

（6）水力条件的影响　混凝的过程是混凝剂与胶粒发生反应并逐步凝聚在一起的过程，水流紊动过于缓慢，则混凝剂与胶粒反应速度太小，紊动过于激烈则使结成的絮体重新破裂。一般混凝过程分为混合与反应两个阶段，混合阶段持续大约 $10 \sim 30s$，一般不超过 $2min$，其速度梯度 G 为 $700 \sim 1000s^{-1}$，主要是使药剂迅速而均匀地扩散到水中，反应阶段通常为 $10 \sim 30min$，其平均速度梯度的值为 $10 \sim 75s^{-1}$（通常 $30 \sim 60s^{-1}$），Gt 值为 $10^4 \sim 10^5$，主要是使水中微粒凝聚成矾花并增大而沉淀（或上浮）的过程。

（三）混凝剂和助凝剂

混凝剂的品种目前不下二三百种，按其化学成分可分为无机及有机两大类。无机盐主要是铝和铁的盐类及其水解聚合物，有机类品种很多，主要是高分子化合物，可分为天然的及人工合成的两部分。

无机混凝剂主要是利用其中的强水解基团水解形成的微絮体使脱粒脱稳，从 19 世纪末美国最先将硫酸铝用于给水处理并取得专利后，无机混凝剂以其价格低廉、原料易得等优点得以大量运用，目前无机混凝剂的主要品种见表 3-8。

表 3-8　常用无机类混凝剂一览表

类　别	药品名称	分子式
高分子	聚合氯化铝（PAC）	$[Al_2(OH)_n Cl_{6-n}]_m$
	聚合硫酸铝（PAS）	$[Al_2(OH)_n(SO_4)_{3-n/2}]_m$
	聚合氯化铁（PFC）	$[Fe_2(OH)_n Cl_{6-n}]_m$
	聚合硫酸铁（PFS）	$[Fe_2(OH)_n(SO_4)_{(6-n)/2}]_m$
低分子	硫酸铝（AS）	$Al_2(SO_4)_3 \cdot nH_2O$
	三氯化铝（AC）	$AlCl_3 \cdot 6H_2O$
	明矾（硫酸铝铵）（AA）	$(NH_4)_2SO_4 Al_2(SO_4)_3 \cdot 24H_2O$
	硫酸铝钾（KA）	$K_2SO_4 Al_2(SO_3)_3 \cdot 24H_2O$
	含铁硫酸铝（MICS）	$Al_2(SO_4)_3 + Fe_2(SO_4)_3$
	硫酸亚铁	$FeSO_4 \cdot 7H_2O$
	硫酸铁（FS）	$Fe_2(SO_4)_3 \cdot 12H_2O$
	氯化铁（FC）	$FeCl_3 \cdot nH_2O$
	氯化绿矾	$FeCl_3 + Fe_2(SO_4)_3$
	氯化锌（ZC）	$ZnCl_2$
	硫酸锌（ZS）	$ZnSO_4$
	氧化镁	MgO
	碳酸镁	$MgCO_3$
	电解铝	$Al(OH)_3$
	电解铁	$Fe(OH)_3$

有机混凝剂分为天然有机混凝剂与人工合成有机高分子混凝剂。天然有机混凝剂是人类使用较早的混凝剂，不过其用量远少于人工合成高分子混凝剂，其原因在于天然高分子混凝剂电荷密度较小，相对分子质量较低，且易发生生物降解而失去絮凝活性。人工合成有机高分子絮凝剂都是水溶性聚合物，重复单元中常包含带电基团，因而也被称为聚电解质。包含带正电基团的为阳离子型聚电解质，包含带负电基团的为阴离子型聚电解质，既包含带正电

基团又包含带负电基团的为两性型聚电解质，有些人工合成有机高分子絮凝剂在制备中并没有人为地引进带电基团，称为非离子型聚电解质。水及废水处理中，使用较多的是阳离子型、阴离子型和非离子型聚电解质，表 3-9 是水和废水处理中常用的聚电解质。

表 3-9　常用聚电解质

名　称	离子型	说　明
聚丙烯酰胺(PAM)	非	主要非离子絮凝剂品种
聚氧化乙烯(PEO)	非	对某些情况很有效
聚乙烯吡咯酮	非	专用絮凝剂
部分水解聚丙烯酰胺(HPAM)	阴	主要阴离子絮凝剂品种,均聚物
聚乙烯磺酸盐(PSS)	阴	M 为金属离子,负电性强,电荷对 pH 不敏感,均聚物
聚乙烯胺	阴	均聚物,电荷与 pH 有关
聚羟基丙基-甲基氯化铵	阳	均聚物,电荷与 pH 有关
聚二甲基二烯丙基氯化铵	阳	均聚物,正电性强,电荷对 pH 不敏感,主要阳离子絮凝剂品种
聚羟基丙基二甲基氯化铵	阳	均聚物,正电性强,电荷对 pH 不敏感
聚二甲基铵甲基丙烯酰铵	阳	主要阳离子絮凝剂品种,电荷与 pH 有关
聚二甲基丙基甲基丙烯酰铵	阳	水解为阳离子丙烯酰铵衍生物

为了提高混凝沉淀的效果，通常在使用混凝剂时还需加入一些助凝剂。助凝剂有以下三类。

（1）pH 调节剂　它是用来调整废水的 pH，以达到混凝剂使用的最佳 pH。常用的有石灰等。

（2）活化剂　用来改善絮凝体的结构，增加混凝剂的活性，如活性炭、各种黏土及活化硅酸等，活化硅酸是由硅酸钠与硫酸中和并熟化，使硅酸钠转化成硅酸单体，聚合成高分子物质。其优点：絮凝体形成快，而且粒大、密实。在低温下也能很好凝聚，而且最佳 pH 的范围很广。若将其与硫酸亚铁或硫酸铝合用，凝聚效果更好。

（3）氧化剂　如氯等，用来破坏其他对混凝剂有干扰的有机物质。

（四）混凝处理流程及设备

混凝处理流程包括投药、混合、反应及沉淀分离几个部分，其示意如图 3-20 所示。

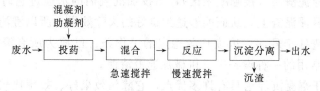

图 3-20　混凝沉淀处理流程示意图

1. 投药

投药方法分干法和湿法两种。干法即把药剂直接投放到被处理的水中。其优点是占地少，缺点是对药剂的粒度要求较高，投配量较难控制，对机械设备要求较高，同时劳动条件也差。用得较多的是湿法，即先把药剂配制成一定浓度的溶液，再投入被处理水中。

投药设备包括投加和计量两部分。常采用的投加设备有：耐酸水泵、真空泵及空气压缩机等；常用的计量设备有：浮杯式计量器、孔板及转子流量计等。

2. 混合

当药剂投入废水中后在水中发生水解反应并产生异电荷胶体，与水中胶体和悬浮物接触，形成细小的矾花，这一过程就是混合，大约在 10～30s 内完成，一般不超过 2min。对混合的要求是快速而均匀。快速是因混凝剂在废水中发生水解反应的速度很快，需要尽量造成急速扰动以生成大量细小胶体，并不要求产生大颗粒；均匀是为了使化学反应能在废水中各部分得到均衡发展。

混合的动力源有水力和机械搅拌两类。因此混合设备也分为两类，采用机械搅拌的有机械搅拌混合槽、水泵混合槽等；利用水力混合的有管道式、穿孔板式、涡流式混合槽等。

3. 反应

混合完成后，水中已产生细小絮体，但还未达到自然沉降的粒度，反应设备的任务就是使小絮体逐渐絮凝成大絮体。反应设备应有一定的停留时间和适当的搅拌强度，以让小絮体能相互碰撞，并防止生产的大絮体沉淀。但搅拌强度太大，则会使生成的絮体破碎，且絮体越大，越易破碎，因此小反应设备中，沿着水流方向搅拌强度应越来越小。反应时间一般需 20～30min 左右。

反应池的形式有隔板反应池、涡流式反应池、悬浮反应加隔板反应池和机械搅拌反应池等。比较常用的机械搅拌反应池结构见图 3-21。

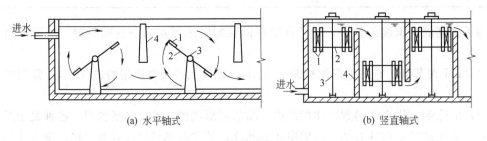

(a) 水平轴式　　　　　　　　　　(b) 竖直轴式

图 3-21　机械搅拌反应池
1—浆板；2—叶轮；3—转轴；4—隔板

4. 澄清池

澄清池是能够同时实现混凝剂与原水的混合、反应、澄清合成一体的设备。具有效率高而尺寸小的优点。它利用的是接触凝聚原理，即强化混凝过程，在池中让已经生成的絮凝体悬浮在水中成为悬浮泥渣层（接触凝聚区），当投加混凝剂的水通过它时，废水中新生成的微絮粒迅速吸附在悬浮泥渣上，从而能够达到良好的去除效果。所以澄清池的关键部分是接触凝聚区。保持泥渣处于悬浮、浓度均匀稳定的工作条件已成为所有澄清池共同特点。图 3-22 为混凝沉淀中常用的一种设备——机械加速澄清池。

总的来讲，由于混凝沉淀法具有许多优点，它除污效果好、效率比较高；操作简单，处理方便；费用低；适用范围广等。所以目前已成为处理化工废水的最普遍采用的方法之一。同时，为了进一步提高废水的处理效率，现已采取的两方面措施：一方面是采取化学磁性混凝沉淀；另一方面是进行充电混凝沉降。

三、化学氧化还原法

废水经过化学氧化还原处理，可使废水中所含的有机物质和无机物质转变成无毒或毒性不大的物质，从而达到废水处理的目的。

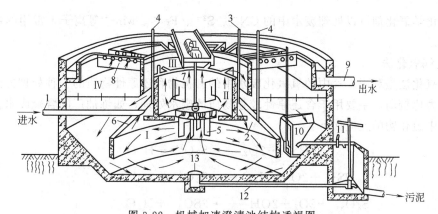

图 3-22　机械加速澄清池结构透视图

Ⅰ—混合室；Ⅱ—反应池；Ⅲ—导流室；Ⅳ—分离室

1—进水管；2—三角配水槽；3—排气管；4—投药管；5—搅拌浆；6—伞形罩；

7—导流板；8—集水槽；9—出水管；10—泥渣浓缩室；11—排泥管；

12—排空管；13—排空阀

由标准氧化还原电位可以判断氧化剂和还原剂的氧化还原能力，一些物质的标准氧化还原电极电位见表 3-10。电极电位 $E^{\ominus}$ 值越大（正值越大），电对中氧化型作氧化剂时氧化能力越强。$E^{\ominus}$ 值越小（负值越小），电对中还原型作还原剂时还原能力就越强。从表中可以看出，氧化能力最强的是氟，但是用氟来处理废水目前尚存在一定的困难，一般用得比较多的氧化剂主要是 Cl_2、O_3 等。

表 3-10　一些物质的标准氧化还原电极电位（25℃）

氧化型（氧化剂）	电子数 n	还原型（还原剂）	电极电位 $E^{\ominus}$/V
F_2	2e	$2F^-$	+2.87
O_3+2H^+	2e	O_2+H_2O	+2.07
$H_2O_2+2H^+$	2e	$2H_2O$	+1.77
$MnO_4^-+4H^+$	3e	MnO_2+2H_2O	+1.695
$ClO_3^-+6H^+$	6e	Cl^-+3H_2O	+1.45
Cl_2	2e	$2Cl^-$	+1.359
$Cr_2O_7^{2-}+14H^+$	6e	$2Cr^{3+}+7H_2O$	+1.33
ClO^-+H_2O	2e	Cl^-+2OH^-	+0.89
Hg^{2+}	2e	Hg	+0.854
Fe^{3+}	e	Fe^{2+}	+0.771
I_2	2e	$2I^-$	+0.5355
Cu^{2+}	2e	Cu	+0.34
$2H^+$	2e	H_2	±0.000
Fe^{3+}	3e	Fe	−0.036
Fe^{2+}	2e	Fe	−0.44
S	2e	S^{2-}	−0.48
Cr^{3+}	3e	Cr	−0.74
Zn^{2+}	2e	Zn	−0.763
Mn^{2+}	2e	Mn	−1.182
Al^{3+}	3e	Al	−1.66
Mg^{2+}	2e	Mg	−2.37
Na^+	e	Na	−2.714

投加化学氧化剂可以处理废水中的 CN^-、S^{2-}、Fe^{2+}、Mn^{2+} 等离子，常用的氧化法有以下几种。

1. 空气氧化法

空气氧化法是利用空气中的氧氧化废水中的有机物和还原性物质的一种处理方法，空气因氧化能力比较弱，主要用于含还原性较强物质的废水处理，如炼油厂的含硫废水。空气中的氧与水中硫化物的反应如下：

$$2HS^- + 2O_2 \longrightarrow S_2O_3^{2-} + H_2O \tag{1}$$

$$2S^{2-} + 2O_2 + H_2O \longrightarrow S_2O_3^{2-} + 2OH^- \tag{2}$$

$$S_2O_3^{2-} + 2O_2 + 2OH^- \longrightarrow 2SO_4^{2-} + H_2O$$

有机硫化物与氧反应生成二硫化物，其在水中的溶解度很小，容易从水中分离出去，反应如下：

$$RSNa + R'SNa + 1/2O_2 + H_2O \longrightarrow RS\text{-}SR' + 2NaOH$$

反应过程中，式（1）与式（2）为主反应。根据理论计算，每氧化 1kg 硫化物为硫代硫酸盐，需氧量为 1kg，约相当于 $3.7m^3$ 空气。由于部分硫代硫酸盐（约 10%）会进一步氧化为硫酸盐，使需氧量增加到约 $4.0m^3$ 空气，而实际操作中供气量往往为理论值的 2～3 倍。

空气氧化脱硫在密闭的塔器（空塔、板式塔、填料塔）中进行。图 3-23 为某炼油厂的废水氧化装置。含硫废水经隔油沉渣后与压缩空气及水蒸气混合，升温至 80～90℃，进入氧化塔，塔径一般不大于 2.5m，分四段，每段高 3m。每段进口处设喷嘴，雾化进料。塔内气水体积比不小于 15。增大气水比则气液的接触面积加大，有利于空气中的氧向水中扩散，加快氧化速度。废水在塔内平均停留时间为 1.5～2.5h。

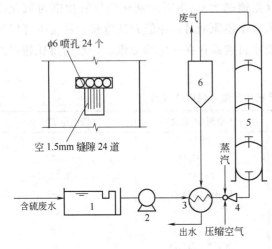

图 3-23 空气氧化法处理含硫废水流程
1—隔油池；2—泵；3—换热器；4—射流器；
5—空气氧化塔；6—分离器

2. 氯氧化法

氯气是普遍使用的氧化剂，既用于给水消毒，又用于废水氧化，主要是起到消毒杀菌的作用。通常的含氯药剂有液氯、漂白粉、次氯酸钠、二氧化氯等。各药剂的氧化能力用有效氯含量表示。氧化价大于 -1 的那部分氯具有氧化能力，称之为有效氯。作为比较基准，取液氯的有效氯含量为 100%。表 3-11 给出了几种含氯药剂的有效氯含量。

氯氧化法目前主要是用在对含酚、含氰、含硫化物的废水治理方面。

（1）处理含酚废水 向含酚废水中加入氯、次氯酸盐或二氧化氯等，可将酚破坏。根据理论计算投加的氯量与水中的含酚量之比为 6∶1 时，即可使酚完全破坏，但由于废水中存在其他化合物也与氯发生反应，实际上氯的需要量要超过理论量许多倍，一般要超出 10 倍左右。如果投氯量不够，酚不能完全被破坏，而且生成具有强烈臭味的氯酚。二氧化氯的氧化能力为氯的 2.5 倍左右，而且在氧化过程中不会生成氯酚，但由于二氧化氯的价格昂贵，

表 3-11 纯的含氯化合物的有效氯

化 学 式	相对分子质量	氯当量 /(mol Cl₂/mol)	含氯量 /%	有效氯 /%
液氯 Cl_2	71		100	100
漂白粉 $CaCl(OCl)$	127	1	56	56
次氯酸钠 $NaOCl$	74.5	1	47.7	95.4
次氯酸钙 $Ca(OCl)_2$	143	2	49.6	99.2
一氯胺 NH_2Cl	51.5	1	69	138
亚氯酸钠 $NaClO_2$	90.5	2(酸性)	39.2	156.8
氧化二氯 Cl_2O	87	2	81.7	163.4
二氯胺 $NHCl_2$	86	2	82.5	165
三氯胺 NCl_3	120.5	3	88.5	177
二氧化氯 ClO_2	67.5	2.5(酸性)	52.5	262.5

故仅用于除去低浓度酚的废水处理。

(2) 处理含氰废水 用氯氧化法处理含氰废水时,是将次氯酸钠直接投入废水中,也可以将氢氧化钠和氯气同时加入废水中,氢氧化钠与氯气反应生成次氯酸钠。由于这种氯氧化法是在碱性条件下进行的,故又称为碱性氯化法。

废水中含氰量与完成两个阶段反应所需的总氯及氢氧化钠的量之比,理论上为 $CN:Cl_2:NaOH=1:6.8:6.2$。实际上,为使氰化物完全氧化,一般要投入氯的量为废水中所含氰量的 8 倍左右。

3. 臭氧氧化法

臭氧 (O_3) 是氧的同素异构体,在常温常压下是一种具有鱼腥味的淡紫色气体。沸点 $-112.5℃$;密度 $2.144kg/m^3$。此外,臭氧还具有以下一些重要性质。

(1) 不稳定性 臭氧不稳定,在常温下容易自行分解成为氧气并释放出热量。

$$2O_3=2O_2+\Delta H \quad \Delta H=284kJ/mol$$

MnO_2、PbO_2、Pt、C 等催化剂的存在或经紫外辐射都会促使臭氧分解。臭氧在空气中的分解速度与臭氧浓度和温度有关。当浓度在 1% 以下时,其分解速度如图 3-24 所示。由图可见,温度越高,分解越快,浓度越高,分解也越快。

臭氧在水溶液中的分解速度比在气相中的分解速度快得多,而且强烈地受 OH^- 的催化。pH 越高,分解越快。臭氧在蒸馏水中的分解速度如图 3-25 所示,常温下的半衰期约为 $15\sim30min$。

(2) 溶解性 臭氧在水中的溶解度要比纯氧高 10 倍,比空气高 25 倍。在空气中臭氧的浓度对臭氧

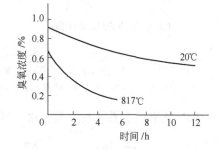

图 3-24 臭氧在空气中的分解速度

的溶解度有很大影响,同时溶解度还受到气体压力的影响。他们之间的关系如图 3-26 所示。在常压下,20℃时,水中臭氧浓度和气体中臭氧的平衡浓度之比为 0.285。

(3) 毒性 当臭氧在空气中的浓度达到 $0.1cm^3/m^3$ 时,即可使人的眼、鼻和喉感到刺激,当臭氧浓度达到 $1\sim10cm^3/m^3$ 时可引起头痛、恶心等症状。我国《工业企业设计卫生标准》(TJ 36—79) 规定车间空气中臭氧的最高容许浓度为 $0.3mg/m^3$。

(4) 氧化性 臭氧可使有机物质被氧化,可使烯烃、炔烃及芳香烃化合物被氧化成醛类或有机酸。

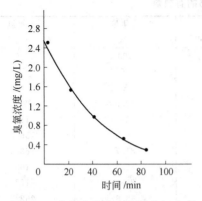

图 3-25 臭氧在蒸馏水中的分解速度

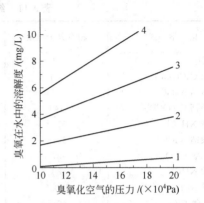

图 3-26 压力对臭氧溶解度的影响

1—1g O₃/m³ 空气；2—5g O₃/m³ 空气；

3—10g O₃/m³ 空气；4—15g O₃/m³ 空气

制备臭氧的方法很多，有化学法、紫外线法、电解法和无声放电法等。其中唯一经济实用的方法是无声放电法，故被普遍使用，目前也在进行化学法制备臭氧的研究。

（1）无声放电法的原理　在一对交流电极之间通过氧气或空气，电极间的两侧被绝缘，则空气或氧气通过电极时便发生放电现象，由于这种放电是没有声音的，所以称为无声放电法，无声放电法生产臭氧的原理及装置如图 3-27 所示。

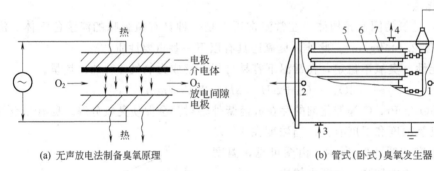

(a) 无声放电法制备臭氧原理　　　　　(b) 管式（卧式）臭氧发生器

图 3-27 臭氧的制备原理与装置

1—空气或氧气进口；2—臭氧化气出口；3—冷却水进口；4—冷却水出口；

5—不锈钢管；6—放电间隙；7—玻璃管；8—变压器

（2）臭氧发生系统及装置　由于臭氧不稳定，因此通常在现场随制随用。以空气为原料制造臭氧，由于原料来源方便，所以采用较为普遍。图 3-28 为以空气为原料的典型臭氧处理闭路系统流程图。

（3）臭氧在废水处理中的应用　用臭氧处理废水的过程为：臭氧先溶于水中，然后再与废水中所含有的污染物进行氧化反应。臭氧在水中的溶解度并不大，它与污染物的反应速率也受到限制，所以反应速率一般不是很快。

用臭氧处理废水，氧化产物的毒性降

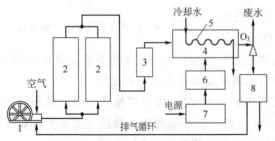

图 3-28 臭氧处理闭路系统

1—空气压缩机；2—净化装置；3—计量装置；4—臭氧发生器；5—冷却系统；6—变压器；7—配电装置；8—接触器

低，另外，臭氧在水中分解后得到氧，可使水中的溶解氧增加，不会造成二次污染。臭氧主要用于废水的三级处理，其作用是：降低废水中的 COD 和 BOD；杀菌消毒；增加水中的溶解氧；脱色和脱臭味；降低浊度。

臭氧的消毒能力比氯强。对脊髓灰质炎病毒，用氯消毒，保持 0.5～1.0mg/L 余氯量，需要反应 1.5～2.0h，而达到同样的消毒效果，用臭氧消毒，保持 0.045～0.45mg/L 的剩余臭氧，只需 2min。若初始臭氧浓度超过 1mg/L，经 1min 接触，病毒去除率可达到 99.99%。

如果臭氧氧化法和其他处理方法组合使用，对废水处理会发挥更好的经济效果，例如将混凝或活性污泥法与臭氧氧化法联合使用，可以有效地去除色度和难降解的有机物。

第五节　物化处理法

废水经过物理方法处理后，仍会含有某些细小的悬浮物以及溶解的有机物。为了进一步去除残存在水中的污染物，可以进一步采用物理化学方法进行处理。常用的物理化学方法有吸附、浮选、电渗析、反渗透、超过滤等。

一、吸附法

在废水处理中，吸附法处理的主要对象是废水中用生化法难以降解的有机物或用一般氧化法难以氧化的溶解性有机物，包括木质素、氯或硝基取代的芳烃化合物、杂环化合物、洗涤剂、合成染料、除莠剂、DDT 等。当用活性炭等对这类废水进行处理时，它不但能够吸附这些难以分解的有机物，降低 COD，还能使废水脱色、脱臭，把废水处理到可重复利用的程度。所以吸附法在废水中的深度处理中得到了广泛的应用。

吸附法是利用多孔性固体物质作为吸附剂，以吸附剂的表面吸附废水中的某种污染物的方法。常用的吸附剂有活性炭、硅藻土、铝矾土、磺化煤、矿渣以及吸附用的树脂等。其中以活性炭最为常用。

（一）吸附的原理

吸附法处理废水，吸附过程发生在液-固两相界面上，由于吸附剂的表面力作用而产生吸附。目前对这种表面力的性质，认识得还很不充分。其中有一种理论是用表面能来解释，即认为：在表面积一定的情况下，吸附剂要使其表面能减少，只有通过表面张力的减少来达到。而如果吸附剂在吸附某物质后能降低表面能，则该吸附剂便能吸附此种物质。所以吸附剂的表面只可以吸附那些能够降低它的表面张力的物质。

吸附剂和被吸附物质之间的作用力有三种不同类型。即分子间力、化学键力和静电引力。由于这三种不同的作用力，结果形成三种不同形式的吸附，即物理吸附、化学吸附和交换吸附。在废水处理中，主要是物理吸附，有时是几种吸附形式的综合作用。

物理吸附是由于固体的表面粒子（分子、原子）存在着剩余的吸引力所引起的。物理吸附发生的原因可用图 3-29 表示。在固体内部、粒子间存在着吸引力，但粒子的位置不同，受力情况也不同。物理吸附的特点是没有选择性，吸附质并不固定在吸附剂表面的特定位置上，而多少能在界面范围内自由移动，因而其吸附的牢固程度不如化学吸附。物理吸附主要发生在低温状态下，过程放热较小，约 42kJ/mol 或更少，可以是单分子层或多分子层吸附。影响物理吸附的主要因素是吸附剂的比表面积和细孔分布。

化学吸附是由于溶质与吸附剂发生化学反应，形成牢固的吸附化学键和表面配合物，吸附质分子不能在表面自由移动。吸附时放热量较大，与化学反应的反应热相近，约 84～420kJ/mol。化学吸附有选择性，即一种吸附剂只对某种或特定几种物质有吸附作用，一般为单分子层吸附。通常需要一定的活化能，在低温时，吸附速度较小。这种吸附与吸附剂的表面化学性质有密切的关系。被吸附的物质往往需要在很高的温度下才能被逐出，且所释出的物质已经起了化学变化，不再具有原来的性状，所以化学吸附是不可逆的。

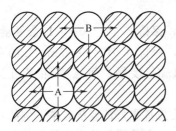

图 3-29　剩余力场示意图

在实际吸附过程中，物理吸附和化学吸附在一定条件下也是可以相互转化的。同一物质，可能在较低的温度下进行物理吸附，而在较高的温度下进行的往往是化学吸附，有时可能会同时发生两种吸附。

（二）吸附平衡

在吸附过程中，固、液两相经过充分的接触后，一方面吸附剂不断地吸附吸附质，另一方面吸附质由于热运动又不断地脱离吸附剂表面而解吸，最终将达到吸附与解吸的动态平衡。达到平衡时，单位吸附剂所吸附的物质的数量称为平衡吸附量，这种状态称为吸附平衡。

在一定的温度下，吸附质在固相中的浓度与吸附质在液相的平衡浓度存在着某种函数关系，这种关系可以用吸附等温线来表示，根据试验，可将吸附等温线归纳为如图 3-30 所示的五种类型。

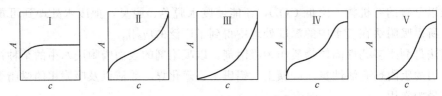

图 3-30　物理吸附的五种吸附等温线

描述吸附等温线的数学表达式称为吸附等温式。常用的有 Freundlich 等温式、Langmuir 等温式和 BET 等温式。在废水处理中，常用的等温式为 Freundlich 等温式，方程为：

$$A = KC^{1/n}$$

式中，K 称为 Freundlich 吸附系数，n 为常数，通常大于 1。上式虽然为经验式，但与实际数据较为吻合。通常将该式绘制在双对数纸上以便于判断模型准确性并确定 K 和 n 值，将上式两边取对数，得：

$$\lg A = \lg K + \frac{1}{n}\lg C$$

由实验数据按上式作图得一直线，其斜率等于 $1/n$，截距等于 $\lg K$。一般认为 $1/n$ 值介于 $0.1\sim0.5$，则易于吸附，$1/n>2$ 时难以吸附。利用 K 和 $1/n$ 两个常数，可以比较不同吸附剂的特性。由吸附等温线可以进行吸附剂的选择和吸附剂用量的估算。

（三）吸附剂及其再生

一切固体物质都有吸附能力，但是只有多孔性物质或磨得极细的物质由于具有很大的表面积，才能作为吸附剂，吸附剂的选择还必须满足以下要求：①吸附能力强；②吸附选择性好；③吸附平衡浓度低；④容易再生和再利用；⑤机械强度好；⑥化学性质稳定；⑦来源容易；⑧价格便宜。一般工业吸附剂难以同时满足这八个方面的要求，因此，应根据不同的场合选用。

目前常用的吸附剂很多，除人们熟悉的活性炭和硅胶外，还有活化炭、白土、硅藻土、活性氧化铝、焦炭、树脂吸附剂、腐殖酸，甚至那些弃之为废物的炉渣、木屑、煤灰及煤粉等。

吸附剂的吸附能力常用静活性来表示，即在一定的温度及平衡浓度的静态吸附条件下，每单位质量或单位体积吸附剂所能吸附的最大吸附质量。

影响吸附过程的因素比较多，主要可以归纳为三方面的影响因素，即吸附剂的性质、污染物的性质以及吸附过程的条件。

吸附剂的物理及化学性质对吸附效果有决定性的影响，而吸附剂的性质又与其制作时所使用的原料与加工方法及活化的条件有关。活性炭作为处理废水中常用的吸附剂，其吸附效果决定于吸附性、比表面积、孔隙结构、孔径分布等。

吸附剂在达到饱和吸附后，必须进行脱附再生，才能重复使用。脱附是吸附的逆过程，即在吸附剂结构不发生变化或变化极小的情况下，用某种方法将吸附剂从吸附剂孔隙中除去，恢复吸附剂的吸附功能。通过再生使用，可以大大降低废水的处理成本；可以减少废渣的排放量；同时可以回收有用的吸附质。目前吸附剂的再生方法主要有加热再生、药剂再生、化学氧化再生、湿式氧化再生、生物再生等。具体见表3-12。在选择再生方法时，主要考虑三方面的因素：①吸附质的物理性质；②吸附机理；③吸附质的回收使用价值。

表 3-12　吸附剂再生方法分类

种　　类		处理温度/℃	主　要　条　件
加热再生	加热脱附 高温加热再生 （炭化再生）	100～200 750～950 （400～500）	水蒸气、惰性气体 水蒸气、燃烧气体、CO_2
药剂再生	无机药剂 有机药剂（萃取）	常温～80 常温～80	HCl、H_2SO_4、$NaOH$、氧化剂 有机溶剂（苯、丙酮、甲醇等）
生物再生 湿式氧化再生 电解再生		常温 180～220、加压 常温	好气菌、厌气菌 O_2、空气、氧化剂 O_2

（四）吸附工艺及设备

在设计吸附工艺和装置时，应首先确定采用何种吸附剂，选择何种吸附和再生操作方法以及废水的预处理和后处理措施。一般需通过静态和动态试验来确定处理效果、吸附容量、设计参数和技术经济指标。

吸附操作分间歇和连续两种。前者是将吸附剂（多用粉状炭）投入废水中，不断搅拌，经一定时间达到吸附平衡后，用沉淀或过滤的方法进行固液分离。如果经过一次吸附，出水还达不到排放要求时，则需要增加吸附剂投加量和延长停留时间或者对一次吸附出水进行二次或多次吸附。间歇吸附工艺适用于规模小、间歇排放的废水处理。当处理规模比较大，需建较大的混合池和固液分离装置。粉状炭的再生工艺也比较复杂，目前在生产上很少使用。

连续式吸附工艺是废水不断地流进吸附床，与吸附剂接触，当污染物浓度降至处理要求时，排出吸附柱。按照吸附剂的充填方式，又分为固定床、移动床和流化床三种。具体构造图见图 3-31～图 3-33 所示。

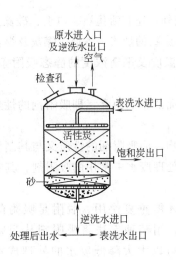

图 3-31　固定床吸附塔构造图

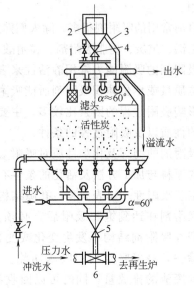

图 3-32　移动床吸附塔构造示意图

1—通网阀；2—进料斗；3—溢流管；
4，5—直流式衬胶阀；6—水射器；
7—截止阀

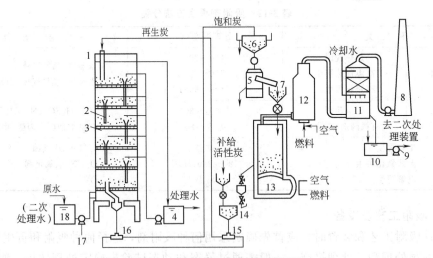

图 3-33　粉状炭流化床及再生系统

1—吸附塔；2—溢流管；3—穿孔管；4—处理水槽；5—脱水机；6—饱和炭贮槽；7—饱和炭
供给槽；8—烟囱；9—排水泵；10—废水槽；11—气体冷却塔；12—脱臭塔；
13—再生炉；14—再生炭冷却槽；15，16—水射器；17，18—原水泵

　　吸附法除对含有机物废水有很好的去除作用外，据报道对某些金属及化合物也有很好的吸附效果。研究表明，活性炭对汞、锑、铋、锡、钴、镍、铬、铜、镉等都有很强的吸附能力。国内已应用活性炭吸附法处理电镀含铬、含氰废水，对于化工厂、炼油厂等排放的有机污染物的废水，在要求深度处理时，活性炭吸附法也已成为一种实用、可靠且经济的方法。

二、浮选法

浮选法就是利用高度分散的微小气泡作为载体去黏附废水中的污染物，使其视密度小于水而上浮到水面，实现固液或液液分离的过程。在废水处理中，浮选法已广泛应用于：①分离地面水中的细小悬浮物、藻类及微絮体；②回收工业废水中的有用物质，如造纸厂废水中的纸浆纤维及填料等；③代替二沉池，分离和浓缩剩余活性污泥，特别适用于那些易于产生污泥膨胀的生化处理工艺中；④分离回收油废水中的悬浮油和乳化油；⑤分离回收以分子或离子状态存在的目的物，如表面活性剂和金属离子等。

（一）浮选法的基本原理

浮选法主要是根据表面张力的作用原理，当液体和空气相接触时，在接触面上的液体分子受液体内部液体分子的引力，使之趋向于被拉向液体的内部，引起液体表面收缩至最小，使得液珠总是呈圆球形存在。这种企图缩小表面面积的力，称之为液体的表面张力，其单位为 N/m。如欲增大液体的表面积，就需对其做功，以克服分子间的引力。同样，在相界面上也存在界面张力。

当空气通入废水时，废水中存在细小颗粒物质，共同组成三相系统。由于细小颗粒黏附到气泡上时，使气泡界面发生变化，引起界面能的变化。在颗粒黏附于气泡之前和黏附于气泡之后，气泡的单位界面面积上的界面能之差以 ΔE 表示。如果 $\Delta E > 0$，说明界面能减少了，减少的能量消耗于把水挤开的做功上，而使颗粒黏附在气泡上；反之，如果 $\Delta E < 0$，则颗粒不能黏附于气泡上，所以 ΔE 又称为可浮性指标。

另外，ΔE 值的大小直接与水和气相界面的界面张力 σ 及颗粒对水之间的润湿性有关，易被水润湿的颗粒，水对它有较大的附着力，气泡不易把水排开取而代之；因此，这种颗粒不易附着在气泡上。相反，不易被润湿的颗粒，就容易附着在气泡上。这种物质被水的润湿性，润湿性可以由颗粒与水的接触角 θ 表示，$\theta < 90°$ 者为亲水性物质，$\theta > 90°$ 者为疏水性物质。这可从如图 3-34 中物质与水接触面积的大小清楚地看出。可浮性指标的表达式为：

$$\Delta E = \sigma(1 - \cos\theta)$$

从上式可见，当颗粒完全被水润湿时，$\theta \to 0°$，$\cos\theta \to 1$，$\Delta E \to 0$，颗粒不能与气泡相黏附，因此也就不能用气浮法处理；当颗粒完全不被水润湿时，$\theta \to 180°$，$\cos\theta \to 1$，$\Delta E \to 2\sigma$，颗粒与气泡黏附紧密，最易于用气浮法去除；对于 σ 值很小的体系，虽然有利于形成气泡，但 ΔE 很小，不利于气泡与颗粒的黏附。

若要用浮选法分离亲水性颗粒（如纸浆纤维、煤粒、重金属离子等），就必须投加合

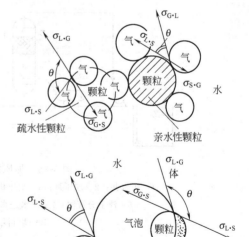

图 3-34　不同悬浮颗粒与水的润湿情况

适的药剂，以改变颗粒的表面性质，使之其表面变成疏水性，易于黏附于气泡上，这种药剂通常称为浮选剂。同时浮选剂还有促进起泡作用，可使废水中的空气，形成稳定的小气泡，以利于气浮。

浮选剂的种类很多,如松香油、石油及煤油产品,脂肪酸及其盐类,表面活性剂等。对不同性质的废水应通过试验,选择合适的品种和投加量,也可参考矿冶工业浮选的资料。

(二) 浮选法设备及流程

浮选法的形式比较多,常用的浮选方法有加压浮选、曝气浮选、真空浮选以及电解浮选和生物浮选法等。

1. 加压浮选法

加压浮选法,在国内应用比较广泛。几乎所有的炼油厂都采用这种方法来处理废水中的乳化油,并取得了较为理想的处理效果,出水中含油可以降到 $10 \sim 25 mg/L$ 以下。

其操作原理是:在加压的情况下,将空气通入废水中,使空气溶解在废水中达饱和状态,然后由加压状态突然减至常压,这时溶解在水中的空气就成了过饱和状态,水中空气迅速形成极微小的气泡,不断向水面上升。气泡在上升过程中,捕集废水中的悬浮颗粒以及胶状物质等,一同带出水面,然后从水面上将其加以去除。用这种方法产生的气泡直径约为 $20 \sim 100 \mu m$,并且可人为地控制气泡与废水的接触时间,因而净化效果比分散空气法好,应用广泛。

加压溶气浮选法按溶气水不同有全部进水溶气、部分进水溶气和部分处理水溶气三种基本流程。全部进水加压溶气流程的系统配置如图 3-35 所示。全部原水由泵加压至 $0.3 \sim 0.5 MPa$,压入溶气罐,用空压机或射流器向溶气罐压入空气。溶气后的水汽混合物再通过减压阀或释放器进入气浮池进口处,析出气泡进行气浮。在分离区形成的浮渣用刮渣机将浮渣排入浮渣槽,这种流程的缺点是能耗高,溶气罐较大。若在气浮之前需经混凝处理时,则已形成的絮体势必在压缩和溶气过程中破碎,因此混凝剂消耗量较多。当进水中的悬浮物多时,易堵塞溶气释放器。

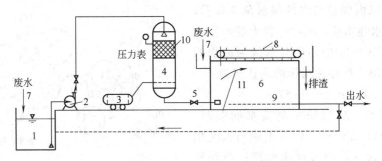

图 3-35 加压溶气气浮流程图

1—吸水井;2—加压泵;3—空压机;4—压力容器罐;5—减压释放阀;

6—浮上分液池;7—原水进水管;8—刮渣机;9—集水系统;

10—填料层;11—隔板

在部分进水溶气和部分处理水溶气两种流程中,用于加压溶气的水量只占总水量的 $30\% \sim 35\%$ 和 $10\% \sim 20\%$。因此,在相同能耗的情况下,溶气压力可大大提高,形成的气泡更小,更均匀,也不破坏絮凝体。

2. 曝气浮选法

曝气浮选法是将空气直接打入到浮选池底部的充气器中,空气形成细小的气泡,均匀地进入废水;而废水从池上部进入浮选池,与从池底多孔充气器放出的气泡接触,气泡捕集废水中颗粒后上浮到水面，由排渣装置将浮渣刮送到泥渣出口处排出。而净化水通过水位调节器由水管流出。

充气器可以用带有微孔的材料制成，如帆布、多孔陶瓷、微孔塑料管等，曝气浮选法的特点是：动力消耗最小，但由于气泡较大，而又很难均匀，故浮选效果较压力溶气法要略差些，同时操作过程中，多孔充气器需经常清理防止堵塞，这给操作带来不便。

3. 真空浮选法

该法是使废水与空气同时被吸入真空系统后接触，一般真空度为 $(2.7 \sim 4.0) \times 10^4$ Pa，在真空系统中，真空浮选的主要特点是气浮池在负压下运行，因此空气在水中易呈过饱和状态，析出的空气量取决于溶解空气量和真空度。这种方法的优点是溶气压力比加压溶气法低，能耗较小，但其最大的缺点是气浮池构造比较复杂，运行维护都有困难，因此在生产中应用不多。

4. 电解气浮法

电解浮选法，是对废水进行电解，这时在阴极产生大量的氢气。由于产生的氢气气泡极小，仅为 $20 \sim 100 \mu m$，废水中的颗粒物黏附在氢气泡上，随它上浮，从而达到净化废水的作用。

同时在阳极发生氧化作用，使极板电离形成氢氧化物，又起着混凝剂和浮选剂的作用，帮助废水中的污染物质上浮，有利于废水的净化。

电解浮选法的优点是产生的小气泡数量很多，每平方米的极板可在一分钟内产生 16×10^{17} 个小气泡；在利用可溶性阳极时，浮选过程和沉降过程可结合进行，装置简单、紧凑，容易实现一体化，在印染废水和含油废水的处理中有其特殊性，这是一种很好的废水处理方法。

5. 生物浮选法

生物浮选法是将活性污泥投放到浮选池内，依靠微生物的增长和活动来产生气泡（主要是细菌呼吸活动产生的 CO_2 气泡），废水中的污染物黏附在气泡上浮漂到水面，加以去除，使水净化。但此法产生的气量较小，浮选过程比较缓慢，在过程上很难实现。

三、电渗析

(一) 电渗析原理

电渗析是在渗析法的基础上发展起来的一项废水处理新工艺。它是在直流电流电场的作用下，利用阴、阳离子交换膜对溶液中阴、阳离子的选择透过性（即阳膜只允许阳离子通过，阴膜只允许阴离子通过），而使溶液中的溶质与水分离的一种物理化学过程。

电渗析系统由一系列阴、阳膜交替排列于两电极之间组成许多由膜隔开的小水室，膜间保持一定的距离。电渗析的工作原理见图3-36。

电渗析过程主要分成三个步骤，即：

（1）离解 废水中的电解质在直流电场的作用下产生阴离子和阳离子。

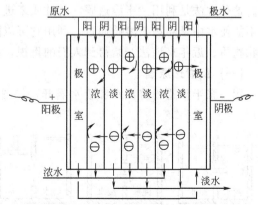

图3-36 电渗析分离原理图

（2）离子的迁移　产生的阴、阳离子分别向电场的正、负电极移动，在移动过程中与离子交换膜相遇。由于离子交换膜具有选择性，结果使一些小室离子浓度降低而成为淡水室，与淡水室相邻的小室则因富集了大量离子而成为浓水室。从淡水室和浓水室分别得到淡水和浓水。原水中的离子得到了分离和浓缩，水便得到了净化。

（3）电极反应　电极与膜之间的隔离室称为极室，极室中的离子与电极反应：阳极发生氧化反应、阴极发生还原反应。

除了以上三个主要过程以外，同时还发生一系列次要过程，如反离子的迁移、电解质浓度差扩散、水的电渗透、水的压渗、水的电离等，所以电渗析器在运行中，同时发生着多种复杂过程。主要过程是电渗析处理所希望的，而次要过程却是对废水处理是不利的。例如，反离子迁移和电解质浓度差扩散将降低除盐的效果；水的渗透、电渗和压渗会降低淡水产量和浓缩效果；水的电离会使耗电量增加，导致浓水室极化结垢等问题，因此，在电渗析器的设计和操作时，必须设法避免和改善这些次要过程对电渗析的不利影响。

（二）电渗析在废水处理中的应用

电渗析法最先用于海水淡化制取饮用水和工业用水，海水浓水制取食盐，以及与其他单元技术组合制取高纯水。利用电渗析法去除水中的盐分使水淡化，具有投资少、建设时间短、方便易行等优点，直流电耗量为 $1 \sim 5 kW \cdot h/m^3$ 淡水。

在废水处理中，根据工艺特点，电渗析法操作有两种基本类型，一种是由阳膜和阴膜交替排列而成的普通电渗析工艺，主要用于从废水中单纯分离污染物离子，或者把废水中的污染物离子和非电解质污染物分离开，再用其他方法处理；另一种是由复合膜与阳膜构成的特殊电渗析工艺，利用复合膜的极化反应和极室中的电极反应以产生 H^+ 和 OH^-，从废水中制取酸和碱。

我国从 1958 年开始，进行电渗析技术的研究，最初是应用在海水、苦咸水等的淡化方面的电渗析研究，随后应用范围逐渐扩大到冶金、化工、纺织、造纸、电镀、运输等各种工业中。目前它已成为一种新的化工单元操作。电渗析技术，越来越引起人们的重视并得到逐步推广。电渗析方法应用到环境保护方面进行废水处理，已取得良好的效果。但是由于目前其耗电量很高，多数还是仅限于在以回收为目的的情况下使用。

四、反渗透

反渗透是利用半渗透膜进行分子过滤来处理废水的一种新的方法，所以又称为膜分离技术。这种方法是利用"半渗透膜"的性质来进行分离的。这种"半渗透膜"可以使水通过，但不能使水中悬浮物及溶质通过，利用它可以除去水中的溶解固体、大部分溶解性有机物和胶状物质。近年来该法开始得到人们的重视，应用范围也在不断扩大。

（一）反渗透原理

用一张半渗透膜将淡水和废水隔开，如图 3-37 所示，该膜只让水分子通过，而不让溶质通过。由于淡水中水分子的化学位比溶液中水分子的化学位高，所以淡水中的水分子自发地透过膜进入废水中，这种现象称为渗透。在渗透过程中，淡水一侧液面不断下降，而废水一侧的液面不断上升。当两液面不再发生变化时，渗透便达到了

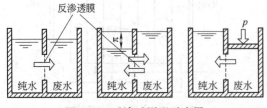

图 3-37　反渗透原理示意图

平衡状态，此时两液面的压差称为该种废水的渗透压。如在废水一侧加上一定的压力 p 后，就会造成废水中的水分子被压力压过半渗透膜而进入清水一侧，结果使得废水中的溶质及悬浮物被分离，而使废水得到净化。由于这种过程与渗透过程相反，所以称为反渗透。

实现反渗透必须具备两个条件：一是必须有一种高选择性和高透水性的半渗透膜；二是操作压力必须高于废水的渗透压。

（二）反渗透工艺在废水处理中的应用

反渗透最早用于海水淡化，随着反渗透膜材料的发展，高效膜组件的出现，反渗透的应用领域不断扩大。在海水和苦咸水的脱盐，锅炉给水和纯水制备，废水处理与再生，有用物质的分离和浓缩等方面，反渗透都发挥了重要的作用。

如采用反渗透法处理电镀废水可以实现闭路循环。逆流漂洗槽的浓液用高压泵打入反渗透器，浓缩液返回电镀槽重新使用，处理水则补充入最后的漂洗槽。对不加温的电镀槽，为实现水量平衡，反渗透浓缩液还需蒸发后才能返回电镀槽。

反渗透用于造纸废水、印染废水、石油化工废水、医院污水处理和城市污水的深度处理等方面均取得了较好的处理效果。处理造纸废水，BOD 去除率 70%～80%，COD 去除率 85%～90%，色度去除率 96%～98%，Ca^{2+} 去除率 96%～97%，水回用率 80%。用于城市污水的深度处理，可降低含盐量 99% 以上，而且还可去除各类含 N、P 化合物，使 COD 去除率 96%，达到 10^{-6} 数量级。

五、超过滤法

超过滤法简称超滤法，与反渗透一样也依靠推动力和半透膜实现分离。两种方法不同的是，超滤法所需的压力较低，一般约在 0.1～0.5MPa 下进行，而反渗透的操作压力为 2～10MPa。超滤法和反渗透法中都使用半渗透膜，超滤法中使用最多的半渗透膜（称超滤膜）也是醋酸纤维素膜，但其性能不同，膜上的微孔直径较大，约为 0.002～10μm，而反渗透法中使用的半渗透膜（称反渗透膜）的孔径较小，只有 0.0003～0.06μm。超滤法适用于分离相对分子质量大于 500，直径为 0.005～10μm 的大分子和胶体，如细菌、病毒、淀粉、树胶、蛋白质、黏土和油漆色料等，这类液体在中等浓度时，渗透压很小；而反渗透一般用来分离相对分子质量低于 500，直径为 0.0004～0.06μm 的糖、盐等渗透压较高的体系。

超滤装置和反渗透装置雷同。近年来超滤法在工业废水处理方面应用很广，如用于电泳涂漆废水、含油废水、含聚乙烯醇废水、纸浆废水、颜料和染色废水、放射性废水等的处理以及食品工业废水中回收蛋白质、淀粉等。但由于化工废水中含有各种各样的溶质，难以只采用单一的超滤方法，大多是将超滤法与其他废水处理法联合使用。

第六节　生化处理法

一、生化处理方法分类

从微生物的代谢形式出发，生化处理方法主要分为好氧处理和厌氧处理两大类型。按照微生物的生长方式，可分为悬浮生长型和固着生长型两类。此外，按照系统的运行方式可分为连续式和间歇式，按照主体设备中的水流状态，可分为推流式和完全混合式等类型。根据作用原理不同可以大致分类如下。

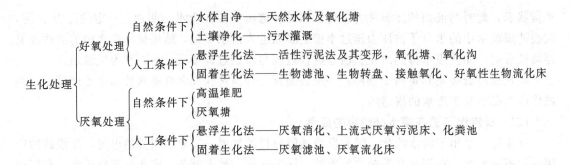

二、微生物及生物处理

1. 微生物的特征

所谓微生物是一些肉眼不能看见,只能凭借显微镜才能观察到的单细胞及多细胞生物,微生物在自然界中分布极广,种类繁多。在处理废水中常见的微生物,可以分为以下几类。

$$\text{生化法中常见的微生物} \begin{cases} \text{植物型} \begin{cases} \text{菌类} \begin{cases} \text{细菌(低等细菌,高等细菌)} \\ \text{真菌} \end{cases} \\ \text{藻类} \end{cases} \\ \text{动物型} \begin{cases} \text{原生动物} \\ \text{后生动物} \end{cases} \end{cases}$$

在废水处理过程中,随着废水水质的差异,出现的微生物种类、数量也有明显差别,其中以细菌的数量最多。由于微生物具有来源广、易培养、繁殖快、对环境适应性强、易变异等特征,在生产上较容易地采集菌种进行培养增殖,并在特定条件下进行驯化,使之适应有毒工业废水的水质条件,从而通过微生物的新陈代谢使有机物无机化,有毒物质无害化。加之微生物的生存条件温和,新陈代谢过程中不需要高温高压,它是不需投加催化剂和催化反应,用生化法促使污染物的转化过程与一般化学法相比要优越得多,其处理废水的费用低廉,运行管理较为方便,所以生化处理是废水处理系统中最重要的过程之一。目前,这种方法已广泛用作生活污水及工业有机废水的二级处理。

微生物在生命活动过程中,不断从外界环境中吸取营养物质,并通过复杂的酶催化反应将其加以利用,提供能量并合成新的生物体,同时又不断地向外界环境排泄废物,从而实现生命体的自我更新,这个过程称为微生物的新陈代谢,简称代谢。各种生物的生命活动,如生长、繁殖、遗传及变异,都需要通过新陈代谢来实现,可以讲,没有新陈代谢就没有生命。

微生物的另一个特征是它的变异性,即环境条件的改变对微生物有特别明显的影响。同时变异又具有遗传性。因此,利用微生物的这种特性,可以在人为的条件下培养所需微生物,部分改变其原有的特性,使之更好地用于不同的废水处理中。这种培养又称为驯化。利用驯化微生物改变其部分性状的方法称为定向变异。微生物的定向变异对用生化法处理废水具有特别重要的意义。

2. 酶及酶反应

微生物与废水中有机物的作用,一切化学反应都是在酶的催化条件下才能进行,酶是由活细胞产生的能在生物体内和生物体外起催化作用的生物催化剂。酶有单成分酶和双成分酶之分。单成分酶完全由蛋白质组成,这类酶蛋白质本身就具有催化活性,多数可以分泌到细胞体外催化水解，所以是外酶。而双成分酶是由蛋白质和活性原子基团相结合而成，蛋白质部分为主酶，活性原子基团一般是非蛋白质部分，此部分若与蛋白质部分结合较紧密时，称之为辅基，结合不牢固时，称之为辅酶。主酶与辅基或辅酶组成全酶，两者不能单独起催化作用，只有有机结合成全酶才能起催化作用，其中蛋白质部分是决定催化什么样的底物以及在什么部位发生反应，辅基和辅酶则决定催化什么样的化学反应。双成分酶（全酶）保留在细胞内，所以称之为内酶。

酶具有一般无机催化剂所共有的特点，更具有独具的特殊性能，主要表现以下特征。

（1）催化效率高。对于同一反应，酶比一般化学催化剂的催化速度高 $10^6 \sim 10^{13}$ 倍。例如，1mol 铁每秒仅能催化 10^{-5} mol 的过氧化氢分解，而 1mol 过氧化氢酶每秒可催化分解 10^5 mol 的过氧化氢，使反应速度提高了 10^{10} 倍。酶催化的高效性还表现用极少量酶就可使大量反应物转化为产物。

（2）酶的活性大小与环境条件密切相关，迄今为止，已知所有酶的化学组成与一般蛋白质并没有不同。它与蛋白质一样，在高温、高压、强酸、强碱、重金属离子、紫外线以及高强辐射等条件下，都会因蛋白质变性而降低酶的催化活力，甚至使活力消失。因此，对废水的条件加以适当控制，以维持酶具有最高的活力。

（3）有些物质如镁离子及钾离子等，对酶有激活作用，称为酶的激活剂，可以提高酶的活性。还有些物质，特别是一些重金属离子能降低酶的活性，称为酶的抑制剂，或称酶中毒，氰化物也是抑制剂的一种，所以对于氰化物废水，不宜采用生化法进行处理。

（4）酶的专一性。酶对其所作用的物质即底物有着严格的选择性。一种酶只能作用于一些结构极其相似的化合物，甚至只能作用于一种化合物而发生化学反应。所以，处理不同性质的废水，对微生物必须进行筛选和驯化，分别加以利用。

（5）酶的活性还受废水中有机物浓度的影响，浓度提高，活性也增加，但是浓度高到一定程度之后，由于酶已全部和有机物结合，故浓度升高，反应速度反而下降。一般，用生化法处理高浓度废水时，处理前应先进行适当的稀释。

根据酶的这些特征，废水需要具备一定的条件，才能采用生化法进行处理。

酶催化反应通常称之为酶促反应或酶反应。酶促反应速度受酶浓度、基质浓度、pH、温度、反应产物、活化剂和抑制剂等因素的影响。

3. 生化法对水质的要求

废水生化处理是以废水中所含的污染物作为营养源，利用微生物的代谢作用使污染物降解，废水得以净化。显然，如果废水中的污染物不能被微生物所降解，则生化处理是无效的。如果废水中的污染物可以被微生物降解，则在设计状态下废水可以获得良好的处理效果。但是当废水突然进入有毒物质，或环境条件突然发生变化，超过微生物的承受限度时，将会对微生物产生抑制或有毒作用，使系统的运行遭到严重破坏。因此，进行生化处理时，废水水质需要给微生物的生长繁殖提供适宜的环境条件是非常重要的。对废水水质的要求主要有以下几个方面。

（1）pH　在废水处理过程中，pH 不能有突然变动，否则将使微生物的活力受到抑制，以至于造成微生物的死亡。一般，对好氧生物处理，pH 可保持在 6～9 范围内，对厌氧生物处理，pH 应保持在 6.5～8 之间。

（2）温度　温度过高时，微生物会死亡，而温度过低，微生物的新陈代谢作用将变得缓慢，活力受到抑制。一般生物处理要求水温控制在 20～40℃ 之间。

（3）水中的营养物及其毒物　微生物的生长、繁殖需要多种营养物质，其中包括碳源、氮源、无机盐类等。水质经过分析后，需向水中投加缺少的营养物质，以满足所需的各种营养物，并保持其间的一定数量比例。

在工业废水中，有时存在着对微生物具有抑制和杀害作用的化学物质，即有毒物质。有毒物质对微生物生长的毒害作用，主要表现在使细菌细胞的正常结构遭到破坏以及使菌体内的酶变质，并失去活性。有毒物质可分为：①重金属离子（铅、镉、铬、砷、铜、铁、锌等）；②有机物类（酚、甲醛、甲醇、苯、氯苯等）；③无机物类（硫化物、氰化钾、氯化钠、硫酸根、硝酸根等）。有毒物质对微生物产生有毒作用有一个量的概念，即达到一定浓度时显示出毒害作用，在允许浓度以内，微生物可以承受。对微生物处理来讲，废水中存在的毒物浓度的允许范围，至今还没有统一的资料，而且在废水生物处理中毒物最高容许浓度的规定差别也很大，表 3-13 所给出的数据仅供参考。微生物进行驯化后，毒物最高容许浓度的数值可以适当提高。

表 3-13　废水生物处理中有毒物质容许浓度

毒　物　名　称	容许浓度/(mg/L)	毒　物　名　称	容许浓度/(mg/L)
亚砷酸盐	5	CN^-	5～20
砷酸盐	20	氰化钾	8～9
铅	1	硫酸根	5000
镉	1～5	硝酸根	5000
三价铬	10	苯	100
六价铬	2～5	酚	100
铜	5～10	氯苯	100
锌	5～20	甲醛	100～150
铁	100	甲醇	200
硫化物（以 S 计）	10～30	吡啶	400
氯化钠	10000	油脂	30～50

（4）氧气　根据微生物对氧的要求，可分为好氧微生物、厌氧微生物及兼性微生物。好氧微生物在降解有机物的代谢过程中以分子氧作为受氢体，如果分子氧不足，降解过程就会因为没有受氢体而不能进行，微生物的正常生长规律就会受到影响，甚至被破坏。所以在好氧生物处理的反应过程中，一般需从外界供氧，一般要求反应器废水中保持溶解氧在 2～4mg/L 左右为宜。

而厌氧微生物对氧气很敏感，当有氧存在时，它们就无法生长。这是因为在有氧存在的环境中，厌氧微生物在代谢过程中由脱氢酶所活化的氢将会与氧结合形成 H_2O_2，而厌氧微生物缺乏分解 H_2O_2 的酶，从而形成 H_2O_2 积累，对微生物细胞产生毒害作用。所以厌氧处理设备要严格密封，隔绝空气。

（5）有机物的浓度　进水有机物的浓度高，将增加生物反应所需的氧量，往往由于水中含氧量不足造成缺氧，影响生化处理效果。但进水有机物的浓度太低，容易造成养料不够，缺乏营养也使处理效果受到影响。一般进水 BOD_5 值以不超过 500～1000mg/L 及不低于 100mg/L 为宜。

4. 好氧生物处理和厌氧生物处理

根据生化处理过程中起主要作用的微生物种类的不同，废水生化处理可分为好氧生物处理和厌氧生物处理两大类。

好氧生物处理是好氧微生物和兼性微生物参与，在有溶解氧的条件下，将有机物分解为 CO_2 和 H_2O，并释放出能量的代谢过程。在有机物氧化过程中脱出的氢是以氧作为受氢体。如葡萄糖（$C_6H_{12}O_6$）在有氧情况下完全氧化，如下式所示：

$$C_6H_{12}O_6 + 6O_2 \longrightarrow 6CO_2 + 6H_2O + 2880kJ$$

好氧生物处理过程中，有机物的分解比较彻底，最终产物是能量最低的 CO_2 和 H_2O，故释放能量多，代谢速度快，代谢产物稳定。从废水处理的角度来说，主要是希望保持这样一种代谢形式，在较短时间内，将废水有机污染物稳定化。但好氧生物处理也有其致命的缺点，对含有有机物浓度很高的废水，由于要供给好氧生物所需的足够氧气（空气）比较困难，需先对废水进行稀释，要耗用大量的稀释水，而且在好氧处理中，不断地补充水中的溶解氧，从而使处理成本比较高。

厌氧生物处理是在无氧的条件下，利用厌氧微生物作用，主要是厌氧菌的作用，来处理废水中的有机物。过程中受氢体不是游离氧，而是有机物质或含氧化合物，如 SO_4^{2-}、NO_3^-、NO_2^-、CO_2 等。因此，最终代谢产物不是简单的 CO_2 和 H_2O，而是一些低分子有机物、CH_4、H_2S、NH_4^+ 等。

厌氧生物处理过程可分为两个阶段，即酸性发酵阶段和碱性发酵阶段。酸性发酵阶段，废水中复杂的有机物在产酸细菌的作用下，分解成各种简单的有机酸、醇、氨及二氧化碳等，由于生成的有机酸使废水的 pH 小于 7，故称之为酸性发酵阶段；但到阶段后期，有机酸往往被有机氮分解的产物氨所中和，废水的 pH 会有所上升，同时，有机酸、醇类物质在甲烷细菌的作用下，进一步分解为甲烷和二氧化碳，这一阶段称之为碱性发酵阶段。

厌氧生物处理，不需要供给氧气（空气），故动力消耗省，设备简单，并能回收一定数量的甲烷气体，可以作为燃料。其缺点是在发酵过程中，有时会有硫化氢或者其他一些硫化物产生，硫化氢与铁质接触就会形成黑色的硫化铁，从而使处理后的废水既黑又臭。

兼氧氧化，也叫兼气性氧化或兼气性分解，是兼气性微生物生命活动的结果，它介于好氧分解与厌氧分解之间。

三、活性污泥法

活性污泥法是处理工业废水最常用的生物处理方法，是利用悬浮生长的微生物絮体处理有机废水的一类好氧生物处理方法。这种生物絮体称为活性污泥，它由好氧性微生物（包括细菌、真菌、原生动物及后生动物）及其代谢的和吸附的有机物、无机物组成，具有降解废水中有机污染物（也有些可部分分解无机物）的能力，显示生物化学活性。

（一）活性污泥

活性污泥法处理的关键在于具有足够数量和性能良好的污泥。它是大量微生物聚集的地方，即微生物高度活动的中心，在处理废水过程中，活性污泥对废水中的有机物具有很强的吸附和氧化分解能力，故活性污泥中还含有分解的有机物及无机物等。在废水处理中，污泥中起主要作用的是细菌和原生动物。

衡量活性污泥数量和性能好坏的指标主要有以下几项。

（1）活性污泥的浓度（MLSS） 指 1L 混合液内所含的悬浮固体（MLSS）或挥发性悬浮固体（MLVSS）的量，单位为 g/L 或 mg/L。污泥浓度的大小可间接地反映废水中所含微生物的浓度。一般在活性污泥曝气池内常保持 MLSS 浓度在 $2\sim6$ g/L 之间，多为 3～

4g/L。

（2）污泥沉降比（SV%） 是指一定量的曝气池废水静置30min后，沉淀污泥与废水的体积比，用%表示。它可反映污泥的沉淀和凝聚性能好坏。污泥沉降比越大，越有利于活性污泥与水迅速分离，性能良好的污泥，一般沉降比可达15%～30%。

（3）污泥容积指数（SVI） 又称污泥指数，是指一定量的曝气池废水经30min沉淀后，1g干污泥所占有沉淀污泥容积的体积，单位为mL/g，它实质是反映活性污泥的松散程度，污泥指数越大，则污泥越松散。这样可有较大表面积，易于吸附和氧化分解有机物，提高废水的处理效果。但污泥指数太高，污泥过于松散，则污泥的沉淀性差，故一般控制在50～150mL/g之间为宜，但根据废水性质的不同，这个指标也有差异。如废水溶解性有机物含量高时，正常的SVI值可能较高；相反，废水中含无机性悬浮物较多时，正常的SVI值可能较低。

以上三者之间的关系为：

$$SVI = \frac{SV 的百分数 \times 10}{MLSS(g/L)}$$

例如，曝气池废水污泥沉降比（SV）为20%，污泥浓度为2.5g/L，则污泥容积指数为：

$$SVI = \frac{20 \times 10}{2.5} = 80$$

（二）活性污泥法处理废水流程

活性污泥法处理工业废水的大致流程如图3-38所示。

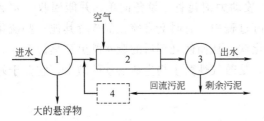

图3-38 活性污泥法基本流程图
1—初次沉淀池；2—曝气池；3—二次沉淀池；
4—再生池

流程中的主体构筑物是曝气池，废水必须先进行沉淀预处理（如初沉）后，除去某些大的悬浮物及胶状颗粒等，然后进入曝气池与池内活性污泥混合成混合液，并在池内充分曝气，一方面使活性污泥处于悬浮状态，废水与活性污泥充分接触，另一方面，通过曝气，向活性污泥提供氧气，保持好氧条件，保证微生物的正常生长和繁殖，而水中的有机物被活性污泥吸附、氧化分解。处理后的废水和活性污泥一同流入二次沉淀池，进行分离，上层净化后的废水排出。沉淀的活性污泥部分回流入曝气池进口，与进入曝气池的废水混合。由于微生物的新陈代谢作用，不断有新的原生质合成，所在系统中活性污泥量会不断增加，多余的活性污泥应从系统中排出，这部分污泥称为剩余污泥量；回流使用的污泥，称为回流活性污泥。通常，参与分解废水中有机物的微生物的增殖速度，都慢于微生物在曝气池内的平均停留时间。因此，如果不将浓缩的活性污泥回流到曝气池，则具有净化功能的微生物将会逐渐减少。除污泥回流外，增殖的细胞物质将作为剩余污泥排入污泥处理系统。

活性污泥处理废水中的有机质过程，分为两个阶段进行，即生物吸附阶段和生物氧化阶段。

（1）生物吸附阶段 废水与活性污泥微生物充分接触，形成悬浊混合液，废水中的污染物被比表面积巨大且表面上含有多糖类黏性物质的微生物吸附和粘连。程胶体状的大分子有机物被吸附后，首先被水解酶作用，分解为小分子物质，然后这些小分子与溶解性有机物被活性有机物一道在酶的作用下或在浓差推动下选择渗入细胞体内，从而使废水中的有机物含量下降而得到净化。这一阶段进行得非常迅速，对于含悬浮状态有机物较多的废水，有机物的去除率是相当高的，往往在 10～40min 内，BOD 可下降 80%～90%。此后，下降速度迅速减缓，即生物氧化作用，但不是主要的。

（2）生物氧化阶段　被吸附和吸收的有机物质继续被氧化，这段时间需要很长，进行非常缓慢。在生物吸附阶段，随着有机物吸附量的增加，污泥的活性逐渐减弱。当吸附饱和后，污泥失去吸附能力。经过生物氧化阶段吸附的有机物被氧化分解后，活性污泥又呈现活性，恢复吸附能力。

（三）活性污泥法的分类

按废水和回流污泥的进入方式及其在曝气池中的混合方式，活性污泥法可分为推流式和完全混合式两大类。

推流式活性污泥曝气池有若干个狭长的流槽，废水从一端进入，另一端流出。此类曝气池又可分为平行水流（并联）式和转折水流（串联）式两种。随着水流的过程，底物降解，微生物增长，F/M（底物量与微生物量之比，称为生物负荷率）沿程变化，系统处于生长曲线某一段上工作。

完全混合式是废水进入曝气池后，在搅拌下立即与池内活性污泥混合液混合，从而使进水得到良好的稀释，污泥与废水得到充分混合，可以最大限度地承受废水水质变化的冲击。同时，由于池内各点水质均匀，F/M 一定，系统处于生长曲线某一点上工作。运行时，可以调节 F/M，使曝气池处于良好的工况条件下工作。

普通曝气沉淀池构造如图 3-39 所示。它由曝气区、导流区、回流区、沉淀区几部分组成，故占地面积小，回流用活性污泥可自动回流至曝气面，不需输送污泥设备。但是沉淀效果较分建式要差，使出水中有机物的含量比较高，影响出水水质。

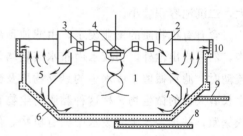

图 3-39　普通曝气沉淀池

1—曝气区；2—导流区；3—回流窗；4—曝气叶轮；5—沉淀区；6—顺流圈；7—回流缝；8，9—进水管；10—出水槽

当然，理论上的推流式和完全混合式是没有的，一般实际运行的曝气池的流程介于两者之间。

四、生物膜法

生物膜法是另一种好氧生物处理法。但活性污泥法是依靠曝气池中悬浮流动着的活性污泥来分解有机物的，而生物膜法是通过废水同生物膜接触，生物膜吸附和氧化废水中的有机物并同废水进行物质交换，从而使废水得到净化的过程，常用的有生物滤池、塔式滤池、生物转盘、生物接触氧化和生物流化床等。

生物膜法设备类型很多，按生物膜与废水的接触方式不同，可分为填充式和浸渍式两类。在填充式生物膜法中，废水和空气沿固定的填料或转动的盘片表面流过，与其上生长的生物膜接触，典型设备有生物滤池和生物转盘。在浸渍式生物膜法中，生物膜载体完全浸没在水中，通过鼓风曝气供氧。如载体固定，称为接触氧化法；如载体流化则称为生物流化床。

（一）池床式生物滤池

生物滤池一般由钢筋混凝土或砖石砌筑而成，池平面有矩形、圆形或多边形，其中以圆形为多，主要组成部分是滤料、池壁、排水系统和布水系统（图 3-40）。

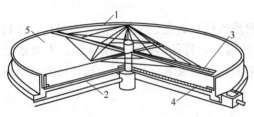

图 3-40 生物滤池的构造示意图

1—池壁；2—池底；3—布水器；4—排水沟；5—滤料

滤料作为生物膜的载体，对生物滤池的工作影响比较大。常用的滤料有石、卵石、碎石、炉渣、焦炭、瓷环、陶粒等，而且颗粒比较均匀、粒径为 $25\sim100$mm，滤层厚度为 $0.9\sim2.5$m，平均 $1.8\sim2.0$m。近年来，生物滤池多采用塑料滤料，主要由聚氯乙烯、聚乙烯、聚苯乙烯、聚酰胺等加工成波纹板、蜂窝管、环状及空圆柱等复合式滤料。这些滤料的特点是比表面积大，孔隙率高，可达 90% 以上，从而大大改善膜生长及通风条件，使废水处理效果大大提高。

生物滤池的基本流程与活性污泥法相似，由初沉池-生物滤池-二沉池三部分组成。在生物滤池中，为了防止滤层堵塞，需设置初沉池，预先去除废水中的悬浮颗粒和胶状颗粒。二沉池用以分离脱落的生物膜。由于生物膜的含水率比活性污泥小，因此，污泥沉淀速度较大，二沉池容积较小。

含有有机物质的工业废水，由滤池顶部通入，自上而下地穿过滤料层，进入池底的集水沟，然后排出池外，当废水由布水装置均匀地分布在滤料的表面上，并沿着滤料的间隙向下流动时，滤料截留了废水中的悬浮物质及微生物，在滤料表面逐渐形成一层黏膜，由于膜内生长有大量的微生物，称这种黏膜为生物膜，微生物吸附滤料表面上的有机物作为营养，很快繁殖，并进一步吸附废水中的有机物，使生物膜厚度逐渐增加，增厚到一定程度时，氧气难以进入到生物膜深处，生物膜里层供氧不足，会造成厌氧微生物繁殖，从而产生厌氧分解，生产氨、硫化氢和有机酸，有恶臭气味，影响出水的水质。另外，如果生物膜太厚的话，会使滤料间隙变小，造成堵塞，使处理水量减少。一般认为生物膜厚度以 2mm 左右为宜。

（二）塔式生物滤池

塔式生物滤池是在床式生物滤池的基础上发展起来的，是一种新型大处理量的生物滤池，滤料采用孔隙率大的轻质塑料滤料，滤层厚度大，从而提高了抽风能力和废水处理能力。塔式生物滤池进水负荷特别大，自动冲刷能力强，只要滤料填装合理，不会出现滤层堵塞现象。

塔式生物滤池负荷比高负荷生物滤池大好几倍，可承受较高浓度的废水，耐负荷冲击的能力也比较强，但要求的通风量比较大，在最不利的水力条件下往往需要实行机械通风。

塔式生物滤池的滤层厚，水力停留时间长，分解的有机物数量大，单位滤池面积处理能力高，占地面积小，管理方便，工作稳定性好，投资和运转费用低，还可采用密封塔结构，避免废水中挥发性物质造成二次污染，卫生条件好。但是，塔式生物滤池出水浓度较高，常有游离细菌，所以，塔式生物滤池适宜于二次处理串联系统中作为第一级处理设备，也可以在废水处理程度要求不高时使用。塔式生物滤池高度为 $6\sim8$m，直径约为塔高的 $1/6\sim1/8$。图 3-41 为塔式生物滤池的构造示意图。

(三) 生物转盘

生物转盘是一种新颖的废水处理装置，又称为浸没式生物滤池。其工作原理与生物滤池基本相同，但其构造却完全不一样。生物转盘是由固定在一根轴上的许多间距很小的圆盘或多角形盘片组成。盘片可用聚氯乙烯、聚乙烯、泡沫聚苯乙烯、玻璃钢、铝合金或其他材料制成。盘片可以是平板，也可以是点波波纹板等形式，也有用平板和波纹板组合，因为点波波纹板盘片的比表面积比平板大一倍。盘片有接近一半的面积浸没在半圆形、矩形或梯形的氧化槽内。在电动带动下，盘片组在水槽内缓慢转动，废水在槽内流过，水流方向与转轴垂直，槽底设有排泥管或放空管，以控制槽内废水中悬浮物浓度。

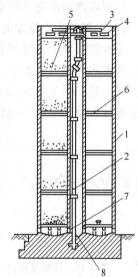

图 3-41　塔式生物滤池
1—塔体；2—进水管；3—布水管；4—溅水盘；5—炉渣滤池；6—中间筛状隔板；7—通风口；8—排水渠

盘片作为生物膜的载体，当生物膜处于浸没状态时，废水有机物被生物膜吸附，而当它处于水面上时，大气的氧向生物膜传递，生物膜内所吸附的有机物氧化分解，生物膜恢复活性。这样，生物转盘每转动一圈即完成一个吸附和一个氧化周期。转盘不断地转动，上述过程不停地循环进行，使废水得到净化。剥落的生物膜随水流入沉淀池，将水与污泥分开。其工艺流程见图3-42。

与生物滤池相同，生物转盘也无污泥回流系统，为了稀释进水，可考虑出水回流，但是生物膜的冲刷不依靠水力负荷的增大，而是通过控制一定的盘面转速来达到。

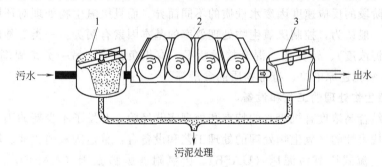

污水　　　　　　　　　　　　　　　　　　　　　　　　出水

污泥处理

图 3-42　生物转盘工艺流程图
1——次沉淀池；2—生物转盘；3—二次沉淀池

生物转盘的优点是操作简单，生物膜与废水接触的时间可以通过调整转盘转速加以控制，故适应废水负荷变化的能力强。其缺点是转盘材料造价高，机械转动部件容易损坏，投资较高。

五、厌氧生化法

废水厌氧生物处理是环境工程与能源工程中一项重要技术。是有机废水强有力的处理方法之一。人们有目的地利用厌氧生物处理已有近百年的历史。农村广泛使用的沼气池，就是厌氧生物处理技术最初的运用实例。但由于存在水力停留时间长、有机负荷低等缺点，较长时期限制了该技术在废水处理中的广泛应用。从20世纪70年代开始，由于世界能源的紧缺，能产生能源的废水厌氧技术得到重视，不断开发出新的厌氧处理工艺和构筑物，大幅度地提高了厌氧反应器内活性污泥的持留量，使废水的处理时间大大缩短，处理效率成倍提高。特别在高浓度有机废水处理方面逐渐显示出它的优越性。

（一）厌氧生物处理的基本原理

废水的厌氧生物处理是指在无分子氧的条件下通过厌氧微生物（或兼氧微生物）的作用，将废水中的有机物分解转化为甲烷和二氧化碳的过程，所以又称厌氧消化。厌氧生物处理实际上是一个复杂的微生物化学过程，早在 20 世纪 30 年代，人们就已经认识到其有机物的分解过程分为酸性（酸化）阶段和碱性（甲烷化）阶段。1967 年，Bryant 的研究表明，厌氧过程主要依靠三大主要类群的细菌，即水解产酸细菌、产氢产乙酸细菌和产甲烷细菌的联合作用完成。因而应划分为三个连续的阶段，即水解酸化阶段、产氢产乙酸阶段、产甲烷阶段，有人也把第一个阶段又划分为水解和酸化两个阶段。具体见图 3-43。

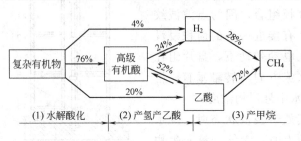

图 3-43　厌氧发酵的三个阶段和 COD 转化率

第一个阶段为水解酸化阶段，在这个阶段中，复杂的大分子有机物、不溶性的有机物先在细胞外酶作用下水解为小分子、溶解性有机物，然后渗透到细胞体内，分解产生挥发性有机酸、醇类、醛类物质等。

第二个阶段为产氢产乙酸阶段。在产氢产乙酸细菌的作用下，将第一个阶段所产生的各种有机酸分解转化为乙酸和 H_2，在降解奇数碳素有机酸时还形成 CO_2。

第三个阶段为产甲烷阶段。产甲烷细菌利用乙酸、乙酸盐、CO_2 和 H_2 或其他一些化合物转化为甲烷。

上述三个阶段的反应速度因废水性质的不同而异。而且厌氧生物处理对环境的要求比好氧法要严格。一般认为，控制厌氧生物处理效率的基本因素有两类：一类是基础因素，包括微生物量（污泥浓度）、营养比、混合接触状况、有机负荷等；另一类是周围的环境因素，如温度、pH、氧化还原电位、有毒物质的含量等。

（二）厌氧生物处理的工艺和设备

多年来，结合高浓度有机废水的特点和处理实践经验，开发了不少新的厌氧生物处理工艺和设备。有代表性的厌氧生物处理的处理工艺和设备有：普通厌氧消化池、厌氧滤池、厌氧接触消化、上流式厌氧污泥床（UASB）、厌氧附着膜膨胀床（AAFEB）、厌氧流化床（AFB）、升流厌氧污泥床-滤层反应器（UBF）、厌氧转盘和挡板反应器、两步厌氧法和复合厌氧法等。表 3-14 列举了几种常见厌氧工艺的一般性特点。

表 3-14　几种常见厌氧处理工艺的比较

工艺类型	特　点	优　点	缺　点
普通厌氧消化	厌氧消化反应与固液分离在同一个池内进行，甲烷气和固液分离（搅拌或不搅拌）	可以直接处理悬浮固体含量较高或颗粒较大的料液，结构较简单	缺乏持留或补充厌氧活性污泥的特殊装置，消化器中难以保持大量的微生物；反应时间长，池容积大等
厌氧接触法	通过污泥回流，保持消化池内污泥浓度较高，能适应高浓度和高悬浮物含量的废水	消化池内的容积负荷较普通消化池高，有一定的抗冲击负荷能力，运行较稳定，不受进水悬浮物的影响，出水悬浮固体含量低，可以直接处理悬浮固体含量高或颗粒较大的料液	负荷高时污泥仍会流失；设备较多，需增加沉淀池、污泥回流和脱气等设备，操作要求高；混合液难以在沉淀池中进行固液分离

工艺类型	特　点	优　点	缺　点
上流式厌氧污泥床	反应器内设三相分离器,反应器内污泥浓度高	有机负荷高,水力停留时间短;能耗低,无需混合搅拌装置,污泥床内不填载体,节省造价又避免堵塞问题	对水质和负荷突然变化比较敏感;反应器内有短流现象,影响处理能力;如设计不善,污泥会大量流失;构造较复杂
厌氧滤池	微生物固着生长在滤料表面,滤池中微生物含量较高,处理效果比较好。适用于悬浮物含量低的废水	可承受的有机容积负荷高,且耐冲击负荷能力强;有机物去除速度快;不需污泥回流和搅拌设备;启动时间短	处理含悬浮物浓度高的有机废水,易发生堵塞,尤以进水部位更严重。滤池的清洗比较复杂
厌氧流化床	载体颗粒细,比表面积大,载体处于流化状态	具有较高的微生物浓度,有机物容积负荷大,具有较强的耐冲击负荷能力,具有较高的有机物净化速度,结构紧凑、占地少以及基建投资省	载体流化能耗大,系统的管理技术要求比较高
两步厌氧法和复合厌氧法	在两个独立的反应器中进行,比例酸化和甲烷化在两个反应器中进行。两个反应器内也可以采用不同的反应温度	耐冲击负荷能力强,能承受较高负荷;消化效率高,尤其适于处理含悬浮固体多、难消化降解的高浓度有机废水;运行稳定,更好地控制工艺条件	两步法设备较多,流程和操作复杂
厌氧转盘和挡板反应器	对废水的净化靠盘片表面的生物膜和悬浮在反应槽中的厌氧菌完成,有机物容积负荷高	无堵塞问题,适于高浓度废水;有机物容积负荷高,水力停留时间短;动力消耗低;耐冲击能力强,运行稳定,运转管理方便	盘片造价高

由于各种厌氧生物处理工艺和设备各有优缺点,究竟采用什么样的反应器以及如何组合,要根据具体的废水水质及处理需要达到的要求而定。

六、生化处理法的技术进展

随着生化法在处理各种工业废水中的广泛应用,对生化处理技术改进方面的研究特别活跃。尤其是活性污泥法的技术改进,取得了一系列新的进展。

(一) 活性污泥法的新进展

几十年来,人们对普通活性污泥法(或称传统活性污泥法)进行了许多工艺方面的改革和净化功能方面的研究。在污泥负荷率方面,按照污泥负荷率的高低,分成了低负荷率法、常负荷率法和高负荷率法;在进水点位置方面,出现了多点进水和中间进水的阶段曝气法和生物负荷法、污泥再曝气法;在曝气池混合特征方面,改革了传统法的推流式,采用了完全混合法;为了提高溶解氧的浓度、氧的利用率和节省空气量,研究了渐减曝气法、纯氧曝气法和深井曝气法。

近十多年来,为了提高进水有机物浓度的承受能力,提高污水处理的能力,提高污水处理的效能,强化和扩大活性污泥法的净化功能,人们又研究开发了两段活性污泥法、粉末炭-活性污泥法、加压曝气法等处理工艺;开展了脱氮、除磷等方面的研究与实践;同时,对采用化学法与活性污泥法相结合的处理方法,净化难降解有机物污水等方面也进行了探索。目前,活性污泥法正在朝着快速、高效、低耗等多方面发展,主要进展如下。

(1) 纯氧曝气法 纯氧曝气法的优点是水中溶解氧的增加，可达 6～10mg/L，氧的利用率可提高到 90%～95%，而一般的空气曝气法仅为 4%～10%；由于可以提供更多的氧气，故为增加活性污泥的浓度创造了条件。活性污泥浓度提高，则废水处理效率也得以提高。一般曝气时间相同，纯氧曝气法比空气曝气法的 BOD_5 及 COD 的去除率可以分别提高 3% 和 5%，而且成本降低，耗电量也比空气曝气法节省 30%～40%。

(2) 深层曝气法 增加曝气池的深度，可以提高池水的压力，从而使水中氧的溶解度提高，氧的溶解速度也相应加快，因此深层曝气池水中的溶解氧要比普通曝气池的高，而且采用深层曝气法可提高氧的转移效率和减少装置的占地面积。

(3) 深井曝气法 深井曝气法也可称为超深层曝气法。井内水深 50～150m，因此溶解氧浓度高，生化反应迅速。适用于处理场地有限、工业废水浓度高的情况。

(4) 投加化学混凝剂及活性炭法 在活性污泥法的曝气池中，投加化学混凝剂及活性炭，这样相当在进行生化处理的同时，进行物化处理。活性炭又可作为微生物的载体并有协助固体沉降的作用，使 BOD_5 及 COD 的去除率提高，使水质净化。

(5) 生物接触氧化法 近年来出现的生物接触氧化法是兼有活性污泥法和生物膜法特点的生物处理法，它是以接触氧化池代替一般的曝气池，以接触沉淀池代替常用的沉淀池。其流程如图 3-44 所示。

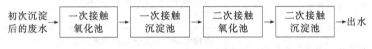

图 3-44 生物接触氧化法流程示意图

该法空气用量少，动力消耗也比较低，电耗可比活性污泥法减少 40%～50%，可以讲，生物接触氧化法具有活性污泥法和生物膜法两者的许多优点，因此也越来越受到人们的重视。

(二) 生物膜法的新进展

早期出现的生物滤池（普通生物滤池）虽然处理污水效果较好，但其负荷比较低，占地面积大，易堵塞，其应用受到了限制。后来人们对其进行了改进，如将处理后的水回流等，从而提高了水力负荷和 BOD 负荷，这就是高负荷生物滤池。

生物转盘出现于 20 世纪 60 年代。由于它具有净化功能好、效果稳定、能耗低等优点，因此在国际上得到了广泛应用，在构造形式、计算理论等方面均得到了较大发展，如改进转盘材料性能和增加转盘的直径，可使转盘的表面积增加，有利于微生物的生长。近年来，人们开发了采用空气驱动的生物转盘、藻类转盘等，在工艺形式上，进行了生物转盘与沉淀池或曝气池等优化组合的研究，如根据转盘的工作原理，新近又研制成生物转筒，即将转盘改成转筒，筒内可以增加各种滤料从而使生物膜的表面积增大。

20 世纪 70 年代初期，一些国家将化工领域中的流化床技术应用于污水生物处理中，出现了生物流化床。生物流化床主要有两相流化床和三相流化床。多年来的研究和运行结果表明，生物流化床具有 BOD 容积负荷大、处理效率高、占地面积小、投资省等特点，其缺点是运行不够稳定，操作困难。

生物活性炭法是近年来发展起来的一种新型水处理工艺，已在世界上许多国家采用，尤其在西欧更为广泛。该工艺的研究在我国已有十多年的历史，目前已进入使用阶段。应用实践证实，生物活性炭的吸附容量比单纯活性炭容量提高 2～30 倍，说明生物活性炭具有微生物和活性炭的叠加和协同作用。该工艺对城市污水的深度处理完全适用，对难生物降解而可吸附性好的污染物，亦有很好的去除效果。

总之，随着研究与应用的不断深入，废水生物处理的方法、设备和流程不断发展与革新，与传统法相比，在适用的污染物种类、浓度、负荷、规模以及处理效果、费用和稳定性等方面都大大改善了。酶制剂及纯种微生物的应用，酶和细胞的固定化技术等又会将现有的生化处理水平提高到一个新的高度。

第四章 化工废气污染控制

新中国成立以来，化学工业得到迅速发展，我国已建成包括20多个行业的基本完整的化工生产体系，其中氮肥、磷肥、无机盐、氯碱、有机原料及合成材料、农药、染料、涂料、炼焦等行业的废气排放量大、组成复杂，对大气环境造成较严重的污染。本章在介绍化工废气的来源及特点的基础上，介绍颗粒物、气态污染物的治理技术。

第一节 化工废气的来源、分类及特点

一、化工废气的来源

许多化工产品在其生产环节会产生并排出废气，造成环境污染。从各种化工及其有关过程中排放的含有污染物质的气体，统称为化工废气。其中既包含直接从生产装置中，物料经过化学、物理和物理化学过程排放的气体；也包含间接的与生产过程有关的燃料燃烧、物料贮存、装卸等操作散发的气体。

各种化工产品在其生产工艺过程的每个环节，都可能产生和排出废气，概括起来看，化工废气来源主要有以下几个方面。

① 副反应和化学反应进行不完全所产生的废气。在化工生产过程中，随着反应条件和原料纯度的不同，有一个转化率的问题。原料不可能全部转化为成品或半成品，这样就形成了废料。一般情况下，在进行主反应的同时，经常还伴随着一些不希望产生的副反应，副反应的产物有的可以回收利用，有的则因数量不大、成分复杂，无回收价值而作为废料排出。

② 产品加工和使用过程中产生的废气，以及搬运、破碎、筛分及包装过程中产生的粉尘等。

③ 生产技术路线及设备陈旧落后，造成反应不完全，生产过程不稳定，从而产生不合格的产品或造成物料的"跑、冒、滴、漏"。

④ 开停车或因操作失误，指挥不当，管理不善造成废气的排放。

⑤ 化工生产中排放的某些气体，在光或雨的作用下发生化学反应，也能产生有害气体。

二、化工废气的分类

按所含的污染物性质不同，化工废气可分为三大类：第一类为含有无机污染物的化工废气，废气中含有 SO_2、H_2S、CO、NO_2、Cl_2、HCl、HF、NH_3 等无机物，主要来自氮肥、磷肥、无机酸、无机盐等制造业；第二类为有机废气，废气中含非甲烷烃、苯系物、酚、醛、醇、卤代苯、丙烯腈、氰化物、己二腈、环氧化合物等有机化合物，主要来自基本有机原料及合成材料、农药、染料、涂料等行业；第三类为既含无机物又含有机物的废气，大部分石油炼制和石油化工行业排放的废气属这一类，此外氯碱、炼焦、医药行业排放废气也属这类。

三、化工废气的特点

各化工行业废气来源及主要污染物如表 4-1 所示。化工废气具有如下特点。

1. 种类繁多

由于化学工业行业比较多，加上每个行业所用的化工原料千差万别，即使同一产品所用的工艺路线、同一工艺的不同时间都有差异，生产过程中的化学反应繁杂，造成化工废气种类繁多。

2. 组成复杂、具有一定毒性

化工废气中常含有多种复杂的有毒成分。例如，农药、染料、氯碱等行业废气中，既含有多种无机化合物，又含有多种有机化合物。此外，从原料到产品，由于经过许多复杂的化学反应，产生多种副产物，致使某些废气的组成变得更加复杂。而且很多化工废气污染物具有一定的毒性，有些还具有"三致"特性和恶臭。

3. 污染物浓度高

不少化工企业由于缺乏改造的资金和技术，同时加上管理不善，操作工人素质不高，工艺设备陈旧等因素，导致产品陈旧，原材料流失严重，废气中污染物浓度高。如国内常压吸收法硝酸生产，尾气中 NO_x 浓度高达 3000×10^{-6} 以上，而采用先进的高压吸收法，尾气中 NO_x 浓度仅为 200×10^{-6}。涂料工业中油性涂料仍占很大比重，生产中排放大量含有机物废气。此外，由于受生产原料的限制，如硫酸生产主要采用硫铁矿为原料，个别的甚至使用含砷、氟量较多的矿石，使我国化工生产中废气排放量大，污染物浓度高。

4. 污染面广、危害性大

我国有 6000 多个化工企业，中、小型企业约占 90%，目前小化工遍地开花，特别是遍布全国各地的乡镇、私营小化工。这些中小企业大多工艺落后，设备陈旧，技术力量薄弱，防治污染所需要的技术、设备和资金难以解决。特别是近几年，由于化工产品供不应求，各地盲目地建设了一大批乡镇企业，进一步扩大了污染面。乡镇企业生产吨产品的原料、能源消耗都很高，排放的污染物大大超过大中型化工企业的排放量，而得到治理的却很少。此外，化工废气常含有致癌、致畸、致突变、恶臭、强腐蚀性及易燃、易爆性的组分，对生产装置、人身安全与健康以及周围环境都造成了严重的危害。

表 4-1　化学工业主要行业废气来源及主要污染物排放

行　业	主　要　来　源	废气中主要污染物
氮肥	合成氨、尿素、碳酸氢铵、硝酸铵、硝酸	NO_x、尿酸粉尘、CO、Ar、NH_3、SO_2、CH_4、尘
磷肥	磷矿石加工、普通过磷酸钙、钙镁磷肥、重过磷酸钙、磷酸铵类氮磷复合肥、磷酸、硫酸	氟化物、粉尘、SO_2、酸雾、NH_3
无机盐	铬盐、二硫化碳、钡盐、过氧化氢、黄磷	SO_2、P_2O_5、Cl_2、HCl、H_2S、CO、CS_2、As、F、S、氯化铬酰、重芳烃
氯碱	烧碱、氯气、氯产品	Cl_2、HCl、氯乙烯、汞、乙炔
有机原料及合成材料	烯类、苯类、含氧化合物、含氮化合物、卤化物、含硫化合物、芳香烃衍生物、合成树脂	SO_2、Cl_2、HCl、H_2S、NH_3、NO_x、CO、有机气体、烟尘、烃类化合物
农药	有机磷类、氨基甲酸酯类、菊酯类、有机氯类等	HCl、Cl_2、氯乙烷、氯甲烷、有机气体、H_2S、光气、硫醇、三甲醇、二硫脂、氨、硫代磷酸酯农药
染料	染料中间体、原染料、商品染料	H_2S、SO_2、NO_x、Cl_2、HCl、有机气体、苯类、醇类、醛类、烷烃、硫酸雾、SO_3
涂料	涂料：树脂漆、油脂漆。无机颜料：钛白粉、立德粉、铬黄、氧化锌、氧化铁、红丹、黄丹、金属粉、华蓝	芳烃
炼焦	炼焦、煤气净化及化学产品加工	CO、SO_2、NO_x、H_2S、芳烃、尘、苯并[a]芘、CO_2

5. 废气污染物难以治理

由于化工和石化废气组成复杂，污染物浓度变化大，因此难以治理。对于工业生产中较为普遍的几种废气，如含 SO_2 气体、含氮氧化物气体、含氟废气、含硫化氢废气等有许多不同的成功的治理技术，但是用于化工和石化行业这类废气的治理技术仍存在不少问题，例如炼油厂在加工原油时，由于原油中硫含量的不同，直接影响硫磺回收装置的回收效果。在我国目前硝酸生产中 NO_x 的治理方面，也存在问题，催化还原法虽具有投资低、见效快等优点，但由于耗氨、耗能高，排放尾气中 NO_x 浓度较高，使运行费较高，在中、小厂尚无法推广。绝大多数中、小厂采用的常压或低压吸收法，尾气中 NO_x 浓度经碱洗后仍很高，只有将吸收压力提至 $0.9\sim1.5MPa$，NO_x 浓度才可达 200×10^{-6}。化工生产中排放的大量有机化合物，由于量小或浓度低，难以回收和治理，这部分气体目前一般均采用高空排放。

四、化工废气主要污染物

目前对环境和人类产生危害的大气污染物约有 100 种左右。在化工行业中，具有普遍性的污染物有颗粒物、二氧化硫、氮氧化物、碳氢化合物等。表 4-2 列出了部分化学工业工艺废气排放情况。

表 4-2　部分化学工业工艺废气排放情况

行　业	生产装置	废气污染物排放量
氮肥	合成氨： ① 层压造气炉吹风气	$3500\sim4500m^3/t$ NH$_3$，CO $4\%\sim6.7\%$，H$_2$ $1.0\%\sim3.7\%$，CH$_4$ $0.1\%\sim1.1\%$
	② 合成放空气	$260m^3/t$ NH$_3$，H$_2$ 52.3%，CH$_4$ 16.0%，Ar 3.3%，NH$_3$ 11.0%
	③ 氨贮罐驰放气	$84.7m^3/t$ NH$_3$，H$_2$ 21.7%，CH$_4$ 16.3%，Ar 1.9%，NH$_3$ 52.7%
	尿素造粒塔(52 万吨/年尿素)	$7883m^3/t$ 尿素，尿素粉尘 $156\sim242mg/m^3$，NH$_3$ $140\sim150mg/m^3$
无机酸	硫酸装置(20 万吨/年硫酸)①原料干燥机；②第二吸收塔	废气 ① $790\sim800m^3/t$ 硫酸，硫铁矿尘 $\sim10g/m^3$； ② $370\sim2400m^3/t$ 硫酸，SO$_2$($400\sim490$)$\times10^{-6}$；硫酸雾 $<42mg/m^3$
无机盐	铬酸酐生产装置	$3000\sim4000m^3/t$ 铬酸酐，Cl$_2$ $2840mg/m^3$ HCl$\leqslant80mg/m^3$ Cr^{6+} $30\sim60mg/m^3$
石油炼制	催化、裂化装置(120 万吨/年)再吸收塔	酸性气 $270m^3/h$，H$_2$S 42%(V)，CO$_2$ 19%(V)
	氧化沥青装置(2.45 万吨/年)	$300\sim320m^3/t$ 渣油，H$_2$S $0.045mg/m^3$ 苯并[a]芘 $400\sim5100\mu g/m^3$，总烃 $120g/m^3$，CO 0.5%
石化基本有机原料	丁辛醇装置(丙烯羰基合成法)蒸气喷射泵	生产丁醇时：$32m^3/t$ 丁醇，丁醇、H$_2$O 2%，H$_2$ 3%甲烷、丙烯 55%
		生产辛醇时：$36m^3/t$ 辛醇　丁醇 7%
合成橡胶	丁腈橡胶 ① 聚合压料系统 ② 胶浆贮罐	① $22.3m^3/t$ 干胶，丁二烯 15%、丙烯腈 0.11% ② $18.7m^3/t$ 干胶，丁二烯 11.5%、丙烯腈 0.006%

1. 颗粒物

颗粒物是指除气体之外的包含于大气中的物质，包括各种各样的固体、液体和气溶胶。

其中有固体的灰尘、烟尘、烟雾，以及液体的云雾和雾滴，其粒径范围主要在 $200 \sim 0.1 \mu m$ 之间。按粒径的差异，可以分为：

（1）总悬浮颗粒物（Total Suspended Particulates，TSP）　总悬浮颗粒物是指漂浮于空气中的粒径小于 $100 \mu m$ 的微小固体颗粒和液粒。它主要来源于燃料燃烧时产生的烟尘、生产加工过程中产生的粉尘、建筑和交通扬尘、风沙扬尘以及气态污染物经过复杂物理化学反应在空气中生成的相应的盐类颗粒。

（2）降尘　指粒径大于 $10 \mu m$，在重力作用下可以降落的颗粒状物质。其多产生于固体破碎、燃烧残余物的结块及研磨粉碎的细碎物质。自然界刮风及沙暴也可以产生降尘。

（3）飘尘　指粒径小于 $10 \mu m$ 的煤烟、烟气和雾在内的颗粒状物质。由于这些物质粒径小、质量轻，在大气中呈悬浮状态，且分布极为广泛。飘尘可以通过呼吸道进入人体，对人体造成危害。

据联合国环境规划署统计，20 世纪 80 年代全世界每年大约有 23 亿吨颗粒物排入大气，其中 20 亿吨是自然排放的，3 亿吨是人为排放的。所以，颗粒物以自然污染源为主，如海水蒸发的盐分、土壤侵蚀吹扬、火山爆发等；人为排放为辅，且主要产生于燃料的燃烧过程。

颗粒物自污染源排出后，常因空气动力条件的不同、气象条件的差异而发生不同程度的迁移。降尘受重力作用可以很快降落到地面；而飘尘则可在大气中保存很久。颗粒物还可以成为水汽等的凝结核，参与形成降水过程。

2. 硫化物

硫常以二氧化硫和硫化氢的形态进入大气，部分以亚硫酸及硫酸（盐）微粒形式进入大气。大气中约 2/3 的硫来自天然源，其中以细菌活动产生的硫化氢最为重要。人为源产生的硫排放的主要形式是 SO_2，它主要来自含硫煤和石油的燃烧、石油炼制以及有色金属冶炼和硫酸制造等。在 20 世纪 80 年代，每年约有 1.5 亿吨人为 SO_2 排入大气中，其中 2/3 来自煤的燃烧，而电厂的排放量约占所有 SO_2 排放量的一半。

SO_2 是一种无色、具有刺激性气味的不可燃气体，是一种分布广、危害大的主要大气污染物。SO_2 和飘尘具有协同效应，两者结合起来对人体危害更大。SO_2 在大气中极不稳定，最多只能存在 $1 \sim 2d$。在相对湿度比较大，以及有催化剂存在时，可发生催化氧化反应，生成 SO_3，进而生成 H_2SO_4 或硫酸盐，所以，SO_2 是形成酸雨的主要因素。硫酸盐在大气中可存留一周以上，能飘移至 1000km 以外，造成远离污染源以外的区域性污染。SO_2 也可以在太阳紫外光的照射下，发生光化学氧化反应，生成 SO_3 和硫酸雾，从而降低大气的能见度。

由天然源排入大气的硫化氢，会被氧化为 SO_2，这是大气中 SO_2 的另一主要来源。

3. 氮氧化物

氮氧化物（NO_x）种类很多，主要是一氧化氮（NO）和二氧化氮（NO_2），其他还有一氧化二氮（N_2O）、三氧化二氮（N_2O_3）、四氧化二氮（N_2O_4）和五氧化二氮（N_2O_5）等多种化合物。

天然排放的 NO_x，主要来自土壤和海洋中有机物的分解，属于自然界的氮循环过程。人为活动排放的 NO_x 大部分来自化石燃料的燃烧过程，如汽车、飞机、内燃机及工业窑炉的燃烧过程；也来自生产、使用硝酸的过程，如氮肥厂、有机中间体厂、有色及黑色金属冶炼厂等。据 20 世纪 80 年代初估计，全世界每年由于人类活动向大气排放的 NO_x 约 5300 万吨。NO_x 对环境的损害作用极大，它既是形成酸雨的主要物质之一，又是形成大气中光化学烟雾的重要物质和消耗臭氧的一个重要因子。

在高温燃烧条件下，NO_x 主要以 NO 的形式存在，最初排放的 NO_x 中 NO 约占 95％。但是，NO 在大气中极易与空气中的氧发生反应，生成 NO_2，故大气中 NO_x 普遍以 NO_2 的形式存在。空气中的 NO 和 NO_2 通过光化学反应，相互转化而达到平衡。在温度较大或有云雾存在时，NO_2 进一步与水分子作用形成酸雨中的第二重要酸分——硝酸。在有催化剂存在时，如遇上合适的气象条件，NO_2 转变成硝酸的速度加快。特别是当 NO_2 与 SO_2 同时存在时，可以相互催化，形成硝酸的速度更快。

此外，NO_x 还可以因飞行器在平流层中排放而逐渐积累，并使其浓度增大。NO_x 可与平流层内的臭氧反应生成 NO_2 与 O_2，而 NO_2 可与原子氧反应生成 NO 和 O_2，从而打破臭氧平衡，使臭氧浓度降低，导致臭氧层的耗损。

4. 碳氢化合物

碳氢化合物包括烷烃、烯烃和芳烃等复杂多样的物质组成。大气中大部分的碳氢化合物来源于植物的分解，人类排放的量虽然小，却非常重要。

碳氢化合物的人为来源主要是石油燃料的不充分燃烧和石油类的蒸发。在石油炼制、石油化工生产中也产生多种碳氢化合物。燃油的机动车亦是主要的碳氢化合物污染源，交通线上的碳氢化合物浓度与交通密度密切相关。

碳氢化合物是形成光化学烟雾的主要成分。在活泼的氧化物如原子氧、臭氧、羟基自由基等的作用下，碳氢化合物将发生一系列链式反应，生成一系列的化合物，如醛、酮、烷、烯以及重要的中间产物——自由基。自由基进一步促进 NO 向 NO_2 转化，造成光化学烟雾的重要二次污染物——臭氧、醛、过氧乙酰硝酸酯（PAN）。

此外，碳氢化合物中的多环芳烃化合物，如 3,4-苯并芘等具有明显的致癌作用，已引起人们的密切关注。

五、化工废气中主要污染物的影响

大气中的污染物对环境和人体都会产生很大的影响，历史上曾发生过著名的大气污染事件，八大公害中事件中有五大公害属于大气污染事件，如日本的四日市哮喘病事件，英国的伦敦烟雾事件，美国洛杉矶光化学烟雾事件等。大气污染不仅影响到其周围环境，而且对全球环境也带来影响，如温室气体效应、酸雨、南极臭氧空洞等，其结果对全球的气候、生态、农业、森林产生一系列的影响。

大气污染物可以通过各种途径降到水体、土壤和作物中来影响环境，并通过呼吸、皮肤接触、食物、饮用水等进入人体，对人体健康和生态环境造成直接的近期或远期的危害。大气污染对人体及环境的影响途径大致如图 4-1 所示。表 4-3 列出了常见而危害较大的十三类有害物质对人体的影响。

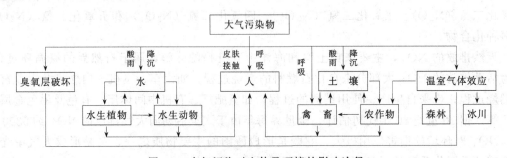

图 4-1　大气污染对人体及环境的影响途径

表 4-3　大气中十三类有害物质对人体的影响

名　　称	化 学 式	来　　源	对 人 体 的 影 响
二氧化硫	SO_2	电站、冶金、化工	对眼、鼻、喉及肺有强烈的刺激性
二硫化碳	CS_2	轻工	头痛、眩晕,刺激黏膜、皮肤,全身无力,消化紊乱
硫化氢	H_2S	化工、轻工	刺激眼和呼吸器官
氟化物	HF、SiF_4	化工、冶金	和体内钙反应,引起骨骼病变
氮氧化物	NO_x	化工	刺激呼吸器官,引起咳嗽、头痛、头晕、心悸
氯气	Cl_2	化工、冶金	刺激眼、鼻、咽喉,可损伤肺部
氯化氢	HCl	化工、冶金	剧烈咳嗽,呼吸困难,呼吸痉缩
一氧化碳	CO	化工、冶金	脉慢、头痛、呕吐、呼吸困难
硫酸雾	H_2SO_4	化工	刺激并腐蚀黏膜,引起上呼吸道及肺部损害
铅	Pb	冶金	乏力、苍白、头痛,食欲不振
汞	Hg	轻工	神经疾患,如焦躁不安、恐惧感、忧郁等
铍化物	Be	冶金	无力、气短、咳嗽、体重减轻、呼吸困难
烟尘及粉尘		电站、冶金、建材	呼吸道病症、肺尘埃沉着病等

六、大气污染物的治理技术

各种生产过程中产生的空气污染物,按其存在状态可分为两大类:其一是气溶胶态污染物,如粉尘、烟尘、雾滴和尘雾等颗粒状污染物;其二是气态污染物,如 SO_2、NO_x、CO、NH_3、H_2S、有机废气等分子态污染物。前者可利用其质量较大的特点,通过外力的作用,将其分离出来,通常称为除尘;后者则要利用污染物的物理性质和化学性质,通过采用冷凝、吸收、吸附、燃烧、催化等方法进行处理。以下各节拟就除尘技术和气体污染物的一般治理方法进行介绍。

第二节　除尘技术

一、粉尘的特性

随着工业的不断发展,人类的各种活动越来越占主导地位,以致在气溶胶粒子的来源中人为来源所占的比例逐渐增加。据估计,到 2000 年,人为活动所造成的气溶胶粒子的排放量将达到 1968 年人为排放量的两倍,这是应该引起人们的足够重视。

化学工业所排放出的粉尘污染物,主要是含有硅、铝、铁、镍、钒、钙等氧化物及粒径在 $10^3\mu m$ 以下的颗粒。这些颗粒物会污染周围的环境,所以,控制废气中粉尘的排放,是化工环境保护的重要内容之一。

粉尘中的物理性质,对于选定除尘方法有重要的影响。粉尘性质中最重要的参数是粉尘颗粒尺寸和密度,此外还有比电阻率、附着性、粒子形状、亲水性、腐蚀性、毒性和爆炸性等。

1. 粒子大小

粉尘经常是由大小不同的粒子所组成,为了表示出其中各种粒径粒子的多少,通常以各种粒径的粒子在全部粒子中的分级分率来说明,即用分级分布曲线表示,见图 4-2。

分级分布曲线是表示每种粒径的粒子占全部粒子总数的分率 f 与其粒子的粒径 x 之间的关系,即 f 曲线。

另外，粒子的组成情况也可以用积分分布曲线的形式表示，他反映大于某粒径的尘粒占全部尘粒的分率 R 与此粒径 x 之间的关系，即 R 曲线，见图 4-2。

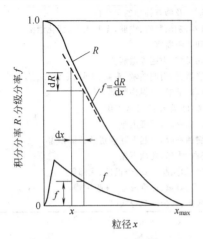

图 4-2　分级分布曲线和
积分分布曲线

通常，分级分布曲线又称为频率分布曲线，可以将分级分布曲线标绘为某一粒度范围的尘粒质量分率与其平均直径的关系；积分分布曲线又可称为累积分布曲线，可以将积分分布曲线标绘为等于及大于某一直径的颗粒质量之和占全体总尘粒的质量分率与尘粒直径的关系。

由 f 曲线和 R 曲线的定义，可以推出 f 与 R 的关系：

$$f = \frac{-dR}{dx}$$

$$R = \int_{x_0}^{x\infty} f(x)dx$$

2. 尘粒的密度

尘粒的密度对于重力除尘及离心除尘等装置的性能有很大的影响。由于粉尘往往是许多粒子的集合体，粒子之间有间隙存在，因此，粉尘的视密度比粒子的真密度要小得多，粉尘间隙的体积占总体积的分率，称为空隙率。空隙率大则视密度小，视密度与真密度相差越大，粉尘也越容易飞扬。

3. 尘粒的电阻率

尘粒的电阻率对于电除尘和过滤除尘装置的去除效率有很大影响。一般，工业尘粒的电阻率介于 $10^{-3}\Omega\cdot cm$（炭黑）和 $10^{14}\Omega\cdot cm$（干石灰石粉）之间。其中电阻率在 $10^4 \sim 2\times10^{10}\Omega\cdot cm$ 的范围内，最适宜采用电除尘装置。电阻率太高或太低均不适宜采用电除尘方法，但可预先对尘粒进行适当预处理，改变其电阻率，使其保持在上述特定的范围内。改变尘粒的电阻率可以采用以下几种方法。

① 改变温度：大多数的电阻是随温度升高而增大，直到一最大值。

② 加入水分：尘粒吸附水分后可使表面导电率增加，引起电阻率降低。

③ 添加化学药品：向含尘气体中添加化学药品可以调节尘粒电阻，例如，对于燃烧重油产生的粉尘由于其电阻率比较低，向其中加入适量的氨，便可以提高电阻值。

二、除尘效率及压力损失

除尘装置的主要性能是用除尘效率和压力损失来表示。

1. 总除尘效率的计算

（1）根据除尘器进口、出口管道内烟气的流量和烟尘浓度计算　可以根据气体进、出除尘器时的含尘流量来确定除尘效率。已知气体进除尘装置时的含尘流量为 $s_1 g/s$，含尘浓度为 $c_1 g/m^3$（标准状态）；除尘器出口气体的含尘流量为 $s_2 g/s$，气体含尘浓度为 $c_2 g/m^3$（标准状态）。则通过除尘器所去除的尘量为 $(s_1-s_2)g/s$。除尘器除尘总效率 η 可由下式定义：

$$\eta = \frac{s_1-s_2}{s_1}\times100\% = \left(1-\frac{s_2}{s_1}\right)\times100\%$$

如果除尘器的进气量为 $Q_1 m^3/s$（标准状态），出气量为 $Q_2\ m^3/s$，则除尘总效率 η 也可由下式表示：

$$\eta = \left(1 - \frac{c_2 Q_2}{c_1 Q_1}\right) \times 100\%$$

当 $Q_1 = Q_2$ 时，

$$\eta = \left(1 - \frac{c_2}{c_1}\right) \times 100\%$$

（2）根据除尘器进口或出口管道内烟气流量、烟尘浓度和除尘器灰斗收集的尘量计算总除尘效率的计算式：

$$\eta = \frac{M_c}{M_c + 3.6 c_2 Q_2} \times 100\%$$

式中 M_c——除尘器灰斗收集的尘量，kg/h。

（3）两级除尘时总效率计算 采用二级除尘时，其总效率可按下式计算：

$$\eta = \eta_1 + \eta_2 - \eta_1 \eta_2$$

式中 η_1——第一级除尘器的除尘效率，%；

η_2——第二级除尘器的除尘效率，%。

2. 分级除尘效率的计算

如果对气体中所含有的各种不同大小的尘粒，分别考虑各自的除尘效率时，即为分级效率，用 η_i 表示，i 代表粒径的大小，不同粒径的尘粒，分级效率也不同。一般，粒径越大，则去除也越容易，分级效率就高；而粒径越小，捕集越困难，分级除尘效率也越低。

（1）根据除尘器的进口烟尘和除尘器收尘中某一粒级的频率密度来计算：

$$\Delta \eta_i = \frac{f_c}{f_i} \eta$$

式中 $\Delta \eta_i$——某一级尘的粒级除尘效率，%；

f_c，f_i——除尘器灰斗收入尘和进口尘某一级的频率密度，%；

η——总除尘效率，%。

（2）根据除尘器的进、出口烟尘某一粒级的频率密度来计算：

$$\Delta \eta_i = 1 - \frac{f_0}{f_i}(1 - \eta)$$

式中 f_0——除尘器出口尘的某一级的频率密度，%。

（3）分级效率的表示方法

$$\Delta \eta_i = 1 - e^{-ad^m}$$

式中 $\Delta \eta_i$——分级效率，%；

d——粒径，μm；

a，m——常数。

图 4-3 为湿式除尘器的分级除尘效率 η_i 与粒径 i 之间的关系。根据实验，得到湿式除尘器的分级效率 η_x 与粒径 x 之间有如下关系：

$$\eta_x = 100(1 - e^{-2.04 x^{0.67}})$$

3. 除尘效率与处理烟气量的关系

此外，每一种形式的除尘装置，都有一个标准的处理气体量 Q_H，若高于或低于此值，对除尘效率也会带来影响。有的除尘装置的除尘效率 η 随着实际处理气体量 Q 的增加而提高，如旋风分离器和文丘里洗涤器等。还有的除尘装置，除尘效率 η 则随实际处理气量 Q 的增加而减少，如电除尘器、袋式过滤器等。图 4-4 表示了除尘效率与 Q/Q_H 之间的关系。

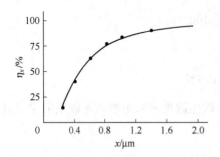

图 4-3　湿式除尘装置的分级除尘
效率与尘粒直径的关系

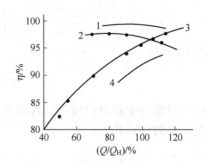

图 4-4　处理气体量偏离标准气量
时除尘效率的变化

1—袋式过滤器；2—电除尘器；3—旋风式
分离器；4—文丘里洗涤器

另外，气体的含尘浓度 c_1 对于除尘效率 η 也有影响，见图 4-5。电除尘器的除尘效率，在一定范围内随含尘浓度的增加而下降，但达到一定的含尘浓度后，电除尘的效率反而上升；旋风式除尘器则恰恰相反，旋风式除尘器的除尘效率则是在一定的范围内，随含尘浓度的增加而上升，但当达到一定浓度后，旋风式除尘器的效率则要下降。

各种形式的除尘器都具有各自的特点，为了发挥不同类型除尘装置的优点，实际上常常采用组合方式，即将低效除尘装置（如机械除尘装置）放在前面，高效除尘装置（如电除尘器）放在后面。这样，低效除尘装置先将大部分粗大尘粒除去，使后面的高效除尘装置更好地发挥作用。

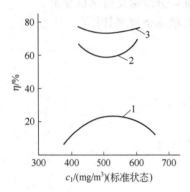

图 4-5　气体含尘浓度与
除尘效率的关系

1—小型旋风式分离器；2—电除尘器；
3—旋风式分离器与电除尘器
一级总除尘效率

如将几台同类型的除尘装置串联使用，则总除尘效率用下式进行计算：

$$\eta_{总}=1-(1-\eta_i)^n$$

式中　$\eta_{总}$——总除尘效率；

η_1——第一级装置的除尘效率；

η_2——从第一级装置排出的粉尘，在第二级装置内的除尘效率；

n——除尘装置的个数。

4. 压力损失

除尘器压力损失是指除尘器气体进出口压强差，其单位通常用 Pa 表示。除尘器压力损失一般为几百至几千帕。该值越小，则动力消耗就越小，操作费用就越低。

压力损失的来源有：气体的黏滞性，造成气体的流动阻力；器壁的粗糙度造成的流动阻力损失；气体在除尘器内流动时，流动速度大小和方向发生变化，产生涡流等。

目前，对各种形式除尘器的压力损失计算多由经验和半经验式来确定。由压力损失及处理气体的流量，可以对废气输送设备需要的耗电量进行概算，计算为：

$$W=2.73\times10^{-5}Q\Delta P$$

式中　W——耗电量，kW·h；

Q——气体流量，m^3/h；

ΔP——压力损失，Pa。

三、各种尘粒爆炸浓度的下限

某些尘粒在气体中达到一定浓度就可能引起爆炸，各种尘粒引起爆炸的最低浓度即爆炸浓度下限见表4-4。

表 4-4　各种尘粒爆炸浓度的下限　　　　　　　　　单位：g/m³

序　号	名　　称	爆炸下限	序　号	名　　称	爆炸下限
1	铝粉末	58.0	16	硫的磨碎粉末	10.1
2	煤末	114.0	17	页岩粉	58.0
3	沥青	15.0	18	泥炭粉	10.1
4	虫胶	15.0	19	六次甲基四胺	15.0
5	二苯基	12.6	20	棉花	25.2
6	木屑	65.0	21	Ⅰ级硬橡胶尘末	7.6
7	工业用酪素	32.8	22	电子尘	30.0
8	樟脑	10.1	23	面粉	30.2
9	松香	5.0	24	胶木灰	7.6
10	染料	270.0	25	亚麻皮屑	16.7
11	木质	30.2	26	奶粉	7.6
12	萘	2.5	27	茶叶粉末	32.8
13	酪素赛璐珞粉末	8.0	28	烟草粉末	68.0
14	硫磺	2.3	29	蒽	5.0
15	硫矿粉	13.9	30	甜菜糖	8.9

四、除尘装置

1. 除尘设备的分类

根据各种除尘装置作用原理的不同，可以将除尘装置大致分为四大类：机械式除尘器、湿式（洗涤式）除尘器、电除尘器和过滤式除尘器。此外，声波除尘器亦是依靠机械原理进行除尘，但是，由于它还利用了声波的作用使粉尘凝集，故有时将声波除尘器另分为一类。

机械式除尘器，通常又分为三类，即：

$$\text{机械除尘器}\begin{cases}\text{重力除尘器——沉降室}\\\text{惯性力除尘器——挡板式除尘器}\\\text{离心力除尘器——旋风式分离器}\end{cases}$$

2. 除尘器的除尘机理及使用范围

表4-5为目前常用的除尘装置的除尘机理及其适用范围。

3. 除尘装置的选择和组合

作为除尘器的性能指标，通常有下列六项，即：①除尘器的除尘效率；②除尘器的处理气体量；③除尘器的压力损失；④设备基建投资与运转管理费用；⑤使用寿命；⑥占地面积或占用空间体积。

以上六项性能指标中，前三项属于技术性能指标，后三项属于经济指标。这些项目是相互关联，相互制约的。其中压力损失与除尘效率是一对主要矛盾，前者代表除尘器所消耗的能量，后者是表示除尘器所给出的效果，从除尘器的技术角度来看，总是希望所消耗的能量最少，而达到的除尘效率最高。然而要使上面六项指标都能面面俱到，实际上是不可能的。

表 4-5 常用除尘器的除尘机理及适用范围

除尘装置	除尘机理								适用范围
	沉降作用	离心作用	静电作用	过滤	碰撞	声波吸引	折流	凝集	
沉降室	○								
挡板式除尘器					○		△	△	烟气除剂、磷酸盐、石膏、氧化铝、石油精制催化剂回收
旋风式除尘器		○			△			△	
湿式除尘器	△				○		△	△	硫铁矿焙烧、硫酸、磷酸、硝酸生产等
电除尘器			○						除酸雾、石油裂化催化剂回收、氧化铝加工等
过滤式除尘器				○	△		△	△	喷雾干燥、炭黑生产、二氧化钛加工等
声波式除尘器					△	○	△	△	尚未普及应用

注:"○"指主要机理;"△"指次要机理。

所以在选用除尘器时,要根据气体污染源的具体要求,通过分析比较来确定除尘方案和选定除尘装置。

为便于比较和选择,现将各种主要除尘设备的优缺点列于表 4-6、性能列于表 4-7、分级效率如图 4-6 所示。

表 4-6 各种主要除尘设备优缺点比较

除尘器	原理	适用粒径 /μm	除尘效率 η/%	优点	缺点
沉降室	重力	100～50	40～60	1. 造价低 2. 结构简单 3. 压力损失小 4. 磨损小 5. 维修容易 6. 节省运转费	1. 不能除小颗粒粉尘 2. 效率较低
挡板式(百叶窗)除尘器	惯性力	100～10	50～70	1. 造价低 2. 结构简单 3. 处理高温气体 4. 几乎不用运转费	1. 不能除小颗粒粉尘 2. 效率较低
旋风式分离器	离心式	5 以下	50～80	1. 设备较便宜 2. 占地小 3. 处理高温气体 4. 效率较高 5. 适用于高浓度烟气	1. 压力损失大 2. 不适于湿、黏气体 3. 不适于腐蚀性气体
		3 以下	10～40		
湿式除尘器	湿式	1 左右	80～99	1. 除尘效率高 2. 设备便宜 3. 不受温度、湿度影响	1. 压力损失大,运转费用高 2. 用水量大,有污水需处理 3. 容易堵塞
过滤除尘器(袋式除尘器)	过滤	20～0.1	90～99	1. 效率高 2. 使用方便 3. 低浓度气体适用	1. 容易堵塞,滤布需替换 2. 操作费用高
电除尘器	静电	20～0.05	80～99	1. 效率高 2. 处理高温气体 3. 压力损失小 4. 低浓度气体适用	1. 设备费用高 2. 粉尘黏附在电极上时,对除尘有影响,效率降低 3. 需要维修费

表 4-7　常用除尘装置的性能一览表

除尘装置名称	捕集粒子的能力/%			压力损失/Pa	设备费	运行费	装置的类别
	$50\mu m$	$5\mu m$	$1\mu m$				
重力除尘器	—	—	—	100～150	低	低	机械
惯性力除尘器	95	16	3	300～700	低	低	机械
旋风除尘器	96	73	27	500～1500	中	中	机械
文丘里除尘器	100	＞99	98	3000～10000	中	高	湿式
静电除尘器	＞99	98	92	100～200	高	低-中	静电
袋式除尘器	100	＞99	99	1000～2000	较高	较高	过滤
声波除尘器	—	—		600～1000	较高	中	声波

　　根据含尘气体的特性，可以从以下几方面考虑除尘装置的选择和组合。

　　(1) 若尘粒粒径较小，几微米以下粒径占多数时，应选用湿式、过滤式或电除尘式等；若粒径较大，以 $10\mu m$ 以上粒径占多数时，可用机械除尘器。

　　(2) 若气体含尘浓度较高时，可用机械除尘；若含尘浓度低时，可采用文丘里洗涤器〔因为其喉管的摩擦损耗不能太大，所以只适用进口含尘浓度小于 $10g/m^3$（标准状态）的气体除尘，过滤式除尘器也是适用低浓度含尘气体的处理〕；若气体的进口含尘浓度较高，而又要求气体出口的含尘浓度低时，则可采用多级除尘器串联的组合方式除尘，先用机械式除去较大的尘粒，再用电除尘或过滤式除尘器等，去除较小粒径的尘粒。

　　(3) 对于黏附性强的尘粒，最好采用湿式除尘器，不宜采用过滤式除尘器（因为易造成滤布堵塞），同时也不宜采用静电除尘器（因为尘粒黏附在电极表面上将使电除尘器的效率降低）。

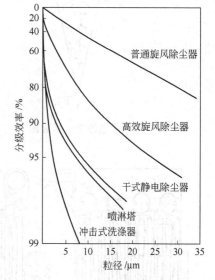

图 4-6　各种除尘器的性能（分级效率）

　　(4) 如采用电除尘器，尘粒的电阻率应在 $10^4 \sim 10^{11}\Omega \cdot cm$ 范围内，一般可以预先通过温度、湿度调节或添用化学药品的方法来满足此一要求。如果不能达到这一范围要求时，则不宜采用电除尘器。另外，电除尘器只适用在废气温度在 $500℃$ 以下的情况。

　　(5) 气体的温度增高，黏性将增大，流动时的压力损失增加，除尘效率也会下降。但温度太低，低于露点温度时，即使是采用过滤除尘器，也会有水分凝出，使尘粒易黏附于滤布上造成堵塞。通常，应在比露点温度高 $20℃$ 的条件下进行除尘。

　　(6) 气体的成分中如含有易燃易爆的气体时，应先将该气体去除后再除尘，如含 CO，可将 CO 氧化为 CO_2 后再除尘。

　　除尘技术的方法和设备种类很多，各有不同的性能和特点，在治理颗粒污染物时要选择一种合适的除尘方法和设备，除需要考虑当地大气环境质量，尘的环境容许标准、排放标准、设备的除尘效率及有关经济技术指标外，还必须了解尘的特性，如它的粒径、粒度分布、形状、密度、比电阻、亲水性、黏性、可燃性、凝集特性以及含尘气体的化学成分、温度、压力、湿度、黏度等。总之，只有充分了解所处理含尘气体的特性，又能充分掌握各种除尘装置的性能，才能合理地选择出既经济又有效的除尘装置。图 4-7～图 4-11 为几种常用除尘器的示意图。

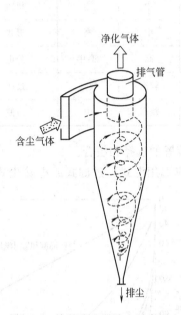

图 4-7　旋风除尘器除尘示意图

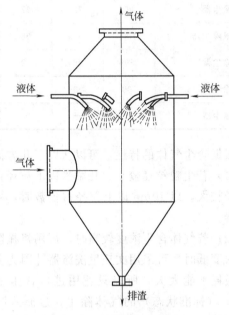

图 4-8　空心重力喷淋塔

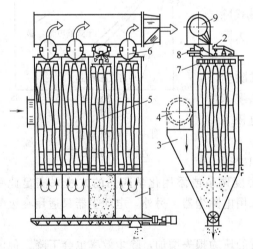

图 4-9　带有振动及反吹清灰装置的
多室袋式除尘器

1—灰斗；2—机械振打部分；3—进气分布
管道；4—进气管；5—滤袋；6—主风道
阀门；7—支撑吊架；8—反吹风阀门；
9—排气管道

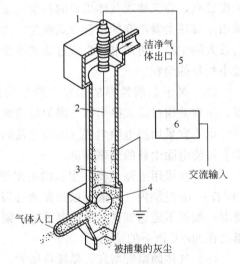

图 4-10　管式电除尘器示意图

1—绝缘子；2—放电极；3—收尘极；
4—重锤；5—高压电缆；
6—高压电源

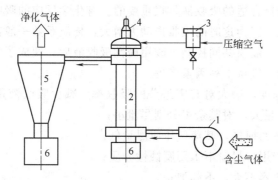

图 4-11　声波除尘器装置示意图

1—风机；2—凝集器；3—过滤器；4—声波发生器；5—旋风除尘器；6—灰斗

第三节　气态污染物的治理技术

化学工业所排放废气中的主要气态污染物有二氧化硫、氮氧化物、氟化物、氯化物及各种有机气体等。目前处理气态污染物的主要方法有吸收、吸附、催化转化、冷凝和燃烧等。本节主要介绍这些技术的原理。

一、吸收法

1. 原理及分类

吸收是利用气体混合物中不同组分在吸收剂中溶解度的不同，或者与吸收剂发生选择性化学反应，从而将有害组分从气流中分离出来的过程。吸收法用于治理气态污染物，技术上比较成熟，操作经验比较丰富，适用性比较强，各种气态污染物如：SO_2、H_2S、HF、NO_x 等一般都可选择适宜的吸收剂和吸收设备进行处理，并可回收有用产品，因此该法在气态污染物治理方面得到广泛应用。

气体吸收可以分为物理吸收和化学吸收。

（1）物理吸收　溶解的气体与溶剂或溶剂中某种成分并不发生任何化学反应。此时，溶解了的气体所产生的平衡蒸气压与溶质及溶剂的性质、体系的温度、压力和浓度有关。吸附过程的推动力等于气相中气体的分压与溶液溶质气体的平衡蒸气压之差。用重油吸收烃类蒸气或用水吸收醇类和酮类物质，属于物理吸附。

（2）化学吸收　溶解的气体与溶剂或与溶剂中某一成分发生化学反应。一种快速发生的化学反应发生物质的转变，导致气体平衡蒸气压的降低，有利于吸收操作。双碱法脱硫属于化学吸收。

在溶剂中所发生复杂的反应，有可逆和不可逆之分。可逆反应中，溶剂中必然存在着一些溶解的气体，因此液面上必有平衡分压，其大小取决于温度、浓度和平衡常数。不可逆反应中，被吸收气体的平衡分压等于零，理论上吸收率可以达到百分之百，实际上由于溶剂中有效组分所能增加的吸收效率的程度不同，难以达到百分之百。吸收效率的大小取决于溶剂中有效组分和气体的浓度、溶质和溶剂的反应速率，以及体系的温度和压力。因此化学吸收比较复杂，设计往往借助于中间试验或实验室数据。

2. 吸收液

在吸收操作中，选择合适的吸收液是很重要的。有化学反应的吸收和单纯的物理吸收相比，前者吸收速率较大，因为这时的吸收推动力增大，传质系数一般都有所提高，如用水吸收二氧化硫时，为气膜、液膜共同控制，改用碱性吸收液后，便成了气膜控制。

（1）吸收液的选择，应从下列因素考虑

① 为了提高吸收速度，增大对有害组分的吸收率，减少吸收液用量和设备尺寸，要求对有害组分的溶解度尽量大，对其余组分则尽量小；

② 为了减少吸收液的损失，其蒸气压应尽量低；

③ 为了减少设备费用，尽量不采用腐蚀性介质；

④ 黏度要低，比热容不大，不起泡；

⑤ 尽可能无毒、难燃，且化学稳定性好，冰点要低；

⑥ 来源充足，价格低廉，最好能就地取材，易再生重复使用；

⑦ 使用中有利于有害组分的回收利用。

（2）吸收液主要分为以下四种

① 水。用于吸收易溶的有害气体，水吸收效率与吸收温度有关，一般随着温度的增高，吸收效率下降。当废气中有害物质含量很低时，水吸收效率很低，这时需采用其他高效的吸收液。水作为吸收液的优点是便宜易得，比较经济。

② 碱性吸收液。用于吸收那些能和碱起反应的有害气体，如二氧化硫、氮氧化物、硫化氢、氯化氢、氯气等，常用的碱性吸收液有氢氧化钠、氢氧化钙、氨水、碳酸钠等。

③ 酸性吸收液。可以增加有害气体在稀酸中的溶解度或发生化学反应。如一氧化碳和二氧化氮在一定浓度的稀硝酸中的溶解度比在水中大得多，浓硫酸也可以吸收一氧化氮。

④ 有机吸收液。有机废气一般可以用有机吸收液，如洗油吸收苯和沥青烟，聚乙烯醚、冷甲醇、二乙醇胺等均可作为有机吸收液，能去除一部分有害酸性气体，如硫化氢、二氧化碳等。

3. 吸收塔

吸收法中所用的吸收设备主要作用是使气液两相充分接触，以便很好地进行传递；提供大的接触面，接触界面易于更新，最大限度地减少阻力和增大推动力。各种吸收装置的性能比较见表 4-8。

表 4-8　吸收装置的性能比较

装 置 名 称	分 散 相	气侧传质系数	液侧传质系数	所用的主要气体
填料塔	液	中	中	SO_2、H_2S、HCl、NO_2 等
空塔	液	小	小	HF、SiF、HCl
旋风洗涤塔	液	中	小	含粉尘的气体
文丘里洗涤塔	液	大	中	HF、H_2SO_4、酸雾
板式塔	气	小	中	Cl_2、HF
湍球塔	液	中	中	HF、NH_3、H_2S
泡沫塔	气	小	大	Cl_2、NO_2

用于净化操作的吸收器大多数为填料塔、板式塔或喷淋塔。具体结构示意图见图 4-12～图 4-14。

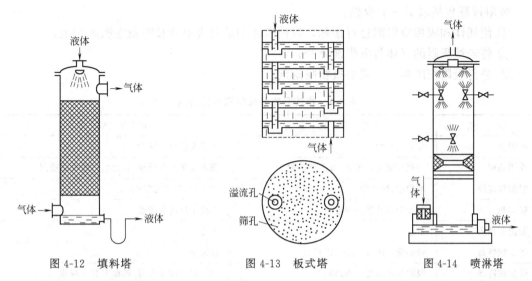

图 4-12 填料塔   图 4-13 板式塔   图 4-14 喷淋塔

（1）填料塔 填料塔属于微分接触逆流操作，塔内以填料作为气液接触的基本构件。填料塔内填充适当高度的填料（有环形、球形、旋桨形、栅板形等），以增加两种流体间的接触表面。用作吸附剂的液体由塔的上部通过分布器进入塔内，沿填料表面下降。需要净化的气体则由塔的下部通过填料孔隙逆流而上与液体接触，气体中的污染物被吸附而达到气体净化的目的。

（2）板式塔 板式塔属于逐级接触逆流操作，塔内以塔板作为气液接触的基本构件。筛板塔内装若干层水平塔板，板上有许多小孔，形状如筛，并装有溢流管（亦有无溢流管的）。操作时，液体由塔顶流入，经溢流管，逐板下降，并在板上积有一层一定厚度的液膜。需要净化的气体由塔底进入，经筛孔上升穿过液层，鼓泡而出，因而两相可充分接触，气体中的污染物被吸收液所吸收而达到净化的目的。

（3）喷淋塔 喷淋塔内既无填料也无塔板，所以又称为空心吸收塔。操作时液体由塔顶进入，经过安装在塔内各处的喷嘴，被喷成雾状或雨滴状。而气体和前两种吸收塔一样由塔底部进入塔体，在上升过程中与雾状或雨滴状的吸收液充分接触，使液体吸收气体中的污染物，而吸收后的吸收液由塔底流出，净化后的气体由塔顶排出。

二、吸附法

1. 原理及分类

气体混合物与适当的多孔性固体接触，利用固体表面存在的未平衡的分子引力或化学键力，把混合物中某一组分或某些组分吸留在固体表面上，这种分离气体混合物的过程称为气体吸附。作为工业上的一种分离过程，吸附已广泛应用于化工、冶金、石油、食品、轻工及高纯气体制备等工业部门。由于吸附法具有分离效率高、能回收有效组分，设备简单，操作方便，易于实现自动控制等优点，已成为治理环境污染物的主要方法之一。在大气污染控制中，吸附法可用于中低浓度废气的净化。

根据吸附力不同，吸附可以分为物理吸附和化学吸附，其特点列于表 4-9。这两类吸附往往同时存在，仅因条件不同而有主次之分，低温下以物理吸附为主，随着温度提高物理吸附减少，而化学吸附相应增多。吸附过程是放热过程，物理吸附时吸附热约等于吸附质的升华热，化学吸附时吸附热与化学反应热相近。

吸附过程包括以下三个步骤。

① 使气体和固体吸附剂进行接触，以便气体中的可吸附物被吸附在吸附剂上；

② 将未被吸附的气体与吸附剂分开；

③ 进行吸附剂的再生，或更换新吸附剂。

表 4-9 物理吸附和化学吸附的特点

特 点	物 理 吸 附	化 学 吸 附
吸附力	分子间引力	未平衡的化学键力
作用范围	与表面覆盖度无关,可多层吸附	随表面覆盖度增加而减少,只能单层吸附
吸附稳定性	不稳定,易解吸	比较稳定,不易解吸
吸附热	与吸附质升华热相近	与化学反应热相近
吸附剂性质	不变	改变
等温线特点	吸附量与压力(浓度)成正比	较复杂
等压线特点	吸附量随温度升高而减少	到一定温度才吸附,高温下有一峰值

2. 吸附剂

常用的气体吸附剂有骨碳、硅胶、矾土（氧化铝）、铁矾土、漂白土、分子筛、丝光沸石和活性炭等，其性能见表 4-10。由于硅胶、矾土、铁矾土、漂白土和分子筛等都对水蒸气有很强的吸附能力，因此主要用于气体干燥或处理干燥气体。

常用吸附剂和吸附的污染物如下。

① 活性炭：乙烯、其他烯烃、氨胺类、碱雾、酸性气体、氯、甲醛、Hg、H_2S、HF、SO_2。

② 硅胶：氮氧化物、SO_2、C_2H_2。

③ 活性氧化铝：H_2S、SO_2、C_nH_m、HF。

④ 分子筛：NO_x、SO_2、CO、CS_2、H_2S、NH_3、C_nH_m。

⑤ 泥煤/褐煤：恶臭物质、NH_3、SO_2。

⑥ 焦炭粉粒：沥青烟。

在大气污染控制方面应用最广的吸附剂是活性炭。

良好的吸附剂应满足如下要求：吸附量大，特别是保持吸附量大；选择性好；解吸容易；机械强度高，化学稳定和热稳定性好；阻力小；吸附剂便于再生；廉价。其中最重要的条件是吸附量大。

表 4-10 常用吸附剂的物理性质

性 质	活 性 炭		硅 胶	活性氧化铝	分 子 筛
	粒 状	粉 状			
真空度/(g/mL)	2.0～2.2	1.9～2.2	2.2～2.3	3.0～3.3	2.0～2.5
粒密度/(g/mL)	0.6～1.0	—	0.8～1.3	0.9～1.9	0.9～1.3
充填密度/(g/mL)	0.35～0.6	0.15～0.6	0.5～0.85	0.5～1.0	0.6～0.75
空隙率/%	33～45	45～75	40～45	40～45	22～40
细孔容积/(mL/g)	0.5～1.1	0.5～1.4	0.3～0.8	0.3～0.8	0.4～0.6
比表面积/(m²/g)	700～1500	700～1600	200～600	150～350	400～750
平均孔径/(nm)	1.2～4.0	1.5～4.0	2.0～12	4.0～15	—

3. 吸附装置

根据吸附器内吸附剂床层的特点，可将气体吸附器分为固定床、移动床和流化床三种类型。

（1）吸附层静止不动的装置称为固定床吸附装置。吸附过程中气体流动，而吸附剂固定不动。固定床吸附器多为立式或卧式的空心容器，其中装有吸附剂。这种装置的结构简单，工艺成熟，性能可靠，目前应用较多。图 4-15 为卧室固定床吸附器示意图。

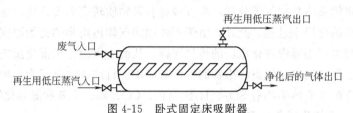

图 4-15　卧式固定床吸附器

（2）在流动床吸附器中，需要净化的气体和吸附剂各以一定的速度作逆流运动进行接触。吸附剂由塔顶进入吸附器，依次经吸附段、精馏段、解吸段，进入塔底的卸料装置，并以一定的流速排出，然后由升扬鼓风机输送至塔顶，再进入吸附器，重新开始上述的吸附循环。需净化的气体从吸附段底部进入吸附器，与吸附剂逆流接触后，从吸附段的顶部排出。图 4-16 为移动床示意图。

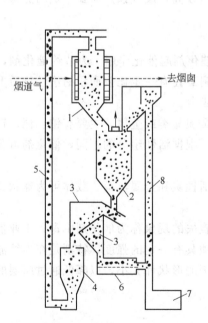

图 4-16　移动床吸附器

1—吸附器；2—脱附器；3—筛分机；4—活性炭
冷却器；5—活性炭提升装置；6—皮带运输机；
7—燃烧炉；8—砂子提升立管

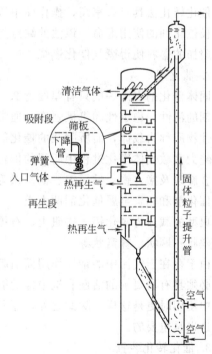

图 4-17　有再生段的多级逆流流化床吸附塔

（3）流化床内吸附剂与净化气体逆流运动，吸附剂在筛板上处于流化状态。全塔分为两段，上段为吸附段，下段用热气流进行加热再生。再生后的吸附剂用空气提升至吸附塔顶进行循环使用。图 4-17 为有再生段的多级逆流流化床吸附塔示意图。

三、催化法

1. 原理及分类

催化法净化气态污染物是利用催化剂的催化作用，将废气中的气体有害物质转化为无害物质或转化为易于去除的物质的一种废气治理技术。催化法与吸收法、吸附法不同，它治理污染物过程中，无需将污染物与主气流分离，可直接将有害物质转变为无害物，这不仅可避免产生二次污染，而且可简化操作过程。此外，由于所处理的气体污染物的初始浓度都很低，反应的热效应不大，一般可以不考虑催化床层的传热问题，从而大大简化了催化反应器的结构。由于上述优点，促使了催化法净化气态污染物的推广和应用。目前该法已成为一项重要的大气污染治理技术。所处理的主要污染物有 SO_2、H_2S、HC、CO、苯、甲苯和氮氧化物等。

催化转化法分为催化氧化法和催化还原法。

催化氧化法是使有害气体在催化剂的作用下，与空气中的氧气发生化学反应，转化为无害气体的方法。例如，利用催化法使废气中的碳氢化合物转化为 CO_2 和 H_2O，SO_2 转化为 SO_3 后加以回收利用等。

催化还原法是使有害气体在催化剂的作用下，和还原性气体发生化学反应，变为无害气体的方法。例如，氮氧化物能在催化剂作用下，由氨还原为 N_2 和 H_2O。

催化转化法具有效率高，操作简单等优点。采用这种方法的关键是选择合适的催化剂，并延长催化剂的使用寿命。该法的缺点是催化剂价格较高，废气预热需要一定的能量，即需添加附加的燃料使得废气催化燃烧。

2. 催化剂

固体催化剂表面一般只有厚度为 $20\sim30nm$ 的催化剂起催化作用。为节约催化剂，提高催化剂的活性、稳定性和机械强度，通常把催化剂附载在有一定比表面积的惰性物质上，这种惰性物质称为载体，而所附载的催化剂称为活性组分。

绝大多数气体净化过程中所用的催化剂一般为金属盐类或金属，主要有铂、钯、钌、铑等贵金属以及锰、铁、钴、镍、铜、钒等的氧化物。根据活性组分的不同，催化剂可分为贵金属催化剂和非贵金属催化剂两大类。

典型的载体为氧化铝、铁矾土、石棉、陶土、活性炭和金属丝等。载体可为球状、圆柱状、丝状、网状、蜂窝状等。

由于存在于气流中的杂质作用而引起催化活性丧失的现象称为催化剂中毒。工业催化剂不仅必须具有所要求的活性和抗中毒的能力，还必须具有一定的强度，特别是在连续流动的过程中使用时更是这样。除此之外，还要控制催化剂的形状和大小，以降低通过床层的压力降，这也是重要的。

3. 催化转化装置

典型的气体催化净化过程采用的转化装置是由一个接触器或反应器（通常称为转化器）所组成，其中的催化剂以单层或多层固定床形式排列而装在管中或特殊结构的容器中。转化器的大小主要取决于给定反应所需的空间速度。空间速度就是每单位体积催化剂每小时所通过的干燥气体的体积数，其单位通常可简写为"h^{-1}"。由于废气中的有害杂质浓度往往很低，故转化器内由于放热反应而引起的升温相当小，一般无需设计内部冷却管。吸热反应所需的热量通常是对进入转化器前的气体进行预热来供给。转化器的设计还要考虑到便于快速卸除旧催化剂和更换新催化剂。

图 4-18 为一种转化器的简图。转化器内装有催化剂，床层呈环状，中央有一气体导管。

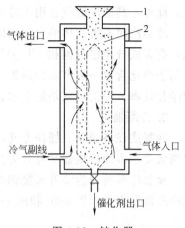

图 4-18 转化器

1—装催化剂漏斗；2—催化剂床

四、燃烧法

1. 原理及分类

燃烧法是通过热氧化燃烧或高温分解的原理，将废气中的可燃有害成分转化为无害物质的方法，又称焚化法。例如含烃废气在燃烧中被氧化成无害的 CO_2 和 H_2O。此外燃烧法还可以消烟、除臭。燃烧法已广泛应用于石油化工、有机化工、食品化工、涂料和油漆的生产、金属漆包线生产、纸浆和造纸、动物饲养场、城市废弃物干燥和焚烧处理等主要含有有机污染物的废气治理。通过燃烧法处理废气中的污染物有：碳氢化合物、甲烷、苯、二甲苯、一氧化碳、硫化氢、恶臭物质、黑烟（含炭粒和油烟）。

燃烧法又可分为直接燃烧和催化燃烧两种方法。直接燃烧和催化燃烧的特征列于表 4-11。

表 4-11 直接燃烧和催化燃烧的特征对比

燃烧种类	直 接 燃 烧	催 化 燃 烧
燃烧原理	预热至 600～800℃ 进行氧化反应	预热至 200～400℃ 进行催化氧化反应
燃烧状态	在高温下滞留一定时间 不生成火焰	与催化剂接触 不生成火焰
特点	预热能耗较多 燃烧不完全时能产生恶臭 可用于催化各种可燃气体	预热能耗较少 催化剂较昂贵 能使催化剂中毒的气体不适用

2. 燃烧装置

燃烧法工艺简单、操作方便，而且有机废气浓度越高越有利，并可回收热能。但处理可燃组分含量低的废气时，需预热耗能。采用该方法时，还必须注意控制燃烧温度和燃烧时间，不然，有机物会碳化成颗粒，以粉尘形式随烟气外排，造成二次污染。

图 4-19 是一种常见催化燃烧装置的示意图。

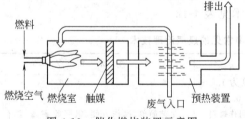

图 4-19 催化燃烧装置示意图

五、冷凝法

1. 原理

冷凝法是利用物质在不同温度下具有不同饱和蒸气压这一性质，采用降低系统温度或提高系统压力，使处于蒸汽状态的污染物冷凝并从废气中分离出来的过程。该法特别适用于处理污染物浓度在 $10000cm^3/m^3$ 以上的有机废气。冷凝法在理论上可以达到很高的净化程度，但对有害物质要求控制到几 cm^3/m^3，则所需要的费用很高。所以冷凝法不适宜处理低浓度的废气，常作为吸附、燃烧等净化高浓度废气的前处理，以便减轻这些方法的负荷。如炼油厂、油毡厂的氧化沥青生产中的尾气，先用冷凝法回收，然后送去燃烧净化；氯碱及炼金厂中，常用冷凝法使汞蒸气变成液体而加以回收；此外，高湿度废气也用于冷凝法使水蒸气冷凝下来，大大减少气体量，便于下步操作。

冷凝法对有害气体的去除程度，与冷却温度和有害成分的饱和蒸气压有关。冷却温度越低，有害成分越接近饱和，其去除程度越高。冷凝法有一次冷凝法和多次冷凝法之分。前者多用于净化含单一有害组分的废气，后者多用于净化含多种有害成分的废气或用于提高废气的净化效率。冷源可以是地下水、大气或特制冷源。

2. 冷凝器

冷凝法设备简单、操作方便，并容易回收较纯产品。冷凝器分为表面冷凝器和接触冷凝器两大类。表面冷凝器又可分为列管冷凝器、翅管空冷冷凝器、淋洒式冷凝器、螺旋板冷凝器；接触冷凝器分为喷淋式接触冷凝器、喷射式接触冷凝器、填料式接触冷凝器、塔板式接触冷凝器四大类。图 4-20 和图 4-21 分别为两种典型的冷凝器。

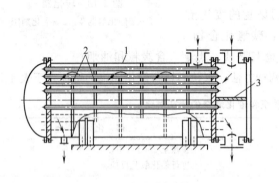

图 4-20　列管式冷凝器

1—壳体；2—挡板；3—隔板

图 4-21　喷淋式接触冷凝器

六、典型化工废气治理技术

1. 合成氨及尿素生产中常见的废气治理技术

大、中、小型合成氨装置的废气主要为合成放空气和氨贮罐驰放气，中、小型采用层压炉造气的合成氨装置还有吹风气，采用铜洗净化工艺的有铜洗再生气。尿素生产装置的废气主要为造粒塔排气。有关常用的工艺废气治理技术见表 4-12。

表 4-12　合成氨及尿素生产中常见的废气治理技术

技 术 名 称	处 理 效 果 和 效 益	技 术 特 点
合成氨装置：等压回收合成放空气和氨罐驰放气中氨的技术	①氨的回收率约 95%，回收氨水浓度为 130～180 滴度，可直接回碳化系统，排气含氨 0.1% ②吨氨回收氨 52.77kg，脱氨后的气体可作燃料 ③大大减轻氨对环境的污染 ④一个年产 5000t 氨的氨厂，脱氨气可解决 350～600 户职工的燃料问题	工艺简单，操作方便，氨回收率高，具有良好的经济、环境和社会效益
铜洗装置：铜洗再生气中氨的回收技术	①回收氨水浓度约 60 滴度，氨回收率约 95%，再生回收气含 Ar 0.02%～0.5% ②回收氨可回生产系统，综合经济效益较好 ③可减少排放氨对环境的污染	①工艺流程短，操作简便，生产稳定，效益显著 ②装置设计采用组合设备，占地面积少，适于老厂或小厂技术改造 ③生产操作集中控制

技 术 名 称	处 理 效 果 和 效 益	技 术 特 点
结合碳铵水平衡回收"三气"和碳化尾气中氨的技术	①可提高生产系统氨的利用率至92% ②可使跑气回收率从35.5%增至78.7% ③回收后排放气中NH_3可降至0.1%~0.2% ④平均每吨氨可增加利润几十元 ⑤可避免稀氨水的排放	①达到了碳铵生产水平衡,消灭了稀氨水的排放 ②充分利用了生产过程的压力差 ③自动调节,可确保安全运行 ④氨回收仍偏低
变压吸附回收合成放空气中氢的技术	①氢回收率70%~80%,纯度98%~99% ②以每小时放空气量500m^3(N)为例,全年可节煤750t,增产氨750t,回收放空气氨121t ③不仅可回收氢和氨,增加收入,而且可减轻氨对环境的污染	①由于合成放空气本身带压,故整个过程不用加压而不耗能 ②操作温度为常温,操作弹性大 ③H_2纯度高,其他杂质如Ar可进一步回收 ④氢回收率偏低
普里森分离装置回收合成放空气中的氢	①氢回收率>90%,纯度约90% ②引进该装置的大型厂,一般日增产氨约20~25t ③吨氨节能(12.5~25)×10^4kJ ④排放气中氨浓度降至约200×10^{-6}	①技术先进,自动化程度高,生产过程简单,操作方便,占地面积少 ②可同时回收H_2和N_2,并可提高H_2的浓度 ③H_2纯度较低
深冷法回收合成放空气中氢的技术	①产氨4.5t/h为例,氢回收率为90%,每吨氨可节约标煤60kg左右 ②NH_3的回收率高,燃料气中NH_3<1×10^{-6},可大大降低NH_3对大气的污染	①可同时回收NH_3和H_2,且H_2纯度高 ②采用深冷二级部分冷凝分离技术,解决了甲烷在设备内可能会冻结问题 ③与合成氨系统相互独立,互不影响正常操作
日本 Mitsui Toatsu 公司尿素造粒粉尘治理技术	①能有效地降低尿素粉尘的排放,可使尿素粉尘排放浓度从160mg/m^3降低到60~80mg/m^3 ②可回收NH_3和尿素,例如某大型厂每年回收尿素57t ③可有效地控制尿素和氨对环境的污染	除尘效率高,但设备复杂,只适用于强制通风造粒塔

2. 硫酸与硝酸生产中的 SO_2 与 NO_x 的常用治理技术

有关目前国内应用较多的硫酸装置含 SO_2 尾气和硝酸装置含 NO_x 尾气治理技术见表 4-13。

表 4-13　常用硫酸和硝酸生产工艺尾气治理技术

技 术 名 称	使用效果和效益	特 点
磷矿石风扫磨袋式过滤器——旋风分离器两级干法除尘技术	①除尘效率可达98%以上,排出废气中尘浓度200~250mg/m^3 ②处理成本0.008元/m^3(废气)	①除尘效率高,尾气可达标排放 ②回收矿粉,可创造经济效益
用水吸收法将用普通过磷酸钙装置产生的含氟废气制成氟硅酸和硅胶	①氟去除率达99%,尾气中氟浓度降至2mg/m^3 ②处理成本0.004元/m^3(废气) ③回收产品氟硅酸钠和硅胶	①除氟效率高,排放尾气可达标 ②废物综合利用,创造经济效益 ③氟吸收装置实现闭路循环

3. 磷肥工业废气治理技术

磷肥工业的废气主要来自磷矿石加工、硫酸和磷酸生产、磷肥生产。有关国内常用废气处理技术见表 4-14。

4. 农药生产中含氯化氢、氯、硫化氢废气治理技术

国内农药生产含氯化氢、氯、硫化氢废气的常用治理技术见表 4-15。

表 4-14　磷肥工业常见废气治理技术

技术名称	处理效果和效益	技术特点
改良碱吸收法处理硝酸废气技术	①处理后 NO_x 排放浓度降至 $(250\sim1000)\times10^{-6}$，吸收效率为 $90\%\sim97\%$ ②年产 1.5 万吨(100%)硝酸装置，采用纯碱吸收可生产"两钠"各 2000t ③可减少 $75\%\sim92\%$ 的 NO_x 排放	①工艺简单，技术可靠 ②经济、环境、社会效益明显
氨选择性催化还原法处理硝酸废气技术	处理效率 $76\%\sim88\%$，NO_x 排放浓度可降至 $(300\sim800)\times10^{-6}$，降低 NO_x 对环境的污染	①处理效果好，工艺成熟，流程简单，对材料要求不高，操作方便 ②操作费用高，需消耗大量的氨和燃料 ③加氨操作，要求严格，否则容易使处理效率降低和造成二次污染
氨酸法处理硫酸生产尾气技术	①SO_2 吸收率>95%，尾气中 $SO_2<200\times10^{-6}$ ②回收液体 SO_2 和硫铵，创良好经济效益	①流程简单，吸收效率高 ②耗氨和耗电较高

表 4-15　农药生产常见废气治理技术

废气种类	产品名称	废气处理工艺	处理废气量($\times10^4 m^3$/年)	处理和回收情况
含氯、氯化氢废气	敌敌畏、对硫磷	水吸收	60.18	回收 $12\%\sim14\%$ 盐酸外销
	草甘膦	降膜吸收	0.98	减少排放尾气 92%，年回收盐酸 200t
	E605，增效磷	水吸收	7.0	年回收 25% 盐酸 366.7t
	敌百虫	降膜吸收	38.8	吸收生成 28% 工业盐酸外销，去除率 99%
含硫化氢废气	E605 增效磷	用 25% 碱液吸收	3.65	制 17% 的 Na_2SO_3
	E605	碱吸收制硫化碱	8.2	年回收硫化碱 445.8t
	乐果	碱吸收制硫化碱	17.7	H_2S 去除率为 65% 以上。年产 20% 硫化碱 2300t

5. 氯碱工业废气治理技术

国内氯碱工业常用废气治理技术见表 4-16。

表 4-16　氯碱工业常见废气治理技术

技术名称	处理效果	优缺点
含氯废气治理技术： ①含氯废气制水合肼 ②含氯废气制次氯酸盐	处理后，尾气中氯含量可达 0.05% 以下	①工艺简单，处理效果好 ②工艺简单，操作方便。吸收液可自用或销售
含汞废气治理技术： ①次氯酸钠溶液吸收法 ②活性炭吸附法	①处理后尾气中汞含量为 $0.02mg/m^3$ ②处理后尾气中汞含量在 $10\mu g/m^3$ 以下	①工艺简单，原料易得，投资费用低，吸收液可综合利用，无二次污染 ②流程简单，除汞效果好，缺点是活性炭不能再生，需要后处理
氯乙烯废气治理技术： ①活性炭吸附法 ②三氯乙烯吸收法 ③N-甲基吡咯烷酮法	①处理后尾气中 VCM 含量可小于 1% ②处理后尾气中 VCM 含量可降低到 $0.2\%\sim0.3\%$ ③处理后尾气中 VCM 含量 $<2\%$	①吸附解吸过程较复杂，处理成本较高。VCM 回收量可达产品年产量的 1%，降低电石消耗 18kg/t(PVC) ②处理效果好，成本低。处理量为 $100m^3$/年装置中，每年可回收 VCM 200t ③吸收效率高，易于解吸分离，回收 VCM 量为年产量的 $0.9\%\sim1\%$。但吸收剂昂贵，且再生后吸收率下降

6. 国内石油化工常用工艺废气治理技术

表 4-17 列出了国内石油化工常见废气治理技术。

表 4-17　国内石油化工常见废气治理技术

产品	生产工艺	排放位置	排放量/(m³/h)	污染物组成/%	处理措施	去除效果及效果
苯酚、丙酮	1.5万吨/年异丙苯法	氧化尾气冷凝器	12000	N_2:91~94 O_2:5~8 C_xH_y:0.1~0.2 异丙苯等芳烃(200~300)×10^{-6}	催化燃烧法	①去除率95%~97%,尾气异丙苯等小于10×10^{-6} ②减少N_2用量70% ③可少排异丙苯145.5t/年
对苯二甲酸二甲酯	9万吨/年空气氧化法	反应器尾气冷凝器	26754	N_2、O_2、CO_2 等95%,甲醇<1%,醋酸甲酯<1%,对二甲苯85g/m²	活性炭吸附法	①去除率99%,尾气对二甲苯小于10mg/m³ ②每年回收对二甲苯2200t
甲醇	22万吨/年低压法	气-液分离器不凝气	21800	H_2:60.1 N_2:2.63 CO:9.28 CO_2:20.98 CH_4:3.69 CH_3OH:0.64 $(CH_3)_2O$<0.01 O_2 等:2.69	变压吸附分离法,制氢	①H_2回收率75%,剩余解吸气作燃料 ②每年可提高甲醇产量10%
丙烯腈	6000t/年丙烯氨氧化法(Sohio法)	脱氢氰酸塔	170	HCN:93.6 乙腈:0.5 N_2:5.8	回收氢氰酸制丙酮氰醇	①变废为宝,解决了HCN焚烧带来的事故风险 ②降低了有机玻璃和腈纶生产成本

第四节　二氧化硫废气的治理

据国家环保总局统计,2003年我国SO_2排放总量为2158.7万吨,其中工业来源的排放量1791.4万吨,生活来源的367.3万吨。SO_2主要来自于煤和燃油燃烧,约占80%以上,其次为冶金工业约占10%,其余为炼油、化工等行业。化学工业生产过程中排放的行业有硫酸厂、磷肥厂、制药厂及其他一些有机工厂,其中以硫酸厂的排放量最多,一般为原料含硫量的2%。硫酸厂正常操作时,排放的SO_2浓度为0.1%~0.2%,如果操作不正常,SO_2排放浓度可能高达百分之几,危害甚为严重。

一、脱硫技术概述

为了控制人为排入大气中SO_2,早在19世纪人们就开始进行有关的研究,但大规模开展脱硫技术的研究和应用是从20世纪60年代开始的。目前,已开发出200多种SO_2控制技术。这些技术按脱硫工艺与燃烧的结合点可分为:燃烧前脱硫(如洗煤、微生物脱硫);燃烧中脱硫(工业型煤固硫、炉内喷钙);燃烧后脱硫,即烟气脱硫(flue gas desulfurization,FGD)。本节主要介绍烟气脱硫,并简要介绍燃料脱硫。

1. 燃料脱硫

燃料脱硫包括气体燃料脱硫、重油脱硫和煤脱硫。而气体脱硫主要是去除气体中含量比较低的硫化氢气体。

(1) 重油脱硫　原油经蒸馏分离后可得到蒸馏油和残留油。蒸馏油为轻质油,含硫量比较少，在炼油过程中均已脱除相当的硫分。因此，轻油燃烧后烟气中的二氧化硫浓度较低，对空气的污染比较小。而残留油，即重油，其黏度大、含硫量比原油高，重油脱硫可以在催化剂的作用下，用高压加氢反应，用氢置换碳硫键，生产硫化氢除去。催化剂为钴、钼、钨、铁、铬、镍、铂，也可以是这些金属的混合物。

（2）煤脱硫　煤内所含的硫呈两种化合方式：有机硫和无机硫。煤脱硫分为物理法、化学法、气化法、液化法、洗涤法五大类。

① 物理法。煤中的硫约有 2/3 以硫化铁形式存在，硫化铁的相对密度大于煤，是顺磁性物质，而煤是反磁性物质，将煤破碎后，用高梯度磁分离法或重力分离法将硫化铁除去，脱硫率为 60% 左右。

② 化学法。煤破碎后与硫酸铁水溶液混合，在反应器中加热至 $100\sim130℃$，硫化铁与硫酸铁反应，生成硫酸亚铁和元素硫。同时通入氧气，硫酸亚铁氧化成硫酸铁，循环使用，煤由过滤器和溶液分离，硫成为副产品。

③ 气化法。煤经气化，其中的硫大部分转化为硫化氢，然后加以脱除。

④ 液化法。煤在高温、高压和催化剂作用下和加入的氢起反应，得到液体燃料，硫和氢反应生成硫化氢去除。

⑤ 洗涤法。煤经压碎、洗涤可除去含硫的 20%～40%。

2. 烟气脱硫

烟气脱硫（FGD）是目前世界上唯一大规模商业化应用的脱硫方式，是控制酸雨和 SO_2 污染最主要的技术手段。

烟气脱硫技术主要利用各种碱性的吸收剂或吸附剂捕集烟气中的 SO_2 将之转化为较为稳定且易机械分离的硫化合物或单质硫，从而达到脱硫的目的。FGD 的方法按脱硫剂和脱硫产物含水量的多少可分为两类：

① 湿法。即采用液体吸收剂如水或碱性溶液（或浆液）等洗涤以除去 SO_2。

② 干法。用粉状或粒状吸收剂、吸附剂或催化剂以除去 SO_2。按脱硫产物是否回用可分为回收法和抛弃法。按照吸收 SO_2 后吸收剂的处理方式可分为再生法和非再生法（抛弃法）。

目前工业化的主要技术有以下几种。

（1）湿式石灰石/石膏法　该法用石灰或石灰石的浆液吸收烟气中的 SO_2，生成半水亚硫酸钙或石膏。其技术成熟程度高，脱硫效率稳定，可达 90% 以上。目前是国外工业化烟气脱硫的主要方法。

（2）喷雾干燥法　该法是采用石灰乳为吸收剂的烟气脱硫法，属半干法脱硫，脱硫效率 80%～90%，投资比湿式石灰石/石膏法低，但副产物要废弃。目前在德国、奥地利、意大利、丹麦、瑞典等国应用较多。

（3）吸收再生法　主要有氧化镁法、双碱法、W-L 法。脱硫效率可达 95% 左右，技术较成熟。

（4）炉内喷钙-增湿活化脱硫法　该法是一种将黏状钙质脱硫剂（石灰石或石灰）直接喷入燃烧锅炉炉膛的脱硫技术，主要适用于中、低硫煤锅炉，脱硫效率可达 80%。

（5）其他方法　包括活性炭吸附法、氧化铜法等，技术较成熟，脱硫效率变化较大。

迄今为止，世界上已有 2500 多套 FGD 装置，总能力已达 $2\times10^{11}\,W$（以电厂的发电能力计），处理烟气量 $7\times10^8\,m^3/h$，一年可脱 SO_2 近 $10^7\,t$，这些装置的 90% 在美国、日本和德国。表 4-18 列出了一些国家已经投入使用或已规划使用的 FGD 系统。

表 4-18　国外 FGD 系统的应用

国　　别	湿式洗涤法（抛弃法）	湿式洗涤法（石膏）	喷雾干燥法	吸收剂喷射法	双碱法	活性炭法	Wellman-Lord 法	MgO 法	其他方法
奥地利		3	3	3			1		1
丹麦		2	2						1
德国	29	78	28	7		1	4		
芬兰			1	2					1
法国				1					
意大利		12							4
日本		39			5				
荷兰		8							
瑞典	1		7						
土耳其		1							
英国		5							
美国	204	13	54	2	4		8	3	
总装置数	234	161	95	15	9	1	13	3	7
总装机容量/MW	105000	71800	13600	4200	3800	250	3300	700	1300

由表 4-11 可知，尽管各国开发的 FGD 方法很多，但真正进行工业应用的方法仅是有限的十几种。其中湿式洗涤法（含抛弃法及石膏法）占总装置数的 73.4%，喷雾干燥法占总装置数的 17.7%，其他方法占 9.3%。美国的 FGD 系统中，抛弃法占大多数。在湿法中，石灰/石灰石法占 90% 以上。可见，湿式石灰/石灰石法在当今 FGD 系统中占主导地位。

二、石灰/石灰石法

石灰石是最早作为烟气脱硫的吸收剂之一。分干法和湿法两种类型，即石灰/石灰石直接喷射法和石灰/石灰石洗涤法。

干法脱硫过程中，石灰石被直接喷射到锅炉的高温区，和烟气中的 SO_2 起反应后，再加以捕集除去。在很短时间内完成煅烧、吸附和氧化三种不同的反应，主要反应式如下：

$$CaCO_3 \longrightarrow CaO + CO_2 \uparrow$$
$$CaO + SO_2 + \frac{1}{2}O_2 \longrightarrow CaSO_4$$

石灰/石灰石洗涤法可分为抛弃法、石灰/石膏法和石灰/亚硫酸钙法，反应原理基本相同，只是最终产物及其利用情况不同而有所区别。其中石灰/石膏法采用石灰或石灰石的浆液吸收烟气中的 SO_2，生成半水亚硫酸钙或石膏，其流程见图 4-22。该技术成熟程度高，

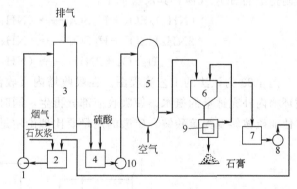

图 4-22　湿式石灰石（石灰）/石膏法工艺流程
1, 8, 10—泵；2—循环槽；3—吸收塔；4—母液槽；
5—氧化塔；6—稠厚器；7—中间槽；9—离心机

脱硫效率稳定，可达 90% 以上，是国外工业化烟气脱硫的主要方法。其作用原理如下。

吸收：

$$Ca(OH)_2 + SO_2 \longrightarrow CaSO_3 \cdot \frac{1}{2}H_2O + \frac{1}{2}H_2O$$

$$CaCO_3 + SO_2 + \frac{1}{2}H_2O \longrightarrow CaSO_3 \cdot \frac{1}{2}H_2O + CO_2$$

$$CaSO_3 \cdot \frac{1}{2}H_2O + SO_2 + \frac{1}{2}H_2O \longrightarrow Ca(HSO_3)_2$$

氧化：

$$2CaSO_3 \cdot \frac{1}{2}H_2O + O_2 + 3H_2O \longrightarrow 2CaSO_4 \cdot 2H_2O$$

$$Ca(HSO_3)_2 + \frac{1}{2}O_2 + H_2O \longrightarrow CaSO_4 \cdot 2H_2O + SO_2$$

三、氨法

该法是采用氨水或液态氨为吸收剂，吸收 SO_2 后生成亚硫酸铵和亚硫酸氢铵，氨可留在产品内，成为化肥。其反应如下：

$$NH_3 + H_2O + SO_2 \rightleftharpoons NH_4HSO_3$$
$$2NH_3 + H_2O + SO_2 \rightleftharpoons (NH_4)_2SO_3$$
$$(NH_4)_2SO_3 + H_2O + SO_2 \longrightarrow 2NH_4HSO_3$$

$(NH_4)_2SO_3$ 对 SO_2 有更好的吸收能力。当 NH_4HSO_3 比例增大，吸收能力降低，需补充氨将亚硫酸氢氨转化成亚硫酸铵，即进行吸收液的再生，反应式为：

$$NH_3 + NH_4HSO_3 \longrightarrow (NH_4)_2SO_3$$

此外，还需引出一部分吸收液，这部分吸收液可以采取不同的方法加以处理，分别可以回收硫酸铵、硫酸钙、硫磺或硫酸。目前采用比较多的有以下两种方法。

1. 氨-硫酸铵法

该法是从吸收液中回收硫酸铵的方法。该法具体又可以分为酸分解法和空气氧化法。

（1）酸分解法（又称氨-酸法）　吸收液由过量硫酸分解，再用氨中和以获得硫酸铵，同时制得浓的 SO_2 气体，其反应如下：

$$(NH_4)_2SO_3 + H_2SO_4 \longrightarrow (NH_4)_2SO_4 + SO_2 + H_2O$$
$$2NH_4HSO_3 + H_2SO_4 \longrightarrow (NH_4)_2SO_4 + 2SO_2 + 2H_2O$$
$$H_2SO_4 + 2NH_3 \longrightarrow (NH_4)_2SO_4$$

图 4-23 为该法的工艺流程图。在吸收塔内吸收液是循环使用，随着吸收的进行，要在循环槽内补充适量的氨水，使吸收液部分再生，同时要引出一部分吸收液至混合器内，用硫酸使亚硫铵转变为硫酸铵。硫酸的用量要比理论用量增加 30%～50%。得到高浓度的 SO_2，

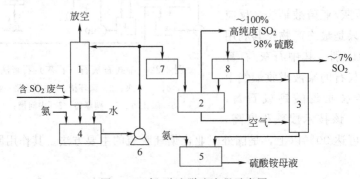

图 4-23　氨-酸法脱硫流程示意图

1—吸收塔；2—混合器；3—分解塔；4—循环槽；5—中和器；6—泵；7—母液；8—硫酸

可以制造液体 SO_2。混合器中的液体，即硫酸铵溶液送入分解塔，用空气使其分解得到浓度约 7% 的 SO_2，可以送去制硫酸；分解后的酸性硫酸铵溶液送入中和器，用氨中和。硫酸铵母液再经结晶和离心分离可得到固体硫酸铵产品。

（2）空气氧化法　与氨-酸法的区别是：将引出一部分吸收液至混合器内，不是与浓硫酸混合，而是加入氨，使亚硫酸氢铵全部转变为亚硫酸铵，然后再送入氧化塔，向塔内鼓入 $10kg/cm^2$ 压力的空气，将亚硫酸铵氧化为硫酸铵。

2. 氨-亚硫酸铵法

氨-酸法需耗用大量硫酸，因此可采用氨-亚硫酸铵。该法亦是将吸收液用氨中和，将亚硫酸氢铵转变为亚硫酸铵；与氨-酸法的区别在于该法不再将亚硫酸铵用空气氧化成硫酸铵，而是直接去制取亚硫酸铵的结晶，分离出亚硫酸铵产品，而不是硫酸铵。

该法也可用固体碳酸氢铵作氨源来代替氨水，以便储运。碳酸氢铵具有与 NH_3 同样的吸收能力，主要反应为：

$$2NH_4HCO_3 + SO_2 \longrightarrow (NH_4)_2SO_3 + 2CO_2 + H_2O$$

$$(NH_4)_2SO_3 + SO_2 + H_2O \longrightarrow 2NH_4HSO_3$$

吸收 SO_2 后的母液主要含有 NH_4HSO_3，加入固体 NH_4HCO_3 中和可生成 $(NH_4)_2SO_3$，生成的 $(NH_4)_2SO_3$ 溶解度小，可结晶析出。

$$NH_4HSO_3 + NH_4HCO_3 \longrightarrow (NH_4)_2SO_3 + H_2O + CO_2$$

该法的流程如图 4-24 所示。

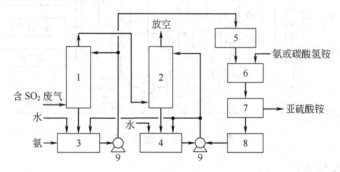

图 4-24　氨-亚硫酸铵法脱硫流程示意图

1—第一吸收塔；2—第二吸收塔；3，4—循环槽；5—高位槽；
6—中和器；7—离心机；8—吸收液贮槽；9—吸收液泵

四、钠碱法

该法是以碳酸钠或碳酸氢钠溶液作为吸收剂吸收烟气中的 SO_2。其优点是：可用固体吸收剂，而且阳离子是非挥发性的；不存在吸收剂在洗涤过程中的挥发产生氨雾问题；钠盐溶解度比较大，因此吸收系统不存在结垢、堵塞等问题，吸收能力比较强。缺点是碱的成本相对较高。在日本，目前有 60% 的脱硫过程是采用该法。

钠碱法可分为钠盐循环法、亚硫酸钠法、钠盐-氟铝酸分解法等。

1. 钠（钾）盐循环法

该法又称威尔曼-洛德法（Wellman-Lord 法，WL 法），是英国威尔曼-洛德动力气体公司于 1966 年开发的，是以亚硫酸钾或亚硫酸钠为吸收剂，二氧化硫的脱除率可达 90% 以上。吸收母液经冷却、结晶、分离出亚硫酸氢钠（钾），再用蒸汽将其加热分解，生成亚硫酸钠（钾）及 SO_2。亚硫酸钠（钾）又可以循环使用，SO_2 回收可以送去制造硫酸。

WL 法中可分为 WL-Na（钠）法和 WL-K 法（钾）法两种，其流程分别见图 4-25 和图 4-26。

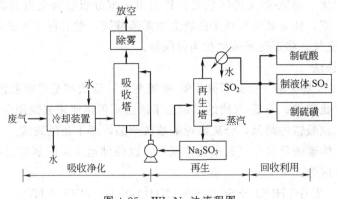

图 4-25　WL-Na 法流程图

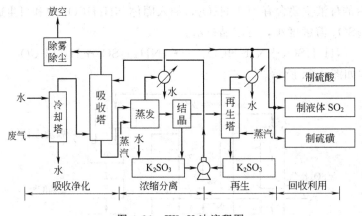

图 4-26　WL-K 法流程图

WL-Na 法的反应为：

$$Na_2SO_3 + SO_2 + H_2O \longrightarrow 2NaHSO_3（吸收过程产物）$$

$$2NaHSO_3 \xrightarrow{\text{加热}} Na_2SO_3 \uparrow + SO_2 \uparrow + H_2O（分解过程产物）$$

WL-K 法的反应为：

$$K_2SO_3 + SO_2 + H_2O \longrightarrow 2KHSO_3（吸收过程产物）$$

$$2KHSO_3 \xrightarrow{\text{加热}} K_2SO_3 \uparrow + SO_2 \uparrow + H_2O（分解过程产物）$$

WL-K 法的二氧化硫吸收率高，但分解过程需要的热量也多，故通常采用 WL-Na 法。吸收母液中，亚硫酸氢钠（钾）经加热分解所得到的 SO_2，由于其仅含有水，并无其他组分，故用其生产的硫酸浓度很高。对于制酸过程中未反应的 SO_2 还可以重返回 WL 法的吸收塔再被吸收，因此对制酸的转化装置要求不同，不需装二次转化装置等，使操作方便，设备结构也简单。

2. 亚硫酸钠法（吴羽法）

该法吸收液为 NaOH 或 Na_2CO_3 溶液，吸收剂不循环使用，亚硫酸钠回收作为副产品，此方法又称为吴羽法，其反应过程如下：

$$2NaOH + SO_2 \longrightarrow Na_2SO_3 + H_2O$$
$$Na_2SO_3 + SO_2 + H_2O \longrightarrow 2NaHSO_3$$
$$2NaHSO_3 + 2NaOH \longrightarrow 2Na_2SO_3 + 2H_2O$$

该法的工艺流程见图 4-27。

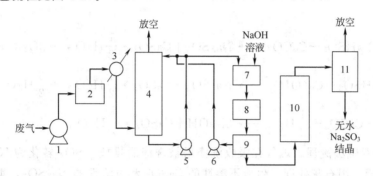

图 4-27　吴羽法脱硫流程

1—风机；2—除尘器；3—冷却塔；4—吸收塔；5,6—泵；7—中和结晶槽；
8—浓缩器；9—分离机；10—干燥塔；11—旋风式分离器

含 SO_2 的废气经过除尘、冷却之后进入吸收塔，在吸收塔内 SO_2 被 NaOH 溶液所吸收。废气先经过除尘可以防止吸收塔堵塞；冷却的目的是可以提高吸收效率。

用 NaOH 溶液在吸收塔内吸收 SO_2，使溶液的 pH 达 5.6～6.0 后，将溶液送至中和结晶槽。在中和结晶槽内加入 50% 浓度的 NaOH 溶液调到 pH 等于 7，加入适量硫化钠溶液，以除去铁和重金属离子，随后再用 NaOH 将 pH 调整到 12。进行蒸发结晶后，用分离机将亚硫酸钠结晶分离出来。亚硫酸钠晶体经过干燥塔干燥后，再经旋风分离器即可得到无水亚硫酸钠产品。

当废气中含氧量较高时，会发生亚硫酸钠被氧化为硫酸钠的副反应，对整个系统操作不利，此时可以加入少量的氧化剂（如对苯二胺）以抑制副反应的进行。

采用该法，SO_2 的吸收率可达 95% 以上，设备简单，操作方便。但是由于苛性钠供应紧张，亚硫酸钠的销路有限，故该法仅适用小规模处理[含 SO_2 废气量一般不超过 $10 \times 10^4 m^3/h$（标准状态）]。

碱液吸收法，除采用苛性钠（NaOH）溶液作为吸收剂外，亦可采用纯碱（Na_2CO_3）溶液作为吸收剂，吸收的化学反应为：

$$2Na_2CO_3 + SO_2 + H_2O \longrightarrow 2NaHCO_3 + Na_2SO_3$$
$$2NaHCO_3 + SO_2 \longrightarrow Na_2SO_3 + 2CO_2 \uparrow + H_2O$$
$$Na_2SO_3 + SO_2 + H_2O \longrightarrow 2NaHSO_3$$

五、双碱法

双碱法先用碱性吸收液进行烟气脱硫，再用石灰乳或石灰石粉末再生吸收液，由于采用液相吸收，亚硫酸氢盐比亚硫酸盐的溶解度大，避免石灰/石灰石洗涤法的结垢问题，还可以得到纯度较高的石膏。双碱法分为钠碱双碱法和碱性硫酸铝-石膏法两大类。主要以前者为主。

钠碱双碱法采用钠化合物（NaOH、Na_2CO_3、Na_2SO_3）为第一碱，吸收 SO_2，吸收液用石灰或石灰石作为第二碱再生，吸收效率高，但碱耗较大。

吸收：

$$2NaOH+SO_2 \longrightarrow Na_2SO_3+H_2O$$

$$Na_2CO_3+SO_2 \longrightarrow Na_2SO_3+CO_2$$

$$Na_2SO_3+SO_2+H_2O \longrightarrow 2NaHSO_3$$

再生：

$$2NaHSO_3+CaCO_3 \longrightarrow Na_2SO_3+CaSO_3 \cdot \frac{1}{2}H_2O \downarrow +CO_2 \uparrow +\frac{1}{2}H_2O$$

$$2NaHSO_3+Ca(OH)_2 \longrightarrow Na_2SO_3+CaSO_3 \cdot \frac{1}{2}H_2O \downarrow +\frac{3}{2}H_2O$$

$$Na_2SO_3+CaCO_3+\frac{1}{2}H_2O \longrightarrow 2NaOH+CaSO_3 \cdot \frac{1}{2}H_2O \downarrow$$

图 4-28 为双碱法流程。烟气在吸收洗涤塔被洗涤后排放，SO_2 转化为 $NaHSO_3$，部分吸收液至混合槽，用石灰处理，生成不溶性的 $CaSO_3$ 和可溶性的 Na_2SO_3，重复使用。

六、稀硫酸-石膏法（千代田法）

该法是以稀硫酸吸收废气中的 SO_2，然后在氧化塔中存在催化剂（含 Fe^{3+}）的条件下，经空气氧化制成硫酸，一部分硫酸回吸收塔内循环适用，另一部分送去与石灰石反应生成石膏。该法吸收氧化总的反应为：

$$2SO_2+O_2+2H_2O \xrightarrow{\text{催化剂}} 2H_2SO_4$$

生成石膏的反应为：

$$H_2SO_4+CaCO_3+H_2O \longrightarrow CaSO_4 \cdot 2H_2O+CO_2 \uparrow$$

或

$$H_2SO_4+Ca(OH)_2 \longrightarrow CaSO_4 \cdot 2H_2O$$

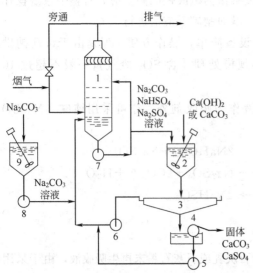

图 4-28 双碱法烟气脱硫的一般流程

1—洗涤塔；2—混合槽；3—稠化器；4—真空过滤器；5，6，7，8—泵；9—混合槽

该法的流程如图 4-29 所示。废气先经冷却塔冷却至 $45 \sim 85 ℃$，同时除尘。冷却后的气体进入吸收塔底，与从氧化塔溢流过来的吸收液逆流接触，SO_2 被吸收。废气经加热器加热至 $130 \sim 140 ℃$ 后排放。吸收液从吸收塔流出，一部分送入氧化塔，由空气氧化，依靠氧化催化剂（如硫酸亚铁等铁离子物质）存在，亚硫酸被氧化成硫酸。从氧化塔流出的稀硫酸浓度约 $2.5 \% \sim 3 \%$，送入结晶槽，在结晶槽内加入粒度 200 目以下的石灰石，生成石膏，经过一定时间，石膏结晶长大，用离心机将石膏结晶与吸收液分离得到石膏，而分离出的吸收液，流入吸收液贮槽中，催化剂得到补充，再返回吸收塔吸收 SO_2。

该法简单，操作容易，不需特殊设备和

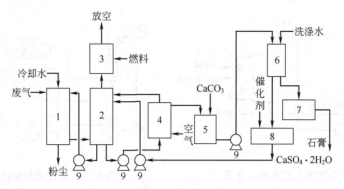

图 4-29　稀硫酸-石膏法脱硫流程示意图

1—冷却塔；2—吸收塔；3—加热塔；4—氧化塔；5—结晶塔；

6—离心机；7—输送机；8—吸收液贮槽；9—泵

控制仪表，能适应操作条件的变化，脱硫率可达 98%，投资和运转费用较低。但该法中产生的稀硫酸腐蚀性较强，必须采用合适的防腐材料；此外，所得稀硫酸浓度过低，不便于运输和使用。

七、吸附法

吸附法脱硫属于干法脱硫的一种。最常用的吸附剂是活性炭。当烟气中有水蒸气和有氧条件下，用活性炭吸附 SO_2 不仅是物理吸附，而且存在着化学吸附。由于活性炭表面具有催化作用，使烟气中的 SO_2 被 O_2 氧化成 SO_3，SO_3 再和水蒸气反应生成硫酸。活性炭吸附的硫酸可通过水洗出，或者加热放出 SO_2，从而使活性炭得到再生。该法的缺点是活性炭的用量很大。一个处理 $15 \times 10^4 \, m^3/h$（标准状态）废气的吸附装置中，一次需装入 $100t$ 以上活性炭。由于活性炭价格高，寿命短，因此该法的推广受到限制，活性炭吸附原理如下。

物理吸附：

$$SO_2 \longrightarrow SO_2^*$$
$$O_2 \longrightarrow O_2^*$$
$$H_2O \longrightarrow H_2O^*$$

化学吸附：

$$2SO_2^* + O_2^* \longrightarrow 2SO_3^*$$
$$SO_3^* + H_2O \longrightarrow H_2SO_4^*$$
$$H_2SO_4^* + nH_2O \longrightarrow H_2SO_4 \cdot nH_2O^*$$

总反应：

$$SO_2 + H_2O + \frac{1}{2}O_2 \longrightarrow H_2SO_4$$

可根据再生方法的不同而分为不同的工艺流程。

（1）净气法流程　属热再生法，吸附在 $100 \sim 150℃$ 进行，脱吸在 $400℃$ 进行，用惰性气体吹出。具体如图 4-30 所示。

（2）制酸法流程　含 SO_2 尾气先在文丘里洗涤器被来自循环槽的稀硫酸冷却。冷却后的气体进入装有活性炭的固定床吸附器，在气流连续流动的情况下间歇喷入水，以脱除炭孔中形成的硫酸，是一种水洗再生法。图 4-31 为制酸法的工艺流程图。

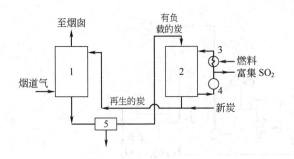

图 4-30　净气法工艺流程示意图

1—吸附器；2—脱吸器；3—加热器；4—鼓风器；5—筛

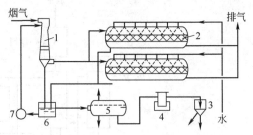

图 4-31　活性炭制酸法工艺流程图

1—文丘里洗涤器；2—吸附转化器；3—过滤器；
4—冷却器；5—浸没燃烧器；6—循环槽；7—泵

第五节　氮氧化物废气的治理

氮氧化物是以燃料燃烧过程中所产生的数量最多，约占总数的 80％ 以上，其中热电厂的排放量可达 30％ 以上。燃烧源可分为流动燃烧源和固定燃烧源。城市大气中的 NO_x（NO、NO_2）一般 2/3 来自汽车等流动源的排放，1/3 来自固定源的排放。无论是流动源还是固定源，燃烧产生的 NO_x 主要是 NO，只有很少一部分（视温度等情况不同，含量从 0.5％～10％）被氧化为 NO_2。一般都假定燃烧产生的 NO_x 中的 NO 占 90％ 以上。

燃料燃烧生成的 NO_x 可以分为以下两种。

① 燃料型 NO_x（Fuel NO_x）：燃料中含有的氮的化合物在燃烧过程中氧化产生 NO_x。

② 热机理型 NO_x（Thermal NO_x）：当燃料在高温下完全燃烧时，空气中的氮被氧化，从而产生大量的 NO_x。据介绍，当燃料温度高于 2100℃ 时，空气中的氮有 1％ 以上被氧化为 NO。

除燃烧以外，一些工业生产过程中也有 NO_x 排放，化学工业中如硝酸、塔式硫酸、氮肥、染料、各种硝化过程（如电镀）和己二酸等生产过程中都会排放出 NO_x。一些化学工业生产过程中，排放的 NO_x 量列于表 4-19（表中已将 NO_x 折算成二氧化氮的量）。

表 4-19　一些化工生产中排放的 NO_x

污 染 来 源	平均排放量	污 染 来 源	平均排放量
硝酸生产	30kg/t 硝酸	各种硝化过程	0.09～6.35kg/t 硝酸
己二酸生产	5.4kg/t 己二酸	对苯二甲酸生产	5.9kg/t 对苯二甲酸

一、氮氧化物治理技术概述

治理氮氧化物的方法较多，比较普遍的有改进燃烧法、吸收法、催化还原法和固体吸附法等。各净化方法汇总见表 4-20。

二、改进燃烧法

燃料燃烧时，既要保证燃料能充分利用，放出大量能量，又要避免大量空气过剩，以免产生大量的氮氧化物，造成环境污染。故燃烧时还应尽量减少过剩的空气量。据报道，采用分阶段燃烧（即第一阶段采用高温燃烧，第二阶段采用低温燃烧）的方法可以使燃烧废气中氮氧化物的生成量较原来降低 30％ 左右。

表 4-20　NO_x 净化方法分类

类　别	措 施 / 方 法		类　别	措 施 / 方 法	
减少排放	改进燃烧法		湿法	直接吸收法	碱中和吸收法
干法	催化分解法				酸吸收法
	催化还原法	非选择性催化还原法		络合吸收法	
		选择性催化还原法		氧化吸收法	气相氧化吸收法
	吸附法				液相氧化吸收法
	熔融碱吸收法			液相还原法	
	电子束照射法				

三、吸收法

采用吸收方法脱除氮氧化物是化学工业过程中普遍采用的方法之一。一般，吸收法又可以大致可分为：水吸收法；酸吸收法，包括硫酸法、稀硝酸法等；碱性溶液吸收法，包括烧碱法、纯碱法、氨水法等；还原吸收法，包括氯-氨法、亚硫酸盐法等；氧化吸收法，包括次氯酸钠法、高锰酸钾法、臭氧氧化法等；络合物吸收法，包括硫酸亚铁法等；分解吸收法，包括酸性尿素水溶液等。

下面对常用的几种方法进行简单介绍。

1. 水吸收法

NO_2 或 N_2O_4 与水接触时，发生下列反应：

$$2NO_2（或 N_2O_4）+H_2O \longrightarrow HNO_3+HNO_2$$
$$2HNO_2 \longrightarrow H_2O+NO+NO_2（或 N_2O_2）$$
$$2NO+O_2 \longrightarrow 2NO_2（或 N_2O_4）$$

这表明 NO_2 与水反应，生成硝酸和亚硝酸，而生成的亚硝酸很不稳定，立即分解为 NO 和 NO_2。分解生成的 NO_2 又可以与水反应，生成硝酸和亚硝酸。而 NO 几乎不溶于水，在 0℃ 下的溶解度为 7.34mL/100g 水；在 100℃ 下则完全不溶，故 NO 可从溶液中逸出，与空气中的氧反应生成 NO_2。

水对氮氧化物的吸收效率很低，一般为 30%～50%。该法制得稀硝酸的浓度为 5%～10%，可用于中和碱性污水，也可去生产化肥等。

由于水吸收法大多是在 6～7kg/cm² 的压力下操作，使操作费和设备费难以降低。

2. 稀硝酸吸收法

该法是美国 Chenweth 研究所开发，广泛用于美国硝酸厂的尾气治理。该法可回收硝酸，经济、简便。

该法吸收 NO_x 的流程如图 4-32 所示。在 20℃ 和 $1.5×10^5$Pa 下，30% 左右的稀硝酸可吸收 NO_x（NO_x 在稀硝酸中的溶解度要比在水中的高），而 NO_x 很少转化为硝酸；然后在 30℃ 下用空气将吸收液进行吹脱出 NO_x；剩下的稀硝酸经冷却后再用于吸收过程。通常，该法的 NO_x 去除率可达 80%～90%。

3. 碱性溶液吸收法

该法的原理是利用碱性物质来中和所生成的硝酸和亚硝酸，使之变为硝酸盐和亚硝酸盐，使用的主要吸收剂有氢氧化钠、碳酸钠和石灰乳等。

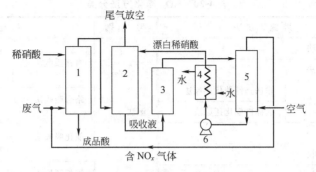

图 4-32　稀硝酸吸收法流程示意图

1—第一吸收塔；2—第二吸收塔；3—加热器；4—冷却塔；5—漂白塔；6—泵

（1）烧碱法　用 NaOH 溶液来吸收 NO_2 及 NO，其反应为：

$$2NaOH + 2NO_2 \longrightarrow NaNO_3 + NaNO_2 + H_2O$$

$$2NaOH + NO_2 + NO \longrightarrow 2NaNO_2 + H_2O$$

只要废气中所含的氮氧化物，其中 NO_2：NO 的摩尔比大于或等于 1 时，NO_2 及 NO 均可被有效吸收。生成的硝酸盐可以作为肥料。

北京、上海的一些单位采用该法，使用的碱液浓度为 10% 左右，得到 80%～90% 的 NO_x 脱除率。

（2）纯碱法　采用纯碱溶液吸收氮氧化物的反应为：

$$Na_2CO_3 + 2NO_2 \longrightarrow NaNO_3 + NaNO_2 + CO_2\uparrow$$

$$Na_2CO_3 + NO_2 + NO \longrightarrow 2NaNO_2 + CO_2\uparrow$$

因为纯碱的价格比烧碱要便宜，故有逐步取代烧碱法的趋势。但是纯碱法的吸收效果比烧碱差。据有的厂家实践，采用 28% 浓度的纯碱溶液，两塔串联流程，处理硝酸生产尾气，氮氧化物的脱除效率约为 70%～80%；在碱液中添加氧化剂，可以提高效率，但处理费用也有所增加。

（3）氨法　该法是用氨水喷洒氮氧化物的废气，或者是向废气中通入气态氨，使氮氧化物转变为硝酸铵与亚硝酸铵。其反应为：

$$2NO_2 + 2NH_3 \longrightarrow NH_4NO_3 + N_2 + H_2O$$

$$2NO + \frac{1}{2}O_2 + 2NH_3 \longrightarrow NH_4NO_2 + N_2 + H_2O$$

由于氨法是气相反应，反应速率很快（瞬时反应），效率比较高（NO_x 的脱除率达 90%），且可有效地连续运转。该法的缺点是处理后的废气中生成硝氨与亚硝氨，会形成白色的烟雾，易造成二次污染。此外，所生成的亚硝酸铵化学性质不稳定，在温度较高或酸性介质的条件下，可以发生激烈分解反应，并可能发生爆炸。因此采用该法时应尽量满足以下三个条件：操作温度应低于 35℃；一般溶液不能呈酸性；要控制亚硝铵的浓度不能高于 25%。

目前，又有采用氨法与碱溶液吸收法结合起来的二级处理办法。先用氨吸收，然后用碱液吸收。该法已取得了满意的效果，国内已经在不断推广应用。图 4-33 为典型的氨-碱溶液两段吸收流程示意图。

4. 还原吸收法

还原吸收法可分为氯-氨法、亚硫酸盐法两种。

（1）氯-氨法　氯-氨法是利用氯的氧化能力与氨的中和还原能力，进行 NO_x 治理的方法，其反应如下：

$$2NO+Cl_2 \longrightarrow 2NOCl$$

$$NOCl+2NH_3 \longrightarrow NH_4Cl+N_2\uparrow+H_2O$$

$$2NO_2+2NH_3 \longrightarrow NH_4NO_3+N_2\uparrow+H_2O$$

该法的 NO_x 去除率可达 $80\%\sim90\%$，产生的 N_2 也不污染环境，但是，由于还会产生氯化铵及硝酸铵白色烟雾，需要用电除尘器处理白色烟雾的二次污染，限制了该法的推广。

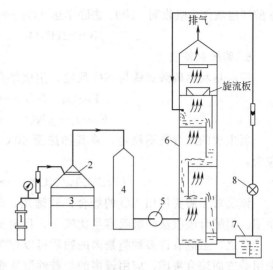

图 4-33　氨-碱溶液两段吸收流程示意图
1—液氨钢瓶；2—氨分布器；3—通风柜；4—缓冲器；
5—风机；6—吸收塔；7—碱液循环器；8—碱泵

由于氨本身可以看成是还原剂，能使 NO_x 还原为 N_2。所以，也可以将前面介绍的氨法看成是还原吸收法的一种形式。

此外，利用氨作为还原剂时，还需注意氨可能与气体中的氧发生作用，而氨本身被氧化生成氮氧化物。所以，需要控制还原条件，以使氨的还原性具有选择性；同时也还需要引入必要的催化剂。

通常以 Pt 为催化剂（其含量约为 0.5%），以 Al_2O_3 为载体。载体也可以加工成球状或蜂窝状。为使氨选择性地与氮氧化物反应，而不与气体中的氧反应，反应温度宜保持在 $210\sim270℃$ 之间。

氨与氮氧化物的反应如下：

$$8NH_3+6NO_2 \longrightarrow 7N_2\uparrow+12H_2O$$

$$4NH_3+6NO \longrightarrow 5N_2\uparrow+6H_2O$$

实验结果表明，对于含有 $3000cm^3/m^3$ 氮氧化物气体，经氨催化还原后，氮氧化物含量可降为 $10cm^3/m^3$。

（2）亚硫酸盐法　该法的原理也是将氮氧化物吸收并还原为氮气。其反应为：

$$2NO+2SO_3^{2-} \longrightarrow N_2\uparrow+2SO_4^{2-}$$

$$2NO_2+4SO_3^{2-} \longrightarrow N_2\uparrow+4SO_4^{2-}$$

除了采用亚硫酸盐水溶液吸收氮氧化物之外，还可以采用硫化物及尿素等的水溶液来吸收氮氧化物，其反应式分别为：

$$4NO+S^{2-} \longrightarrow 2N_2\uparrow+SO_4^{2-}$$

$$2NO_2+S^{2-} \longrightarrow N_2\uparrow+SO_4^{2-}$$

$$NO+NO_2+(NH_2)_2CO_2 \longrightarrow N_2\uparrow+CO_2+2H_2O$$

5. 氧化吸收法

由于 NO 很难被吸收，因而提出用氧化剂将 NO 先氧化成 NO_2，然后再用吸收液加以吸收。常用的氧化剂有浓硝酸、次氯酸钠、高锰酸钾和臭氧等。日本的 NE 法是采用碱性高锰酸钾溶液作为吸收剂，NO_x 去除率达 $93\% \sim 98\%$，该法的效率较高，但运转费用也较高。

$$NO + 2HNO_3 \longrightarrow 2NO_2 + H_2O$$

6. 硫酸亚铁法

该法是利用硫酸亚铁与 NO 反应，生成络合物而加以去除。其反应为：

$$FeSO_4 + NO \longrightarrow Fe(NO)SO_4$$

$$xFeSO_4 + yNO \longrightarrow (FeSO_4)_x(NO)_y$$

所生成的配合物不稳定，将其加热至 $60℃$ 时，配合物进行分解，重新放出 NO，其反应为：

$$(FeSO_4)_x(NO)_y \longrightarrow xFeSO_4 + yNO\uparrow$$

该法对于需要使用 NO 的场合比较适用，硫酸亚铁溶液经冷却到 $30℃$ 以下，可以循环使用。但配合吸收法的吸收容量比较小，目前工业上还很少采用。

总之，虽然有许多种类繁多的物质可以作为 NO_x 的吸收剂，但是从工艺、投资及操作费用等方面综合考虑，应用较多的是碱性溶液吸收法和氧化吸收法。

图 4-34 和图 4-35 为一些碱液对 NO_x 吸收率与 NO_x 浓度（换算成 NO_2 浓度）关系的影响。由图可知，当加入氧化剂时，其吸收效率都比较高。

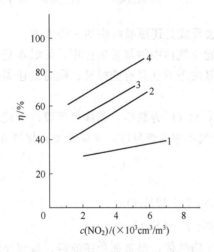

图 4-34　碱液对 NO_2 的吸收率
1—水；2—$50\%Ca(OH)_2$；3—5%漂白粉；
4—$2.5\%KMnO_4 + 2.5\%Na_2CO_3$

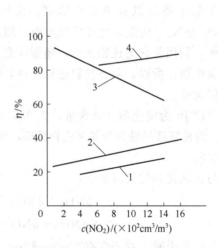

图 4-35　碱液对 NO_2 的吸收率
1—水；2—$5\%NaOH$；3—$5\%NaOH+Cl_2$；
4—$5\%NaOH+Cl_2+NH_3$

四、催化还原法

催化还原法是指在催化剂存在下，使用还原剂将氮氧化物还原为氮气的方法。具体又分为选择性还原法和非选择还原法两种。

1. 非选择性催化还原法

非选择性催化还原法，是将废气中的氮氧化物和氧两者不加选择地一并还原，由于氧被还原时会放出大量的热，所以，采用非选择性还原法可以回收能量。如果回收合理，几乎在处理废气过程中不必再消耗能量。

非选择催化还原法所用的催化剂，基本上是 Pd，含量为 0.5%（一般为 $0.1\% \sim 1\%$）左右，载体多用氧化铝。钯的催化活性较高，起燃温度较低，价格便宜。但是，使用之前对废气需先经过脱硫处理，以免催化剂中毒。当 SO_2 含量浓度大于 $1cm^3/m^3$ 时，钯就会中毒。

目前主要采用甲烷为还原剂，它们发生如下反应：

$$CH_4 + 4NO_2 \longrightarrow 4NO + CO_2 + 2H_2O \tag{4-1}$$

$$CH_4 + 2O_2 \longrightarrow CO_2 + 2H_2O \tag{4-2}$$

$$CH_4 + 4NO \longrightarrow 2N_2 + CO_2 + 2H_2O \tag{4-3}$$

式(4-1)的反应速率最快，式(4-2)次之，式(4-3)最慢。催化反应需将气体预热至 480℃左右，反应结束时控制温度以不超过 800℃为宜。所以应控制废气中氧的含量在 3% 以下。

除甲烷之外，氢、一氧化碳和低碳化合物，或是上述组分的混合气体，如合成氨释放气、焦炉气、天然气、炼油厂尾气等，均可作还原剂。

非选择性催化还原法工艺流程分为一段反应和二段反应两种流程，具体工艺流程图如图 4-36 所示。

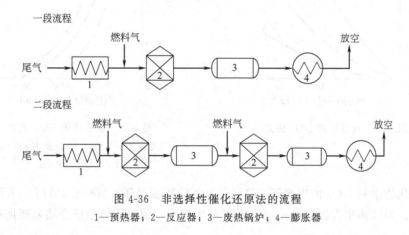

图 4-36 非选择性催化还原法的流程

1—预热器；2—反应器；3—废热锅炉；4—膨胀器

2. 选择性催化还原法

选用氨作还原剂，有选择性地和气体中的 NO_x 起反应，但氨和气体中的氧不起反应：

$$4NH_3 + 6NO \longrightarrow 5N_2 + 6H_2O$$

$$8NH_3 + 6NO_2 \longrightarrow 7N_2 + 12H_2O$$

一般选用铂作催化剂，也可以选用铜、铁、钒、铬、锰等的化合物。

五、固体吸附法

固体吸附法包括分子筛法、硅胶法、活性炭法和泥煤法等。

1. 分子筛法

常用的分子筛有泡沸石、丝光沸石等。他们对 NO_2 有较高的吸附能力，但是对于 NO 基本不吸附。然而在有氧的条件下，分子筛能够将 NO 催化氧化，转变为 NO_2，并加以吸附。

沸石分子筛具有较高的吸附 NO_2 能力，同时又可以耐热及耐酸等，是一种较有前途的吸附剂。

采用丝光沸石分子筛，吸附处理硝酸尾气，可使尾气中 NO_2 的含量由 0.3%～0.5% 下降到 0.0005% 以下。但是合成的丝光沸石成本比较高，若采用天然沸石还必须经过加工处理，即将原矿石粉碎为 80 目左右，在沸腾的稀盐酸溶液中处理，以除去矿石中的可溶性物质。

一般每处理 1kg NO$_2$，需使用 17kg 沸石。该法的缺点是设备体积庞大，成本较高，再生周期比较短。

2. 硅胶法

该法是以硅胶为吸附剂，将 NO 催化氧化成 NO$_2$，并加以吸附，饱和后再经加热解吸。图 4-37 及图 4-38 示出了硅胶对 NO$_2$ 的吸附能力和吸附效率。

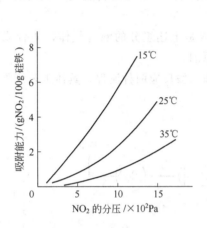

图 4-37 硅胶吸附 NO$_2$ 能力

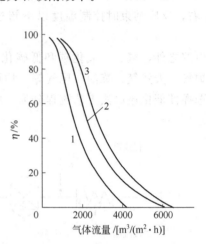

图 4-38 硅胶吸附 NO$_2$ 效率
1—层高 $H=1.2$m；2—层高 $H=0.9$m；
3—层高 $H=0.6$m

当氮氧化物中的 NO$_2$ 浓度高于 0.1％，NO 的浓度高于 1‰～1.5％时，采用硅胶吸附法效果良好。但气体中含固体杂质时，不宜采用该法，因为固体杂质会堵塞吸附剂空隙而使其失效。

3. 活性炭法

活性炭对氮氧化物有很好的吸附能力，它能吸附 NO$_2$，还能促进 NO 氧化成 NO$_2$，然后用碱液再生处理：

$$2NO_2 + 2NaOH \longrightarrow NaNO_3 + NaNO_2 + H_2O$$

特定品种的活性炭对 NO$_x$ 的吸附过程是伴有化学反应的过程。氮氧化物被吸附到活性炭表面后，活性炭对氮氧化物有还原作用，其反应为：

$$2NO + C \longrightarrow N_2 + CO_2$$

$$2NO_2 + 2C \longrightarrow N_2 + 2CO_2$$

活性炭对氮氧化物的吸附容量较小，仅为吸附 SO$_2$ 的 1/5 左右，因而需要活性炭的数量较大。另外，活性炭的解吸再生较为麻烦，处理不当又会发生二次污染，故实际应用有困难。活性炭吸附法的处理工艺如图 4-39 所示。

近年来，许多国家正在开展应用经过特殊处理

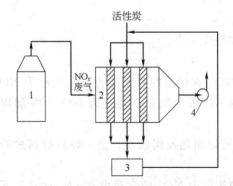

图 4-39 活性炭净化工艺流程
1—酸洗槽；2—固定吸收床；3—再生器；4—风机

后的活性炭为催化剂，使 NO 氧化成 NO_2 的研究，以解决 NO 的处理问题。

4. 泥煤法

采用泥煤作为吸附剂治理 NO_x 的方法，以前苏联的研究较多。据报道，前苏联对泥煤先进行氨水处理，然后将氨水处理过的泥煤在流化床内吸附 NO_x，试验温度为 $30\sim35^\circ\text{C}$，泥煤含水量为 $40\%\sim50\%$，在床内停留时间为几秒，对含 NO_x 为 $0.3\%\sim2.0\%$ 的废气的去除率可达 $97\%\sim99\%$。

吸附 NO_x 后的泥煤，可直接用作肥料不必再生。该法的缺点是床层的压降较大。由于吸附过程中也伴有化学反应，机理较为复杂，目前还是处在试验阶段。

第六节　有机废气的治理

有机化合物指碳氢化合物及其衍生物。按其结构可以分为开链化合物（或脂肪族化合物）、脂环化合物、芳香族化合物及杂环化合物四大类。

煤、石油、天然气是有机化合物的三大重要来源，工业上常见的含有机化合物的废气大多数来自以煤、石油、天然气为燃料或原料的工业，或者与他们有关的化工企业。

很多有机污染物对人体健康是有害的。大多数的中毒症状表现为呼吸道疾病，多为积累性。在高浓度污染物突然作用下，暂时可能造成急性中毒，甚至死亡。一些有机物接触皮肤，可引起皮肤病，有些有机污染物具有致癌性，如氯乙烯、聚氯乙烯，尤其是一些稠环化合物，如苯并 [a] 芘等。

一、有机废气治理技术概述

含有机污染物废气的治理，可以用吸收、吸附、冷凝、催化燃烧、热力燃烧和直接燃烧等方法，或者上述方法的组合，如冷凝-吸附、吸收-冷凝等。表 4-21 简要介绍了各种常规治理方法。

表 4-21　常见的有机污染物净化方法

方　法	废气来源与污染物	净 化 方 法 要 点
冷凝法	喷涂胶液废气中的苯、二甲苯及醋酸乙酯	用直接冷凝法冷凝废气
冷凝/吸收法	苯酐生产废气中萘二甲酸、萘醌、顺丁烯二酸	用湍球塔以水直接冷凝并进行吸收
	葵二腈生产中产生的高温含葵二腈蒸气	用引射式冷凝器冷凝并吸收
吸收法	氯乙烯精馏塔尾气中的氯乙烯	用氯苯作吸收剂喷淋吸收
	汽油蒸气	低压压缩后以汽油、重油做吸收剂吸收
吸附法	凹版印刷废气中的苯、甲苯、二甲苯	用活性炭在固定床吸附器中吸附
	氯乙烯精馏塔尾气中的氯乙烯	用活性炭在固定床吸附器中吸附
	喷漆废气中的有机溶剂	用活性炭在固定床吸附器中吸附
吸附/冷凝法	粗乙烯精制时产生的含乙醚气体	用活性炭吸附乙醚，脱附后将浓集的乙醚冷凝为液体进行回收
直接燃烧法	石油裂解尾气中的低碳烃	用火炬燃烧
	烘箱废气中的有机溶剂	在锅炉或燃烧炉内燃烧
	油贮槽排气中的低碳烃	至加热炉作为辅助燃料燃烧
催化燃烧法	漆包线烘干时产生的有机废气	用催化燃烧热风循环烘漆机催化燃烧
	环氧乙烷生产尾气中的乙烯	用铂钯/镍铬带状催化剂进行燃烧
	有机溶剂苯酚、甲醛蒸气	用铜催化剂载在 Y 型分子筛上催化燃烧

由于处理方案有很多种，各种净化方法都有其特点，也有其不足之处。在选择时，应综合考虑各方面的因素，权衡利弊，最后选择一种经济上较合理、符合生产实际、达到排放标准的最佳方案。考虑的因素大致如下。

（1）污染物的性质　例如，利用有机污染物易氧化、燃烧的特点，可采用催化燃烧或直接燃烧的方法，而卤代烃的燃烧处理，则需要考虑燃烧后氢卤酸的吸收净化措施。利用有机污染物易溶于有机溶剂的特点，以及与其他组分在溶解度上的差异，可采用物理吸收或化学吸收的方法来达到净化或提纯的目的。利用有机污染物能被某些吸附剂吸附的原理，可采用吸附方法来净化有机废气。

（2）污染物浓度　含有机物的废气，往往由于浓度不同而采用不同的净化方案。例如，污染物浓度高时，可采用火炬直接燃烧（不能回收热值）或引入锅炉或工业炉直接燃烧（可回收能量）。而浓度低时，则需要补充一部分燃料，采用热力燃烧或催化燃烧。污染物浓度较高时，也不宜于直接采用吸附法，因为吸附剂的容量往往很有限。

（3）生产的具体情况及净化要求　结合生产的具体情况来考虑净化方法，有时可以简化净化工艺。例如，锦纶生产中，用粗环己酮、环己烷为吸收剂，回收氧化工序排出的尾气中的环己烷，由于粗环己酮、环己烷本身就是生产的中间产品，因而不必再生吸收液，令其返回生产流程即可。用氯乙烯生产过程中的三氯乙烯作吸收剂，吸收含氯乙烯的尾气，也具有同样的优点。另外，不同的净化要求，往往有不同的适宜的净化方案。

（4）经济性　经济性是废气治理中一个最重要的方面，它包括设备投资和运转费两个方面。所选择的最佳方案应当尽量减少设备费和运转费。方案中，尽可能回收有价值的物质或热量，可以减少运转费，有时还可获得经济效益。

在选择净化方法时，应始终贯穿实用性和经济性的原则。例如，若使用中操作很不方便，导致净化设备经常停用或损坏，再好的净化方法也是没意义的；又如，若运行成本很高，导致净化设备无法正常运行，再高的净化效率也变得无意义了。

总之，要针对具体情况，取长补短，因地制宜选择合适的净化方法。下面简要介绍一些常见的、有代表性的净化方法和工艺流程，以达到一般了解的目的。

二、含烃类废气的直接燃烧

直接燃烧也称直接火焰燃烧，它是把废气中可燃的有害组分当作燃料直接烧掉，因此这种方法只适用于净化可燃有害组分浓度较高的废气，或者是用于净化有害组分燃烧时热值较高的废气，因为只有燃烧时放出的热量能够补偿散向环境的热量时，才能保持燃烧区的温度，维持燃烧的继续。多种可燃气体或多种溶剂蒸气混合存在于废气中时，也可直接燃烧。如果可燃组分的浓度低于爆炸下限（LEL），可以加入一定数量的辅助燃料如天然气等来维持燃烧；如果可燃组分的浓度高于爆炸上限（LEH），则可以混入空气后燃烧；但是，如果可燃组分的浓度处于爆炸上下限的中间，即爆炸极限范围之内，则采用直接燃烧是不合适的，因为这会导致火焰沿着废气管道向后燃烧，从而导致气体在管道内的爆炸。一般来说，安全的直接燃烧法，废气中有机物的浓度应在爆炸下限的 25% 以内。图 4-40 为直接燃烧法净化烘喷漆废气的流程图。

烃又称碳氢化合物，系指分子结构中除碳和氢外，不含有其他元素的一类化合物。一般来说，随着烃类物质结构中碳原子数的增加，其沸点也增加。常温下，1～4 个碳原子的烃类是气态，5～16 个碳原子的烃类呈液态，而 16 个碳原子以上呈固态。烃类大都不溶于水或难溶于水。液态烃相对密度一般小于 1。烃类在高温下易氧化燃烧，完全氧化时生成 CO_2 和 H_2O。直接燃烧法就是利用烃类的这一性质而采用的办法。

在炼油厂和石油化工厂，由于原料车间和后加工车间之间缓冲罐容量有限而造成原料气供求不平衡，迫使其短期排放；裂解装置开车期间，由于产品不合格而排放；以及由于事故、泄漏、管理不善等原因造成的排放，成为炼油厂和石油化工厂的高浓度低碳排放气。由于这些可燃气体常汇集到火炬烟囱燃烧处理，因而又称为"火炬气"。火炬燃烧虽是炼油和石油化工生产中的一

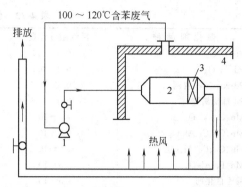

图 4-40　直接燃烧法净化烘喷漆废气流程
1—风机；2—燃烧炉；3—瓷环；4—烘箱壁

个安全措施，但同时也造成了能源和资源的巨大浪费；而且，火炬产生的黑烟、噪声，以及燃烧不完全时产生的异常气味对周围环境造成了二次污染。

近年来，国内外大力开展火炬气的综合利用工作。国内许多工厂建立了瓦斯管网，把火炬引入锅炉、加热炉燃烧，节省了大量燃料，消灭了火炬。

三、有机污染物的催化燃烧

催化燃烧实际上为完全的催化氧化，即在催化剂作用下，使废气中的有害可燃组分完全氧化为 CO_2 和 H_2O。与其他种类的燃烧法相比，催化燃烧法具有如下特点：

① 催化燃烧为无火焰燃烧，安全性好；

② 燃烧温度要求低，大部分烃类和 CO 在 300～400℃ 之间即可完成反应，由于反应温度低，辅助燃料消耗少；

③ 对可燃组分浓度和热值限制少；

④ 为使催化剂延长使用寿命，不允许废气中含有尘粒和雾滴；

⑤ 由于燃烧开始时，气体的温度较低，需要补充热量启动装置，故对于频繁间歇、短期排放有机废气的场合不太合适。

用于催化燃烧的催化剂以贵金属 Pt、Pd 催化剂最多，因为这些催化剂活性好，寿命长，使用稳定。我国由于贵金属资源稀少，因此注意非金属催化剂的研究开发，目前研究较多的为稀土催化剂，并已取得一定的成效。国内已研制使用的催化剂有下列几类。

以 Al_2O_3 为载体的催化剂。此催化剂可做成蜂窝状或粒状等，然后将活性组分负载其上，现已使用的有蜂窝陶瓷钯催化剂、蜂窝陶瓷铂催化剂、蜂窝陶瓷非金属催化剂、γ-Al_2O_3 粒状铂催化剂、γ-Al_2O_3 稀土催化剂等。

以金属作为载体的催化剂。可用镍铬合金、镍铬镍铝合金、不锈钢等金属作为载体，已经应用的有镍铬丝蓬体球钯催化剂、铂钯/镍 60 铬 15 带状催化剂、不锈钢丝钯催化剂以及金属蜂窝体的催化剂等。

各种催化剂的品种与性能见表 4-22。

针对排放废气的不同情况，可以采用不同形式的催化燃烧工艺，但不论采用何种工艺形式，其流程的组成具有如下共同特点。

① 进入催化燃烧装置的气体首先要经过预处理，除去粉尘、液滴及有害组分，避免催化床层的堵塞和催化剂中毒。

表 4-22　催化剂品种与性能

催 化 剂 品 种	活性组分含量/%	2000 h⁻¹ 下 90％转化温度/℃	最高使用温度/℃
Pt-Al₂O₃	0.1～0.5	250～300	650
Pd-Al₂O₃	0.1～0.5	250～300	650
Pd-Ni、Cr 丝或网	0.1～0.5	250～300	650
Pd-蜂窝陶瓷	0.1～0.5	250～300	650
Mn、Cu-Al₂O₃	5～10	350～400	650
Mn、Cu、Cr-Al₂O₃	5～10	350～400	650
Mn、Cu、Co-Al₂O₃	5～10	350～400	650
Mn、Fe-Al₂O₃	5～10	350～400	650
稀土催化剂	5～10	350～400	700
锰矿石颗粒	25～35	300～350	500

② 进入催化床层的气体温度必须要达到所用催化剂的起燃温度,催化反应才能进行,因此对于低于起温度的进气,必须进行预热使其达到起燃温度。特别是开车时,对冷进气必须进行预热,因此催化燃烧法最适于连续排气的净化,经开车时对进气预热后,即可利用燃烧尾气的热量预热进口气体。若废气为间歇排放,每次开车均需对进口冷气体进行预热,预热器的频繁启动,使能耗大大增加。气体的预热方式可以采用电加热也可采用烟道气加热,目前应用较多的为电加热。

③ 催化燃烧反应放出大量的反应热,因此燃烧尾气温度很高,对这部分热量必须回收。一般是首先通过换热器将高温尾气与进口低温气体进行热交换以减少预热能耗,剩余热量可采用其他方式进行回收。在生产装置排出的有机废气温度较高的场合,如漆包线、绝缘材料等的烘干废气,温度可达 300℃以上,可以不设置预热器和换热器,但燃烧尾气的热量仍应回收。

催化燃烧工艺流程有分建式和组合式两种。

在分建式流程中,预热器、换热器、反应器均作为独立设备分别设立,其间用相应的管路连接,一般应用于处理气量较大的场合。

组合式流程将预热、换热及反应等部分组合安装在同一设备中,即所谓的催化燃烧炉,流程紧凑,一般应用于处理气量较少的场合。我国有这类装置的定型产品,可根据处理气量的大小进行选择。

进行催化燃烧的设备为催化燃烧炉,主要应包括预热与燃烧部分。在预热部分,除设置加热装置外,还应保持一定长度的预热区,以使气体温度分布均匀并在使用燃料燃烧加热进口废气时,保证火焰不与催化剂接触。为防止热量损失,对预热段应予以良好保温。在催化燃烧反应部分,为方便催化剂的装卸,常设计成筐状或抽屉状的组装件。几种催化燃烧装置的简单结构如图 4-41 和图 4-42。

四、吸附法

在治理含碳氢化合物废气中,广泛应用了吸附法。吸附法在使用中表现了如下的特点:可以较彻底地净化废气,即可进行深度净化,特别是对于低浓度废气的净化,比其他方法显现出更大的优势;在不使用深冷、高压等的手段下,可以有效地回收有价值的有机组分。

由于吸附剂对被吸附组分(吸附质)吸附容量的限制,吸附法最适于处理中低浓度废气,对污染浓度太高的废气一般不采用吸附法治理。

1. 吸附剂

作为工业吸附剂应满足下列要求:具有大的比表面和孔隙率;具有良好的选择性;吸附

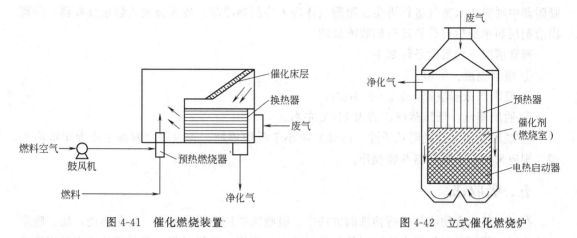

图 4-41　催化燃烧装置　　　　　　　　　图 4-42　立式催化燃烧炉

能力强，吸附容量大；易于再生；机械强度、化学稳定性、热稳定性等性能好，使用寿命长；价廉易得。

可作为净化碳氢化合物废气的吸附剂有活性炭、硅胶、分子筛等，其中应用最广泛、效果最好的吸附剂是活性炭。活性炭可吸附的有机物种类较多，吸附容量较大，并在水蒸气存在下也可对混合气中的有机组分进行选择吸附。通常活性炭对有机物的吸附效率随相对分子质量的增大而提高。

2. 活性炭吸附及再生流程

在用活性炭吸附法净化含有机化合物废气时，其流程通常应包括如下部分：预处理部分，预先除去进气中的固体颗粒物及液滴并降低进气温度（如有必要的话）；吸附部分，通常采用 2～3 个固定床吸附器并联或串联操作吸附剂再生部分，最常用的是水蒸气脱附法使活性炭再生；溶剂回收部分，不溶于水的溶剂可与水分层，易于回收，水溶性溶剂需采用精馏法回收；对处理量小的水溶性溶剂也可与水一起掺入煤炭中送锅炉烧掉。

表 4-23 列出了部分适用再生式吸附回收的溶剂及行业。

表 4-23　适用再生式吸附回收的部分溶剂及行业

丙酮	燃料油	干洗溶剂	氯苯
黏着剂溶剂	汽油	干燥箱	粗汽油
醋酸戊酯	碳卤化合物	醋酸乙酯	油漆制造
苯	庚烷	乙醇	油漆贮藏(通风)
粗苯	己烷	二氯化乙烯	果胶提取
溴氯甲烷	脂肪烃	织物涂料机	全氯乙烯
醋酸丁酯	芳族烃	薄膜净化	药物包囊
丁醇	异丙醇	塑料生产	甲苯
二硫化碳	酮类	人造纤维生产	粗甲苯
二氧化碳(受控气氛)	甲醇	冷冻剂(碳卤化合物)	三氯乙烯
四氯化碳	甲基氯仿	转轮凹版印刷	三氯乙烷
油漆作业	丁酮	无烟火药提取	浸漆槽(排气孔)
脱脂溶剂	二氯甲烷	大豆榨油	二甲苯
二乙醚	矿油精	干洗溶剂汽油	混合二甲苯
蒸馏室	混合溶剂	氟代烃	四氢呋喃

有机废气经冷却过滤降温及除去固体颗粒后，经风机进入吸附器，吸附后气体排空。两个并联操作的吸附器，当其中一个吸附饱和时则将废气通入另一个吸附器进行吸附，饱和的

吸附器中则通入水蒸气进行再生。脱附气体进入冷凝器冷凝，冷凝液流入静止分离器，分离出溶剂层和水层后再分别进行回收或处理。

通常情况下的吸附条件如下。

① 吸附温度：常温。

② 吸附层床层空速：0.2～0.5m/s。

③ 脱附蒸汽：低压蒸汽，约为110℃左右。

④ 脱附周期（含脱附及干燥、冷却）应小于吸附周期，若脱附周期等于或大于吸附周期，则应采用三个吸附器并联操作。

五、吸收法

在对碳氢化合物废气进行治理的方法中，吸收法的应用不如燃烧（催化燃烧）法、吸附法等广泛，特别是对使用有机溶剂的各种行业，如喷漆、绝缘材料、漆包线的生产过程所排放出的废气，还不能完全达到工业应用水平，影响应用的主要原因是由于有机废气的吸收剂均为物理吸收，其吸收容量有限。

吸收法净化有机废气，最常见的是用于净化水溶性有机物。国内已有一些有机废气吸收的实际应用实例，但净化效率都不高。

目前在石油炼制及石油化工的生产及贮运中采用吸收法进行烃类气体回收利用。

六、冷凝法

适于在下列情况：

① 处理高浓度废气，特别是含有害物组分单纯的废气，在实际溶剂的蒸气压低于冷凝温度下的溶剂饱和蒸气压时，该法不适用；

② 作为燃烧与吸附净化的预处理；

③ 特别是有害物含量较高时，可通过冷凝回收的方法减轻后续净化装置的操作负担；

④ 处理含有大量水蒸气的高温废气。

冷凝法应用于碳氢化合物废气治理时，具有如下特点。

① 冷凝净化法所需设备和操作条件比较简单，回收物质纯度高。

② 冷凝净化法对废气的净化程度受冷凝温度的限制，要求净化程度高或处理低浓度废气时，需要将废气冷却到很低的温度，经济上不合算。

③ 在某些特殊情况下，可以采用直接接触冷凝法，采用与被冷凝有机物相同的物质作为冷凝液，以回收有机物。但该法需要循环回收冷凝，故投资较大。此外，采用该法需要废气比较干净，以免污染冷凝液。

冷凝法常与吸附、吸收等过程联合应用，以吸附或吸收手段浓缩污染物，以冷凝法回收有机物，达到既经济、回收率又比较高的目的。

七、其他方法

除了上述几种常规的有机废气处理技术外，近十多年来还开发了一些新的有机废气处理技术，并从实验室逐步走向工业化应用。下面仅就生物处理技术和高压脉冲电晕脱除有机废气进行简单的介绍。

1. 生物处理技术

有机废气的生物处理技术 20 世纪 70 年代在德国、日本等国家得到了应用。该法利用微生物降解有机废气中溶解到水中的有机物质，使气体得到净化。该法能耗低、运转费用省。对食品加工厂、动物饲养场、黏胶纤维生产厂、化工厂等排放低浓度恶臭气体的处理十分有效，并已有研究报告表明对苯、甲苯等废气的处理也有一定的效果。

由于是微生物处理，故该法采用的生物反应器的处理能力较小，往往需要很大的占地面积，在土地资源紧张的地方，应用受到限制。另外，受微生物品种的限制，并不是所有的有机物都能用生物法处理。事实上，该法对于大多数难以降解的有机物而言，根本无法应用。

用生物反应器处理有机废气，一般认为主要经历如下几个步骤：

① 废气中的有机物同水接触并溶于水中，也就是说，使气相中的分子转移到水中；

② 溶于水中的有机物被微生物吸收，吸收剂被再生复原，继而再用以溶解新的有机物；

③ 被微生物细胞所吸收的有机物，在微生物的代谢过程中被降解、转化成为微生物生长所需的养分或 CO_2 和 H_2O。

废气生物处理所要求的基本条件，主要为水分、养分、温度、氧气（有氧或无氧）以及酸碱度等。因此，在确认是否可以应用生物法来处理有机废气时，首先应了解废气的基本条件。如：废气的温度太低不行，太高也不行；如果气体过于干燥，必须往微生物上加水，以保持一定的水分；废气中富含氧的话，则应采用好氧微生物法处理，反之，则应采取厌氧微生物法处理。

废气的具体处理工艺通常有两种：废气的液态生物处理系统；废气的固态生物处理系统。前者主要是指活性污泥工艺，而后者主要是指土壤处理工艺。

由于有机废气的生物处理研究时间不太长，实际应用的历史更短，故废气的生物处理技术还有待于在微生物及其作用机理、工艺与工程技术等方面进行深入研究，以期从自然界发掘更多的微生物资源，并加以有效地控制利用，使各类工艺及其工程的设计、施工与工艺条件参数的控制达到规范化与定量化的要求，以大大提高工业化应用的可靠性。

2. 高压脉冲电晕法处理

20 世纪 70 年代初，人们开始广泛地研究一种高能电子束照射，以期从废气中除去无机及有机化合物的技术，并逐渐对其过程有深入的了解。通过对烟气脱硫的中试及生产性试验，电子束照射技术显示出在技术和经济上都优于常规技术。然而，由于电子加速器价格昂贵，电子束薄窗寿命较短，辐射防护要求高等，而致其难以工业化。高压脉冲电晕法处理技术是随着高功率脉冲技术的发展而产生的另一种产生高能电子的途径。人们开始采用高电压脉冲电晕发生高能电子代替电子束辐射技术。

脉冲电晕放电法去除有机物的基本原理是通过前沿陡峭、脉宽窄（纳秒级）的高压脉冲电晕放电，能在常温常压下获得非平衡等离子体，既产生大量的高能电子和·O、·OH 等活性粒子，与有害物质分子进行氧化、降解反应，使污染物最终转化为无害物。国内外近年来对该技术的初步研究表明能达到较好的去除效果。研究结果表明，在线-桶式、线-板式和针-板式三种电晕反应器中，发现线-板式效果最好，线-桶式次之，针-板式最低。由于高压脉冲电晕放电法的功率消耗是随着有机物浓度的增加而增加，其功率消耗直接作用在去除废气中有害组分上，因此，该法的能耗较低，且适用于低浓度有机废气的处理。该法的去除效率也与有机物的种类有关。根据浙江大学的研究结果表明，在对苯、甲苯、乙醇和二氯甲烷四种有机物的实验室实验中，有机物的去除率由高到低分别为甲苯、乙醇、苯和二氯甲烷。实验还表明，在反应器中添加催化剂可大大提高脉冲电晕放电法去除有机物的效率。因为脉冲电晕放电法也能很好地用于除尘，故从理论上说，该法对存在固体杂质的废气也能较好的适应。

该法对于圆桶直径较小的线-桶式或板间距较小的线-板式净化器效果较好，但对直径稍大的净化器效果欠佳。目前该法还仅限于实验室研究，离工业应用还有相当的距离。在解决了设备放大及设备运行的稳定性和可靠性后，该法的前景是光明的。

第七节 H₂S 废气的治理

一、来源及危害

大自然中的生物腐烂过程和火山与地热活动，释放出大量硫化氢，它是大气天然硫排放物的主要形式。由于硫化氢会较快地氧化成二氧化硫，所以它是二氧化硫的一个大的间接天然源。其人为源包括如下几方面：天然气开采时的脱硫尾气；炼油工业废气；煤气中 H_2S 污染；化学反应的含硫尾气；地热水逸散出的 H_2S。

硫化氢是一种无色的易燃气体，它的毒性很大，并具有特有的臭鸡蛋味。一般人对硫化氢的敏感度为 0.01×10^{-6}。低浓度（5×10^{-6} 以下）的 H_2S 对人的黏膜和呼吸道有刺激作用，会引起眼结膜炎，同时极易被肺和胃肠所吸化。H_2S 进入血液后，与血红蛋白结合，生成不可还原的硫化血红蛋白，发生中毒症状。H_2S 能与组织呼吸酶中的三价铁结合，抑制组织呼吸酶的活性，特别是与谷脱甘酞相结合，影响了生物酶过程，影响组织的氧化、还原能力以致组织缺氧。

长期接触低浓度 H_2S，会出现头痛、疲倦无力、记忆力减退、失眠、胸痛、咳嗽、恶心和腹泻等症状，还会出现点状角膜炎。

H_2S 浓度大于 20×10^{-6} 时已属危险值；达 200×10^{-6} 时，能使嗅觉神经完全麻痹；浓度大于 $700 \sim 1000 \times 10^{-6}$ 时，人会立即发生昏迷和因呼吸麻痹而迅速死亡。

二、干法治理技术

1. 氧化铁法

脱硫剂为氢氧化铁，并添加石灰石、木屑、水等。该法脱硫效率高，但占地面积大、阻力大，脱硫剂需定期再生或更换。氧化铁法分箱式和塔式两种，箱式脱硫剂的厚度可取 600mm，空速可取 $20 \sim 40 h^{-1}$，塔式占地面积小，脱硫剂处理简单。脱硫吸附器往往是若干个并联使用，脱硫操作和再生操作可交替使用。该法的脱硫效率可达 99%。缺点是反应速度慢，设备庞大。反应机理如下：

吸收 $2Fe(OH)_3 + 3H_2S \longrightarrow Fe_2S_3 + 6H_2O$

再生 $2Fe_2S_3 + 3O_2 + 6H_2O \longrightarrow 4Fe(OH)_3 + 6S \downarrow$

图 4-43 为塔式流程图，脱硫是在脱硫塔中进行的，使用后的脱硫剂在抽提器中用全氯乙烯抽提，得到再生后的脱硫剂循环使用。含硫全氯乙烯在分解塔中遇热分解出硫，并成熔融硫排出塔外，全氯乙烯冷却后循环使用。

氧化铁法适合于处理焦炉煤气和其他含 H_2S 气体，净化硫化氢效果好，效率可达 99%；但该方法占地面积较大，阻力大，脱硫剂需定期再生或更换，总体上不是很经济。

2. 活性炭法

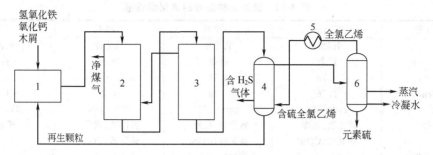

图 4-43　塔式氧化铁脱硫流程

1—造粒装置；2—1#脱硫塔；3—2#脱硫塔；4—抽提器；5—冷却器；6—分解器

在吸附器中用活性炭吸附 H_2S，吸附后的活性炭通氧气转化成元素硫和水，再用 15% 硫化铵水溶液洗去硫磺，生成多硫化铵，多硫化铵溶液用蒸气加热便重新分解为硫化铵和硫磺，活性炭可继续使用。两个吸附器轮换吸附和再生，流程如图 4-44。反应机理为：

吸附　　　　　　　$2H_2S + O_2 \longrightarrow 2S + 2H_2O$

再生　　　　　　　$(NH_4)_2S + nS \longrightarrow (NH_4)_2S_{n+1}$（多硫化铵）

活性炭法适用于 H_2S 含量小于 0.3% 的气体、天然气和其他不含焦油物质的含 H_2S 废气、粪便臭气，脱硫率可达 99% 以上，净化后气体中的 H_2S 含量小于 $10cm^3/m^3$。其优点在于简单的操作可以得到很纯的硫，如果选择合适的炭，还可以除去有机硫化物。H_2S 与活性炭的反应快（活性炭吸附 H_2S 的速度比氢氧化铁的快）、接触时间短、处理气量大。为完全除去 H_2S 废气，床温应保持 $<60℃$，因为 H_2S 与活性炭的反应热效应大，所以该方法不宜处理 H_2S 浓度大于 $900g/m^3$ 的气体。

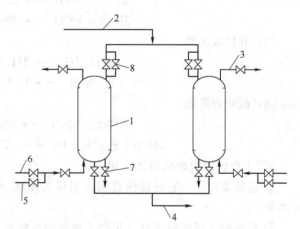

图 4-44　活性炭脱硫流程

1—活性炭吸附器；2—废气进口；3—放空管；4—进气出口管；5—氮气管；6—再生蒸汽管；7—排污管；8—冲压旁路

3. 氧化锌法

氧化锌作脱硫剂，效率高，吸附 H_2S 的速度快，脱硫后的气体含硫量在 $0.1cm^3/m^3$ 以下。反应式为：

$$H_2S + ZnO \longrightarrow ZnS + H_2O$$

氧化锌也可脱除某些有机硫，但要在高温下进行。例如与硫醇反应：

$$ZnO + C_2H_5SH \longrightarrow ZnS + C_2H_4 + H_2O$$

氧化锌脱硫能力随温度增加而增加。脱除 H_2S 在较低的温度下（200℃）即可进行。该方法适合于处理 H_2S 浓度较低的气体，脱硫效率高，可达 99%。但脱硫后一般不能用简单的办法来恢复脱硫能力。国外几种型号氧化锌性能列于表 4-24。

4. 铁、锰、锌混合氧化物脱硫

我国在 1982 年开发了一种新型催化剂，MF-1 型脱硫剂，用于大型氨厂和甲醇厂的原料气脱硫。这种催化剂以含铁、锰、锌等氧化物为主要活性组分，添加少量助催化剂及润滑

表 4-24　国外几种型号的氧化锌性能

型　　　号	G72-A	G72-B	G72-C	C72
主要成分	氧化锌	氧化锌	氧化锌	氧化锌
形状	挤条	挤条	挤条	挤条
尺寸/mm	4.76	4.76	3.18~4.76	4.76
堆密度/(g/cm³)	1.76	1.76	1.2	1.05
使用温度/℃	250~350	250~350	250~400	350~400
除去硫的种类	硫化氢、硫醇、碳氧硫(COS)	硫化氢、硫醇、碳氧硫(COS)	硫化氢、硫醇、碳氧硫(COS)	硫化氢
入口气中硫浓度	<200cm³/m³	<200cm³/m³	<200cm³/m³	
出口气中硫浓度	<1cm³/m³	<1cm³/m³	<1cm³/m³	
硫容量/%	7	10~15	15~20	3~18

剂等加工成型。

这种铁锰脱硫剂的脱硫原理化学反应如下。

（1）脱硫剂还原

$$MnO_2 + H_2 \longrightarrow MnO + H_2O$$
$$3Fe_2O_3 + H_2 \longrightarrow 2Fe_3O_4 + H_2O$$
$$3Fe_2O_3 + CO \longrightarrow 2Fe_3O_4 + CO_2$$

（2）有机硫热解

$$2CH_2SH \longrightarrow 2H_2S + C_2H_2$$
$$CH_3SCH_3 \longrightarrow H_2S + C_2H_4$$

（3）硫化物吸收

$$H_2S + MnO \longrightarrow MnS + H_2O$$
$$3H_2S + Fe_3O_4 + H_2 \longrightarrow 3FeS + 4H_2O$$

MF-1 型铁锰脱硫法的优点如下。

① 脱硫费用省，它的操作费用比通用的氨洗-活性炭法、碱洗-活性炭法、钴钼-氧化锌法都省；

② 效果好，脱硫精度高，可将天然气中总硫脱至 $0.5cm^3/m^3$ 以下；

③ 设备简单，运转稳定，操作弹性大；

④ 压力降小，即使进口天然气的总压低至 $1kg/cm^2$（表压），也不致引起减产停车；

⑤ 在脱硫过程中，气体中的活性组分反应生成稳定的金属硫化物，对环境无二次污染。

本法的缺点是脱硫需加热设备。

三、湿法治理技术

1. 有机溶剂吸收法（物理吸收法）

（1）醇胺吸收法　醇胺吸收法经常使用的吸收剂是一乙醇胺（MEA）、二乙醇胺（DEA），有时也用三乙醇胺（TEA），它们可以同时除去气体中的 H_2S 和 CO_2。常用的工艺流程如图 4-45 所示。

新鲜或再生后的胺进入吸收塔 1 上部，与从塔底上升的气流逆流相遇，吸收了酸气的饱和胺溶液由液面控制器从塔下部排出，然后通过换热器 3 与再生后的热胺溶液换热而被加热到 80~90℃，进入再生塔 4 上部，经过再生塔蒸馏汽提，胺被再生。再生塔下都有重沸器 8，塔上部与冷凝器和回流贮罐 10 相连，在此酸性气体排出系统，进入克劳斯装置回收硫

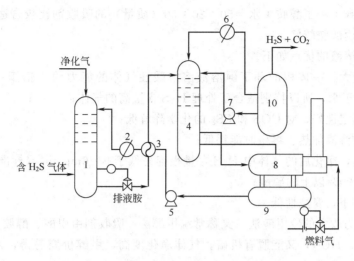

图 4-45　醇胺吸收法脱除硫化氢工艺流程图

1—吸收塔；2—冷却器；3—换热器；4—再生塔；5—循环泵；
6—回流冷凝器；7—回流泵；8—再沸器；9—贮槽；10—回流贮罐

磺，冷凝液则全部作为回流液返回再生塔。再生塔底出来的胺液进入贮槽 9，由循环泵 5 送入换热器 3 与吸收有酸性气体的富胺溶液换热，胺液被冷却后，返回吸收塔 1 循环使用。

胺与 H_2S 和 CO_2 的反应是很复杂的，主要反应有：

$$2RNH_2 + H_2S \longrightarrow (RNH_2)_2H_2S$$

$$2RNH_2 + CO_2 + H_2O \longrightarrow (RNH_2)_2H_2CO_3$$

$$(RNH_3)_2S + H_2S \longrightarrow 2RNH_3HS$$

$$(RNH_3)_2CO_3 + CO_2 + H_2O \longrightarrow 2RNH_3HCO_3$$

这些反应是可逆的，低温时酸性气体被吸收，高温时被解吸。

醇胺吸收的工艺条件如下。

① 醇胺吸收剂的浓度。一乙醇胺（MEA）不超过 25%（质量分数），二乙醇胺（DEA）不超过 35%（质量分数）。富胺液中酸气浓度对 MEA 不应超过 0.4kmol/kmol 胺，对 DEA 不应超过 0.65。

② 温度。入吸收塔的胶液温度比气体高 1～5℃ 以防止烃类凝缩，出吸收塔的胺液温度不超过 50℃。

③ 胺类的选用。二乙醇胺（DEA）硫容量高，蒸气压低，对温度的稳定性好，比一乙醇胺的损失少 1/6～1/2；而且一乙醇胺（MEA）同有机硫化物 COS、CS_2 以及硫醇等起反应，并生成可降解化合物，所以二乙醇胺普遍被选用。

二乙二醇胺（DGA）对硫化氢具有很高的吸收容量，因而溶液的循环比率小，热动力消耗低，所以二乙二醇胺也常被采用，其缺点是黏度较高。

（2）环丁砜法和改良甲醇法　环丁砜对 CO_2 和 H_2S 都有很好的吸收能力，环丁砜法所用溶剂的配比，依天然气中 H_2S/CO_2 的比值不同而异，其范围为二异丙醇胺 15%～65%，水 1%～25%，其余为环丁砜。一般来说，H_2S 含量高时，二异丙醇胺为 30%～40%。H_2S/CO_2 比值小时，应采用较高的含水量。水量太少，溶剂难以再生，腐蚀问题也较严重。例如，对于含 H_2S 1.0%～1.1%（体积），CO_2 5%～6%（体积）的天然气（H_2S/CO＝0.2），采用配比为环丁砜：一丁醇胺：水＝50：20：30（质量）的吸收剂比较合适。如果 CO_2 较多，则采用二异丙醇胺较好。

上述配比的溶液的优点如下。

① 吸收容量大，一体积的环丁砜溶液溶解酸性气体的能力约 4 倍于一乙醇胺，溶解 H_2S 能力约 8 倍于水，所以特别适合于处理 H_2S 含量高的气体；

② 溶液的稳定性好，对 COS 和 CS_2 的化学降解低；

③ 比热小，溶液加热、再生时能耗低；

④ 净化度高，净化后的气体中 H_2S 含量很容易低于 $5\sim 6mg/m^3$（标准状态），可脱除有机硫，可除去 90% 以上的硫醇；

⑤ 发泡趋势小，腐蚀性低。

改良甲醇法为改良的冷甲醇法，又称常温甲醇法。吸收剂由甲醇、醇胶和水组成。既能脱除 H_2S、CO_2、HCN，又能脱有机硫，气体净化度高，甲醇价廉易得，是一种有前途的方法。

2. 碱液吸收法（化学吸收法）

（1）回收硫磺的方法

① 碳酸钠吸收/加热再生法。含 H_2S 的气体与碳酸钠溶液在吸收塔内逆流接触，一般用 2%～6% 的 Na_2CO_3 溶液从塔顶喷淋而下，与从塔底上升的 H_2S 反应，生成 $NaHCO_3$ 和 NaHS。吸收 H_2S 后的溶液送入再生塔，在减压条件下用蒸汽加热再生，即放出 H_2S 气体，同时 Na_2CO_3 得到再生。脱硫反应与再生反应互为逆反应：

$$Na_2CO_3 + H_2S \Longrightarrow NaHCO_3 + NaHS$$

从再生塔流出的溶液回吸收塔循环使用。从再生塔顶放出的气体中 H_2S 浓度可达 80% 以上，可用于制造硫磺或硫酸。

碳酸钠吸收法流程简单，药剂便宜，适用于处理 H_2S 含量高的气体。缺点是脱硫效率不高，一般为 80%～90%，且由于再生困难，蒸汽及动力消耗较大。

② 液相催化法。液相催化法是利用碱性溶液吸收 H_2S，为了避免空气将 H_2S 直接氧化为硫代硫酸盐或亚硫酸盐，利用有机催化剂（氧化态）将水溶液中的 HS^- 氧化为硫磺，催化剂自身转化为还原态；然后再用空气氧化催化剂，使之转化为氧化态。该法避免了化学吸收法再生困难的缺陷。

常用的有机催化剂有蒽醌二磺酸钠法（简称改良 A.D.A. 法或 A.D.A. 法）、栲胶法等数十种。下面以氨水液相催化法为例介绍其原理（用碳酸钠或氢氧化钠水溶液原理相同）。

首先，含 H_2S 的气体与含催化剂的氨水在吸收塔逆流接触，氨水和 H_2S 反应生成硫化铵或硫氢化铵：

$$2NH_4OH + H_2S \longrightarrow (NH_4)_2S + H_2O$$
$$(NH_4)_2S + H_2S \longrightarrow 2NH_4HS$$

可用的催化剂有对苯二酚、萘醌、苦味酸等。目前广泛应用的是对苯二酚。吸收液在反应槽中发生如下反应：

$$NH_4HS + 对苯二醌 \longrightarrow NH_3 + 对苯二酚 + S\downarrow$$

上述对苯二醌为对苯二酚的氧化态。将此溶液送入再生塔，同时通入压缩空气，对苯二酚得到再生：

$$对苯二酚 + 1/2O_2 \longrightarrow 对苯二醌 + H_2O$$

以上总反应式为：

$$H_2S + 1/2O_2 \longrightarrow S + H_2O$$

再生的同时，也有副反应发生，一部分硫氢化铵被进一步氧化成硫代硫酸铵：

$$2NH_4HS + 2O_2 \longrightarrow (NH_4)_2S_2O_3 + H_2O$$

由于副反应的发生，降低了硫的回收率，一般以硫磺形式回收的硫仅有 75%～80%。为了降低副反应发生，希望吸收液在反应槽中停留足够的时间，以保证溶液到达再生塔时几乎无残余 NH_4HS。为了减少副反应产物的生成，还必须提高吸收液的硫容量（即单位体积吸收液能够转换 HS^- 为硫磺的能力）。硫容量越高，系统的动力消耗、副产物的生成量就越少。为了提高吸收液的硫容量，不断的有新的催化剂或助催化剂研制出来，如金属酞菁化合物等。

硫在再生装置中随空气泡浮起，形成泡沫硫。泡沫硫进行分离脱去一部分水得到含水 40%～80% 的硫膏，将硫膏装入熔硫釜，用蒸汽加热至 120～130℃，使硫膏熔融，可得到纯度较高的硫磺。

氨水液相催化法在十多年前我国小合成氨厂广泛用于半水煤气脱硫，也可用于 H_2S 废气的处理。脱硫效率可达 90%～99%。

小合成氨厂所用的脱硫吸收设备，一般是喷射器和旋流板塔串联，所用的再生设备有再生塔、喷射再生槽等。

（2）生产其他产品的方法

① 石灰乳吸收法（制硫脲）。利用石灰吸收废气中的 H_2S 而生成硫氢化钙 $[Ca(SH)_2]$，再用石灰氮与之反应生成硫脲。硫脲是有用的工业原料，可以用来制造磺胺类药物，用于冶金、印染和照相行业。石灰乳吸收法的缺点是脱除效率不高。用石灰乳吸收后的废气还需进一步净化后才能排放。该法的简单原理如下：

吸收　　　　　$Ca(OH)_2 + 2H_2S \longrightarrow Ca(SH)_2 + 2H_2O$

合成　　$Ca(SH)_2 + 2Ca(CN)_2 + 6H_2O \longrightarrow 2(NH_2)_2C_2S + 3Ca(OH)_2$

② 氢氧化钠吸收法。氢氧化钠吸收法主要用于 H_2S 废气量不大的情况下，如染料厂、农药厂某些 H_2S 废气的处理，这时可以得到副产品硫化钠或硫氢化钠，其反应如下：

$$2NaOH + H_2S \longrightarrow Na_2S + 2H_2O$$

当 H_2S 过量时，则：

$$Na_2S + H_2S \longrightarrow 2NaHS$$

上面的反应可根据所需要的副产品加以控制。例如，某染化厂用 30%NaOH 在吸收塔内不断循环吸收，使 Na_2S 浓度提高到 25% 左右时，即作为原料直接用于原料生产过程（溶液中的 NaHS 可以加碱变为 Na_2S）。而一些化工厂、农药厂等则用 30% 的 NaOH 溶液吸收 H_2S 废气制取 NaHS 产品。

四、克劳斯法

克劳斯法又称干式氧化法，是利用 H_2S 为原料，在克劳斯燃烧炉内使其部分氧化生成 SO_2，与进气中的 H_2S 作用生成硫磺。操作时应控制 H_2S 和 SO_2 气体摩尔比为 2∶1，然后进入转化炉，在炉内经催化剂铝矾土作用，生成元素硫，而所需的 SO_2 是通过燃烧 1/3 的 H_2S 而获得的。

克劳斯法的主要反应是：

$$H_2S + 3/2O_2 \longrightarrow SO_2 + H_2O + 124\text{kcal} \quad (1\text{cal}=1.4868\text{J}, \text{下同})$$

$$2H_2S + SO_2 \Longleftrightarrow 2H_2O + 3/2S_2 + 35\text{kcal}$$

克劳斯法流程有单流法、分流法和催化氧化法三种。单流法是全部酸性气体通过燃烧炉，严格控制炉的空气量，只让1/3的H_2S燃烧生成SO_2，这些SO_2与H_2S反应生成硫。单流法又称为"部分燃烧法"。分流法将三分之一的原料进入燃烧炉，将其中的H_2S完全燃烧成SO_2，再与另外三分之二的原料气回合进入催化转化器发生克劳斯反应，生成硫磺。该法容易控制混合气中的H_2S和SO_2的比例，但不宜处理含烃类气体较高的原料气。因为三分之二的原料气中的烃类气体没有经过高温炉的氧化燃烧，因而使硫磺纯度不高，颜色变深，臭味很大。而且对催化剂的毒害作用较大。单流法和分流法都适用于处理H_2S浓度较高的酸性气体。对于浓度为2％～15％的酸性气体一般采用液相催化法。

第八节　氯化氢废气的治理

氯化氢无色，有刺激性气味，在潮湿空气中易发烟，极易溶于水，故在治理中以湿法为主。氯化氢形成的酸雾刺激性和腐蚀性都很强，因而能损坏大多数物品。氯化氢气体对人类健康的危害也是很大的。体外接触到的氯化氢气体有极强的刺激性，能腐蚀皮肤和黏膜（特别是鼻黏膜），致使声音嘶哑、眼角膜浑浊、严重者出现肺水肿以致死亡。慢性中毒者引起呼吸道发炎、牙齿酸腐蚀，甚至鼻中隔穿孔和胃肠炎等疾病。氯化氢对植物的危害也极大。其主要来源于生产和使用盐酸的化工、造纸、电镀、油脂等行业。

一、冷凝法

1. 原理

对于高浓度的氯化氢废气，可采用石墨冷凝器进行回收利用，废气走管内，冷却介质走管间，废气温度降到露点以下，氯化氢冷凝下来，同时废气中的水蒸气也冷凝下来。冷却介质通常为自来水。

2. 工艺流程

图4-46为冷凝法工艺流程，氯化氢首先在冷凝器中被冷凝下来，和冷凝水混合，部分氯化氢也可被管壁液所吸收，得到的盐酸浓度可达10％～20％，供生产中调配使用。从冷凝器中排出的废气在喷淋塔进一步用水喷淋吸收，然后排至大气中，总效率达90％以上。

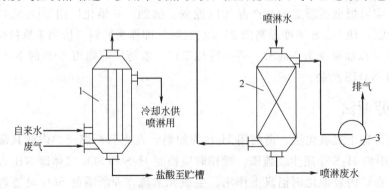

图4-46　冷凝法工艺流程

1—石墨冷凝器；2—填料塔；3—风机

石墨冷凝器中，既有传热过程，又有传质过程，其冷凝吸收效率与操作温度、气速、氯化氢浓度的关系见表 4-25～表 4-27。

表 4-25　操作温度对效率的影响

冷却水温度/℃	12	24	29
冷却废气温度/℃	17	29	34
冷凝吸收效率/%	80	75	67
得到的盐酸浓度/%	10～20	10～20	10～20

注：入口废气温度 60℃，HCl 浓度 10g/m³，水蒸气 80g/m³，废气量 114m³/h。

表 4-26　气速对效率的影响

管中气速/(m/s)	3	6.3	8	10	12
冷凝吸收效率/%	78	75	65	50	25
得到的盐酸浓度/%	10～20	10～20	10～20	10～20	10～20

注：入口废气温度 60℃，HCl 浓度 10g/m³，水蒸气 80g/m³，废气出口温度 32℃。

表 4-27　废气中 HCl 浓度对效率的影响

废气中 HCl 浓度/(g/m³)	73	26.3	4.4	2.19
冷凝吸收效率/%	78	77	52	20
得到的盐酸浓度/%	10～20	10～20	10～20	10～20

注：入口废气温度 60℃，水蒸气 80g/m³，废气处理量 110m³/h，废气出口温度 32℃。

二、水吸收法

1. 原理

氯化氢在水中的溶解度相当大，1 体积的水能溶解 450 体积的氯化氢。对于浓度较高的氯化氢废气，用水吸收后氯化氢浓度可降至 0.1%～0.3%。含氯化氢 3.15mg/m³ 的废气，水吸收后降低到 0.0025mg/m³，吸收率 99.9%。水吸收氯化氢是一个放热反应：

$$HCl(气) == HCl(aq) + 18kcal \quad (1cal = 4.1868J)$$

因此，吸收过程中盐酸的温度将升高。溶液上方氯化氢的分压随温度升高而增大，因此，当用水吸收浓度较高的氯化氢废气时，需用冷却方式移去溶解热，以提高吸收效率。

2. 工艺流程

水吸收法的工艺流程如图 4-47。含 HCl 废气进入塔内，与喷洒的水逆流接触被吸收，净化后废气排至大气，水回流至循环槽，由泵打循环。吸收塔可采用填料或板式塔等各种塔型。由于水溶液吸收氯化氢是气膜控制系统，故应选择气相连续型的吸收设备为好，如湍球塔、旋流板塔等。吸收液也可用废碱液来代替。

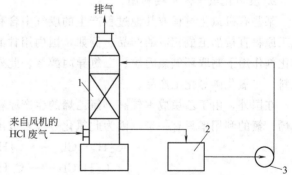

图 4-47　低浓度氯化氢废气处理工艺流程
1—波纹填料塔；2—循环槽；3—塑料泵

有的含氯化氢废气中含有光气，由于光气与水作用生成盐酸和二氧化碳，因而用水洗涤氯化氢时，光气也被除去。

$$COCl_2 + H_2O == 2HCl(aq) + CO_2$$

水吸收含氯化氢废气有制取盐酸和作废水排放两类。前者适用于含氯化氢浓度较高的情况，这时所用吸收设备有喷淋塔、填料塔、板式塔等；而后者适用于含氯化氢浓度较低的情况，这时多采用水流喷射泵作吸收设备，它同时起到抽吸和洗涤吸收两种作用。但是，国内有些有机氯化工厂（例如氯乙烯工厂）氯化氢气体经水洗后，由于含有某些杂质而不便使用；或者稀盐酸销路不好，排放又很方便，即使他们产生的含氯化氢气体的浓度不太低，也用水吸收中和达标后排放。

将含氯化氢废气用水吸收转为酸水排放，只应该在氯化氢浓度较低和污水排放便利时方可使用。把较高浓度的氯化氢、光气和部分氯气转换成酸水排放掉，不仅在经济上是不合理的，而且也污染了水体。在必须使用这一方法或有效地回收氯化氢的措施还未实现而暂时采用该法时，为了减轻水体的污染，应该用废碱液、电石渣浆等对酸水进行中和处理后再排放。

由于水价廉无毒，水吸收设备和工艺流程都很简单，操作方便，水对氯化氢的溶解能力又很大，还能溶解废气中部分光气，因此，不论是水吸收制取盐酸还是吸收后转化为废水排放，工业上应用很广，是目前处理含氯化氢废气的主要方法。

三、氯化氢废气的综合利用

工业废氯化氢的综合利用主要包括三种形式。

1. 以副产盐酸用于各工业部门

与工业盐酸完全不一样，在很多情况下，由水洗废气副产的盐酸是较稀的。在吸收得到的稀盐酸中通入氨气，得到氯化铵溶液，蒸发得结晶氯化铵。用副产盐酸处理明矾石，进行综合利用，可同时生产钾氮肥、药用氢氧化铝、氯化铝或碱式氯化铝等产品。

在国外，副产盐酸的用量越来越大。近十多年来，国外副产盐酸在金属洗净（盐酸洗净渐渐代替硫酸洗净法）、矿石处理（如处理铁矿石生产铁粉等）和磷酸生产方面有很大发展。

另外，还利用副产盐酸由金属或其氧化物生产相应的金属氯化物，也用副产盐酸来水解一些有机化合物。

2. 废氯化氢气体直接利用

某些有机氯化过程或其他过程产生的废气中含有较高浓度的 HCl，这种废气可以与其他化工原料直接加工成相应的产品。例如，国内用甘油吸收氯化氢废气制取二氯丙醇，并可在催化剂作用下制取环氧氯丙烷、二氯异丙醇等。此外，废 HCl 气体还可以用来制取氯磺酸、染料、二氯化碳等化工产品。

在国外，由于乙炔成本较高，氯乙烯的生产原料大多改用乙烯。若用乙烯氯化法生产氯乙烯，氯的利用率只有一半，因为此氯化过程要放出 HCl：

$$C_2H_4 + Cl_2 \longrightarrow C_2H_4Cl_2$$
$$C_2H_4Cl_2 \longrightarrow C_2H_3Cl + HCl$$

如果副产的大量氯化氢不能有效利用将导致成本升高。为了有效利用工业上产生的氯化氢废气，而采用了氧氯化法。所谓氧氯化的概念是用氧与含 HCl 的烃类混合物起氯化反应。例如，C_2H_4、HCl 和空气中的氧在氯化铜等金属氯化物的催化和一定温度下，生成二氯乙烷：

$$2C_2H_4 + O_2 + 4HCl \longrightarrow 2C_2H_4Cl_2 + 2H_2O$$

$C_2H_4Cl_2$ 热解脱掉一个 HCl 而得氯乙烯。

据介绍，在 288℃时乙烯的转化率可达 95%，催化剂的寿命也高。

目前，国外生产氯乙烯的方法很多都转为乙烯氯化法和乙烯氧氯化法的联合法。例如美国信用化学公司即采用这样的联合法。联合法将乙烯氯化法副产的 HCl 供氧氯化法使用，从而提高了氯的有效利用率。

3. 利用废氯化氢生产氯气

近年来，国外由于有机化合物氯化技术的迅速发展，引起氯气的短缺，盐水电解法生产的氯气早已满足不了日益增长的需要。这就促使各国寻找新的氯源，开发生产氯的新方法。考虑到在有机氯化过程中约有一半的氯转化为氯化氢，其数量极大。因此许多国家为了寻找氯源和保护环境，广泛开展了由废氯化氢生产氯气的研究工作。这些研究工作产生了许多由废氯化氢生产氯气的方法，其中典型的有催化氧化法、电解法、硝酸氧化法等，限于篇幅不再详细叙述。

第九节　氟化物废气的治理

氟化物是大气中的主要污染物之一，主要包括氟化氢（HF）和四氟化硅（SiF_4）。HF是无色，有强刺激性气味和强腐蚀性有毒气体，极易溶于水形成氢氟酸，氢氟酸具有很强的腐蚀性，可以腐蚀玻璃。SiF_4 是无色窒息性气体，极易溶于水，遇水生成氟硅酸。

氟化物污染主要来源于建材行业的水泥、砖瓦、玻璃、陶瓷，化工行业的磷肥，冶金行业的铝厂，玻璃纤维生产，火力发电等企业排放的含氟气体。

一、湿法

由于 HF 和 SiF_4 都极易溶于水，故多数情况下，含氟废气的净化采用水吸收法。

采用水吸收净化含氟废气，HF 溶于水生成氢氟酸，SiF_4 溶于水则生成氟硅酸。后者反应过程可以认为分两步进行，首先 SiF_4 和水反应生成 HF：

$$SiF_4 + 2H_2O \longrightarrow 4HF + SiO_2$$

生成的 HF 溶液和 SiF_4 进一步反应生成氟硅酸：

$$2HF + SiF_4 \longrightarrow H_2SiF_6$$

吸收过程中，气膜阻力是控制因素，低温有利于吸收；在一定的 pH 范围内，通常在pH≥4.5 时，采用碱液、氨水和石灰乳吸收对吸收效率影响不是很显著。但为了不使设备很快腐蚀或为了保证废水合格排放，吸收液中经常加一些石灰，以使氟化物生成难溶于水的氟化钙沉淀而除去。

由于是气膜控制，故选用设备应该是气相连续型的吸收设备，如填料塔、旋流板塔等。但由于废气生成 SiO_2 或氟化钙容易沉淀出来，致使设备堵塞，故在选用含氟废气的吸收设备时，应注意设备的防堵性能要好。下面简要介绍几种含氟废气净化设备。

1. 旋流板塔除氟装置

旋流板吸收塔的工作原理是：含氟废气通过风机进入旋流板塔底部，沿塔壁螺旋上升，吸收液从塔板中央的受液板流到各叶片上形成薄叶层，同时被穿过两叶片间隙的气流所喷洒，液滴随气流运动和离心力作用到达塔壁，形成沿壁旋转的液环。然后由于重力作用沿壁下流，再通过溢流装置到下一块塔板的受液板上。吸收液经石灰中和后循环使用，出塔污水经石灰乳中和，沉淀后连续排放。

据对使用该除氟装置的某不锈钢钢管厂及一些砖瓦厂的除氟效率测定，该装置除氟效率达 85%～99%。当使用空塔气速达到 2～4m/s，液气比 1.5L/m³ 时，3 块塔板的脱氟效率可达 85%，而 6 块板的脱氟效率可达 98%～99%。由于强烈的湍动作用，设备的防堵性能也较好。曾对某磷肥厂的含氟废气进行治理，采用三塔串联，共 9 块板，净化效率达到 99%。吸收得到的氟硅酸浓度达到 17%，可以作为化工原料出售。

2. 空塔喷淋除氟装置

由于除氟装置易于堵塞，故出现了空塔喷淋的设备，该吸收设备采用空塔，内装 3～5 层喷嘴，清水从喷嘴中喷出，与废气逆流接触，以达到净化的目的。

由于氟化物易于净化，故在液气比 2.0L/m³，空塔气速 1.5m/s，5 层喷淋的条件下，空塔喷淋也能达到 80% 以上的效率。但由于采用了较多的喷嘴，若使用石灰水作为吸收液，极易堵塞喷嘴，此外，喷嘴也易于磨损。

该除氟装置简单，故阻力低，效率也不低。但要注意在喷淋塔顶部安装旋流除雾板，以避免雾沫夹带而影响吸收效率，严重时还会腐蚀出口烟道等设备。

3. 泼水轮除氟装置

由于磷肥厂的废气中含有浓度极高的 HF 和 SiF₄，吸收剂水一旦和气体接触，很快就会在水溶液中产生大量的 SiO₂，致使设备堵塞。因此，许多磷肥厂均采用泼水轮除氟装置净化高浓度的含氟废气。该装置采用隔墙将整个吸收室分成几个小室，每室有一组泼水轮，将水泼起形成水帘，含氟废气通过水帘时，气液两相接触而将氟吸收。然后气体经旋流板除雾后由烟囱排放。该装置主体用砖及水泥砌成，结构简单，投资较省，但由于气液接触状况不好，除氟效率不可能太高，一般在 70%～80% 左右，与小室的数量有关。

泼水轮除氟装置在运行过程中存在密封、腐蚀、磨损等问题，占地面积也较大，但绝对不会发生设备的堵塞。

4. 卧式喷淋装置

该装置主要有废气处理室、喷淋装置、水泵、风机三部分组成。来自砖瓦窑的含氟废气由风机引入废气处理室，室内的气流断面上设有三段填料层，每段填料层后均有一个与气流方向相反的喷淋装置，以使气液两相充分接触；前两段填料均为木栅结构，以除去粒度较大的尘埃，最后段为斜波纹板填料层以除去粒度较小的尘埃。除氟后的气体经挡水段除去部分水雾后，由风机引入烟囱排放。该装置结构简单，其主体工程用砖砌成，投资较省，但除氟效率不高，约 70%～80%。由于防堵性能差，此装置仅适用于低浓度废气。

5. 冲击式吸收装置

该装置原理与冲击式除尘器相同。含氟废气由风机引入水吸收室，中间筑一隔墙，以使气液充分接触，废气中氟化物及尘埃可被水所吸收，除氟后的气体由风机进入烟囱排放，该设备结构简单，投资省，主体全部用砖砌成，但除氟效率低，约 60%～70%。

在上述所有的五种除氟装置中，泼水轮适用面不广，且存在密封、腐蚀、磨损等问题。卧式喷淋装置和冲击式吸收装置除氟效率低，不能有效减轻大气氟污染。旋流板塔除氟装置技术上较完善，除氟效率较高，能够达到控制氟污染的目的，具有一定的推广价值；但由于其投资、能耗相对较高，若处理高温烟气，为塔板选择防腐蚀材质稍难（低温可用塑料）；选择空塔喷淋效率、防堵性能都不错，但对喷嘴的要求较高。因此，除氟装置的选择应该综合考虑各类因素。

二、干法

干法系指用金属氧化物（如 Al_2O_3）、石灰石、石灰吸附 HF 的方法。在净化砖瓦厂烟气中最早采用的干法脱氟是直接往砖窑内喷石灰,但因喷入的石灰和砖直接接触,烧制过程中黏附在砖表面,影响砖的外观和质量,同时石灰利用率低,该法20世纪70年代以来已被淘汰。而后改用往烟道喷石灰,该法采用一星型轮喂料器,用气力输送方式,由喷射器自烟道不同部位喷入石灰,同时为满足粉尘气量不能超过$150mg/m^3$(标准状态)的排放标准,下游安排除尘装置。

为提高除氟效率,提出了一些改进措施,如改变原烟道流程,设置一段垂直管道,在垂直管道上升段设置与废气流向垂直的折向挡板,以强化烟气和吸收介质的混合,增加吸收介质在烟气流中的停留时间,并对CaO、$CaCO_3$、$Ca(OH)_2$的反应吸收能力进行试验,发现采用$CaCl_2$活化的$Ca(OH)_2$效果最佳,经上述改进后除氟率可达95%以上。该法仍存在石灰利用率低、粉尘难以达到排放标准要求及投资大等问题。

第十节 恶臭废气的治理

具有臭气的物质很多,来源有多方面,如石油、化工、冶金、动物腐败、动物产品加工、公共卫生设施及其他过程等,详见表4-28。

表 4-28 某些恶臭物质的主要来源

物　质	主　要　来　源
硫化氢	牛皮纸浆、炼油、炼焦、天然气、石油化工、炼焦化工、煤气、粪便处理、二硫化碳生产等
硫醇类	牛皮纸浆、炼油、煤气、制药、农药、合成树脂、合成橡胶、合成纤维、橡胶加工等
硫醚类	牛皮纸浆、炼油、农药、垃圾处理、生活下水道等
氨	氮肥、硝酸、炼焦、粪便处理、肉类加工、禽畜饲养等
胺类	水产加工、畜产加工、皮革、骨胶、油脂化工、饲料等
吲哚类	粪便处理、生活污水处理、炼焦、屠宰牲畜、粪便堆积发酵、肉类和其他蛋白质腐烂等
烃类	炼油、炼焦、石油化工、电石、化肥、内燃机排气、油漆、溶剂、油墨、印刷等
醛类	炼油、石油化工、医药、内燃机排气、垃圾处理、铸造等
脂肪酸类	石油化工、油脂化工、皮革制造、肥皂、合成洗涤剂、酿造、制药、香料、食物腐烂、粪便处理等
醇类	石油化工、林产化工、合成材料、酿造、制药、合成洗涤剂等
酚类	钢铁厂、焦化厂、染料、制药、合成材料、合成香料等
酮类	溶剂、涂料、油脂工业、石油化工、合成材料、炼油等
醚类	溶剂、医药、合成纤维、合成橡胶、炸药、照相软片等
酯类	合成纤维、合成树脂、涂料、胶黏剂等
有机卤素衍生物	合成树脂、合成橡胶、溶剂、灭火器材、制冷剂等

对恶臭气体的控制有物理法和化学法两大类。物理法不改变恶臭物质的化学性质,只是用另一种物质将其臭味掩蔽和稀释,即降低臭味浓度达到人的嗅觉能接受的地步。化学法则是使用另外一种物质与恶臭物质起化学变化,使恶臭物质转变成无臭物质或减轻臭味。

一、控制臭气的物理方法

1. 掩蔽法(中和法)

实验表明,当两种气味的物质以一定浓度、一定比例混合后,其气味比它们单独存在时小,这种现象叫做气味的缓和作用。当因不能肯定恶臭气味的化学组成而不能以适当的脱臭装置去除时,可根据气味缓和作用原理,采用掩蔽法(中和法),即采用更强烈的芳香气味或其他令人愉快的气味与臭气混合,以掩蔽臭气或改变臭气的性质,使气味变得能够为人们所接受。或采用一种能抵消或部分中和恶臭的添加剂，以减轻恶臭。例如，粪便中的粪臭素（3-甲基吲哚）是强烈恶臭的来源，但它也是植物茉莉的重要成分，不含吲哚的茉莉配剂便是粪臭素的良好抵消剂。常见配对的恶臭抵消剂见表4-29。

掩蔽法因每人的感受程度各异而效果不同，它与其他方法比较，仅在价格便宜时才可考虑使用。

2. 稀释扩散法

稀释扩散法是将有臭味的气体由烟囱排向高空扩散，或者以无臭的空气将其稀释，以保证在烟囱下风向和臭气发生源附近工作和生活的人们不受恶臭的袭扰，不妨碍人们的正常生活。通过烟囱排放臭味气体，必须根据当地的气象条件，正确设计烟囱的高度，其目的是保证有人工作和生活的地点恶臭物质的浓度不超过它的阈值浓度。

利用稀释扩散法可以确立一些规则，用这些规则来控制用化学方法可识别的恶臭物质的允许排放浓度。Feldstein等使用对数正态分布和数据，获得了一个适合于具有代表性的烟囱高度的允许排放浓度，这个浓度是臭气阈值浓度的100倍。例如，苯酚的阈值浓度是 $0.047cm^3/m^3$，则烟囱的允许排放浓度应为 4.7 或 $5.0cm^3/m^3$。这是一个近似规则，因为烟囱高度对下风向地面污染物浓度影响很大，因此，只能用它十分粗略地估计烟囱的排放浓度。

当烟囱排放的含恶臭的废气不能保证下风向地面最大浓度低于阈值浓度时，可考虑用干净空气适当稀释后排放。

表 4-29　常用的恶臭物质配对抵消剂

序号	恶　臭　物　质	配对掩蔽物质	序号	恶　臭　物　质	配对掩蔽物质
1	丁酸(肉类久存时生成的腐臭味)	桧油	3	樟脑	科伦香水
2	氯	香草醛	4	粪臭素(3-甲基吲哚)	茉莉

二、控制恶臭的化学方法

恶臭气体的净化方法有很多。如空气氧化法（燃烧法）、吸收法、吸附法或化学吸收法、吸收-吸附法等。下面就几种主要的方法简单叙述之。

1. 空气氧化（燃烧）法

由于恶臭物质一般情况下都是还原性物质，如有机硫和有机胺类。因此可以采用氧化的方法来处理。氧化的方法包括热力氧化法和催化燃烧法。前者是将燃料气与臭气充分混合在高温下实现完全燃烧，使最终产物均为 CO_2 和水。使用本法时要保证完全燃烧，部分氧化有可能会增加臭味。例如，醇的不完全氧化可能转变为羧酸。催化氧化法是将臭味气体与燃料气的混合气体一起通过装有催化剂的燃烧床层。和热力燃烧相比，由于使用了催化剂，燃烧的温度可以大大降低，停留时间可以缩短。因此设备的投资和运行费用都可能可以减少。一般来说，热力氧化所需的温度在760℃以上，停留时间在 0.3～0.5s 左右；而催化氧化的温度仅为 300～500℃，停留时间低于 0.1s。理论上说，催化氧化要优于热力氧化法。但是，由于催化剂中毒、堵塞等原因，且由于热力焚烧可以回收热量等诸多原因，目前国内外热力氧化已越来越多地取代催化氧化法。

该法的优点是净化效率高，可达 99.5%（催化氧化法）和 99.9%（热力氧化法）以上。但是，投资和运行费用相对较高。若不回收热量，其运行的经济性显然是行不通的。因此，该法比较适用于具有一定规模的生产厂家。这些厂家的生产相对比较正常，通过氧化装置可以回收燃烧的热量，产生蒸汽或作为干燥机的热源。

2. 水吸收法

由于恶臭气体多数不是有机硫、有机胺就是烯烃类物质，在水中有一定的溶解度，可以采用清水吸收的方法来处理。但是由于这些物质在水中的溶解度都是有限的，不可能无限大。一旦该物质在水中达到一定的浓度，吸收效果将会急剧下降，甚至于完全无作用。因此，应经常更换新鲜水。这样一来，吸收产生的废水量太大，由于吸收液必须经过处理后才能排放，故太多的废液造成废水处理的负担加重。此外，该法对一些高分子恶臭物质去除效果不好。

水吸收法的经济性较好，投资和运行成本均较低。但净化效果不好，平均净化率一般不会超过 85%。

3. 化学吸收法

采用化学吸收来净化恶臭气体的方法，称之为化学吸收法。由于恶臭气体多数不是有机硫就是有机胺类物质，故可以采用酸或碱来吸收。又因为恶臭气体中一些硫醇、胺类溶解度较低，可以采用氧化的方法将其氧化成臭味较轻和（或）溶解度较高的化合物。对那些溶解度较高的化合物，则可以分别采用酸、碱吸收净化。据有关文献介绍，采用氯气、酸和碱三级处理的工艺净化鱼粉生产的废气，已经获得了除臭的最高效率，达到大于 99.99%。

对于一些小型企业而言，添加氯气较为困难、且也不安全，可以采用添加次氯酸钠代替氯气作为氧化剂。将次氯酸钠加入酸槽中，逐步放出的氯气可以起到氧化作用。溶液中的次氯酸盐也可以将溶解于水中的恶臭物质氧化。

4. 吸附法

吸附法是一种动力消耗较小的脱臭方法。吸附法脱臭效率高，采用的吸附剂有活性炭、两性离子交换树脂、硅胶、活性白土等。由于吸附剂的吸附容量较小，故吸附法主要适用于臭气浓度低的废气，且对含颗粒物浓度较高的废气易于堵塞吸附剂，也不适宜。

5. 联合法

当除臭要求高、被处理的含恶臭的气体难以用单一的洗涤法或吸附法满足要求时，或虽能满足要求，但运行费用很高时，则要采用联合脱臭法。用得最多的是"洗涤-吸附"联合法脱臭。

前已述及，用水洗法脱臭效率较低，但投资省、运行费用低；而吸附法的吸附容量低，只能适用于低浓度的恶臭气体。为此，选择"吸收-吸附"串联的净化方法，可以做到运行费用不太高，又能达到较高的净化效率。吸收可以采用清水，但因净化率太低，吸附段负荷较高（即吸附剂寿命短）；也可以采用酸、碱（加氧化剂）两级吸收加吸附，以达到脱臭的高效率。

第十一节 酸雾的治理

酸雾主要有硫酸雾、磷酸雾、铬酸雾。硫酸雾产生于湿法制酸及稀硫酸浓缩过程；磷酸雾产生于磷酸及磷肥生产过程；铬酸雾主要产生于电镀镀铬过程。此外，去除吸收过程净化后废气夹带着的水雾也属于除雾的范围。治理酸雾一般采用除雾器。常用设备有文丘里洗涤器、过滤除雾器、折流式除雾器及离心式除雾器，电除雾器及压力式除雾器也有使用，但使用不多。各类除雾器及其性能比较见表 4-30。一般来说，选择除雾器是依据酸雾的特性、除雾要求及投资费用等条件。

表 4-30　几种主要除雾器性能比

除雾器名称	除雾粒径 /μm	除雾效率 /%	除雾器压降 /Pa	主 要 优 缺 点
文丘里洗涤器	>3	98~99	6000~10000	粒径 3μm 以上净化率高,结构简单、占地少、造价较电除雾器低。对 3μm 以下酸雾净化率低,运行费高,维修麻烦
电除雾器	<1	>99	较小	效率高,阻力小,运行费用低。设备复杂,特殊材料繁多、施工要求高、建设期长,投资最高
丝网除沫器	>3	>99	200~350	比表面大、质量轻、占地少、投资省、使用方便、网垫可清洗复用,对 3μm 以下雾粒净化率低
高效型纤维除雾器	>3 <3	100 94~99	2000~2500	除雾率高、结构简单、加工容易、投资省、操作方便、设备较大、压降较大
旋流板除雾器	>5	98~99	100~200	结构简单、加工容易、投资省、操作方便、压降中等、除雾效率较高
折流式除雾器	>50	>90	50~100	结构简单、加工容易、投资省、操作方便、压降低,但除雾效率较低

一、丝网除雾器

丝网除雾器是靠细丝编织的网垫起过滤除沫作用，丝网材质是金属或玻璃纤维。丝网除雾器是一种最简单和最有效的雾沫分离设备。丝网层很轻，密度 100~200kg/m³。它们可制成任意大小、形状和高度，通过丝网的压降也极低。对于大多数情况，通过这种雾沫分离器的压降范围在 25~250Pa 之间，其大小取决于蒸汽和液体负荷，以及雾沫分离器的大小。雾沫分离器的效率很高，一般在 90% 以上，并且丝网层分离器的结构极为简单。较轻的蒸汽能容易地穿过多孔丝网层的细孔。液沫在通过细孔时，不能改变方向和路线。当这些夹带的液沫穿行时，直接冲撞在丝网上。由于存在着表面张力，所以液沫黏着在丝网的交织线上，并聚集成较大的液滴，然后在重力作用下下落并最后收集在分离器的底部。离开丝网的气体是不带液沫的。

丝网除雾器的主要缺点在于它不适用于处理含固体量较大的废气，以及含有或溶有固体物质的场合（如碱液、碳酸氢铵溶液等），以免被固体杂质堵塞或液相蒸发后固体产生堵塞现象，从而破坏了正常的操作运行。

1. 纤维除雾器

纤维除雾器是根据惯性碰撞、截留、扩散吸附等过滤机制，在纤维上捕集雾粒的高效能气雾分离装置。分高速型、捕沫型和高效型三种，前两者以惯性碰撞，截留效应为主；后者以扩散吸附效应为主。高效型纤维除雾器对 3μm 以上雾粒，除雾效率为 100%；对 3μm 以下雾粒，除雾效率为 94%~99%。纤维元件由内筒和纤维层组成，纤维层采用玻璃纤维和合成纤维等滤料绕制或卷制或两者相结合的方法装填。

2. 文丘里丝网除雾器

根据丝网除雾器的理论，除雾器中有一个最佳通过气速，该气速与气体和液体的密度有关。因此，在设计丝网除雾器时，其最佳的截面积是与气体的流量和气体、液体的密度有关的。如果在被处理的酸雾气体的流量或酸雾密度大幅度变化的场合，用设定的丝网除雾器是不合适的。在这种情况下，可采用文丘里丝网除雾器，如图4-48所示。它是一个上细下粗的锥体，故酸雾气体总会在某个部位上达到最佳速度范围，从而使雾沫分离。

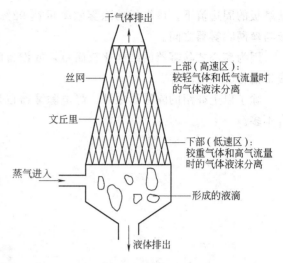

图 4-48　文丘里雾沫分离器

二、折流式除雾器

图 4-49 说明了折流式分离器中液滴分离的原理。它表示折流板的一段，包括两块折流板，它们是构成一个通道的壁。在通道的每个拐弯处装有一个贮器，收集并排出液体。液滴与气体在拐弯处分离。当气流经过拐弯处，离心力阻止液滴随气体流动，一部分液滴将碰撞到对面的壁上，并聚积形成液膜，被气流带走并聚集在第二拐弯处的贮器里。这部分在第一个拐弯处从气体中分离出来的液滴，包括大的液滴和部分靠近第一个拐弯处外壁运动的细滴。剩余的细滴，经过通道截面重新分配后能够靠近第二个拐弯处。同样，部分靠近第二拐弯处外壁的液滴将碰撞到第二个拐弯处的外壁，经过碰撞外壁，液滴聚积成液膜并聚集在第三个拐弯处的贮器里。经过除雾的气流离开折流分离器。

通常，通道的宽度范围为 20～30mm，折流通道内的气流平均速度在竖直流向系统中为 2～3m/s，在水平流向系统中为 6～10m/s，最大速度可达 20m/s。

三、离心式除雾器

为了可靠地分离直径在 0.05～0.4μm 范围内的极微细的液滴，Petersen 研制出了一种离心式分离器。含雾的气体以约 20m/s 的速度进入螺旋管道，且流向分离器的中心。当气体流向中心时，气体的旋转速度逐渐加大，离心力也逐渐加强。由于这个离心力场的作用，液滴从气流中分离并被带出。

在设备的中心，向含雾气体中喷射水，可帮助液滴分离。喷出的较大水滴会黏着在旋转气流中的非常微细的液滴，聚集后的液滴积聚在壳体壁上由气流把这些液体带至排出口。

为了分离吸收塔顶部的雾沫夹带，浙江大学的谭天恩教授发明了旋流板除雾器，如图 4-50。其作用是使气体通过塔板产生旋转运动，利用离心力的作用将雾沫除下，除下的雾滴

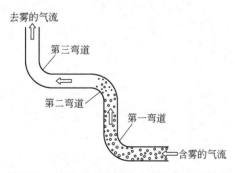

图 4-49　折流式分离器中收集液体的示意图

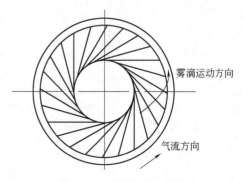

图 4-50　旋流除雾板原理

从塔板的周边流下。该塔板的除雾效率可达 98％～99％，且比较结构简单，阻力介于折流板与丝网除雾器之间。

因为离心式除雾器的结构比较简单，故设备的防堵性能较好，尤其适用于酸雾中带固体或带盐分的废气除雾。

除了以上介绍的除雾器之外，静电除雾器也是除雾器的一种，但由于投资较大，使用场合不多。

第五章　化工废渣处理及资源化

固体废物是指生产和生活活动中丢弃的固体和泥状物质。"废物"具有相对性，一种过程的废物，往往可以成为另一种过程的原料，所以废物也有"放在错误地点的原料"之称。为了便于环境管理，国际上也将容器盛装的易燃、易爆、有毒、腐蚀等具有危险性的废液、废气，从法律角度上定为固体废物，执行固体废物管理法规，划入固体废物管理范畴。

固体废物，按其性质可分为有机物和无机物；按其形态可分为固体的（块状、粒状、粉状的）和泥状的；按其来源可分为矿业的、工业的、城市生活的、农业的和放射性的五类。在固体废物中凡是有毒性、易燃性、腐蚀性、反应性、传染性、放射性的废物，列为有害废物。

化学原料及化学制品制造业是我国国民经济的重要基础产业。我国化学工业是一个比较老的工业部门，中小型化工企业占绝大多数，长期以来采用高消耗、低效益、粗放型的生产模式，使我国化学工业在不断发展的同时，也对环境造成了严重的污染。同时化工也是一个生产行业多、成品庞杂的主要生产部门，因而其固体废物也种类繁多、成分复杂，治理方法和综合利用的工艺技术更为复杂。本章主要讨论化工工业中产生废渣的处理方法及资源化途径。

第一节　化工废渣的来源及特点

一、化工废渣的来源

我国化学工业排放的固体废物数量大，特别是危险废物的数量大，占全国危险废物排放量的40%左右。大型化工企业还有自备的燃煤电站、贮罐区和污水处理厂等。这些辅助设施还要排放大量的粉煤灰、罐底油泥、污水厂的沉渣、浮渣和剩余活性污泥。

化学工业是对环境的各种资源进行化学处理和转化加工生产的部门。化工生产的特点是四多，即：原料多，生产方法多，产品的品种多，产生的废物也多。根据化工部门的统计，用于化学工业生产的各种原料最终约有2/3变成了废物。而这些废物中固体废物约占1/2以上，所以在所用的各种原料中，最终有1/3变成化工废渣，可见化工废渣产生量十分巨大。

化工废渣是指化学工业生产过程中产生的固体和泥浆废物，包括化工生产过程中排出的不合格的产品、副产物、废催化剂、废溶剂、蒸馏残液以及废水处理产生的污泥等。化工废渣的性质、数量、毒性与原料路线、生产工艺和操作条件有很大的关系。化工废渣包括硫铁矿渣、硫铁矿煅烧渣、硫酸渣、硫石膏、磷石膏、磷矿煅烧渣、含氰废渣、电石渣、磷肥渣、硫磺渣、碱渣、含钡废渣、铬渣、盐泥、总溶剂渣、黄磷渣、柠檬酸渣、制糖废渣、脱硫石膏、氟石膏、废石膏模等。

由化工企业排放出的固体形式的废弃物质，凡是具有毒性、易燃性、腐蚀性、放射性等的各种废物都属于有害废渣。化工废渣除由生产过程中产生之外，还有非生产性的固体废物，如原料及产品的包装垃圾、工厂的生活垃圾等，这些垃圾中也会有很多有害的物质。

化学工业固体废物的来源及主要污染物见表 5-1。

表 5-1　化学工业固体废物来源及主要污染物

生产类型及产品	主要来源	主　要　污　染　物
无机盐行业		
重铬酸钾	氧化焙烧法	铬渣
氰化钠	氨钠法	氰渣
黄磷	电炉法	电炉炉渣、富磷泥
氯碱工业		
烧碱	水银法、隔膜法	含汞盐泥、盐泥、汞膏、废石棉隔膜、电石渣泥、废汞催化剂
聚氯乙烯	电石乙炔法	电石渣
磷肥工业		
黄磷	电炉法	电炉炉渣、泥磷
磷酸	湿法	磷石膏
氮肥工业		
合成氨	煤造气	炉渣、废催化剂、铜泥、氧化炉灰
纯碱工业		
纯碱	氨碱法	蒸馏废液、岩泥、苛化泥
硫酸工业		
硫酸	硫铁矿制酸	硫铁矿烧渣、水洗净化污泥、废催化剂
有机原料及合成材料		
季戊四醇	低温缩合法	高浓度废母液
环氧乙烷	乙烯氯化（钙法）	皂化废渣
聚甲醛	聚合法	稀醛液
聚四氟乙烯	高温裂解法	蒸馏高沸残液
聚丁橡胶	电石乙炔法	电石渣
钛白粉	硫酸法	废硫酸亚铁
染料工业		
还原艳绿 FFB	苯绕蒽酮缩合法	废硫酸
双倍硫化氰	二硝基氯苯法	氧化滤液
化学矿山		
硫铁矿	选矿	尾矿

二、化工废渣的分类

按照化学性质进行分类，一般将化工废渣分为无机废渣和有机废渣。无机废渣有些是有毒的废渣，如铬盐生产排出的铬渣，其特点是废渣排放量大、毒性强，对环境污染严重。有机废渣大多指的是高浓度有机废渣，其特点是组成复杂，有些具有毒性、易燃性和爆炸性，但其排放量一般不大。

根据废渣对人体和环境的危害性不同，通常又将化工废渣分为一般工业废渣和危险废渣。一般工业废渣常指对人体健康或环境危害性较小的废物，如硫酸矿烧渣和合成氨造气炉渣等。危险废渣则指的是具有毒性、腐蚀性、反应性、易燃易爆性等特性之一的废渣；如铬盐生产过程中产生的铬渣、水银法烧碱生产过程中产生的含汞盐泥，各种有机化工生产过程中产生的含氮、硫、磷等有机物。

为了便于管理统计，化学工业固体废物一般按废物产生的行业和生产工艺过程进行分类。例如，硫酸生产过程中产生的硫铁矿烧渣；铬盐生产过程中产生的铬渣；电石乙炔法聚氯乙烯等生产中产生的电石渣；烧碱生产过程中产生的盐泥，以及化工废水处理中产生的污泥等。

图 5-1 为化工废渣按来源的分类。

三、化工废渣的特点

化学工业固体废物有如下特点。

1. 废物产生和排放量比较大

化学工业固体废物产生量较大，约占全国固体废物产生量的 6.16%；排放量约占全国工业固体废物总排放量的 7.24%。

2. 化工固体废物中危险废物种类多，有毒物质含量高

化学工业固体废物中，有相当一部分具有极毒性、反应性、腐蚀性等特征，对人体健康和环境有危害或潜在危害。其中全国化工危险废物产生量约占化工固体废物产生量的 22%（1985 年）。常见化工危险废物主要有以下几类。

图 5-1　化工废渣按来源的分类

① 四氯乙烯、二氯甲烷、丙烯腈、环氧氯丙烷、苯酚、硝基苯、苯胺等有机物原料生产中用过的废溶剂（卤化或非卤化）、产生的蒸馏重尾馏分、蒸馏釜残液、废催化剂等；

② 三氯酚、四氯酚、氯丹、乙拌磷、毒杀芬等农药及其中间体生产中产生的蒸馏釜残液、过滤渣、废水处理剩余的活性污泥等；

③ 铬黄、锌黄、氧化铬绿等无机颜料、氯化法钛白粉生产中产生的废渣和废水处理污泥；

④ 水银法烧碱生产中产生的含汞盐泥，隔膜法烧碱生产中产生的废石棉绒；

⑤ 炼焦生产氨蒸馏塔的石灰渣、沉降槽焦油渣等。

3. 废物再资源化可能性大

化工固体废物组成中有相当一部分是未反应的原料和反应副产物，都是很宝贵的资源，如硫铁矿烧渣、合成氨造气炉渣、烧碱盐泥等，可用作制砖、水泥的原料。一部分硫铁矿烧渣、废胶片、废催化剂中还含有金、银、铂等贵金属，有回收利用的价值。

四、固体废物的影响

固体废物由于产生量大，处理和处置水平与废气、废水处理水平相比要低得多、综合利用少、占地多、危害严重，是我国的主要环境问题之一。

目前，化工生产过程排出的废渣，除少部分综合利用和回收利用外，大部分排出的废渣采取堆存处理，每万吨废渣占地面积约 1.2～1.4 亩。露天堆放废渣，不仅占用了大量的土地，而且废物经过雨淋湿浸出毒物，使土地毒化、酸化、碱化。其污染面积往往超过所占土地的数倍，并导致水体的污染。中国很多城市已被垃圾所包围。此外，废物如堆置不当还会造成很大的灾难。如尾矿或粉煤灰库冲决泛滥，淹没村庄、农田；泥石流冲断公路、铁路、堵塞河道等灾难。一些工矿企业因无场地堆放废渣直接排往江河湖海，1989 年排往江河湖海的固体废物达 1250 万吨。

固体废物对大气的污染也是极为严重的，如固体废物中的尾矿粉煤灰、干污泥和垃圾中

的尘粒将随风飞扬，进而移往远处；有些地区煤矸石含硫量高而自燃，像火焰山一样散发出大量的二氧化硫。化工和石油化工中的多种固体废物本身或在焚烧时能散发毒气和臭味，恶化周围的环境。

固体废物对土壤的污染方面也同样严重，废物堆置或垃圾填埋处理，经雨水浸淋，其渗出液及沥滤液中含有的有害成分会改变土壤和土质的结构，影响其中的微生物活动，妨碍植物的根系生长，甚至成为不毛之地，或在植物机体内积蓄，危害食用。

在固体废物的危害中，最为严重的是危险性废物的污染。易燃、易爆和腐蚀性、剧毒性废物，易造成突发性严重灾难，而且有毒性或潜在毒性的废物会造成持续性的危害。如美国纽约州的"拉夫"运河，20世纪80年代曾埋进80多种化学废物，十余年后陆续发现水井变臭，儿童畸形，成年人患无名奇症，曾迫使200余户搬迁，直至该区成为无人居住的"禁区"。类似的例子，在世界范围内屡见不鲜，惨痛教训应当深深吸取。

化工废渣的种类复杂，成分繁多，性质各异，故目前对废渣的治理还不能像治理废气及废水那样系统。

第二节　化工废物处理技术

化工废物的处理与处置包括处理、处置两个方面，化工废物处理（treatment）是指通过物理、物化、化学、生物等不同方法，使化工废物转化成为适于运输、贮存、资源化利用以及最终处置的一种过程，因此化工废物的处理方法主要有物理处理、物化处理、化学处理、生物处理四种。具体如图5-2所示。

以下简要介绍废物常用的处理方法。

1. 压实

亦称压缩，是用物理方法提高固体废物的聚集程度，增大其在松散状态下的容重，减少固体废物的容积，以便于利用和最终处置。根据废物的类型和处置目的的不同，压实的处理流程不同。

① 对金属类废物，以材料回收和填埋处置为目的的压实处理流程为：

金属废弃物 ──→ 压实处理 ──→ 坯块 ┬─→ 再生回收
　　　　　　　　　　　　　　　　　└─→ 填埋处置

② 以材料回收再生为目的的压实处理流程为：

金属废物 ──→ 破碎 ──→ 压实处理 ──→ 坯块 ──→ 回收再生

③ 对有害垃圾进行填埋的压实处理流程为：

有害垃圾 ──→ 压实处理 ──→ 坯块 ──→ 沥青固化 ──→ 填埋

④ 对一般生活垃圾进行填埋处置的压实处理流程为：

城市垃圾 ──→ 压实处理 ──→ 坯块 ──→ 打包 ──→ 填埋

目前，压实处理技术在部分工业发达国家已得到应用，并取得一定的经济效益，在我国还未广泛使用。压实处理的主要机械设备为压实器。

化工废渣综合利用及处理方法
- 物理处理法
  - 筛选法
  - 重力分选法
  - 磁选法
  - 电选法
  - 光电分选法
  - 浮选法
- 物理化学法
  - 析离法
  - 烧结法
  - 挥发法
  - 蒸馏法
  - 汽提法
  - 萃取法
  - 电解法
- 化学法
  - 溶解法
  - 浸出法
  - 化学处理法
  - 热解法
  - 焚烧法
  - 湿式氧化法
- 生物化学法
  - 细菌浸出法
  - 消化法
- 其他
  - 浓缩干化
  - 代燃料
  - 填埋
  - 农用
  - 建材

图5-2　化工废渣主要处理方法

2. 破碎

指用机械方法将废物破碎，减小颗粒尺寸，使之适合于进一步加工或能经济地再处理。所以通常不是最终处理，而往往作为运输、贮存、焚烧、热分解、熔融、压缩、磁选等的预处理过程。这一技术在固体废物的处理和处置过程中，应用已相当普及，技术亦相当成熟，按破碎的机械方法不同分为剪切破碎、冲击破碎、低温破碎、湿式破碎、半湿式破碎等。

（1）剪切破碎　是靠机械的剪切力（固定刀和可活动刀之间的啮合作用）将固体废物破碎成为适宜尺寸的过程。当前这种处理技术已广泛使用于金属、木质、塑料、橡胶、纸等许多固体废物的破碎。为了处理不同固体废物而设计的剪切破碎机械有冯罗尔（Von Roll）式往复剪切破碎机、林德曼（Lindemann）式剪切破碎机、旋转剪切破碎机、托尔马什（Tollemacshe）式旋转剪切冲击破碎机、油压式剪切破碎机等。

（2）冲击破碎　是靠打击锤（或打击刃）与固定板（或打击板）之间的强力冲击作用将固体废物破碎的过程。这种处理技术主要适用于废玻璃、瓦砾、废木质、塑料及废家用电器等固体废物的处理。用于固体废物处理的冲击破碎机多数属旋转式，最常用的是锤式破碎机。

（3）低温破碎　是利用固体废物低温变脆的性质而进行有效破碎的方法，主要适用于废汽车轮胎、包覆电线、废家用电器等。通常采用液氮作制冷剂，有代表性的废聚氯乙烯合成材料低温破碎流程为：

废物──→切割机──→储料槽──→液氮室──→冷却室──→粉碎机──→粗筛──→分离器

（4）湿式破碎　是为了回收城市垃圾中的大量纸浆而发展起来的一种破碎技术。是基于纸浆在水力作用下发生浆化，因而可将废物处理与制浆造纸结合起来。该技术在部分工业发达国家已获利用。他主要通过湿式破碎机破碎，其原理见图5-3。此设备为一圆形立式转筒装置，底有许多筛眼，转筒内装有六只破碎刀，垃圾中的废纸经过分选作为处理原料，投入转筒内，因受大水量的激流搅动和破碎刀的破碎形成浆状，浆体由底部筛孔流出，经固液分离器把其中的残渣分出，纸浆送到纤维回收工段，经过洗涤、过筛，将分离出纤维素后的有机残渣与城市下水污泥混合脱水至50%，送去焚烧炉焚烧处理，回收废热。在破碎机内未能粉碎和未通过筛板的金属、陶瓷类物质从机器的侧口排出，通过提斗送到传送带上，在传

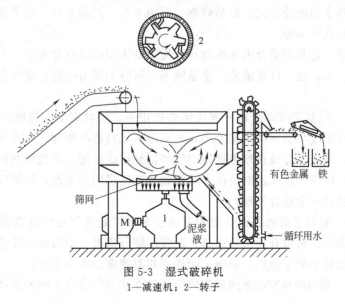

图 5-3　湿式破碎机

1—减速机；2—转子

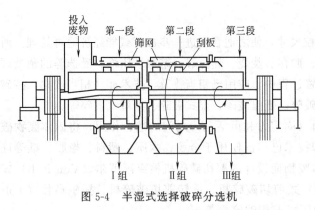

图 5-4 半湿式选择破碎分选机

送过程中用磁选器将铁和非铁类物质分开。

（5）半湿式选择破碎 该技术是基于废物中各种组分的耐剪切、耐压缩、耐冲击性能的差异，采用半湿式（加少量的水）在特制的具有冲击、剪切作用的装置中，对废物作选择性破碎的一种技术。半湿式选择破碎机结构如图 5-4，物料在半湿式选择破碎机中的选择破碎和分选分三级进行。

物料投入后，刮板首先将垃圾组分中的玻璃、陶瓷、厨芥等性质脆而易碎的物质破碎成细粒、碎片，通过第一阶段的筛网分离出去。分出的第一组物质采用磁力反拨、风力分选设备分别去除废铁、玻璃、塑料等得到堆肥原料。剩余垃圾进入滚筒第二阶段，继续受到刮板的冲击和剪切作用，具有中等强度的纸类物质被破碎，从第二阶段筛网排出。分出的第二组物质采用分选设备先去除长形物，然后用风力分选器将相对密度大一些的厨余类和相对密度小的纸类分开。残余的垃圾，在滚筒内继续受到刮板的冲击和剪切作用而破碎，从滚筒的末端排出，其主要成分为延形性大的金属以及塑料、纤维、木材、橡胶、皮革等物质。第三组物质的分选设备由磁选机和剪切机组成，剪切式破碎机把原料剪切到合乎热分解汽化要求的粒度，然后可以利用其相对密度差，进一步将金属类和非金属类分开。

3. 分选

主要是依据各种废物的不同物理性能进行分选处理的过程。固体废物的分选有很大的意义。废物在回收利用时，分选是继破碎以后的重要操作工序，分选效率直接影响到回收物质的价值和市场销路。分选的方法主要有：筛分、重力分选、磁力分选、浮力分选等。

（1）筛分 是利用固体废物之间的粒度差，通过一定孔径的筛网上的振动来分离物料的一种方法。可以把通过筛孔的和不能通过筛孔的粒子群分开。筛分法通常和其他设备串联使用。该技术已经在固体废物资源回收和利用方面得到广泛应用。影响筛分效率的因素包括入选物料的性质、筛子的振动方式、振动频率、振幅大小、振动方向、筛子角度、粒子反弹差异、筛孔目数及筛孔大小等。

（2）重力分选 是利用混合固体废物在介质中的密度差进行分选的一种方法。而分选的介质可以是空气、水，也可以是重液、重悬液等。可分为风力分选、惯性分选、重液分选等几种形式。

① 风力分选。是基于固体废物颗粒在风力作用下，相对密度大的沉降末速度大，运动距离比较近，相对密度小的沉降末速度小，运动距离比较远的原理，对不同相对密度的物质加以分选。目前，该技术在城市垃圾处理中已经得到广泛使用，不过影响固体颗粒物沉降末速度的因素很多，以至于在风选时往往不易达到预期的目的。为此，需要经过破碎、干燥等预处理，与风选组成一个联合流程。

② 惯性分选。是基于废物各组分的相对密度和硬度差异而进行分离的一种方式。根据惯性分选原理而设计的机械有弹道分选机、反弹滚筒分选机、斜板输送分选机等。目前该技术主要用于回收垃圾中的重金属、玻璃、陶瓷等相对密度较大的组分。

③ 重液分选。是将两种密度不同的固体废物放在相对密度介于两者之间的重介质中，使

轻的固体颗粒上浮，重固体颗粒下沉，从而进行分选的一种方法。重介质主要有固体悬浮液、氯化钙水溶液、四溴乙烷水溶液等。国外用于从废金属混合物中回收铝已达到实用化程度。

（3）磁力分选　是基于固体废物的磁性差异达到分选效果的一种技术。它是通过设置在输送带下端的一种磁鼓式装置来实现的。被破碎的废物通过皮带运输机传送到另一预处理装置时，下落废物中的碎铁渣被磁分选机吸在磁鼓装置上，从而得到优质的碎铁渣。它作为固体废物前处理的一种方法已经得到较普遍的采用，主要用于城市垃圾中钢铁回收、钢铁工业尘泥及废渣中原料的回收。

（4）浮选法　是根据固体废物粒子表面的物理、化学性质不同，在其中加入浮选药剂，通入空气，在水中形成气泡，使其中一种或一部分粒子选择性地吸附在气泡上，并被浮到表面与液相分离的操作。根据分离对象不同可分为浮游选矿、离子浮选、分子浮选及胶体浮选等。浮选技术在工矿企业固体废物处理方面的应用实例很多，如粉煤灰浮选回收炭，炼油厂碱渣作浮选捕收剂等。

（5）静电分离技术　这是利用各种物质的电导率、热电效应及带电作用不同而分离被分选物料的方法。用于各种塑料，橡胶和纤维纸，合成皮革与胶卷等物质的分选是有效的。例如给两种性能不同塑料的混合物加以电压，使一种塑料荷负电、另一种荷正电，就可以使两者得以分离开。

（6）涡电流分离技术　将非磁性而导电的金属（铜、铅、锌等）置于不断变化的磁场中，金属内部会产生涡电流并产生排斥力。由于排斥力随物质的固有电阻、导磁率等特性及磁场密度的变化速度及大小而异，从而能起到分离金属物料的作用（涡电流分离的原理如图5-5）。但是，排斥力受金属块的大小、性质、种类及表面状态的影响，所以涡电流分离法用于固体废物中回收金属物质是比较困难的。

（7）光电分离技术　它是利用物质表面光反射特性的不同而分离物料的方法。先确定一种标准的颜色，让含有与标准颜色不同的颜色的粒子混合物经过光电分离器时，在下落过程中，当照射到和标准颜色不同的物质粒子时，改变了光电放大管的输出电压，经电子装置增幅控制，瞬间地喷射压缩空气而改变异色粒子的下落方向。这样将与标准颜色不同的物质被分离出来。操作原理如图5-6。

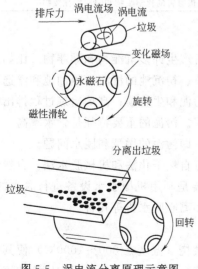

图5-5　涡电流分离原理示意图

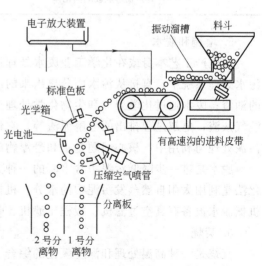

图5-6　光学分离的操作原理

4. 固化技术

是指通过物理或化学法，将废物固定或包含在坚固的固体中，以降低或消除有害成分的溶出特性。固化法开始于 30 多年前，当时日本为解决放射性废物的凝聚沉淀、蒸发、粒子交换等处理后的二次废物即污泥及浓缩液的处理问题而提出的，现在这一技术正在不断深化。目前，根据废物的性质、形态和处理目的可供选择的固化技术有以下五种，即水泥基固化法、石灰基固化法、热塑性材料固化法、高分子有机聚合法和玻璃基固化法，详见表 5-2。

表 5-2　固化技术及其比较

方　　法	要　　点	评　　论
水泥基固化法	将有害废物与水泥及其他化学添加剂混合均匀，然后置于模具中，使其凝固成固化体，将经过养生后的固化体脱模，经取样测试浸出结果，其有害成分含量低于规定标准，便达到固化目的	方法比较简单，稳定性好，容积和质量增大；有可能作建筑材料，对固化的无机物，如氧化物可互容，硫化物可能延缓凝固和引起破裂，除非是特种水泥，卤化物从水泥中浸出，并可能延缓凝固，重金属互容，放射性废物互容
石灰基固化法	将有害废物与石灰及其他硅酸盐类，配以适当的添加剂混合均匀，然后置于模具中，使其凝固成固化体，将经过养生后的固化体脱模，经取样测试浸出结果，其有害成分含量低于规定标准，便达到固化目的	方法简单，固化体较为坚固，对固化的有机物，如有机溶剂和油等多数抑制凝固，可能蒸发逸出，对固化的无机物如氧化物互容，硫化物互容，卤化物可能延缓凝固并易于浸出，重金属互容，放射性废物互容
热塑性材料固化法	将有害废物同沥青、柏油、石蜡或聚乙烯等热塑性物质混合均匀，经过加热冷却后使其凝固而形成塑胶性物质的固化体	该法与前两种方法相比，固化效果更好，但费用较高，只适用于某种处理量少的剧毒废物。对固化的有机物，如有机溶剂和油，则有机物在加热条件下，可能蒸发逸出。对固化的无机物的硝酸盐、次氯化物、高氯化物以及其他有机溶剂等则不能采用此法，但却与重金属、放射性废物互容
高分子有机物聚合稳定法	将高分子有机物，如脲醛等不稳定的无机化学废弃物混合均匀，然后将混合物经过聚合作用而生成聚合物	此法与其他方法相比，只需少量的添加剂，但原料费用较昂贵，不适于处理酸性以及有机废物和强氧化性废物，多数用于体积小的无机废物
玻璃基固化法	将有害废物与硅石混合均匀，经高温熔融冷却后而形成玻璃固化体	该法与其他方法相比，固化体性质极为稳定，可安全地进行处置，但处理费用昂贵，只适于处理极有害的化学废物和强放射性废物

5. 增稠和脱水

在生产工艺本身或在化学工业废水处理过程中，常常产生许多沉淀物和漂浮物。比如在污水处理系统中，直接从污水中分离出来的沉砂池的沉渣、初沉池的沉渣、隔油池和浮选池的油渣；废水通过化学处理和生物化学处理产生的活性污泥和生物膜；高炉冶炼过程排出的洗气灰渣；电解过程排出的电解泥渣等，它们统称为污泥。污泥的重要特征是含水率高。在污泥处理与利用中，核心问题是水和悬浮物的分离问题，即污泥的增稠和脱水问题。

脱水是进一步降低污泥中含水率的一种方法，主要有自然干化法和机械脱水法。自然干化法是利用太阳自然蒸发污泥中的水分。机械脱水法主要是利用机械脱水设备进行脱水的，机械脱水设备有真空过滤机、板框压滤机、带式压滤机和离心脱水机等几种。

6. 焚烧

焚烧是一种高温处理和深度氧化的综合工艺，通过焚烧（温度在 800~1000℃）使其中的化学活性成分被充分氧化分解，留下的无机成分（灰渣）被排出，在此过程中废物的容积减少，毒性降低，同时可回收热量及副产品。而今城市垃圾的焚烧已成为城市垃圾处理的三大方法之一，在处理方面的技术地位仅次于填埋。之所以得到如此广泛的应用，是由于其具有许多独特的优点。

① 减容（量）效果好，占地面积小，基本无二次污染，且可以回收热量；

② 焚烧操作是全天候的，不受气候条件限制；

③ 焚烧是一种快速处理方法，使垃圾变成稳定状态，填埋需几个月，在传统的焚烧炉中，只需在炉中停留 1h 就可以达到要求；

④ 焚烧的适用面广，除可处理城市垃圾以外，还可处理许多种其他有毒废物。

当然，焚烧方法也存在一些问题，如：

① 基建投资大，占用资金期较长；

② 对固体废物的热值有一定的要求；

③ 要排放一些不能够从烟气中完全除去的污染气体；

④ 操作和管理要求较高。

焚烧设备主要有流化床焚烧炉、多段炉、转窑、敞开式焚烧炉、双室焚烧炉等。

7. 热解技术

热解技术是在氧分压较低的条件下，利用热能使可燃性化合物的化合键断裂，由大相对分子质量的有机物转化成小相对分子质量的燃料气体、油、固形炭等。而焚烧是在氧分压比较高的条件下使有机物在高温下完全氧化为稳定的 CO_2 和 H_2O，并释放能量的过程。两者是不同的。

20 世纪 60 年代以来，城市垃圾成分发生了很大的变化，垃圾中可燃成分比例有了较大的提高。据报道，欧盟国家垃圾平均热值达 7500kJ/kg，已相当于褐煤的发生量。实践表明这是一种有前途的固体废物处理方法。

目前，世界各国研究的热解系统多种多样，但主要还是以移动床系统、流化床系统及转炉系统采用得最为广泛，其中较著名的有 Purox 法、两塔循环法、Landgard 法。近几年又出现了落下床辐射炉、热载体分解炉等新的工艺方法。

热解法和其他方法相比，有以下优点：

① 因热解是在氧分压较低的还原条件下进行，因此发生的 NO_x、SO_x、HCl 等二次污染较少，生成的燃料气或油能在低空气比下燃烧，故废气量比较少，对大气造成的二次污染也不明显；

② 能够处理不适于焚烧的难处理固体废物；

③ 热解残渣中，腐败性有机物含量少，能防止填埋厂的公害，排出物密度高、致密，废物被大大减容，而且灰渣被熔融，能防止重金属类溶出；

④ 能量转换成有价值的、便于贮存和运输的燃料。

8. 堆肥技术

堆肥技术是依靠自然界广泛分布的细菌、放线菌、真菌等微生物，人为地促进可被生物降解的有机物向稳定的腐殖质转化的生物化学过程。堆肥化的产物称为堆肥，可作为土壤改良剂和肥料，从而防止有机肥力减退，维持农作物长期的优质高产。因而这种方法越来越受到重视，成为处理城市生活垃圾的一种主要方法。

我国堆肥法历史悠久，以前人们长期使用露天堆肥法，技术落后，但对农村的生活垃圾和人畜粪便进行了必要的处理和利用。随着社会的进步、人口的增长，各种可以用作堆肥的废物泛滥成灾,堆肥技术已转向为处理城市生活垃圾的重要手段之一。我国一些城市已经开展了这方面的工作,而且取得了一定的经验。

堆肥化按需氧程度区分,有好氧堆肥和厌氧堆肥;按温度区分,有中温堆肥和高温堆肥;按技术区分,有露天堆肥和机械密封堆肥。习惯上以第一种分类方法来区分。

第三节 化工废物的资源化技术

化工废渣的治理应从改革工艺路线入手,尽可能采用无毒、无害或低毒、低害的原料和能源,采用不产生或少产生废渣的新技术、新工艺、新设备,最大限度地提高资源和能源的利用率,把废渣消灭在生产过程中。同时对产生的固体废物进行积极的无害化处理,而且要做到物尽其用,使固体废物进行资源化回收和利用,即所谓的固体废物"从摇篮到坟墓"的管理控制体系(图5-7)。固体废物"减量化"的基本途径如图5-8。

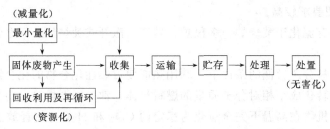

图 5-7 固体废物"从摇篮到坟墓"的管理控制体系

一、塑料废渣的处理和利用

塑料废渣属于废弃的有机物质,主要来源于树脂生产过程、塑料的制造加工过程以及包装材料。塑料的物理性质之一是在低温条件下可以软化成型。另外在有催化剂的作用下,通过适当温度和压力,高分子可以分解为低分子烃类。根据这些物理化学性质,可以将塑料废渣热解或加热成型,塑料的另一个特点是种类繁多,用途广泛,而废塑料则是品质混杂,性质各异。要想再生利用,进行预分选操作是不可避免的一个环节。根据各种塑料废渣的性质不同,通过预分选后,废塑料可进行熔融固化或热分解处理。

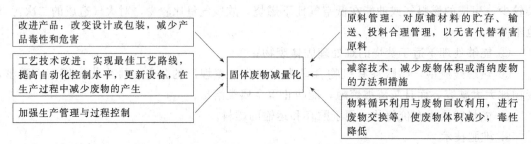

图 5-8 固体废物"减量化"的基本途径

处理和利用塑料废渣的途径大致有以下几个方面:即,再生处理法、热分解法、焚烧法及湿式氧化法和化学氧化法等。但很多塑料含有氯(如聚氯乙烯等),当用焚烧法处理废塑料时,由于产生氯化物排入大气,而产生二次污染,尤其对焚烧设备的腐蚀严重,要消除这些危害需增加多种废气净化措施,这又造成经济和管理上的负担。从资源的有效利用考虑,废塑料也不宜采用焚烧法处理。

1. 预分选

一般废品中的废塑料均为混合体。废塑料在以往的使用过程中或是混杂于其他废物中时，或多或少附有泥、砂、草、木等，有时还会与金属等物质共同构成物件，如电线、包覆线等。因此其预处理工艺是很复杂的。

首先需要对废塑料进行粉碎。塑料具有韧性，经低温处理增加其脆性则有利于粉碎作业。事前可加以必要的水洗，或者在粉碎后水洗或水选，也可用不同密度的液体进行浮选，还可在水洗干燥后再风选。这类过程都是利用密度不同而完成分离工作。有时，为了排除铁质金属也可采用磁选。为了减少分选的困难，往往在回收废塑料时就要注意分类收集。例如在塑料工厂回收塑料时，由于工厂生产常用单一性质的塑料生产制品，这样就可把这种单一的塑料收集在一起，或按生产车间分别回收不同的塑料。若是能要求废品收购站在回收废塑料时按不同的类型加以集中，将对分选工作也带来方便。如某工厂的某种废塑料量少时，也可按地区由几处地方联合回收某一品种的塑料。

2. 熔融固化法

从再生制品的质量考虑，根据投加材料区别分为两类，一类是在回收的废塑料中按一定比例加入新的塑料原料，从而提高再制品的性能。或是从混合废塑料中，按不同密度回收各种塑料，再依其不同密度以一定配比制成再生制品。全过程如图 5-9 所示。

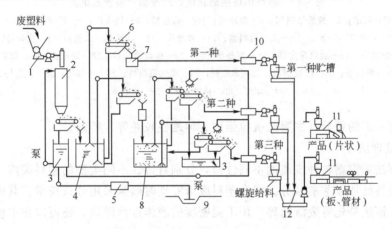

图 5-9　熔融固化法处理废塑料工艺流程图

1—破碎机；2—洗涤塔；3—贮水槽；4—第一分离槽（水）；5—污水处理机；

6—螺旋输送器；7—离心脱水机；8—第二分离槽（重分度）；9—排水槽；

10—气流干燥管；11—挤压机；12—混合螺旋给料机

另一类是在废塑料中加入廉价的填料。如用废塑料制造可替代木料的塑料柱，或制成马路摆设用的大花盆等粗制品时，可加入一定量的污泥。如果制成在海洋中使用的鱼礁时，也可在回收的废塑料中加入一定比例的河砂，这样还可以增加密度，容易沉入海底。一般采用热载体熔融固化法进行，该法是将热载体加热至 350～400℃ 后与常温废塑料混合（后者占比例为 40%～60%），在 200℃ 下用桨叶搅拌器混合 5～10min 后熔融、成型。其工艺如图 5-10 所示。制成品的外观与混凝土制品相似，抗拉强度亦相同，但压缩强度略低而抗弯强度较高，相对密度在 1.3～1.7 之间。

总之，回收的废塑料由于种类繁多，并夹杂了其他废物，一般只能做某些较粗糙的制品，用于建筑材料，铺路用的骨料、枕木、管道、坑木、鱼礁等，这是由于废塑料与塑料原

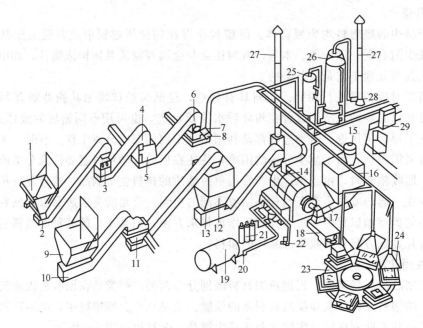

图 5-10　热载体熔融固化法处理废塑料装置系统图

1—废塑料贮槽；2—螺旋给料器；3—粗碎机；4,6—磁选机；5—风选机；7—粉碎机；8,22—鼓风机；9—砂料斗（一次）；10—皮带给料器；11—振动筛；12—砂料斗（二次）；13—皮带给料器；14—旋转窑；15—旋风除尘器；16—废塑料贮槽；17—螺旋给料器；18—混炼机；19—燃料罐；20—燃料泵；21—丙烷钢瓶；23—成型台；24—废气吸收塔；25—冷却塔；26—洗涤塔；27—烟囱；28—排液风机；29—操作室

料在性质上有一定的差异（主要是抗拉强度、伸缩性较差等）所致。

3. 再生处理法

再生处理法需根据各种废渣的不同性质，分别对待。不同类型的塑料废渣，预先可以借助外观及其他特征加以鉴别区分。混合塑料废渣鉴别时通常采用分选技术。其中以比重分选法最为方便，该法是先将废渣粉碎，用不同密度的液体进行浮选，还可以在水洗干燥后进行分选。

对于单一种类热塑性塑料废渣的再生称为单纯性再生即熔融再生。图 5-11 为塑料废渣熔融再生工艺流程。整个再生过程由挑选、粉碎、洗涤、干燥、造粒或成型等几个工序组成。

图 5-11　塑料废渣熔融再生工艺流程

（1）挑选　挑选的目的是要得到单一种类的热塑性塑料废渣，而将其他夹杂物分选出去。分选之前经常需要先将塑料废渣进行粉碎到一定程度之后进行分选。

（2）粉碎　除对塑料废渣在分选之前需要进行粉碎之外，在送经挤出机之前，往往还需要对塑料废渣作进一步粉碎。

对不同的塑料废渣，应选用不同的粉碎设备。对小块的塑料废渣一般可采用剪切式粉碎机，对大块的废渣则以采用冲击式的粉碎机效果较好。

（3）洗涤和干燥　塑料废渣常常带有油、泥沙及污垢等杂质，一般用碱水洗或酸洗，然后再用清水冲洗，洗干净之后还需进行干燥以免有水分残留而影响再生制品的质量。

干燥的方法很多，可以由阳光和风吹的自然干燥，也可以利用气流干燥器设备干燥。

（4）挤出造粒或成型　经过洗净、干燥的塑料废渣，如果不需进一步粉碎，则可直接送入挤出机或直接送入成型机，经加热使其熔融后便可以造粒或成型。

在造粒或成型过程中，通常还需要添加一定数量的增塑剂、稳定剂、润滑剂、颜料等辅助材料。辅助材料的选择和配方，应根据废渣的材料品种和情况来决定。

4. 热分解法

热分解法是通过加热等方法将塑料高分子化合物的链断裂，使之变成低分子化合物单体、燃烧气或油类等，再加以有效的利用。热分解的技术是希望尽可能在常压低温下进行，以节省能源。为此需采用有效的催化剂。不过对塑料热分解来说，从催化剂性能和使用寿命两方面要求，目前还未找到满意的催化剂，故目前主要采用热分解法。

被分解物质的加热性能，主要有导热系数和熔融热。聚苯乙烯、聚乙烯的导热系数分别为 $0.08W/(m^2 \cdot K)$ 与 $0.35W/(m^2 \cdot K)$，相当于木料和电木等的数值。聚丙烯、聚乙烯的熔融热分别为 $58.6J/kg$ 和 $71.1J/kg$，塑料熔点一般在 $100 \sim 250℃$ 之间，虽然较低，但若加热不均匀局部超过 $500℃$，会出现炭化等现象，应尽量加以避免。因此，均匀加热是热分解过程的关键技术。另外，聚氯乙烯、聚氯维尼纶等可能分解氯化物或重金属等物质，最好在废塑料处理时，通过密度分选法，将这些有害物排除。

聚苯乙烯、聚甲基丙烯酸甲酯等解酯反应型塑料进行热分解可生产单体物质，然后再生用作聚合原料。但聚乙烯、聚丙烯、聚氯乙烯等不规则分解型塑料只能分解成为 $C_1 \sim C_{30}$ 的各种饱和烃类和不饱和烃类的混合物。这类混合物目前尚不能进行进一步的分离，因为不含硫，只能作为燃料使用。

图 5-12 是热分解法流程的示意图。该法需要将塑料废渣加热到熔融状态，一般要 $380 \sim 400℃$ 的高温才能开始热分解。

热分解产物 $C_1 \sim C_4$ 为气态烃、$C_5 \sim C_6$ 为轻质油、$C_7 \sim C_{30}$ 为重油。塑料热分解技术可以分为熔融液槽法、流化床法、螺旋加热挤压法、管式加热法等。目前可供实际应用的是前两种。

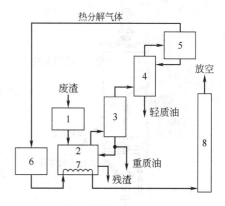

图 5-12　热分解流程

1—碾碎机；2—热分解室；3—重质油分离塔；4—轻质油分离塔；5—气液分离器；6—燃烧室；7—加热器；8—烟囱

熔融液槽法工艺流程如图 5-13 所示。将经过破碎、干燥的废塑料加入熔融液槽中，进行有效而均匀的加热熔化，并缓缓地分解。槽内温度保持在 $400℃$ 左右，熔融槽温度为 $300 \sim 350℃$，而分解温度为 $400 \sim 500℃$。各槽均靠热风加热，分解槽由泵进行强制循环，槽的上部设有回流区（$200℃$ 左右），以便控制温度。焦油状或蜡状高沸点物质在冷凝器凝缩分离后需返回槽内再加热，进一步分解成低分子物质。低沸点成分的蒸汽，在冷凝器内分离成冷凝液和不凝性气体，冷凝液再经过油水分离后，可回收油类。该油类黏度低，凝固点在 $0℃$ 以下，发热量也高，是一种优质的燃料油。但沸点范围

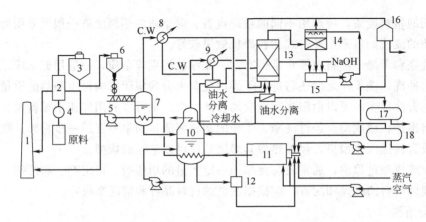

图 5-13　熔融液槽热分解法处理废塑料工艺流程图

1—烟囱；2—干燥器；3—原料槽；4—破碎机；5—螺旋给料器；6—贮槽；
7—熔解槽；8—熔解槽冷凝器；9—分解槽冷凝器；10—分解槽；11—热风
发生炉；12—残渣排出装置；13—吸收塔；14—中和槽；15—碱罐；
16—气体捕集器；17—盐酸池；18—生成油罐

广，着火点极低，最好能除去低沸点成分后再加以利用。不凝性气态化合物，经吸收塔除去氯化物等气体后，可作燃料气使用。回收油和气体的一部分可用作液槽热风的能源。该工艺的优点是可以任意控制温度而不致堵塞管路系统。

图 5-14 为流化床工艺流程图，该法的特点是可以同时处理各种废塑料，床的单位容积处理量高；但其冷凝器体积大，收率较其他方法低些，回收单位效果差。

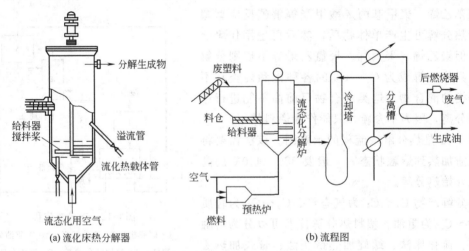

(a) 流化床热分解器　　　　　　　　(b) 流程图

图 5-14　流化床熔融固化法处理废塑料装置流程图

5. 焚烧法

焚烧法是一种传统的处理方法和手段，目前仅在小企业对少量废塑料非法处理中使用，并无推广价值，主要原因在于：①随着塑料工业的发展、其种类繁多，加热特性复杂，有些塑料受热不能全熔，造成焚烧困难；②塑料与金属、玻璃等组合制品日益增多，加热后搅和在一起，影响燃烧效果；③塑料与碳酸钙相混成为钙塑制品，具不可燃性；④以聚氯乙烯、聚氯维尼纶为原料的塑料制品占总量相当比例（20%），另外还有尿素性塑料品，在焚烧时它们将产生氯化物、二氧化氮等腐蚀性很强的气体，还需增加大气治理设备，使过程复杂化，处理成本高。通常，小企业没有经济实力和环保意识进行尾气治理，排放的尾气常常造成二次污染。

塑料焚烧法可分为传统的一般法和部分燃烧法两种。前者在一次燃烧室内可以达到高温，由火焰、炉壁等辐射热，使废塑料在一次燃烧室内热分解。但是，一次燃烧室内往往燃烧不完全，会产生煤烟和未燃气体，需再经二次或三次燃烧室用助燃喷嘴使之烧尽。部分燃烧法为在第一燃烧室控制空气量，在 800～900℃ 的温度下，使废塑料的一部分燃烧，再将热分解气体和未燃气、煤烟等送至第二燃烧室，并充分供给空气，使温度提高到 1000～1200℃ 后完全燃烧。部分燃烧法，燃烧充分，产生煤烟少，但热分解速度较慢，处理能力较小，其装置系统如图 5-15 所示。

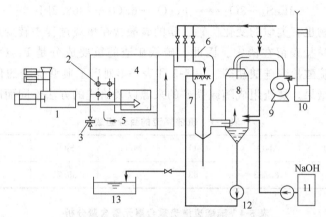

图 5-15　部分焚烧法处理废塑料工艺流程图

1—加料装置；2—空气喷嘴；3—重油烧嘴；4—一次燃烧室；5—二次燃烧室；

6—气体冷却室；7—湿式喷淋塔；8—气液分离器；9—抽风机；

10—烟囱；11—碱罐；12—循环泵；13—排水槽

塑料废渣的焚烧炉一般不能用带有炉栅的炉子焚烧，以防止废渣在熔融阶段使炉栅不能正常工作。目前采用较多的是用固定床焚烧炉、回转炉、旋风炉以及流化床焚烧炉等。

6. 湿式氧化和化学处理方法

湿式氧化法，就是在一定的温度和压力条件下，使塑料渣在水溶液中进行氧化，转化成不会造成污染危害的物质，且可以回收能源。与焚烧法相比较，采用湿式氧化法进行塑料废渣处理，具有操作温度低，无火焰生成，不会造成二次污染等优点。据报道，一般塑料废渣在 40kg/cm² 的压力下和 120～370℃ 下，均可在水溶液中进行氧化反应。

化学处理法是一种利用塑料废渣的化学性质，将其转化为无害的最终产物的方法。最普遍的是酸碱中和、氧化还原和混凝等方法。

该法是一种很有发展前途的方法，可以直接变有害物质为有用物质，例如将某些塑料废渣通过加氢反应而制得燃料等。

二、硫铁矿渣的处理和利用

1. 来源、组成及其危害

硫铁矿渣是用硫铁矿为原料生产硫酸时产生的废渣，又叫硫酸渣或烧渣。目前，我国硫酸工业采用的硫铁矿原料，含硫量多数在 35% 以下。由于硫铁矿含硫量低，杂质含量高，造成铁资源利用困难。

硫铁矿主要成分为FeS_2。天然硫铁矿由矿场开采而得。其中夹有铜、锌、铅、银、砷的硫化物和硒化物，钙、镁硫酸盐和碳酸盐以及石英和滑石等杂物，含硫量一般在$25\%\sim$$52\%$，含铁量$35\%\sim44\%$。硫铁矿还以杂质形式存在于其他金属（如银、铅、铜、锌等）矿石中，经浮选分离后富集于尾砂中，将尾砂再浮选一次可得到含硫$48\%\sim50\%$的浮选硫铁矿。目前我国生产硫酸所使用的尾砂有三分之二来自白银矿。

硫铁矿在焙烧时硫变成硫酸的中间产品二氧化硫，铁变成氧化铁，成为渣的主要成分，反应式如下：

$$4FeS_2+11O_2 =\!=\!= 2Fe_2O_3+8SO_2+3257.3kJ$$

$$3FeS_2+8O_2 =\!=\!= Fe_3O_4+6SO_2+2368.2kJ$$

其他金属硫化物也有类似的变化。钙、镁的碳酸盐在焙烧过程中转变成硫酸盐与原来矿石中的硫酸盐、硅酸盐残留在渣中。因此，硫铁矿渣的重要成分是Fe_2O_3、Fe_3O_4以及其他重金属氧化物、硫酸盐、硅酸盐等。表5-3和表5-4列出了典型烧渣的化学组成和贵重金属的元素含量分析结果。烧渣组成随硫铁矿的来源以及焙烧的方法不同而略有差别。

表 5-3　硫酸烧渣的百分组成　　　　　　　单位：%

成　分	Fe_2O_3	Al_2O_3	CaO	MgO	SiO_2	S	不溶物
含量/%	43.31	8.133	1.63	0.46	35.73	0.162	微

表 5-4　硫酸废渣贵重金属元素含量分析　　　　　　　单位：%

元　素	含　量	元　素	含　量
Cu	0.02～0.04	Ba	0.03
Cr	0.003～0.005	Zn	0.03
Ti	0.5～0.8	Au	未测
Su	0.001	Co	0.005～0.006
As	0.01	Mn	0.08
V	0.02～0.08	Pb	0.003～0.05
Ni	0.006	Ag	0.0002

一般采用沸腾焙烧炉焙烧时，燃烧充分，烧渣含Fe_2O_3高，残硫较低，可以达到0.5%左右，烧渣多呈粉状（<5mm）。熔渣炉焙烧得到的烧渣含Fe_2O_3多（约50%左右），残硫较低可达0.5%，最多1%，在生产中为降低烧渣熔点，有时投加河砂，故烧渣含SiO_2较高，烧渣出炉经水淬处理呈颗粒状。机械焙烧炉现在使用的单位已不多，其燃烧不充分，残硫较高，约4%左右，烧渣多呈小颗粒状。硫铁矿渣因含Fe_2O_3而呈褐红色。

每生产1t硫酸约排出0.5t硫铁矿渣，从炉气净化收集的粉尘约0.3～0.4t，这些废渣如消极堆置，占据土地，其中细微粉尘随风飞扬，污染空气，在暴风雨时随水流向河流，形成红色的色带，造成感官污染，其中可溶性物质还会渗入地下，随水流进入地表水或进入地下水而污染水源和土壤。

2. 硫铁矿渣的处理和利用

硫铁矿渣的处理和利用已有100多年的历史，目前有些国家硫铁矿渣已全部得到利用。我国每年约排放300多万吨，已被利用的只有约90万吨，其余大部分被排入环境，或铺筑

公路。利用途径有十多种，其中 70％作为水泥助熔剂，其余作为炼铁原料，并能从中提取有色金属和稀贵金属，或制造还原铁粉、三氯化铁、铁红等化工产品。

硫铁矿渣综合利用的最理想途径是将其含有的有色金属、稀有贵金属回收并将残渣进一步冶炼成铁。但因硫铁矿渣中有色金属含量较低，回收工艺和设备较复杂，尚有一些问题需要解决，目前主要回收利用的是其所含的铁。

（1）利用硫铁矿渣炼铁　硫铁矿渣炼铁的主要问题是含硫量较高，按化工部颁标准规定沸腾炉焙烧工序得到的硫铁矿渣残硫量不得高于 0.5％，现在一般为 1％～2％，这给炼铁脱硫工作带来很大负担，影响生铁质量。其次是含铁量较低，一般只有 45％，且波动范围大，直接用于炼铁，不经济，所以在用于炼铁之前，还需采取预处理措施，以提高含铁品位。硫铁矿渣中有铜、铅、锌、砷等金属或非金属，它们对冶炼过程和钢铁产品的质量有一定影响。因此，要使炼铁得到符合质量的生铁，应降低硫铁矿渣中硫的含量，提高铁含量，降低有害杂质的含量，为高炉炼铁提供合格原料。

可用水洗法、去除可溶性硫酸盐等法降低硫含量，也可用烧结选块方法来脱硫。一般烧结选块脱硫率为 50％～80％。将硫铁矿渣 100kg、白煤或焦粉 10kg，块状石灰 15kg 拌匀后在回转炉中烧结 8h，得到烧结矿，含残硫从 0.8％～1.5％降至 0.4％～0.8％。

提高硫铁矿渣铁品位大致有以下几种方法。①提高硫铁矿含铁量。如把现用的原料尾砂再浮选一次，得到精矿生产，非但对硫酸制选有利，也给硫铁矿渣的综合利用带来方便；②重力选矿。红色烧渣中的铁矿物绝大多数是磁性很弱的铁矿物。对于这种烧渣，最好的处理方法是重力选矿。南通磷肥厂对小于 0.5mm 的细矿渣进行二次摇床重力选矿，矿渣含铁量从 28.28％提高到 48.30％；③磁力选矿。黑色烧渣中的铁矿物，主要是以磁性铁为主，这种硫铁矿渣可以采用适当的磁场强度进行选矿。山东烟台化工厂对胶东招远金矿、杭州硫酸厂的硫铁矿渣进行磁选试验。杭州硫酸厂磁选结果见表 5-5。

表 5-5　硫铁矿渣磁选结果

编号	化学组成/%				一次磁选			二次磁选		
	TFe	FeO	S	SiO$_2$	TFe	S	铁回收率/%	TFe	S	铁回收率/%
1	49.15	10.50	2.06	10.80	54.65	1.28	75.49	55.49	0.71	68.40
2	51.99	22.89	2.57	10.55	56.69	2.16	89.92	57.65	1.1	83.62

（2）利用硫铁矿渣生产生铁和水泥　高炉炼铁以及其他转炉冶炼都不能利用高硫渣，而应用回转炉生铁-水泥法可以利用高硫烧渣制得含硫合格的生铁，同时得到的炉渣又是良好的水泥熟料。用烧渣代替铁矿粉作为水泥烧成时的助溶剂时，既可满足含铁量的要求，又可以降低水泥的成本。回转炉生铁-水泥法流程如图 5-16 所示。

该法是将硫铁矿渣与还原剂无烟煤或焦末，以及使炉渣得到水泥成分的添加剂石灰石等，按比例配料，混匀，按水泥生料细度要求磨细至通过 4900 孔/cm^2 筛，将其选粒，经干燥后由炉尾进入回转炉。

在炉头用一次风将燃料煤粉（或重油）喷入炉内造成 1600℃左右的高温火焰，与炉尾进来的物料逆流相遇，炉料在有斜度 2％～5％的转筒中，借助炉子的转向和本身的重力向低端运行，依次进行预热、干燥、氧化铁还原和水泥煅烧等过程，最后成液态的铁水存在于炉头的挡圈里，定期排放铸铁。物料在高温煅烧成软黏的水泥熟料越过挡圈从卸料端排出。

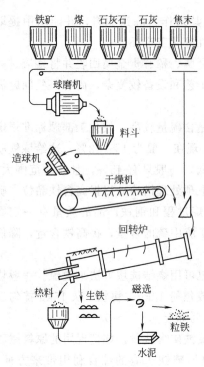

图 5-16 回转炉生铁-水泥法
流程示意图

所得熟料中混有 10% 左右的铁粒, 经粉碎分离去除铁粒, 熟料进一步磨制成 400# 以上的普通硅酸盐水泥。

回转炉生铁-水泥法原为丹麦、巴西等国所用的巴塞(Basccet)法, 我国萧山炼铁厂和天津造纸厂又有所改进, 有效地防止了金属铁的再氧化和冶炼过程中炉料结球以及结圈现象。表 5-6～表 5-10 分别列出了萧山及天津两个厂的烧渣组成、炉料配比、球料成分、生铁成分和水泥熟料成分。

生产出来的水泥熟料经试验为 400# 或 500# 水泥, 28d 抗压强度为 40～50MPa, 抗拉强度超过 2MPa, 安定性合格, 而该法生产生铁的成本也比较低。

生产实践证明, 如果烧渣中含铁量不高, 而且含有色金属量甚微, 不值得回收时, 以烧渣代替铁矿粉应用于水泥工业是很经济的, 同时将产生较好的环境效益。

(3) 回收有色金属 硫铁矿渣除含铁外, 一般都含有一定量的铜、铅、锌、金、银等有价值的有色贵重金属。早在几十年前就提出用氯气挥发(高温氯化)和氯化焙烧(中温氯化)的方法回收有色金属, 同时提高矿渣铁含量, 直接作高炉炼铁的原料。硫酸烧渣高温氯化法回收有色金属的废渣典型组成见表 5-11。

表 5-6 烧渣组成   单位: %

成 分	TFe	Fe$_2$O$_3$	FeO	SiO$_2$	Al$_2$O$_3$	CaO	MgO	S
萧山炼铁厂	45.79	59.15	5.65	20.10	6.44	2.27	0.60	0.95
天津造纸厂	52.68	64.25	9.88	10.5	3.67	3.66	1.37	4.01

表 5-7 炉料配比 (1t 生铁用原料/kg)

原 料	烧 渣	无 烟 煤	石 灰 石	石 灰
萧山炼铁厂	2300	1200	3159	1090
天津造纸厂	2000	1200	2950	650

表 5-8 球料成分   单位: %

成 分	TFe	Fe$_2$O$_3$	FeO	SiO$_2$	Al$_2$O$_3$	CaO	MgO	C	S
萧山炼铁厂	11	14.7	0.81	7.85	2.51	35.03	0.76	11.9	—
天津造纸厂	16.5	19.8	2.9	7.75	2.85	28.2	1.7	11.7	1.4

表 5-9 生铁成分   单位: %

成 分	C	Si	Mn	P	S	Cu
萧山炼铁厂	4.65	0.056	0.072	0.12	0.004	—
天津造纸厂	4.60	0.05	0.12	0.18	0.02	0.50

表 5-10　水泥熟料成分　　　　　　　　　　　　　　　　单位：%

成　　分	CaO	SiO$_2$	MgO	Al$_2$O$_3$	Fe$_2$O$_3$	FeO	MFe	C	S	fCaO
萧山炼铁厂	64.12	19.90	<1.0	6.42	0.78	4.31	3.8	0.45	0.45	0.83
天津造纸厂	60.3	19.2	4.14	8.41	2.0	2.44	0.6	2.44	3.61	0～0.2

表 5-11　回收有色金属的硫酸废渣组成　　　　　　　　　　　　单位：%

Fe	52～55	Pb	0.03～0.05	S	0.4～0.7	Au	0.3～0.4g/t
Cu	0.2～0.4	Zn	0.01	SiO$_2$	8～13	Ag	13g/t

　　氯化挥发和氯化焙烧的目的都是回收有色金属，提高矿渣的品位，它们的区别在于温度不同，预处理及后处理工艺也有差别。氯化焙烧法是矿渣在最高温度 600℃ 左右进行氯化反应，主要在固相中反应，有色金属转化成可溶于水和酸的氯化物及硫酸盐，留在烧成的物料中，然后经浸渍、过滤使可溶性物与渣分离。溶液回收有色金属，渣经烧结后作为高炉炼铁原料。氯化挥发法是将矿渣造球，然后在最高温度 1250℃ 下与氯化剂反应，生成的有色金属氯化物挥发随炉气排出，收集气体中的氯化物，回收有色金属。氯化反应器排出的渣可直接用于高炉炼铁。具有代表性的工厂是日本光和精矿户佃工厂和德国的都依斯堡炼钢厂，国内大连钢厂、开封钢铁厂、株洲钢铁厂高温氯化试验性生产效果都较好，由于设备防腐以及烟气净化等问题尚未正式投产。南京钢铁厂采用中温氯化焙烧法处理含钴矿渣，已建成年产钴 50t 的车间。

　　光和精矿法高温氯化流程如图 5-17 所示。

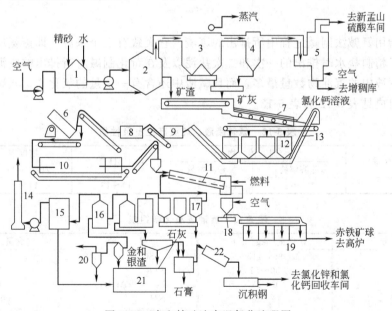

图 5-17　光和精矿法高温氯化流程图

1—搅拌器；2—沸腾炉；3—废热锅炉；4—旋风器；5—洗涤器；6—圆盘造球机；7—矿渣冷却器；

8—捏土磨机；9—球磨机；10—输送干燥器；11—回转窑；12—掺和仓；13—循环输送机；

14—烟囱；15—除雾器；16—冷却及洗涤塔；17—集尘室；18—球冷却器；19—球仓；

20—真空冷却器；21—铝、银、金和铁回收车间；22—转鼓焙烧硫铁矿的热矿渣在冷却器中喷淋30％ $CaCl_2$ 溶液（每吨矿渣用 $CaCl_2$ 30～80kg）温度降到50～60℃，含湿量调节到11％～12％左右。冷却和湿润的矿料送入混合仓，经球磨、捏土磨机进入选球圆盘，生产出直径为10～15mm的球，湿球强度小，送入干燥器干燥，30～40min后含湿量减少到1％以下，强度从0.4MPa增加至3MPa以上。干球经过7mm筛子除去碎细料，然后送入回转窑，在温度不超过1240℃下反应110～140min，氯化物完全挥发。熟球冷却到100℃送往高炉炼铁。炉气经除尘后，用海水冷却和洗涤，除去所含的酸、氯化物和硫酸盐，残余气体中酸蒸汽和铅盐雾再经电除雾器除去，然后排大气。洗涤液经增稠器分离出渣，清液中加入石灰粉中和，有石膏（$CaSO_4 \cdot 2H_2O$）沉淀，上清液在一个转鼓中加入铁屑，进行置换反应，可以制得海绵铜，再将海面铜过滤、干燥后进行熔炼，最后可以制得高纯度的紫铜，尾液去氯化锌和氯化钙回收车间，加入氢氧化钙和氧化钙生成氧化锌沉淀，母液含氯化锌经浓缩后回用。铅主要在电除雾器中沉淀，部分留在尾液中，大部分金含在增稠器残渣和铅沉淀物中。银分散在增稠器残渣、沉积铜及铅沉积物中。有关金属挥发物的回收率：Cu 95％以上，Pb 60％～80％，Au 90％以上，Ag 95％以上。

（4）制造建筑材料　含铁品位低的硫铁矿渣由于回收价值不高，可以直接与石灰按85：15的比例混合磨细，达到全部通过100目筛，加12％的水，进行消化，压成砖坯，再经24h蒸汽养护可制成75#砖。

多年来，上海硫酸厂、河南长葛化工总厂等单位对硫酸废渣制砖技术进行了试验研究，并取得了工业化成果，经过多年的生产实践证明，硫酸废渣制砖工艺简单，投资少，不需焙烧，节省能源、成本低；烧渣砖的主要原料是硫酸废渣，实现了废渣资源化，消除了污染，节省了废渣堆存占地，是解决硫酸废渣环境污染的重要途径之一。

三、碱渣

1. 来源

碱渣是指用氨碱法制碱过程中所排出的废渣。它大致有三个来源，即蒸氨塔排出的废液中的沉淀物、精制盐水时排出的一次和二次盐泥以及在苛化制碱时所排出的废泥。三者中以蒸氨塔排出废液中的沉淀物数量最多，而且碱渣中还含有一定量的氯化物。氨碱生产废液废渣产生量及组成见表5-12和表5-13。

表5-12　氨碱废液、废渣产生量及性质

产生量/(m³/t 碱)	固体物		pH	密度 /(kg/m³)	排出温度 /℃
	总溶解物	悬浮物量			
9～11	15～22	0.8～1.2	11～15	1140	100

表5-13　蒸馏废液化学组成

组　分	含量/(kg/m³)	组　分	含量/(kg/m³)
$CaCl_2$	95～115	$CaSO_4$	3～5
NaCl	50～51	SiO_2	1～5
$CaCO_3$	6～15	$Fe_2O_3 + Al_2O_3$	1～3
CaO	2～5	NH_3	0.006～0.03
$Mg(OH)_2$	3～10	总固体物	3％～5％(体积)

2. 生产碱渣水泥

对碱渣的主要处理出路是用来生产碱渣水泥。由于碱渣的含水量较高，一般可达50％左右，故需先经过脱水、烘干之后才能使用。另外在碱渣还需配入一定数量的酸性氧化物或者配入一定数量的煤粉灰，在适当的条件下进行脱氯，经过脱氯后的碱渣，可以去生产碱渣水泥，或者生产碱渣煤粉水泥。否则氯会影响水泥的凝结效果。

生产过程为：先将碱渣烘干后，加入一定量的粉煤灰，混合均匀，使它通过 2～3mm 的筛子，然后约 1250℃ 煅烧成熟料。水泥的配合比例大致为：熟料 30％～50％，煤粉灰 40％～60％ 及石膏 10％左右。

碱渣粉煤灰水泥的特点有：煅烧温度低；抗压及抗拉强度均比较高；养护条件要求低，无论在潮湿的空气或在水中养护均可以。存在的问题有：碱液中的氯化物在经高温煅烧时转入气相，以氯化氢气体排出，尾气需用碱液进行吸收处理。

四、电石渣

电石渣是生产乙炔气体和聚氯乙烯等生产过程中所排出的废渣。1t 电石和水反应后，产生的湿电石浆为 6t，其中含水约为 60％～80％，折合成干的电石渣为 1.2t 左右。

1. 电石渣脱水处理

湿电石浆排出后，一般先汇集于贮池，除去块状杂质物质，然后用泥浆泵送到沉淀池进行沉淀，排去上面的清水，下层的浓浆送入加工区。这种处理方法的缺点是：分离效率低、占地面积大、电石渣含水率高，装运困难，污染周围环境。采用高效率沉降对贮运和后续工业应用具有重要的意义。

电石渣浆处理工艺如图 5-18 所示。乙炔发生器排出的电石渣浆流入收集池，而后用泥浆泵送入增稠器。再次进行固液分离，澄清液从周边溢流进入清液中间槽，再用清液泵送回乙炔发生系统循环使用。增稠后的电石渣浆经压滤机进料泵送入板框压滤机，滤液送至澄清液中间槽循环使用，滤饼由皮带机送至堆场或由汽车运至厂外。

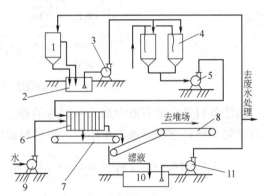

与传统的电石渣浆处理方法相比，采用大型机械化澄清桶和板框压滤机处理电石渣浆，具有明显的社会效益、环境效益和经济效益。它提高了电石渣的处理效率和机械化程度，大大减轻了工人的劳动强度；消除了电石渣装运过程中对厂区以及运输过程对环境的污染；电石渣含水率降低，提高了其应

图 5-18　电石渣浆脱水处理工艺流程
1—乙炔发生器；2—收集池；3—泥浆泵；4—贮槽；
5—高压泥浆泵；6—压滤机；7,8—皮带运输机；
9—高压水泵；10—集水池；11—滤液泵

用价值。此外，澄清液回收不仅节约了乙炔发生器用水，而且回收了澄清液中的溶解乙炔，降低了乙炔生产的电石消耗。

电石渣的主要成分是氧化钙，是高碱性物质，pH 可高达 14 以上。其物理性质和化学成分见表 5-14 及表 5-15。电石渣可以代替石灰石生产水泥，或可从其中回收化工原料。

表 5-14　电石渣的物理性质

水分/%	相对密度	颗粒组成/%			
		>0.1mm	0.05～0.1mm	0.01～0.05mm	<0.01mm
85～95	2.22～2.26	3～8	8～20	65～80	6～12

表 5-15　电石渣的化学成分

化学成分	SiO₂	Al₂O₃	Fe₂O₃	MgO	CaO	烧失量
含量/%	2~4.8	2.4~3.3	0.3~1.3	0.1~0.4	64~67	23~25

化学成分	SiO_2	Al_2O_3	Fe_2O_3	MgO	CaO	烧失量
含量/%	2~4.8	2.4~3.3	0.3~1.3	0.1~0.4	64~67	23~25

2. 生产电石渣水泥

电石渣水泥一般在立窑中进行煅烧而成，有干法和湿法两种备料方法。

当电石渣的含水量较高（电石渣含水量达 60%~80%），可采用干法备料。干法备料需要采用机械脱水使电石渣含水量降至 30%~40%，所用的其他原料也需要进行干燥。干法备料工艺流程如图 5-19 所示。料配合比为电石渣：黏土：铁粉＝79：17.7：3.3，煤粉加入量为每 100kg 生料加入 18kg 煤粉。电石渣水泥配合比为熟料：矿渣：石膏＝75：20：5。该法生产的电石渣水泥抗压强度可达到 400kg/cm²。该法的缺点是物料需要干燥，所需的物料堆放场地也很大，因此生产能力受到一定限制。

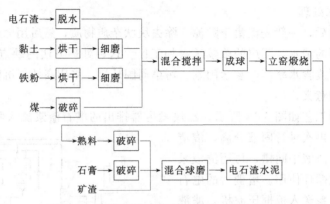

图 5-19　立窑煅烧法流程示意图（干法备料）

湿法备料是在电石渣中加入一定量的煤、黄土、矿渣等，经过湿法备料、过滤、成球、立窑煅烧和熟料细磨等加工步序后，即可制成电石渣水泥。工艺流程如图 5-20 所示。

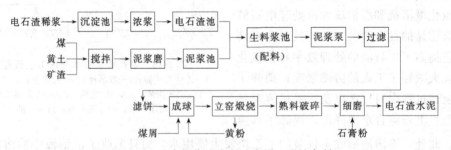

图 5-20　立窑煅烧法流程示意图（湿法备料）

煤、黄土及矿渣按 16：16：5 的质量比配合，经搅拌后，加水进行湿磨，得到的泥浆（含水为 54%~58%）流入泥浆池备用。将此泥浆与电石渣进行配料，再经过滤脱水，所得滤饼仍含水 40% 左右。如果还需要进一步脱水，可送堆料场中继续脱水。脱水后的物料用松散机散化，再送去成球，成球过程中需加入适量煤屑及 5%~8% 的黄粉（为立窑中没有烧透的熟料粉，呈黄色，故称黄粉），黄粉的加入量约为熟料量的 8% 左右。在细磨过程中所加入石膏粉的量约为熟料的 5% 左右。采用此法生产的电石渣水泥抗压强度亦可达到 400kg/cm²。

3. 电石渣生产氯酸钾

电石渣的主要组成是氢氧化钙，在化工生产中可以用电石渣代替石灰参与有关的反应过程，如中和、皂化等生产过程。天津化工厂利用电石渣代替石灰生产氯酸钾取得了较好的环境效益和经济效益。

反应过程分两步，首先电石渣中的氢氧化钙与氯气反应，生成氯酸钙，而后，氯酸钙与氯化钾发生复分解反应，生成氯酸钾。

电石渣生产氯酸钾工艺流程如图 5-21 所示。

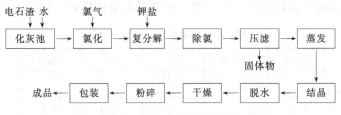

图 5-21　电石渣生产氯酸钾工艺流程

电石渣浆首先除去大块杂质，而后进入吹出塔，用空气吹除其中的乙炔等杂质，进入沉淀池，得到浓度为 12% 的乳液。用泵将电石渣乳液送至氯化塔，氢氧化钙与氯气反应生成氯酸钾，经去除游离氯后，再用板框压滤机除去固体物，将滤液与氯化钾进行复分解反应，生成氯酸钾，溶液经蒸发、结晶、脱水、干燥、粉碎、包装等工序制得成品氯酸钾。

用电石渣代替石灰生产氯酸钾，技术成熟，工艺可行，实现了电石渣的综合利用，不仅减少了电石渣对环境造成的污染，而且改善了石灰贮运和化灰过程中造成的污染，改善了劳动条件。

4. 回收化工原料

电石渣可用来制造出一种供生产氯仿用的漂白液，其生产工艺流程如图 5-22 所示。

图 5-22　用电石渣生产漂白液的工艺流程示意图

将电石渣置于制备槽中，加水制成含氢氧化钙为 12%～15% 的电石渣浆，然后用泵将电石渣浆打入第一级管道反应器内，并通入氯气。经反应后再用泵打入第二级管道反应器，在冷却情况下继续通入氯气进行进一步氯化，最后是漂白液的有效氯浓度达到 8% 左右，流入漂白液贮池，以备生产氯仿用。

利用电石渣制造漂白液，不仅利用了废物，而且还可节省石灰，同时在制造氯仿过程中，不仅劳动强度降低，还可以提高生产效率。

5. 其他用途

除以上所述的用途之外，电石渣还可以用作建筑材料。用电石渣生产的砖，成本较低，还可以节省燃料和人力。

另外，电石渣本身为碱性渣，可以用来处理酸性废水或酸性废气。如把酸性废水（或废气）通入中和池（塔），在塔内填装电石渣，当酸性废水或废气通过电石渣层时，即发生中和反应，或把电石渣配成浆液与废水一起打入中和池进行中和反应，从而使酸性废水或废气的酸度值降低，以达到以废治废的目的。

五、铬渣的处理和综合利用

1. 来源及危害

铬渣即铬浸出渣，是金属铬和铬盐生产过程中的浸滤工序滤出的不溶于水的固体废物，除部分返回焙烧料中再用外，其余堆存待处理。

铬浸出渣为浅黄绿色粉状固体，呈碱性。每生产 1t 重铬酸钠约产生 1.8～3.0t 铬渣，每生产 1t 金属铬约产生 12.0～13.0t 铬渣。据 1988 年底统计，我国仅重铬酸钠产量就在 60kt/年以上，而铬渣产出量约为 187kt/年。铬渣基本组成见表 5-16。

表 5-16　铬渣组成（质量分数）　　　　　　　　　单位：%

组　　成	Cr_2O_3	六价铬	SiO_2	CaO	MgO	Al_2O_3	Fe_2O_3
基本组成	3～7	0.3～1.5	8～11	23～36	20～33	5～8	7～11
济南裕兴化工厂老渣	4.66		10.17	30.02	22.33	5.74	9.44
济南裕兴化工厂新渣	3.44		9.57	31.11	21.79	4.56	8.13

铬的毒性与其存在形态有关。铬化合物中六价铬毒性最剧烈，具有强氧化性和透过体膜的能力，在酸性介质中易被有机物还原成三价铬。三价铬在浓度较低的情况下毒性较小，有些三价铬如氧化铬（Cr_2O_3）及其水合物可认为是无毒的。金属铬及钢铁材料中含有的铬，由于其溶入食物及饮水中时是惰性的，所以对人体无害。经分析测定，铬渣中六价铬的六种组分其相对含量为：四水铬酸钠占 41%、铬酸钙占 23%、铬铝酸钙与碱式铬酸铁占 13%、硅酸钙-铬酸钙固溶体占 18%、铁铝酸钙-铬酸钙固溶体占 5%。其中四水铬酸钠及游离铬酸钙为水溶相（共占 64%），易被地表水、雨水溶解，是铬渣近期污染的由来；其余四种组分虽难溶于水，但长期露天堆存过程中，空气中的 CO_2 和水能使它们水化，造成铬渣对环境的中、长期污染。据报道，日本小松川工厂堆存铬渣 120kt，污染面积达 $1.8×10^5 m^2$，地下水中六价铬含量最高达 1965mg/L。该厂 461 人中有 62 人发生鼻中隔穿孔，有 8 名肺癌患者全部死亡。我国锦州铁合金厂自 20 世纪 60 年代初开始生产金属铬，排放的铬渣堆积如山，其中所含的六价铬对地下水造成了极其严重的污染。据 20 世纪 70 年代对地下水普查的结果，发现几十平方公里范围内水质均遭六价铬污染。该厂下游 7 个村庄的 1800 多眼民用水井的水均不能饮用。天津同生化工厂、广州铬盐厂等也曾发生过类似的铬渣污染事故。

2. 铬渣的处理和综合利用技术

国外对铬渣的治理总的趋势是将六价铬解毒处理后堆存或填埋。日本于 1975 年专门成立了"铬渣对策委员会"，制定出铬渣解毒后的排放标准。日本电工公司德岛化工厂产重铬酸钠 30kt/年，用含亚硫酸钠的造纸废液作还原剂，在回转窑中对铬渣进行还原焙烧。铬渣与造纸废液的比例为 5:1～20:1，在 600℃温度下使六价铬转为三价铬，而后再堆存或填埋，日本化学公司德山化工厂产重铬酸钠 36kt/年，将铬渣与一定比例的黏土混合，制成建筑骨料。美国巴尔的摩铬盐厂的产铬渣量大约是 2～2.5t/t 重铬酸钠，排铬渣量为 350t/d，从 1967 年以来，基本上是解毒之后用以填海。此外，国外还有采取制陶瓷、作玻璃着色剂以及与水泥一起固化等方法处理铬渣。

我国对铬浸出渣的治理自 20 世纪 60 年代就已开始。1976 年原化工部组织专家，先后就铬渣制砖、生产钙镁磷肥、干法还原解毒、湿法还原解毒、作玻璃着色剂、还原铬渣制彩色水泥以及利用铬渣制矿渣棉制品及铸石制品等方法进行了试验研究，取得了不同程度的进展。20世纪80年代，冶金部又组织了铬渣烧结炼铁的攻关。"八五"期间，在国家环保局主持下，进行了含铬废渣资源化技术示范研究，主要内容为含铬废渣制作自熔性烧结矿及冶炼含铬生铁的示范技术研究，含铬废渣烧制炻质铺路砖示范技术研究，铬渣解离回收综合治理技术研究及综合旋风炉焚烧处理铬渣技术研究。其中用铬浸出渣制作自熔性烧结矿并冶炼含铬生铁的工艺技术，在烧结过程中六价铬的脱除率已达到99%以上，烧结矿中残余六价铬小于5mg/kg，长期水浸无六价铬回升现象；经高炉冶炼后铬作为合金元素结合进生铁中，彻底消除了六价铬。铬浸出渣经高温烧制的炻质砖还原解毒彻底，产品长期稳定性好。经解离回收强化浸出的铬渣，能使水溶性六价铬减少70%，总铬（以 Cr_2O_3 计）回收率提高4.48%。综合旋风炉焚烧处理的铬渣解毒彻底，安全稳定，并提供了性能好的飞灰回熔系统技术，水淬渣及冲渣水无二次污染，还可综合利用。

含铬废渣在被排放或综合利用之前，一般需要进行解毒处理。其基本原理就是在铬渣中加入某种还原剂，在一定的温度和气氛条件下，将有毒的六价铬还原为无毒的三价铬，从而达到消除六价铬污染的目的。铬渣的解毒处理有湿法和干法两种。前者是用纯碱溶液处理，再用硫化钠还原；后者是将煤与铬渣混合进行还原焙烧，六价铬被一氧化碳还原成不溶于水的三价铬。解毒后的铬渣可直接用于建筑材料。常用的还原解毒方法有：铁精矿和含铬废渣混合作原料生产烧结矿工艺；碳还原工艺；亚硫酸钠、硫酸亚铁等作还原剂的酸性还原工艺；亚硫酸钠、硫酸亚铁等作还原剂的碱性还原工艺。

此外，铬渣也可直接用作其他有关工业的原料，在生产加工过程中，六价铬被还原固化，从而达到消除六价铬危害的目的。

六、化学石膏的处理和综合利用

化学石膏是指以硫酸钙为主要成分的一种工业废渣。由磷矿石与硫酸反应制造磷酸所得到的硫酸钙称为磷石膏；由萤石与硫酸反应制氢氟酸得到的硫酸钙称为氟石膏；生产二氧化钛和苏打时所得到的硫酸钙分别称为钛石膏和苏打石膏。其中，以磷石膏产量最大，每生产1t磷酸约排出5t磷石膏。在许多国家，磷石膏排放量已超过天然石膏的开采量。

磷石膏呈粉末状，颗粒直径5～150μm，成分与天然二水石膏相似，以 $CaSO_4 \cdot 2H_2O$ 为主，其含量一般达70%左右。次要组分随矿石来源不同而异。一般都含有岩石组分、Ca 和 Mg 的磷酸盐、碳酸盐及硅酸盐。其晶体形状与天然二水石膏晶体形状基本相同，为板状、燕尾状、柱状等。其晶体大小、形状及致密性随磷矿种类及磷酸生产工艺的不同而改变；晶体尺寸通常为（39.2～224μm）×（39.2～95.2μm）。外观呈灰白、灰、灰黄、浅黄、浅绿等多种颜色。相对密度为2.22～2.37；容重为0.733～0.880g/cm³。磷石膏中还含有铀、钍放射性元素和铈、钒、钛、锗等稀有元素。

氟石膏中含氟量可达3.07%，其中2.05%是水溶性的。

磷石膏虽与天然石膏有相同的主要成分，但由于含有酸性物质，且有20%水分，带有色质和杂质，在利用前通常要经过适当的处理。

下面就磷石膏利用情况作一介绍。

1. 作水泥掺和料

磷石膏一般呈酸性，还含有水溶性五氧化二磷和氟，一般不能直接作水泥缓凝剂，需要经过除杂或改性处理。除杂处理可采用水洗法，先将磷石膏加水调成含5%的固体浆料，再经真空过滤即可除去可溶性磷酸盐；也可采用中和法，用石灰（或消石灰）将可溶性磷酸盐转变为不溶性的磷酸钙，再进行干燥，焙烧碾磨后加水造粒，使之成为 10～30mm 粒度的产品。每 1t 水泥约需掺加 4%～6% 石膏。

日本对作为水泥缓凝的磷石膏的基本要求是：①五氧化二磷含量低，特别要求基本不含水溶性 P_2O_5，故需采用石灰粉（乳）进行中和预处理；②硫酸根含量要恒定；③不应呈酸性。表 5-17 为二水磷石膏作缓凝剂的产品规格（日本）。

表 5-17　二水磷石膏作缓凝剂的产品规格（日本）　　　　　　单位：%

项　目	原料磷石膏	中和处理后的磷石膏	项　目	原料磷石膏	中和处理后的磷石膏
总 P_2O_5	0.38		SO_3	45.10	最低 40（干基）
水溶性 P_2O_5	0.12	最高 0.01（干基）	水分	20.20	最高 12（湿基）

（1）利用氟石膏作水泥缓凝剂　湘江铝厂氟石精矿（CaF_2）和硫酸反应生产氢氟酸产生的氟石膏，经中和、过滤、烘干，经过一段时间的存放后 $CaSO_4$ 可部分或全部形成二水石膏。氟石膏含 SO_3 通常在 45% 左右，颗粒细，不需破碎，使用方便，质量稳定且较天然石膏便宜。湖南东江水泥厂利用其作缓凝剂对水泥质量无任何不良影响。水泥的质量指标中，SO_3 通常控制在 2.2%～2.6%，水泥熟料本身 SO_3 含量为 0.8%～1.0%，故氟石膏掺入量为 4%～5%。利用氟石膏作缓凝剂生产的普通硅酸盐水泥和矿渣硅酸盐水泥的各项性能指标均能达到或超过国家标准 GB 175—85、GB 1344—85 的要求。

（2）磷石膏作水泥缓凝剂　杭州水泥厂将磷石膏在露天堆放半年左右，在磨制矿渣水泥时，掺入小于 3% 的磷石膏作缓凝剂。南京江南水泥厂、马鞍山水泥厂、广西柳州水泥厂等均用过二水磷石膏代替天然石膏作缓凝剂的试验。试验表明，磷石膏中的含磷量影响水泥凝结时间，但水泥强度经 3d、7d、18d 的抗折或抗压的强度均不低于掺天然石膏的水泥强度。

（3）改性磷石膏作水泥缓凝剂　上海水泥厂将含约 25% 游离水的磷石膏（pH≈4）用水泥生产中过剩的窑灰（或石灰电石渣）搅拌中和（按 2∶1 加窑灰），使磷石膏含水量降低至 9% 左右，水溶性 P_2O_5 转化为磷酸钙，pH 达 10～11，再经成型即可。用改性磷石膏作缓凝剂制成的矿渣水泥，无论 425# 和 525#，其后期强度均比用天然石膏制成的矿渣水泥的高，该厂使用磷石膏 40kt/年，因磷石膏比天然石膏价格低，每年可节约费用约一百万元。

2. 制造半水石膏和石膏板

化学石膏可用于制作半水石膏，半水石膏有 α 和 β 两种，前者称为高强石膏，后者称为熟石膏。通常 α-半水石膏结晶粗大、整齐、致密，有一定的结晶形状；β-半水石膏晶体细小、体积松大。它的粉料加水调和可塑制成各种形状，不久就硬化成二水石膏。利用这一性质可将 β-半水石膏加工成天花板、外墙的内部隔热板、石膏覆面板及花饰等各种建筑材料。

磷石膏内含大量二水硫酸钙，如何由二水硫酸钙变成半水硫酸钙，同时去除杂质的方法研究成为磷石膏利用问题的关键。由磷石膏制取半水石膏的工艺流程大体上分两类，一类是利用高压釜法将二水石膏转换成半水石膏（α-半水物），另一类是利用烘烤法使二水石膏脱水成半水石膏（β-半水物）。

（1）用磷石膏生产 α-半水石膏的工艺　磷石膏经预处理后，在溶液里加热转化，重结晶形成 α-半水石膏，再以 α-半水石膏制成石膏制品。α-半水石膏是二水石膏在饱和水蒸气的气氛中加热形成（如采用直接蒸汽在密闭容器中长时间蒸炼的蒸炼法），或者是在溶液中形成结晶（如液相转化的蒸压釜法或盐溶液法）。

英国 ICI 公司的流程是先将磷石膏加水调成浆，真空过滤除去杂质，洗净的磷石膏再加水并投入半水物的晶种以控制半水物。在两个连续的高压釜中，使二水物转变成α-半水物。生成α-半水物的最佳条件是150～160℃，第二高压釜的出口压力为8atm，由直接送到高压釜中的蒸汽维持所需的温度。在第一高压釜中有80%的磷石膏转化成α-半水石膏，脱水时间约3min。成品含水率为8%～15%，经干燥后可做建筑石膏或模制成型。

德国 Giulini Chemie Gmbh 的流程是将磷石膏在浮选装置和增稠器中，利用低压蒸汽和洗涤水除去杂质，足够纯净的磷石膏进行过滤，二水物在120℃、pH1～3条件下于高压釜中脱水，然后再过滤去母液即得产品。母液去回收磷酸。

α-半水石膏是强度较大的建材品种。由磷石膏制α-半水石膏及其制品的工艺与制β-半水石膏相近。磷石膏需要预处理，只是转化条件有所不同。磷石膏需要在溶液里加热转化，重结晶形成α-半水石膏，再制成石膏制品，如图5-23。

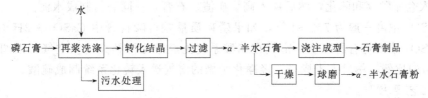

图 5-23　磷石膏制 α-半水石膏及其制品工艺流程图

磷石膏先经再浆洗涤、沉降分离，控制水溶性P_2O_5<0.1%、F^-<0.3%，以利于后面石膏的转化和再结晶。在水溶液中，二水石膏转化为α-半水石膏的温度是97℃，但为了使转化过程进行得更快，生产上将温度控制在110～160℃，转化时间1～1.5h。在液相中生成α-半水石膏的过程实际上是一个再结晶的过程。首先是二水石膏的溶解，接着二水石膏溶液转化为半水石膏溶液，最后由过饱和半水石膏溶液析出α-半水石膏结晶。在再结晶的过程中，还可以消除磷石膏中的杂质，如晶间磷α-半水石膏经沉降、过滤和洗涤完成分离操作。如果磷石膏中的杂质对结晶没有影响，可不进行洗涤预处理，在本工序进行净化操作是一种更为合理的安排，可将杂质的去除与整个生产工艺过程有机地结合。通过分离得含水率小于10%的α-半水石膏滤饼。此外，可将滤饼用热空气干燥成含游离水0.5%左右的α-半水石膏粉，也可根据用户要求进一步研磨后包装。

含水率小于10%的α-半水石膏滤饼也可直接加水调浆成型。这种方法可省去干燥、粉磨、包装等工序。根据需要也可同时加入如玻璃纤维、纸纤维、膨胀珍珠岩等促凝剂或添加物，生产各种石膏制品。

我国南京化学公司磷肥厂与上海建筑科学研究所合作制取的α-半水石膏，抗拉强度达40MPa，比β-半水石膏纯净。

（2）用磷石膏生产β-半水石膏的工艺　β-半水石膏是二水石膏在不饱和水蒸气的气氛中制成。磷石膏制β-半水石膏的生产工艺，主要采用水洗以去除杂质，然后将处理后的磷石膏脱水煅烧制成石膏粉。

典型的半水石膏生产工艺流程有法国 Rhone-Poulene 公司开发的浮选两步脱水法和水力旋分器一步脱水法。其原则是将磷石膏悬浮在水中，如具酸性，则用石灰加以中和。经过滤，大部分（约80%～90%）可溶性杂质被除去，用浮选装置（在两步脱水法中）或水力旋分器（在一步脱水法中）进一步净化。在两步脱水法中，经浮选装置净化出来的湿磷石膏送入风力干燥器与热的燃料气对流接触，部分干燥的磷石膏再在流化床炉内焙烧。流态化所需的空气量可缩减到最小，因为大部分热量可依靠沉浸在流化床中的蒸汽蛇管提供。在一步法脱水中，磷石膏经水力旋分器净化后不经干燥直接进入回转窑炉进行干燥，但需精确地控制温度以防止半水物进一步脱水。

南京大厂镇建材厂利用南京化学公司磷肥厂的副产磷石膏生产 β-半水石膏，产品已超过二级建筑石膏的标准，并已大批量投入预制空心石膏板的生产。

3. 磷石膏制硫酸联产水泥

(1) 原理　将磷酸装置排出的二水石膏转化为无水石膏，再将无水石膏经过高温煅烧，使之分解为 SO_2 和 CaO。SO_2 被氧化为 SO_3 而制成硫酸，CaO 配以其他熟料制成水泥。

(2) 生产工艺　由磷酸装置排出的质量合格的二水石膏经脱水成为无水石膏或半水石膏，再添加焦炭、辅助原料等进行配料，磨成细粉后入生料仓贮存和均化备用。生料经窑尾预热器预热后入回转窑，经高温煅烧成熟料和含 SO_2 的气体，熟料出回转窑经箅式冷却机冷却后送入仓库贮存和陈化，然后掺入高炉矿渣、石膏，一同磨粉制成水泥。

窑气 SO_2 浓度一般为 $7\%\sim9\%$，如果磷矿质量差，磷石膏中 $CaSO_4 \cdot 2H_2O$ 含量低，则窑气中 SO_2 浓度将有所降低。窑气在制酸系统先经净化再补充适量空气，以调整窑气中 SO_2 和 O_2 的比例，然后入干燥塔，经净化干燥的窑气送入转化系统制成硫酸。

(3) 工艺要求

① 原料均化。由于磷石膏组分波动很大，所以原料的预均化对工艺稳定操作有重要作用。工艺对磷石膏（二水物）的要求为：SO_3 大于 40%，P_2O_5 小于 1%，SiO_2 小于 8%，F^- 小于 0.35%。

② 磷石膏的煅烧要采用长径比（L/D）较大的回转窑，L/D 通常要大于 28，增加窑的预分解能力，使生料分解完全，硫的烧出率大于 94%。与普通烧制水泥的情况相比，硫酸钙的吸热量要大于碳酸钙，硫酸钙的分解温度为 $1100\sim1200℃$，而碳酸钙的分解温度在 $800\sim900℃$。所以，回转窑需要较大的长径比，温度也要达到 1200℃。

③ 硫酸钙分解反应的机理复杂，如果在还原气氛下操作，窑气中可能产生硫化氢和升华硫。硫化氢会导致制酸装置中的催化剂中毒，升华硫会导致管道堵塞。另外，还原气氛下产生的 CO 能导致电除尘器爆炸，造成严重事故，因此回转窑的操作要在弱氧化气氛下进行，CO 的浓度要控制在 0.5%。

④ 制酸工段，窑气首先要净化。窑气净化采用内喷文氏管、泡沫塔和电除雾器工艺。洗涤水采用闭路循环，多余的污水要进入污水站中和处理。

⑤ 由于窑气 SO_2 浓度低（4.5%），根据热平衡关系只能采用一级转化、一级吸收的工艺。转化温度 420℃，转化率 96%。SO_3 经过热交换器降温至 160℃进入吸收塔被浓硫酸吸收。

⑥ 吸收塔排空的尾气 SO_2 浓度达 0.3%，必须经过净化处理。一般采用氨/酸法吸收处理。这是因为磷铵企业本身就有氨和硫酸，原料有保证，处理后产生的硫酸铵可以返回工艺，容易利用。

(4) 工程实例　国内曾利用太原天然石膏和开阳、昆明磷矿副产的磷石膏，在转窑内进行煅烧水泥熟料和制酸的中间试验，取得了预期效果。山东鲁北化工总厂在原有 7.5kt/年硫酸、10kt/年水泥装置的基础上，在南京化学工业（集团）公司设计院和山东省建筑材料工业设计研究院等单位的设计及协助下，于 1986 年 10 月建成了与 10kt/年磷铵装置副产磷石膏相配套的 15kt/年硫酸联产 20kt/年水泥的联合生产装置，取得了很好的效果。该厂二期工程为新建 30kt/年料浆法磷铵、40kt/年硫酸和 60kt/年水泥三套装置。工程于 1989 年 2

月陆续投入运行、1991 年 4 月通过了技术考核，至今运行良好。

4. 磷石膏制硫铵和碳酸钙

目前，用磷石膏生产硫酸铵有奥地利 OSW 公司和荷兰的 Continental Engineering 公司开发的两种工艺流程，其原理相同，仅反应器及原料略有不同。基本原理是将磷石膏先经洗涤，真空过滤去掉杂质后，打成浆与氨及二氧化碳的混合气反应（荷兰法），或和碳酸铵的水溶液反应（奥地利法），制得硫酸铵与碳酸钙的浆料，用转筒式真空过滤器滤去碳酸钙，得到含硫酸铵 41% 的溶液，蒸发浓缩后冷却结晶，离心分离，即得硫酸铵晶体。

(1) 工艺原理　磷石膏制硫铵和碳酸钙，是利用碳酸钙在氨溶液中的溶解度比硫酸钙小很多，硫酸钙很容易转化为碳酸钙沉淀，溶液转化为硫酸铵溶液的原理。

$$(NH_4)_2CO_3 + CaSO_4 \longrightarrow CaCO_3 \downarrow + (NH_4)_2SO_4$$

碳酸钙是制造水泥的原料，硫酸铵是肥效较好的化肥。经过转化，既可以将价值较低的碳酸氢铵转化为价值较高的、用途更广的产品，又可以利用转化磷石膏。

利用氨和二氧化碳，将磷石膏转化成硫酸铵与碳酸钙，在国外是较成熟的技术。英国、奥地利、日本、印度等相继建立了石膏制硫酸铵的装置，其中尤以奥地利和印度的技术更为成熟。国内早在 20 世纪 70 年代就进行了磷石膏制硫酸铵的试验研究，并在 80 年代中期分别在安徽马鞍山采石化肥厂和四川德阳市化工厂建设了 150t/d 硫酸铵装置，前者用马鞍山凹铁矿副产磷精矿，后者用四川清平磷矿作为生产磷酸的原料。

近几年，我国建设的 30kt/年磷铵的装置中，有三分之一是建在小氮肥厂内。因此对磷石膏转化碳铵生产硫酸铵十分有利，既提高了氮的利用率，又转化了磷石膏。

(2) 生产工艺　磷石膏制硫酸铵的主要过程如图 5-24。

图 5-24　转化磷石膏制硫酸铵和碳酸钙流程图

由于磷石膏中带有少量可溶性 P_2O_5，为确保转化反应中生成的碳酸钙的过滤性能，首先要将磷石膏用水漂洗、过滤，使水溶性 P_2O_5 降低到 0.1% 左右，同时尽可能除去细悬浮体和部分杂质。由于在硫酸铵溶液中碳酸钙的溶解度要比硫酸钙溶解度小得多，所以石膏转化率≥95%。

如果磷石膏中 P_2O_5 含量超过要求，就会引起转化不完全、碳酸钙结晶变坏、过滤困难等一系列问题。

印度尼西亚某石油化工企业 250kt/年磷石膏硫酸铵装置，于 1985 年与磷酸装置同时建成。副产的磷石膏一部分经再浆洗涤送到各水泥厂作水泥缓凝剂，一部分直接送硫酸铵装置使用。用磷石膏制硫酸铵对磷石膏的质量有严格的要求，在磷酸生产中要严格控制。该厂对磷石膏质量的要求见表 5-18。

5. 磷石膏用于改良土壤

表 5-18　磷石膏制硫酸铵对磷石膏质量的要求（干基）　　　　　　单位：%

项　目	要　求	项　目	要　求	项　目	要　求
$CaSO_4 \cdot 2H_2O$	＞91	总 P_2O_5	＜0.1	水溶性 P_2O_5	＞0.02
化合水	＞19	SO_3	＞40	总 F	＜0.5

磷石膏呈酸性，磷石膏中含有作物生长所需的磷、硫、钙、硅、锌、镁、铁等养分，能起到改土肥田增产作用。然而，磷石膏中含有很微量的放射性物质，是磷石膏用作土壤改良剂时要认真考虑的问题。从目前调查研究的情况看，国内磷矿的放射性物质含量并不高，以国内磷矿生产磷酸产生的磷石膏是比较安全的。对国外的一些磷矿而言，放射性要稍高一些，但绝大多数在安全范围之内。根据美国的研究资料，磷石膏作为土壤改良剂，不会产生放射性污染的问题。

多年来，国内一大批农科研究单位陆续开展磷石膏改土肥田增产的试验研究。富有成效的是江苏沿海地区农科所等单位在江苏盐城市的试验成果，各地试用情况见表 5-19。

表 5-19　磷石膏施于农田对作物生长的影响

作物类别	施用量/(kg/亩)	效　果
水稻	75	长势稳健,茎秆粗壮不倒伏,增产 13.98%～18.26%
棉花		出叶速度快,棉株生长稳健,脱落少、结铃多,提高棉花质量,增产 7.65%～14.38%
大豆	200	增产 16.07%
啤酒大麦	100～300	增产 8.32%～46.32%
饲料大麦	100～300	增产 43.25%～50.86%
培育平菇		质量提高,色泽好,菌肉变厚,菇质硬实不易破碎,增产 10%

注：15 亩＝1 公顷。

从以上成果看出，磷石膏改土肥田增产作用明显。其他一些利用磷石膏作土壤改良剂的研究情况如下。

① 前苏联将磷石膏用于改造盐碱地，一般用量达 $20t/hm^2$，据称增产效果可维持 8～10 年；

② 中国科学院生态研究所进行的 103 组小区稻田试验结果表明，施 $150kg/hm^2$ 磷石膏或石膏，可增产稻谷 $0.165～1.60t/hm^2$；

③ 云南省在德宏自治州用磷石膏进行水稻田试验，增产 8%～30.2%；

④ 罗马尼亚巴克乌（BACAU）工厂副产的磷石膏，每年有 100～200kt 用于改良土壤；

⑤ 湖南和云南地区缺硫土壤含硫 20～230mg/kg，其中有效硫仅 2～50mg/kg，施用磷石膏 $90～150kg/hm^2$，增产稻谷 $0.75～1.5t/hm^2$（与施硫肥 $30kg/hm^2$ 的肥效相同）。

七、废催化剂的处理和回收

大部分有机化学反应都依赖催化剂来提高反应速度，因此催化剂在有机化工生产中得到了非常广泛的应用。例如石油化学工业中的催化重整、催化裂化、加氢裂化、烷基化等生产过程都大量使用催化剂。催化剂在使用一段时间后会失活、老化或中毒，使催化活性降低，这时就要定期或不定期报废旧催化剂，换入新催化剂，于是就产生了大量的废催化剂。

1. 特点

废催化剂一般具有如下特点。

① 含有稀贵金属。虽然含量一般很少，但仍有很高的回收利用价值。

② 含有有机物。催化剂在使用过程中会附着一定量的有机物，这些有机物会污染环境，同时也对回收催化剂上的稀贵金属带来一定困难。

③ 往往含有重金属，会对环境造成污染。

2. 废催化剂的回收利用技术

由于废催化剂中含有稀贵金属，所以可作为宝贵的二次资源加以利用。但由于催化剂的种类繁多，其回收利用技术应根据不同催化剂的特点加以设计。

抚顺石油三厂将废铂催化剂先经烧炭后用盐酸同时溶解载体和金属，再用铝屑还原溶液中的贵金属离子形成微粒，然后进一步精制提纯。

原化工部指定平顶山 987 厂为石油化工废催化剂回收钴、镍、钼、铋的重点厂。该厂摸索出一套从废催化剂中回收钴、镍、钼、银等稀有金属的生产工艺路线，其中钴、钼、铋回收流程如图 5-25 所示。

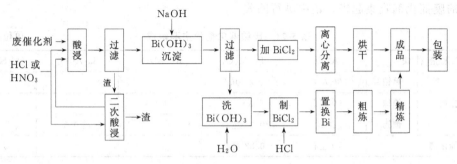

图 5-25　稀有金属回收工艺流程图

产聚酯 87kt/年的生产装置，产废钴锰催化剂 684kg/h，其中含钴 61%、镍 0.2%、硫酸锰 32%。用水萃取，再经离子交换，解析回收金属钴锰，最后制取醋酸钴、醋酸锰回用于生产。

生产锦纶的己二胺合成中，产生废雷尼镍催化剂 160t/年，其中含 50% 镍。采用水洗、干燥再经电极电炉熔炼可回收金属镍，可回收纯镍 20t/年。

60t/年环氧己烷生产装置平均每两年产生银催化剂 30.6t，其中含银 6.28t。采用硝酸溶解，氯化钠沉淀分离出氯化银，再用铁置换，最后经熔炼回收金属银，其回收率可达 95%。

催化裂化装置所使用的催化剂，在再生过程中有部分细粉催化剂（<40μm）由再生器出口排入大气，严重污染周围的环境。采用高效三级旋风分离器可将催化剂细粉回收，回收的催化剂可代替白土用于油品精制。回收的催化剂与白土吸附剂精制的效果比较见表 5-20。

表 5-20　回收的催化剂与白土吸附剂精制的效果比较

数据	项目		新鲜长岭硅铝催化剂 2%	回收催化剂 2%	白土 2%	原料油
吸收率/%			31.27	6.28	5.66	
油品氧化安定性评分	减五线油	评分	68.27	62.37	80.79	81.13
		酸值	0.014	0.014	0.0168	0.0193
	减四线油	评分	90.18	85.20	133.84	139.53
		酸值	0.014	0.014	0.0194	0.0368

使用白土和回收催化剂对减四线油和减五线油的精制均符合控制指标。从评分可看出，用回收催化剂比用白土精制油品要好，减五线精制油比减四线精制油的氧化安定性好，所以回收催化剂可以替代白土用于重质润滑油的补充精制，既可减少污染，还可节约 $1.5 \times 10^5 \sim 2.1 \times 10^5$ 元/年。

使用回收催化剂作吸附精制剂时，可以降低精制温度，其含水量无需严格控制。

也可用废催化剂生产釉面砖。釉面砖的主要化学组成与催化裂化装置所用催化剂的化学组成基本相同，在制造釉面砖的原料中加入20％的废催化剂，制造出的釉面砖质量符合要求。齐鲁石化公司催化剂厂和山东搪瓷研究所共同研制成功用废催化剂制釉面砖。

3. 工程实例

(1) 从废催化剂中回收金属铂　催化重整装置及异构化装置使用贵金属催化剂，这些催化剂失效后定期更换下来。全国每年约产生100t废铂催化剂，表5-21为几种常见废催化剂的主要组成，通常这些催化剂中含有C和Fe，成为铂回收装置的原料。可将各同类装置更换下来的废催化剂收集起来，集中进行回收。

表5-21　废铂催化剂的主要组成　　　　　　　　　　　　　单位：％

催化剂种类		Al_2O_3	Pt/Al_2O_3	Re/Al_2O_3	Sn/Al_2O_3	SiO_2
重整催化剂	单铂	90左右	0.4~0.5			
	铂铼	90左右	0.3~0.5	约0.3		
	铂锡	＞90	0.36左右		约0.3	
异构化催化剂		70左右	0.33左右			25左右

抚顺石油三厂的铂回收装置自1971年投产至1987年共回收海绵铂468kg，铂回收率稳定在95％以上，可处理废铂催化剂25t/年以上。这些海绵铂又经制备成氯铂酸全部用在重整催化剂生产上，副产品氯化铝全部作为原料用在加氢催化剂生产上。废铂催化剂的回收缓解了铂供应的紧张状况，同时也取得了非常可观的经济效益。

该厂的铂回收工艺流程见图5-26，主要处理单铂及铂铼废催化剂。

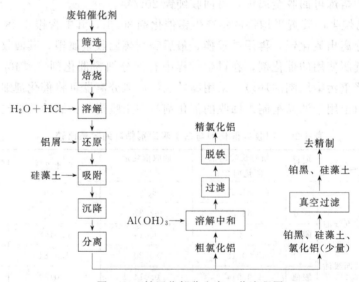

图5-26　铂回收部分生产工艺流程图

回收工艺的原理是废铂催化剂经烧炭后用盐酸溶解，使载体氧化铝和铂同时进入溶液，再用铝屑还原溶液中的二氯化铂形成铂黑微粒，然后以硅藻土为吸附剂把铂黑吸附在硅藻土上，经分离、抽滤、洗涤使含铂硅藻土与氯化铝溶液分离，再用王水溶解使之形成粗氢铂酸与硅藻土的混合液，经抽滤得到粗氢铂酸，再经氯化铵精制等工序进行提纯，最后制得海绵铂。

铂回收工艺副产品氯化铝，经脱铁精制后为精氯化铝，全部作为加氢催化剂载体的制备原料，既回收了铂，也回收了载体氯化铝。

铂回收生产的关键设备是溶解釜，废铂催化剂用盐酸溶解的过程及铝屑与二氯化铂的还原反应均在溶解釜内进行。溶解釜为耐酸搪瓷釜（带搅拌设备），外有夹套以蒸汽加温。溶解操作必须按工艺指标要求把温度控制在80℃，4h；110℃，12h。否则载体氧化铝溶解不完全。用铝屑还原二氯化铂时，温度要平稳控制在70℃。

（2）从废催化剂中回收银　辽阳石油化纤公司环氧乙烷装置每两年排出废银催化剂30t。该催化剂含20.0％Ag、35.18％Al、5.52％Si、0.007％Fe、0.01％Mg，以及微量Ca、Pb、Mn、Na、Mo、Cu、Ni等。

采用硝酸溶解、过滤、加氯化钠沉淀析出氯化银，然后用铁置换，最后将银粉熔炼铸锭的工艺。

每个反应器装5kg废催化剂、2kg工业硝酸、1kg脱盐水，放在炉上加热，此时硝酸会以二氧化氮形式挥发出。待二氧化氮挥发尽，且载体小球变得洁白时停止加热，然后加5kg循环稀硝酸银稀释，再把溶液倒出、过滤，并用循环稀硝酸银溶液洗数次，每次5kg，洗液过滤。最后用脱盐水洗涤载体，直至洗涤水用氯化钠溶液检查不发生沉淀为止。

在硝酸银溶液中加入饱和氯化钠溶液，使氯化银沉淀析出，并静置沉淀，然后去掉上清液。将铁块用盐酸除锈，然后放入氯化银沉淀中，使铁和氯化银发生置换反应，生成氯化亚铁和银粉。由于氯化银在水中的溶解度很小，置换反应速度很慢，当氯化银沉淀全部变成灰绿色的银粉时，反应才算完成。用水洗涤银粉中的氯化亚铁，可用铁氰化钾判断洗净的程度。将银粉在烘箱内干燥，然后用磁铁吸出铁块。

溶解废银催化剂的稀硝酸浓度应保持在20％～30％。氯化银沉淀需静置过夜；用铁块置换银粉的过程一般要持续2～4d。

每年处理含银废催化剂15t，从中回收银3t，其纯度大于99.9％，回收率达97％以上。

（3）从废雷尼镍催化剂中回收镍　辽阳石油化纤公司己二胺装置年产生废雷尼镍催化剂160t。废催化剂除含镍、铝、铬外，还含碳、氮、磷等。该厂采用熔炼的工艺流程如图5-27所示，从雷尼镍废催化剂中回收金属镍。回收的金属镍含镍90％～95％、铝4％～5％及微量的铬和铁，用于生产不锈钢。

图5-27　熔炼法回收雷尼镍催化剂中的镍

回收工艺中，废雷尼镍催化剂先经水洗，除去环己烷等杂质，再经干燥，然后筛去其中的微小颗粒，最后装入电炉内进行冶炼。将电极感应电炉内的温度升至1700℃，熔炼70min后将镍水浇注于模具中，冷却后包装出厂。

八、废油处理及再生利用技术

含油的废弃物称为废油，一般为液态，但也有像沥青和油渣一样的固态。表5-22列出了废油的分类及来源。

废油具有以下特性。

① 大部分不溶于水，但碱、酮、水溶性切削油等溶于水；

② 比水轻，多数可上浮，但三氯乙烯、四氯乙烯及三氯甲烷等卤素化合物以及二硫化碳

表 5-22　废油的分类及来源

序号	类　别	来　源
1	燃料废油	汽油、煤油、轻油、重油和原油等用于设备清洗污损件后而成
2	废润滑油	发动机、机械、压缩机、轴承和马达的润滑油、绝缘油、轧机油以及非水溶性切削油等在使用中氧化、变质而成
3	水溶性废油（包括水溶性切削油和含油废水）	水溶性切削油是在机械加工中使用的冷却或润滑油。含油废水是清洗被油污染场所或器具的洗净水，多产生在大型建筑或工厂
4	废溶剂（包括卤化碳氢化合物、乙醇、碱、酮、苯、甲苯、醚以及水溶性废油等）	这些溶剂因长期搁置变质，或用于清洗器具，萃取香料、半导体光刻显影以及与实验中使用的溶剂混合等，几乎在所有的工厂、研究所、大学都有发生
5	动植物油脂（动物油如鱼油、牛油和猪油等；植物油如亚麻仁油、桐油、蓖麻油、豆油、色拉油等）	这些油脂因使用中受到氧化或长期贮存变质而报废，多发生在食品工业和饮食业
6	废涂料（包括废涂料、废漆、废油墨等）	主要是长期放置变质或使用剩余，多产生于涂料制造、涂料涂覆、油墨制造和印刷出版业
7	油泥（包括油渣、硫酸渣等）	油渣是油在油罐中贮存老化的产物；硫酸渣是石油炼制中的产物，主要产生在炼油厂和石化厂
8	含油废物	产生在用油的单位
9	沥青、柏油、煤焦油	石油化工、土木建筑产业中的废物
10	废聚合物单体	多发生在高聚物制造业
11	石油化学蒸馏残渣	产生在石油化学制造工序，多产生在石油化工厂
12	石蜡和蜡	多产生在交通车辆及蜡制品厂

比水重；

③ 具有引燃性，多数可燃，含卤化合物中，二氯乙烯、三氯化苯等可燃，但其他几乎不可燃；

④ 多数可与油的同系物相溶；

⑤ 废油蒸气比空气重，易滞留于低洼处，其浓度达到点火极限时，易爆；

⑥ 人体一旦与有机溶剂接触，有可能产生中毒症状，如果蓄积量过多，会引起神经障碍。

1. 废燃料油再生

再生的燃料油作商品出售，必须满足以下要求：

① 具有稳定的燃烧热量，其热量不随时间变化；

② 再生油至少可存放 6 个月，其物理性能不发生变化；

③ 不含有卤素溶剂或化合物，以防在这一类物质中产生像氯化氢之类可对反应炉有损害的气体；

④ 应尽量去除不饱和烃和灰分等。应去除润滑油中所加入的硫磺类添加剂；

⑤ 在油中，因引燃点低的物质具有引爆危险，应当事先去除；

⑥ 在 300℃ 以上的温度下进行热处理的废油，因含有不饱和烃，稳定性差，最好不使用。

不满足以上条件，不能出售。但在短期内，可自用。

在废润滑油循环使用时，因制造厂的不同其基础油也不同。所以一般是制造厂家回收和再生。但也有与制造厂无关单位回收废润滑油，使之再生，得到的是低级润滑油。尽管如此，这也比将这种润滑油做成燃料好。

废燃料油再生有各种办法，最高级的再生办法是蒸馏，特别是减压蒸馏，可得到纯净的再生油或溶剂，可在多种场合使用。最简易的方法是对废油不作任何处理，直接作燃料用。一般都是将油水分离得到的油作燃料使用，经油水分离处理得到的油做燃料的有：水溶性切削油、含油废水和油泥。

将废油直接作为燃料的有：氧化变质的废燃料油、废润滑油、废溶剂及严重氧化的其他油品都可直接燃烧。在做燃料时，也可将其与发热量小的废物混合燃烧。

（1）废油变燃料油的过程　典型工序流程如图 5-28，包括以下几步。

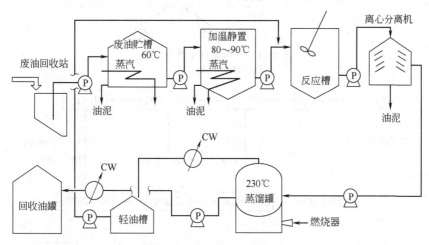

图 5-28　废油燃料化的过程

① 加温静置。为降低废油黏度，可升温至 60～80℃，加以静置。

② 破乳。已在油水分离中介绍过，多采用药剂破乳。

③ 离心分离。去除油中含有的污泥。

④ 过滤。滤除油中的固体杂质。

⑤ 快速蒸发。将破乳的水分加热至 130℃。使之沿快速蒸发器流下，以去除水分。

⑥ 减压蒸馏。这是防止废油分解、得到优质的再生油而采用的工序，它也常用在废润滑油再生。

⑦ 常压分解蒸馏。这是即使油分解也能进行蒸馏的一种方式。废油在 300℃ 左右开始分解，而蒸馏是在 350～360℃ 下进行，重油被分解变成轻质油。

（2）废润滑油的再生　图 5-29 显示了以油压机的工作油、热处理油、非水溶性切削油及压缩机油为对象的再生润滑油的工序。在接收罐中脱水和除渣，进行前除理。之后，在白土处理槽中用加热减压法脱水和活性白土处理。由于减压在较低温度下进行，能防止油的氧化变质。又因采用减压吸引方式，可防止活性白土粉尘扩散。此外，由减压所提取的带异味的物质可被活性炭吸附，不至于产生异味。白土处理后，用过滤式压机过滤，冷却后在调整罐中调整，再用过滤器二次过滤，直至形成产品。

图 5-30 为处理轧机油、水溶性油的流程。在接收罐中的前处理工序与处理油压机工作油相同。脱水和除去污泥可用离心分离器。减压蒸馏的加热蒸汽压力为 20kg/cm²，最高油温 180～200℃，可防止油分解变质。处理过的油经脱水吸附塔完全脱水，制得成品。

2. 有机溶剂的再生

蒸馏是有机溶剂再生的主要方法。蒸馏可分为简单蒸馏和精馏两种。简单蒸馏是一种粗

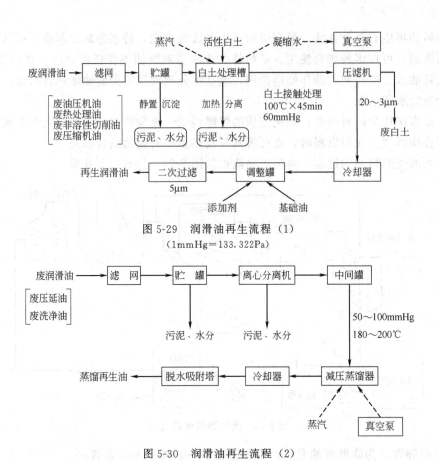

图 5-29 润滑油再生流程 (1)

(1mmHg=133.322Pa)

图 5-30 润滑油再生流程 (2)

(1mmHg=133.322Pa)

蒸馏方式，可以提取沸点范围窄的蒸馏物（图 5-31）。精馏是加热产生的溶剂蒸汽沿着蒸馏塔上升，与从塔顶流下的还流液相接触的过程，来自塔顶蒸气在凝结器中凝结，一部分流出塔外，剩余部分再返回塔内。

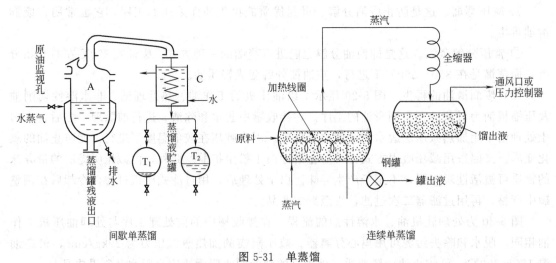

图 5-31 单蒸馏

蒸馏时，为防止溶剂的分解，在蒸发罐内直接通入水蒸气，这种蒸馏称为水蒸气蒸馏。供热有两种方式：向蒸馏罐通蒸汽加热，或间接加热。

图 5-32 为混合有机废溶剂的水蒸气蒸馏系统。通入蒸汽的同时，废溶剂被蒸馏，并在倾斜式洗涤器中分离。由于原料充填是分批式，可以对少量多品种的废溶剂再生。该法的特点是不需要废液前处理。

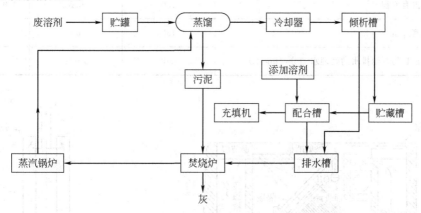

图 5-32　混合有机溶剂水蒸气蒸馏系统（蒸馏条件：温度 65～100℃；
蒸汽压力 7kg/cm²；蒸汽温度 170℃）

3. 油分分离

除油水分离外，也有附着在污泥等固体上的油分离。一般都是根据油污状态和数量选择适当的油分分离设备。

（1）重力分离　典型的重力分离是 API（American Petroleum Institute）油分分离技术，图 5-33 为这种设备断面结构。被处理物在这种设备的浅池中自然放置，油将上浮。若池的表面积大、滞留时间长，则油滴甚至微细的油滴也可分离。设计标准规定，应分离的油滴直径为 0.015cm，装置的大小应该为：宽 $W1.8～6.1m$，深 $H1.9～2.4m$，$H/W0.3～0.5$。在确定 W 和 H 时，应当满足槽内平均水平流速 $v \leqslant 0.9m/min$。

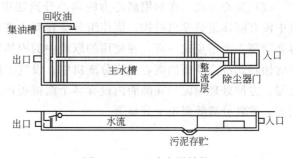

图 5-33　API 分离器结构

除了 API 方式外，还有装有斜板的 PPI（Parallel Plate Intercepter）方式（图 5-34）和带有波形斜板的 CPI（Corrugated Plate Intercepter）方式（图 5-35）。采用斜板可提高处理效果，并可降低设备面积。表 5-23 比较了各种重力分离方式的性能。

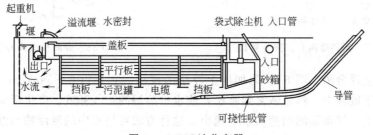

图 5-34　PPI 油分离器

表 5-23　重力分离方式的比较

项　目	API	PPI	CPI
相同容量时占有面积	1.0	0.5	0.3～0.25
可能去除油滴/μm	150	60	60
油分 1000mg/L 的石油排水的处理水油分/(mg/L)	30	5～16	3～9

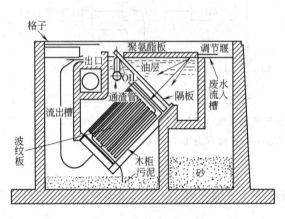

图 5-35　CPI 油分离器

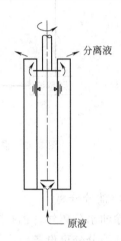

图 5-36　圆筒形沉降分离机

（2）离心分离　在利用离心力的离心分离法中，如果在图 5-36 所示的圆筒形沉降分离机中没有固体组分排出机构，固体组分会在筒内聚积，分离能力下降，造成运转停止，必须拆卸清理。为避免这一点，在使用的原液中的固体组分浓度应控制在 1% 以下。在图 5-37 所示的倾斜式洗涤器型的离心沉降分离机中，设置了能把固体组分从筒内连续排出的螺旋式输送器，方便处理油泥。在圆筒内设有多个圆锥板的离心沉降分离机（图 5-38），离心效果相当高，破乳分离效果也十分显著。

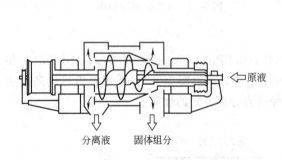

图 5-37　倾斜型离心沉降分离机

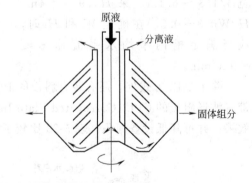

图 5-38　分离板型离心沉降分离机

（3）加压上浮分离　图 5-39 为加压上浮法的流程。它是以 3～5kg/cm^2 的压力对空气加压，使之溶于废液中。然后恢复到常压，使水中溶解的空气释放、产生极微小的气泡，气泡黏附在油滴上，带动油滴加速从水中逸出。这种方法可将水中的悬浮物与油一同清除，与重力分离式相比，分离出的油污染严重，多数难以回收利用。

（4）过滤分离　主要有过滤层吸附或使用有选择性的吸油材质两种过滤分离方式。过滤分离操作简单，但悬浮物可能堵塞网眼，所以过滤分离大多用于前处理。典型的过滤方法采用快速池过滤。滤材多使用无烟煤或石英砂等。

吸附过滤分离法是用亲油性的塑料合成纤维把附着在悬浮物上的少量的油分除去，这是含油排水的最终处理工序。

吸油材质的塑料和合成纤维多用聚丙烯。这种材料可作为阻油物或擦油纱团，经改性后，对高含水量的废油以及高浓缩油排水直至从水面流出的油都具有相当的吸附能力。其吸附机理是表面

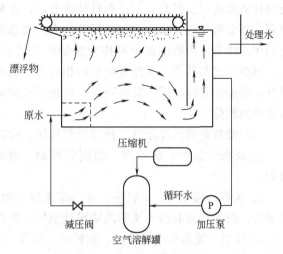

图 5-39　加压上浮分离方式

吸附，吸附量是表面吸附量和纤维与纤维相互间浸透的油量之和。吸油能力取决于构成吸附剂的纤维粗细、断面形状及结构密度。将所吸附的油分经压榨等适当的脱油处理后，可以反复多次使用。

（5）化学方法　主要目的是去除水中乳化的、分散的、不具有上浮速度的油、相对密度大的油以及其他浮游物多的油。

一种方法是生成金属氢氧化物，使之吸附油滴；另一方法是调节 pH 使油滴破乳。

金属氢氧化物分离方法主要是絮凝沉淀法。通常，含油排水中呈稳态存在的乳化油滴及浮游物带有负电荷，如用带有正电荷的金属化合物与其中和，使之带电为零（称为等电位点），就可生成沉淀物。所以，若把带有正电荷的化合物加到废液中，使之在等电位点以上，则电荷极性反转，带正电而分散。

由凝聚作用生成的物质称絮凝物。含油排水中的微细油滴由于絮凝剂的加入电荷被中和为零。这样，随着破乳过程产生的絮凝物被吸附，与水分离。

凝聚沉淀法是先在含油排水中添加 pH 调节剂和凝聚剂，急速搅拌，使之生成微细的氢氧化物絮凝物，再缓慢搅拌，使絮凝物互相接触，长成容易沉降的大的絮凝物，形成絮凝物分离层，产生沉淀分离。利用凝聚沉淀法，要注意以下几点。

① 凝聚沉淀前，去除游离的油分；

② 利用絮凝物和水间的微小相对密度差进行分离，流量要小，不要变化太大；

③ 温度变化会引起排水密度和黏度的变化，影响絮凝物的沉降，所以，温度变化要尽量小。

（6）物理化学法　物理化学法有活性炭吸附、离子交换、萃取、逆渗透法等。这些方法主要用在排水的三次处理，去除 COD、BOD 和浮游物等，也可以处理油分少的排水。

超过滤（Ultrafiltration，UF）采用醋酸膜，对乳化状排水有效。但是，对于污染严重产业的废物，作为前处理工序必须彻底除去杂物，特别是针状物、玻璃或坚硬的物质，以防刺破薄膜。

4. 焚烧

如前所述，废油的种类很多，性质也很复杂。所以，废油焚烧的方法必须根据废油的种

类和性质来确定。但是，不论哪种焚烧方法，在焚烧前都应该尽量使废油再生或再利用，最后剩余部分再焚烧处理。例如，用蒸馏方法制造可供使用的润滑油，蒸馏的残渣方可焚烧。再如用油水分离所得的油分可作为焚烧炉的辅助燃料，其水分可以用来调节炉温。即使焚烧，也要使之与其他低发热量的废物相混合，利用其高发热量，使燃烧保持一定的发热量。另外，废油中异味物质、发霉物质、可化学反应物质、易爆等危险物质，要分别采取措施，或者单独焚烧。

（1）焚烧炉的选择原则　依废油的性质，按以下的原则来选择焚烧炉。

① 液态、黏性小的物质，如废燃料油、废润滑油、动植物油和废溶剂，可用喷雾燃烧炉。

② 液态、黏度大、半固态、有一定流动性物质，如重油、动植物油、废涂料、油墨和油泥等，应采用具有特殊喷嘴的喷雾焚烧炉，但也可用旋转炉、流化床炉、固定床炉等。

③ 固态、流动性小的物质，如柏油、沥青、硫酸渣、油泥、擦油纱布等，可用旋转炉、流化床炉和固定床等。

④ 液态、含油少的物质，如含油排水、水溶性切削油等可用喷雾型废液焚烧炉。

（2）与其他物质分离处理的物质　除回收的油分外，需要前处理的废油有以下几种。

① 含有强碱的废油：中和处理。

② 发烟性强酸：中和处理。

③ 异味物质：如调节 pH，采用氧化或除臭剂，如无效果，可在异味不外泄情况下焚烧。

与其他物质不能相混单独焚烧的物质有以下几种。

① 丙烯腈、苯乙烯等具有不饱和键的物质，受光和热易于聚合的物质。但是，即使与其他溶剂相混合，稳定剂也不失效的物质可以混合。

② 像异氰酸盐与水和乙醇反应，发热生成氨基甲酸乙酯泡沫的化合物。

③ 联氨以及具有两个以上硝基的易于爆炸的化合物。

④ 像甲基乙基甲酮过氧化物类的冲击爆发性物质。

⑤ 废油含酸性物质多，最好不要与苯胺类物质混合。

（3）焚烧条件　为了避免在焚烧炉内焚烧废弃物产生二噁英，应满足如下燃烧条件：燃烧温度 800℃ 以上；气体滞留时间 1～2s 以上；二次燃烧温度 800℃ 以上；炉出口 O_2 浓度 6％ 以上；烟囱出口 CO 浓度 $50cm^3/m^3$ 以下。

根据这些条件，可完全燃烧，烟灰的发生量少，焚烧残渣的灼热减量可控制至 5％ 以下。此外，依据操作指南，可以实现运行中无故障，设备维修不费时，排气、排水、焚烧残渣及烟灰等均不出问题。

（4）焚烧炉种类

① 旋转炉。适用于油泥、涂料渣、黏稠废油等高发热量的废物的焚烧，对污泥混合废液的焚烧也适用，焚烧废物的范围比较广。

根据废物和燃烧气体的流向，炉子可分对流式和并流式两种。图 5-40 为并流式炉结构。油泥由起重机和投入装置供给焚烧炉，并随着旋转炉的旋转，沿着旋转方向上升，到达高处后再下降。在这一过程中，由于与高温气体接触，油泥被干燥、热分解和焚烧，所产生的烟气和炉渣，分别从排出口排出。为保持焚烧物的发热量一定（例如 4000kcal/kg），需调整焚烧炉的运行。助燃喷嘴设置在入口处，助燃油为重油，也可用流动性大的废油代替。

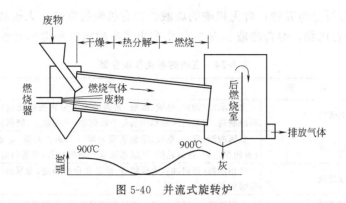

图 5-40　并流式旋转炉

② 流化床炉。图 5-41 为流化床焚烧炉的实例。它适用于固态或液态发热量少的废油，多在城市废物焚烧设备中使用。在形成流动层的高温媒质中，污泥被流动空气所干燥和燃烧。流动媒质用砂，流动空气在流动层维持的高温中从流动层下部吹入。污泥等废油料发热量低，则需要助燃，通过喷嘴将重油喷入流动层。在流化床炉中，水分蒸发和焚烧是同时进行的，由于气体温度高，异味物质可被焚烧。此外，残渣灼热减量也少，因此在这种炉中，所有的废油都可进行焚烧处理。

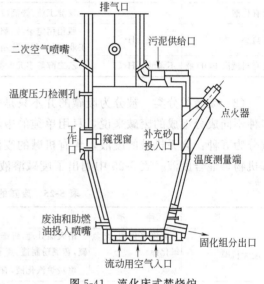

图 5-41　流化床式焚烧炉

③ 固定床炉。适用于油泥类发热量高的固态废油的焚烧处理。此外，由于塑料类发热量高，燃烧需要的空气量大，而且是热融化，所以这种具有燃烧床的固定床炉也适用于焚烧处理废塑料。这种炉子是间歇式，所以，可对多种废物进行燃烧处理。

④ 喷雾焚烧炉。适合液状废油的焚烧。当然，也可把这种液状废油当作燃料焚烧。通常，不是单独焚烧，而是采用一个助燃的燃烧器进行焚烧处理，这样，既可以作为燃料得到有效利用，又使之进行焚烧处理。

喷雾式燃烧器有：油压式燃烧器、旋转燃烧器、蒸汽喷雾式燃烧器、空气喷雾式燃烧器等，限于篇幅不作详细介绍。

九、废酸废碱处理及再资源化技术

水溶液状的废弃物分为废酸和废碱两类。pH 小于 7 的酸性溶液称为废酸；pH 大于 7 的碱性溶液称为废碱。对化学定义为不是酸碱的废液，若 pH 低于 7 或高于 7 也分别称为废酸和废碱。按此定义，pH 为 7 的中性废液，既不是废酸也不是废碱，而是一种废酸和废碱的混合物。

1. 分类

(1) 废酸的分类　即使分类在废酸中的溶液，完全不含有酸的物质大有所在。由多种成分组成的废酸，经单纯的中和处理后，BOD 和 COD 的值仍然很高，很多情况下不符合排放标准。按废液成分可分为五种：含无机酸的废酸，含有机酸的废酸，无机盐类溶液（不含酸的废液），水溶性有机物，混合废液。表 5-24 中列出了废酸溶液种类和发生源。

表 5-24　废酸的种类和发生源

分　类	种　类	发　生　源
无机酸类	废硫酸	金属酸洗(钢铁、电镀、涂敷、铝的酸洗等金属表面处理)，二氧化钛的制造，赛璐珞制造，甲基丙烯酸和硝基化合物制造，火药制造，颜料制造
	废盐酸	金属酸洗(钢铁、电镀、涂敷表面处理)，金属钛制造，硅制造，有机氯化物制造(聚四氟乙烯、四氯乙烯、三氯乙烯等)，硝酸制造，磷酸制造
	废硝酸	照相制版(锌腐蚀)，火药制造，硝基化合物制造，金属酸洗(耐酸铝加工、电镀、金属加工)
	废磷酸	金属酸洗(不锈钢加工)，钢铁磷酸膜处理，涂敷表面处理
	废氢氟酸	玻璃加工(水晶玻璃研磨、钨灯泡)
混合酸	废氟酸、废硝酸	金属酸洗(不锈钢加工、钛加工)，半导体研磨(硅表面研磨、刻蚀)
废有机酸		发酵工业：烧酒废液，氨基酸发酵废液，医药发酵废液
废盐类	不含酸，pH<7	照相用定影液(照相馆、印刷、出版、电视台和医院等：含少量乙酸)，有机合成工业(医药和农药制造)，蚀刻液
废有机液高 BOD 液	不含酸，pH<7	乙二醇等多元酸类，糖蜜废液，焦炭炉气体废液

（2）废碱的分类　被分为废碱的并不只是含碱的废液。碱也有无机碱和有机碱。对于由多种不同成分组成的废碱来说，只用单纯的中和处理很难达到排水标准。按成分可将废碱大致分为五种：含无机碱的废液，含有机碱的废液，无机盐类溶液（不含碱的废液），水溶性有机物，混合废液。表 5-25 中列出了废碱溶液种类和发生源。

表 5-25　废碱的种类和发生源

分　类	种　类	来　源
废无机碱	废氢氧化钠、废氢氧化钾	铝表面处理，纤维工业(精炼、漂白和丝光纱加工)，烟气，石油精制及屎尿脱硫，赛璐珞制造，离子交换树脂再生废液，硝化棉制造，植物油制造
	氨	焦炭炉汽化液，有机化学工业，光致抗蚀剂
废有机碱	胺类、药类	化学工业：甲胺、乙胺等
废盐类	不含碱、pH<7 的盐溶液，多少含一些碱的场合也有	显影废液(照相馆、印刷业、出版社、电视台、医院)，电镀废液(镀锌、锡、铜、黄铜)，脱硫废液，制造肥皂废液，金属脱脂废液(钢铁、电镀、耐酸铝、涂敷等)，纸浆制造，医药、农药制造，防冻液，刻蚀剂，Cu、Ni 化学镀废液，Cu、Zn、Sn 电镀老化废液
废有机物高 BOD 含量废液	废氢氧化钠	乙二醇等多元醇，蜜糖废液，糖类多元醇，酮及乙醇

2. 中和处理

废酸、废碱都可进行中和处理，但是实际上，仅通过中和处理就可排放的废酸和废碱是有限的，多数往往达不到排放标准要求。

由于对酸碱化学专业知识掌握不足，在废酸、废碱的中和处理过程中，常常发生有毒气体造成人类死亡事件。因此，相关人员必须掌握相关的基础化学知识。

① 废酸废碱处理过程中的有毒气体的产生

a. 酸和碱的中和反应。盐酸或硫酸等强酸与氢氧化钠或氢氧化钾等强碱进行中和反应所产生的盐为中性，但是硫化氢等弱酸与氢氧化钠等强碱中和生成的硫化钠的水溶液是碱性。像硫化钠之类的弱酸强碱的水溶液，从化学角度看不是碱，但由于呈碱性，所以在废物的分类中称为废碱。同样，弱碱强酸盐溶液加水分解呈酸性，所以在废物的分类中称为废酸。

在水溶液呈碱性的弱酸强碱盐中，加酸进行中和处理，从化学角度看不是中和反应，但从化学平衡看，中性化处理过程有：弱酸盐中加强酸，生成强酸盐，弱酸被游离；挥发性酸生成的盐加不挥发性酸，生成不挥发性的盐，挥发性酸被游离；弱碱强酸盐加强碱生成强酸盐，弱碱被游离，游离的弱碱若是有毒气体，会造成事故。

b. 废液处理过程的注意事项。氨的发生：含氨盐的废酸被碱中和时，若碱过剩，就产生氨气

$$(NH_4)_2SO_4 + Ca(OH)_2 \longrightarrow CaSO_4 + 2H_2O + 2NH_3\uparrow$$

氮氧化物的产生。在废酸同系物的混合过程中所产生的化学反应，也可能产生有毒气体，特别是硝酸有强的氧化能力，可对各种物质进行氧化，生成 NO、NO_2 和 Cl_2 等有毒气体。在酸洗钢铁的硫酸废液中含有硫酸亚铁，若在其中加上废硝酸就会产生褐色的 NO_2 或无色的 NO 有毒气体。

Cl_2 的产生。一旦废盐酸和废硝酸混合，由于盐酸被硝酸氧化，就产生有毒的氯气。特别是硝酸与其他酸混合时需要特别注意。

c. 废碱处理过程的注意事项。在大多数的废碱中，都混入一定量的如亚硝酸盐、亚硫酸盐、氰化物、硫化物和次亚氯酸盐等。挥发性弱酸盐类，如在其中加入硫酸等强酸进行中和反应时，将会产生有毒气体（挥发性弱酸），酿成事故。

用硫酸等强酸中和含有硫化钠、硫化钾和硫化铁等硫化物的废碱时，会产生有毒的硫化氢气体，造成死亡事故。

氰系电镀废液以及含氰化物的废碱用酸中和处理时，产生有毒的氰化氢。

用酸中和含有亚硝酸盐的废碱（钢铁热处理用的废盐等）会产生有剧毒的 NO 和 NO_2 气体。

$$2NaNO_2 + H_2SO_4 \longrightarrow H_2O + NO_2 + NO + Na_2SO_4$$

含亚硫酸盐的废碱（照片显影液等）被酸中和，产生有剧毒的 SO_2。

含次亚氯酸盐的废碱用酸中和时，产生有剧毒的氯气，去除霉菌用的含次亚氯酸钠的洗涤剂或漂白剂等与含盐酸的卫生间洗涤剂相混合所产生的 Cl_2 造成家庭主妇死亡事故也有发生。

$$4NaClO + 2H_2SO_4 \longrightarrow 2Na_2SO_4 + 2H_2O + 2Cl_2 + O_2$$

② 有毒气体防止方法。在对能产生有毒气体的含有盐类的废碱进行中和处理前，要进行前处理，使其变成稳定的物质。例如硫化钠、氰化钠、亚硫酸钠、亚硝酸钠等比较易氧化的弱酸盐，可用次亚氯酸盐类等氧化剂进行氧化分解。

含有过量次亚氯酸盐的碱能被亚硫酸钠等还原，所用的还原剂可以是硫酸铁，但是对生成的 $Fe(OH)_3$ 的沉淀必须注意进一步处置，具体反应式为：

$$NaClO + Na_2SO_3 \longrightarrow NaCl + Na_2SO_4$$

$$NaClO + 2FeSO_4 + 4NaOH + H_2O \longrightarrow NaCl + 2Na_2SO_4 + 2Fe(OH)_3$$

3. 含金属离子的废酸处理

（1）废酸的回收工序 主要有冷却、蒸发、浓缩、蒸馏、热分解、膜分离（离子交换膜和反渗透膜）和溶剂萃取等方法。

（2）酸洗钢铁废酸的产生、再生及资源化　在电镀涂覆和金属加工过程中，酸洗常作为前处理工序，以除去附着在钢材上的铁锈。钢铁厂大量生产的镀锌和镀锡薄钢板的前处理工序，是用硫酸或盐酸去除钢板表面的锈。锈和铁被硫酸溶解，酸洗液中的硫酸铁浓度逐渐增高，相应地硫酸浓度下降。

使用硫酸时，需要加热，但硫酸便宜，从经济上来说还是有利的。对于盐酸，没必要加热，且酸洗处理后的钢材表面漂亮，但价格高。

废酸再生利用的方法有三类：只回收酸；酸及其盐类都回收；以盐的形式回收酸。

① 用减压浓缩法回收钢铁酸洗废液中的硫酸和硫酸铁。这是利用减压浓缩装置使废硫酸加热浓缩的一种方法。在回收硫酸的同时，含一个结晶水的硫酸铁被析出。蒸发罐内压力为 400mmHg，温度不超过 80℃，设备安全性大，操作容易，有较高的耐久性。减压浓缩装置采用蒸汽加热蒸发方式。处理量少时，采用单式蒸发罐；处理量大时，采用复式蒸发罐。单式蒸发罐的蒸汽消耗量为蒸发水分的 1.1 倍。复式蒸发罐由于从第一蒸发罐蒸发的蒸汽使第二蒸发罐加热，所以，蒸汽消耗量为蒸发水分的 0.6 倍左右。

回收的硫酸铁可用来作油墨、颜料、铁氧体以及制造硫酸的原料。另外，回收的硫酸杂质少，可再次用于酸洗。硫酸铁的回收率为 100%，因硫酸的一部分附着在 $FeSO_4 \cdot H_2O$ 结晶水上损失掉，所以，其回收率约为 80%。

② 热分解法回收盐酸和氧化铁。20 世纪 60 年代在石化工业大量生产有机卤素化合物过程中，也得到了作为副产物的高纯度的盐酸。钢铁厂就是用这种酸作酸洗液的。现在已能用喷雾焙烧法和流动焙烧法对这种酸洗废液回收。

图 5-42 为利用喷雾焙烧法回收盐酸的流程。从酸洗工序产生的含有氯化亚铁的废液被送到废酸罐中贮存。再从存储罐通过过滤器，经高架罐送往中间洗净塔。在洗净塔中与来自焙烧炉的高温气体接触，部分被浓缩。在浓缩废盐酸中未被旋风机捕获的氧化铁微粒被洗净的同时，被送入浓缩罐，并从喷嘴喷雾到焙烧炉内。焙烧炉用煤油加热来保持高温，使喷雾废酸中的水分全部蒸发。废盐酸中所含的氯化亚铁 $FeCl_2$ 在 300～800℃ 下与氧气和水蒸气反应分解成 HCl 和 Fe_2O_3。生成的氧化铁大部分从焙烧炉底落下，由旋转式阀门

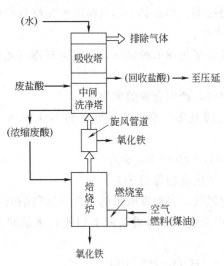

图 5-42　喷雾焙烧法回收盐酸流程

排出，送到贮存罐中贮存作为制铁原料、铁氧体原料和颜料等使用。焙烧炉中的废气在旋风机中去除了其中的氧化铁后被送往洗净塔，与废盐酸接触，进一步将其中的氧化铁洗净，同时还进行了热交换。被洗净的气体被导入吸收塔，与来自塔顶的水对流接触，其中的 HCl 被吸收，生成浓度约为 18% 的盐酸被回收。来自吸收塔顶的废气与水或碱接触，其中残存的微量 HCl 和氧化铁被去除后排放到大气中。

利用流动焙烧法回收废盐酸和氧化铁有几种方式，其中有代表性的回收方式如图 5-43。废盐酸被供给一次浓缩罐，再在中间洗净塔循环，与焙烧炉气体接触，洗净其中氧化铁微粒，并使之浓缩，再经散液管使之在流动层内扩散。焙烧炉中的燃料是煤油，所产生的温度为 1000℃，燃烧气体从燃烧室被压送到分散器下部。维持适当的流动状态和温度下，被扩

散了的含有氯化铁的浓缩废盐酸在流动层中与流动介质接触，发生氧化分解反应。使一部分氧化铁颗粒增大，自身成为流动媒质，形成了一定的压力损失，使之从流动层被自动地抽出。由于大部分氧化铁是粉末状的，随着 HCl 和其他气体从焙烧炉顶进入旋风机被捕获，成为铁氧体原料。未被旋风机捕获的氧化铁微粉和 HCl 进入文丘里洗涤器，与大量的废盐酸相接触被浓缩，其中的氧化铁被去除。气体引入吸收塔，吸收洗净微量的 HCl 之后，排放进大气。

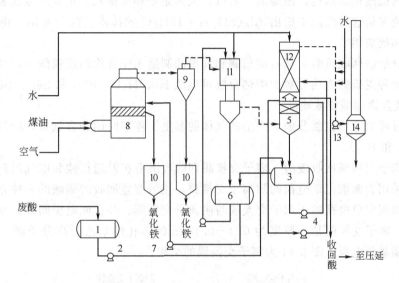

图 5-43　流动焙烧法回收废盐酸和氧化铁

1—废酸罐；2—废酸泵；3—一次浓缩酸罐；4—循环泵；5—中间洗净塔；
6—二次浓缩酸罐；7—泵；8—焙烧炉；9—旋风分离器；10—氧化铁斗；
11—文丘里洗涤器；12—吸收器；13—鼓风机；14—分离装置

③ 从废盐酸中回收氯化亚铁。对酸洗钢铁用的含有氯化铁的废盐酸，不能直接回收，需加铁屑，使之与游离的盐酸反应，生成氯化亚铁，再用卤族元素氧化，生成氯化铁，作废水处理用的絮凝胶和印刷电路板的腐蚀剂。该法适用于高浓度的废盐酸，对浓度低的回收不经济。

回收的废盐酸，HCl 浓度在 3% 以上，$FeCl_2$ 为 17%～25%。但是如氯化亚铁浓度在 25% 以下，还需浓缩处理。注意在清洗特种钢的废盐酸液中，大多数都含有重金属，回收所得物是不适合作原料的。

第一阶段反应是废盐酸中的游离盐酸和铁屑反应生成氯化亚铁：

$$Fe + 2HCl \longrightarrow FeCl_2 + H_2 \uparrow$$

这是产生热量为 48.1kcal/mol（1cal＝4.1868J）的放热反应。所产生氢气的爆炸极限为 6%～75%，排放时必须注意。

第二阶段反应是氯化铁和氯气反应生成氯化铁：

$$2FeCl_2 + Cl_2 \longrightarrow 2FeCl_3$$

这一反应放热 27.8kcal/mol（1cal＝4.1868J）。反应中的氯化亚铁需要过滤，而生成的氯化铁的过滤过程可以省略，但对后者需加一浓缩装置。

利用这种方式可得到浓度为 40% 的氯化铁。在废盐酸浓度低的场合，如没有浓缩装置，可在废盐酸中加浓盐酸，进行与回收高浓度氯化铁相同的操作。

（3）从耐酸铝废液回收废硫酸　耐酸铝处理（阳极铝氧化）多用硫酸作电解液。在耐酸铝处理工序中，铝以硫酸铝状态溶解和存储在电解液中，反应式为：

$$2Al+3H_2SO_4 \longrightarrow Al_2(SO_4)_3+3H_2\uparrow$$

硫酸铝的蓄积使电流的效率下降，耐酸铝的生成速率随之减缓。对这种状态的废硫酸即使浓缩，分离硫酸铝结晶也是困难的，所以，大多是中和后排除。用减压蒸发装置和高性能的冷却晶析装置从这种废液中析出 $Al_2(SO_4)_3 \cdot 16H_2O$ 的技术已经开发出，由这一工序可以回收硫酸和硫酸铝。

（4）热分解法回收硫酸　从石油精制和润滑油制造工序排除的废硫酸中，多混入有机物和铵盐。将这种废硫酸在热分解炉中热分解可生成 N_2、H_2O、SO_2 和 SO_3。SO_2 经氧化为 SO_3，可制成发烟硫酸或浓硫酸。

在这个过程中适当控制分解炉产生的气体的温度、停留时间和含氧量，98％以上的氨可以分解为 N_2 和 H_2O。

（5）用离子交换膜回收废酸　离子交换膜回收废酸有扩散透析法和电气透析法两种。扩散透析法是采用表面固定正电荷的阴离子交换膜，用浓度差回收游离酸的一种方法。电气透析法是在表面固定负电荷的正离子交换膜与阴离子交换膜、并在两电极间加一直流电压进行分离的方法。离子交换膜是一厚度为 $0.2\sim0.4mm$ 的多孔性苯乙烯高分子膜，表面固定氨基正电荷或磺基负电荷，图 5-44 为离子交换膜的结构。

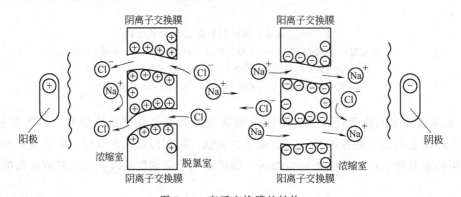

图 5-44　离子交换膜的结构

① 扩散透析法回收废酸。扩散是溶质从高浓度向低浓度移动的现象。透析是溶质透过薄膜的现象，在用隔膜将水溶液隔开的情况下，只要溶液中的溶质有透过速度差，两者就可分离。例如，用带有正电荷的阴离子膜对含有硫酸和硫酸铁的废酸进行透析时，因铁离子是正离子，被膜的正电荷排斥，不能透过。因为氢离子小、扩散速度快，能透过膜。硫酸根离子不受正电荷阻碍也能透过，所以硫酸铁和游离态的硫酸可以分离。图 5-45 为利用阴离子交换膜的扩散透析法原理。

含有游离酸和重金属盐的废液流入被阴离子交换膜隔离的透析室。在单向扩散室中水向透析室的反方向流动。废酸和水在透析槽内被离子交换膜隔离，只有游离酸可从废酸一侧向水一侧扩散，而铁离子几乎不扩散，留在废酸一侧。在透析室中靠近出口处游离酸浓度低，而在扩散室的出口处浓度增加。调节废酸和水的流速，可以控制酸的回收率。

透析力来源于介于离子交换膜两侧的溶质的分子浓度差，实际是化学势差。在共存盐浓度高的盐酸型酸的场合，比废酸浓度高的酸的回收率可能为100%。

金属离子 Zn、Fe、Cu 等与氯离子可形成络合物，以阴离子形式（如 $ZnCl_4^-$）存在于溶液中。这些离子因形成了氯离子络合物，其透析系数非常大。温度每升高1℃，透析系数上升2%～3%。所以，高温透析效率高。另外，流速越大，单位时间单位面积的处理量越大，但酸的回收率下降。为提高酸的回收率，可降低废酸的流速。相对废酸的流速，提高水的流速，酸的回收率增加，但回收浓度下降。所以，流速太高是不利的，通常比率为0.9～1.0左右。

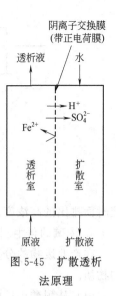

图 5-45　扩散透析法原理

扩散透析法在回收硫酸中的应用有：

a. 在电解铜工厂，从电解槽产生的副产物硫酸镍需要精制。在这一工序中，就是利用扩散透析法对硫酸和硫酸镍进行分离的。硫酸镍 $NiSO_4 \cdot 6H_2O$ 被结晶析出，存在于硫酸镍溶液中的 $400\sim500g/L$ 的硫酸的 70% 以上可被分离，返回电解槽再次使用。

b. 在电解铝厂的铝处理工序中，硫酸电解液中存在硫酸铝。用扩散透析法可使一部分电解液连续析去硫酸铝，使硫酸再循环利用。

c. 此外，用扩散透析法，可回收酸洗不锈钢废液中所产生的游离的氢氟酸和硝酸。

② 用电渗析法回收硝酸和氢氟酸

电渗析法是利用离子在电场作用下的电泳效应和离子交换膜具有的离子选择透过性，使离子相互分离和浓缩的一种操作。

用电渗析法回收硝酸和氢氟酸较扩散透析法有以下优点：废液处于密封系统中，不暴露；回收率高，硝酸为 97% 以上，氢氟酸为 92% 以上；作为前处理的中和工序，材质问题少。

这种废酸回收方法有以下四个工序：碱中和；分离的金属氢氧化物的过滤；AQUTECH Cell Stak 回收硝酸、氢氟酸和氢氧化钾；电渗析回收氟化钾。

（6）溶剂萃取法回收废酸　从含有各种金属离子的废酸中回收磷酸、硝酸和氢氟酸，多用酸性或中性磷酸酯或丁醇、异戊醇、甲基异丁酮等作为萃取溶剂。溶剂萃取是一种利用两种不相混的液体（一相是水，另一相是有机溶液）分配差的分离技术，由下面的三个工序组成。

a. 萃取。将水中的目的物用萃取剂移到有机相。

b. 洗净。在有机相中抽取，同时，进一步去除杂质。

c. 逆萃取或分离。目的物从有机相移向水相。

溶剂萃取使用最多的装置是如图 5-46 所示的混合清除器。此外，还有分离塔、多孔板塔、充填塔、脉动塔和搅拌式萃取塔等。

溶剂萃取法适用于硝酸、氢氟酸和磷酸的回收。

在不锈钢钝化工序中多用硝酸和氢氟酸混合酸洗去表面的锈（金属氧化物覆层）。

不锈钢酸洗一般以硫酸为主，也有用硝酸和氢氟酸混合酸的。钛表面处理工序用混合酸。酸洗中，从不锈钢表面溶出的钛、镍、铬和铁等金属离子增加，游离酸减少，造成了酸洗能力的下降。为保持酸洗液的浓度和组分，有必要在循环的同时，对给酸和排酸操作加以适当的控制。这样，从连续烧结钝化装置的酸洗装置的出口，将有大量用以调节或更新酸洗

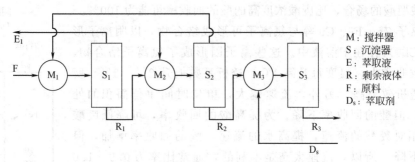

M：搅拌器
S：沉淀器
E：萃取液
R：剩余液体
F：原料
D_s：萃取剂

图 5-46　对流混合萃取（3 段）框图

液时而排出的高浓度的酸洗液和浓度低的洗净废液。

4. 废碱的再生利用技术

在产业废物的分类中，废碱是 pH＞7 的水溶性废物，包含了多种化学分类中不属于碱的物质。

（1）从耐酸铝厂的腐蚀剂废液中回收氢氧化钾　耐酸铝前处理工序是氢氧化钠刻蚀金属铝的表面，在这一工序中，金属铝表面产生氢气，并与氢氧化钠反应，生成溶于水的铝酸钠。

一旦铝酸钠的浓度增高，刻蚀液的刻蚀能力就要下降，失去使用价值，而作为废碱被废弃。下面是这种废碱回收工序。

从耐酸铝刻蚀工序产生的废液经浓缩后，放入反应器中，加少量氢氧化铝 $Al(OH)_3$ 经 10h 加温搅拌，铝酸钠水解成氢氧化钠和氢氧化铝。将生成的 $Al(OH)_3$ 结晶分离出来，就得到 NaOH，再次作为刻蚀液使用。

（2）从有机废液中回收氢氧化钠

① 亚铁酸钠法回收氢氧化钠。由环己烷制造己内酰胺以及利用碱纸浆法用甘蔗渣制造纸浆等工序中，产生有机物和氢氧化钠混合废液，其中有的还含有机酸钠。为了使这些有机物分解，多数将这些废液烧掉。反应中的钠与燃烧中碳酸气反应生成碳酸钠。为使这种钠得到再利用，要将碳酸钠变换成氢氧化钠。

一般从碳酸钠制成氢氧化钠，很早都采用加熟石灰 $Ca(OH)_2$ 的方法。但是，由于现在都用电解法制造氢氧化钠，熟石灰法已不使用。从含有钠成分的有机废酸中制造氢氧化钠，如采用这种方法，还需要废液焚烧炉以及使副产物碳酸钙变成生石灰的焙烧炉，从能源和燃料消耗来看是不合算的。

用亚铁酸钠法回收氢氧化钠的原理是使碳酸钠 Na_2CO_3 和氧化铁 Fe_2O_3 在高温下反应生成亚铁酸钠 $NaFeO_2$，再将这种物质水解，生成氢氧化钠和氧化铁，并使氧化铁在反应中反复使用。

在含钠的有机废液中加氧化铁 Fe_2O_3，并放在焙烧炉中焙烧，使生成的碳酸钠和氧化铁在高温下反应生成亚铁酸钠：

$$Na_2CO_3 + Fe_2O_3 \longrightarrow 2NaFeO_2 + CO_2$$

该反应为吸热反应，在温度为 950℃以上可发生反应，生成的亚铁酸钠被水解，生成 NaOH 和氧化铁：

$$2NaFeO_2 + H_2O \longrightarrow 2NaOH + Fe_2O_3$$

该反应是放热反应，在温度为 100℃以上时，反应迅速进行。生成的氧化铁又回到焙烧炉中再次使用。

1mol 的 Na_2CO_3 加 1.2mol 以上的 Fe_2O_3，在 950℃ 下熔烧，有机物被完全氧化分解，而得到亚铁酸钠。亚铁酸钠熔点约为 1350℃，在熔烧炉内以固态形式存在，所以，不腐蚀耐火砖，粉尘的去除也不困难。

水解反应如在 120℃ 以上进行，可得到收率高的高浓度的氢氧化钠溶液。图 5-47 为用亚铁酸钠法回收氢氧化钠的工艺流程。

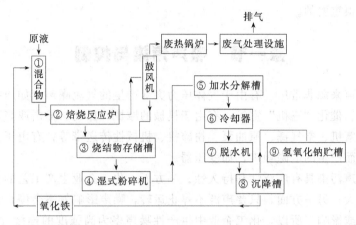

图 5-47　用亚铁酸钠法回收氢氧化钠的工艺流程

② 从硫酸纸浆废液回收碱。钠回收工序由纸浆与黑液分离、黑液浓缩、浓缩黑液焚烧、熔渣碱化几部分组成。为提高钠的回收率，纸浆与黑液的分离要尽量充分。由于黑液的浓缩和焚烧才能使钠回收，所以操作时要尽量保持黑液的高浓度。

黑液一般含 15%～20% 的固体成分（溶解的木材和金属钠）。其中的硫在空气中氧化稳定之后，在回收炉中可使之浓缩成为可燃烧的浓度，即固体含量达到 50%～70%。如果有必要也可用直接接触型蒸发器，使之浓缩到 70% 左右。

为了补充浓缩黑液中因回收而失去的金属钠，在回收炉中添加经计算所允许的硫酸钠，结果是硫酸钠被还原，并生成硫化钠：

$$Na_2SO_4 + 2C \longrightarrow Na_2S + 2CO_2$$
$$Na_2SO_4 + 4C \longrightarrow Na_2S + 4CO$$

这样，熔渣的主要成分为碳酸钠和硫化钠。将这种从炉底流出的熔渣稀释成碱性溶液，就得到了绿色溶液。如在其中加石灰，便产生如下的碱化反应：

$$Na_2CO_3 + Ca(OH)_2 \longrightarrow 2NaOH + CaCO_3$$

这样就得到了由氢氧化钠和硫化钠组成的白色溶液。此外，如将这一工序所生成的渣滓 $CaCO_3$ 与白液分离，并在回转炉中燃烧，生成生石灰，可在碱化反应中反复使用。

第六章　其他化工污染防治工程

在化工生产中，除了大气污染、水污染及化工废渣污染之外，噪声污染、热污染及电磁污染的防治也是很重要的。

第一节　噪声污染与控制

化工企业噪声来源非常广。有由于气体压力突变产生的气流噪声，如压缩空气、高压蒸汽放空、加热炉、催化"三机"室等；有由于机械的摩擦、振动、撞击或高速旋转产生的机械性噪声，如球磨机、空气锤、原油泵、粉碎机、机械性传送带等；有由于磁场交变，脉动引起电器件振动而产生的电磁噪声，如变压器。

化工企业噪声污染具有广泛性和持久性。一方面，化工企业生产工艺的复杂性使得噪声源广泛，影响面大；另一方面，只要声源不停止运转，噪声影响就不会停止，工人就会受到持久的噪声干扰或影响。所以，化工企业中生产性噪声多为高强度的连续性稳态混合噪声。据调查，化工企业设备噪声级有时高达 90～100dB（A），尤其是高压排气放空噪声声级很高，有时达到 110dB（A）以上，严重影响作业区和厂区环境。另外，化工企业内高压蒸汽管线分布很广，它们的排空或泄漏引起噪声大都在 90dB（A）以上，污染面广且具有不确定性，也应引起足够的重视。

一、噪声的含义、特点与来源

1. 噪声的含义

一般认为，凡是不需要的、使人厌烦并对人类生活和生产有妨碍的声音都是噪声。可见，噪声不仅取决于声音的物理性质，而且与人类的生活状态有关。例如，听音乐会时，除演员和乐队的声音外，其他都是噪声；但当睡眠时，再悦耳的音乐也是噪声。

2. 噪声的特性

（1）与主观性有关　由于噪声属于感觉公害，它与人的主观意愿和人的生活状态有关。在污染有无和程度上，与人的主观评价关系密切。当然，当噪声大到一定程度时，每个人都会认为是噪声；但即便如此，每个人的感觉还是会不一样。

（2）局限性　局限性是指环境噪声传播距离和影响范围有限，不像大气污染和水污染可以扩散和传递到很远的地区。

（3）分散性　分散性是指环境噪声源常是分散的，因此，噪声只能规划性防治而不能集中处理。

（4）暂时性　噪声停止发声后，危害和影响即可消除，不像其他污染源排放的污染物，即使停止排放，污染物亦可长期停留在环境中或人体里。故噪声污染没有长期的积累影响。

3. 噪声来源

噪声主要来源于物体（固体、液体、气体）的振动，这样可分为气体动力噪声、机械噪声和电磁性噪声。对城市噪声而言，70%来自交通噪声，其余来自工厂噪声和生活噪声。

二、化工企业噪声的特征

1. 化工企业噪声的声学特征

化工生产多半以液体为原料，在反应罐和塔设备中进行反应，以管道输送物料，所发生的噪声具有以下的特征。

（1）连续的稳定噪声　化工厂是在额定的负荷条件下，连续地进行生产的，它的噪声是连续的、稳态的，而且白天和夜间的噪声级是没有多大差别。

（2）中、低频的气流噪声　化工厂除工艺设备，如反应设备等外，还有压缩机、风机、空冷器、电动机、泵、加热炉和火炬等，这些设备的噪声主要是机泵产生的中、高频气流噪声。除上述噪声之外，还有排气放空等高频噪声，但由于化工厂高频噪声传递时衰减比低频噪声要快，从整体上讲，化工厂是以中、低频气流噪声为主。

（3）化工厂噪声在半自由场中以一定的高程传播　化工厂的场地多半是水泥地坪，具有一定的声反射作用。设备的噪声，由于接近地面，其传播可以当作是在半自由场进行。

另外，化工厂的一些设备，如塔设备、放空设备或火炬等，比较高或安装在较高的地段。这些设备所产生的噪声，由于邻近缺乏屏障的阻挡，能传得较远，影响面较大。

2. 主要噪声源分析

（1）压缩机、风机等设备的噪声　化工厂中经常使用功率几十到几千千瓦的压缩机和风机，其噪声级可达 90～115dB（A），是化工厂的主要噪声源之一。

往复压缩机的噪声主要是因活塞的往复运动所引起的气流脉动造成的，而离心式压缩机发生的噪声是湍流噪声。

风机的噪声主要由风机叶轮高速旋转而发生的气流噪声，噪声的传播除了风机的进出口外，还通过风机的壳和风机的振动由基础向外辐射噪声。风机、压缩机等设备的噪声见表 6-1。

表 6-1　压缩机、风机等设备的噪声

声　源	声压级/dB（A）	声　源	声压级/dB（A）
电机	70～90	链条传送机	95～100
齿轮机	75～85	机泵	80～85
压缩机	85～95	风扇	80～90
鼓风机	100～105	燃气发动机	95～100

（2）加热炉噪声　自然通风的立式圆筒炉和其他加热炉的噪声级一般在 95～115dB（A），其噪声主要是喷嘴中燃料与空气的混合以及喷射而产生的高频噪声，另外还有炉内燃料燃烧产生的 125～250Hz 的低频噪声。炼油厂、石油化工厂几种加热炉噪声见表 6-2。

表 6-2　炼油厂、石油化工厂常用加热炉噪声（测距 1m）

炉 子 类 型	声压级/dB		炉 子 类 型	声压级/dB	
	A 声级	C 声级		A 声级	C 声级
常压炉	100	106.5	裂化加热炉	101	108
减压炉	96	103.5	一段转化炉（600t/d 氨厂）	90	95
酮苯加热炉	96	104	一段转化炉（1000t/d 氨厂）	88	95
丙烷加热炉	93	102	辅助锅炉（1000t/d 氨厂）	98	112

（3）凉水塔噪声　化工厂循环水系统的冷却水多半采用凉水塔，其噪声主要来自风扇噪声和落水噪声，它对厂区环境影响是不可忽视的。

（4）空气冷却器噪声 空冷器噪声主要是风机运转和空气经过冷却管束之间时产生噪声级约为 95～100dB（A）左右，以低频声为主，对工厂装置区有一定的影响。

（5）调节阀噪声 调节阀在化工厂中大量使用，其产生的噪声可达 95～100dB（A），主要是以高频为主，刺耳难受。阀门噪声是由于喷口差压形成的"空穴"气泡的不断崩溃和流体喷射湍流产生的，也是对厂区环境影响较大的噪声源。

（6）管道噪声 在化工厂中，采用管道较多，当管道内介质流速为 100m/s 时，在距管线 1m 处的噪声一般是不超过 90dB（A）的。管道噪声也来自上游设备，如压缩机、送排风机和调节阀等。由于管道分布较广，其影响范围也较广。

（7）火炬噪声 在距地面大约 100m 处所测得的火炬噪声为 78～83dB（A），由于其在高空中燃烧并发出低频的咆哮声，对周围环境影响较大。

（8）放空噪声 气体放空在化工厂是常见的，目的是稳定操作和在操作失常时紧急排气。当工艺气体、压缩空气和蒸汽通过排放口向大气放空时，会产生很大噪声。其声压级一般在 90～120dB（A），有的甚至高达 130dB（A），放空口一般均在厂区高空，不但影响厂内，而且影响周围环境。

（9）电动机噪声 电动机作为驱动设备在化工厂中得到广泛的使用，其噪声主要由冷却风扇高速旋转而引起。防爆电机和封闭式电机噪声可达 90～105dB（A）。电动机功率越大，转速越高，噪声也越大，对车间环境有较大的影响。

三、噪声的度量

描述噪声特征的方法可分两类：一类是把噪声单纯地作为物理扰动，用描述声波的客观特性的物理量来反映，这是对噪声的客观量度。另一类涉及人耳的听觉特性，根据听者感觉到的刺激来描述，称为噪声的主观评价。噪声强弱的客观量用声压、声强和声功率等物理量表示。

1. 声压和声压级

（1）声压 声波引起空气质点振动，使大气压产生起伏，这个起伏部分，即超过静压的量，称为声压。声压分为瞬时声压和有效声压两类。

瞬时声压是指某瞬时媒质中内部压强受到声波作用后的改变量，即单位面积的压力变化。所以声压的单位就是压强的单位 Pa。

瞬时声压的均方根值称为有效声压。通常所说的声压，即指有效声压，用 P 表示。

（2）声压级 声压从听阈到痛阈，即从 $2 \times 10^{-5} \sim 20$ Pa，声压的绝对值相差非常之大，达到 100 万倍。因此，用声压的绝对值表示声音的强弱是很不方便的。再者，人对声音响度感觉是与声音的强度的对数成正比的。为了方便起见，引用了声压比或者能量比的对数来表示声音的大小，这就是声压级。

声压级用 L_p 表示，它的单位为分贝，记为 dB。分贝是一个相对单位，对声压与基准声压之比，取以 10 为底的对数，再乘以 20，就是声压级的分贝数。即：

$$L_p = 20 \lg \frac{p}{p_0} \quad \text{(dB)}$$

式中 L_p——声压级，dB；

　　　p——声压，Pa；

　　　p_0——基准声压（听阈，$p_0 = 2 \times 10^{-5}$ Pa）。

2. 声功率和声功率级

(1) 声功率　声功率是描述声源性质的物理量，表示声源在单位时间内向外辐射出的总声能，单位为瓦（用 W 表示）或微瓦。声功率是反映声源辐射声能本领大小的物理量，与声压或声强等物理量有密切关系。

(2) 声功率级　声功率级的数学表达式为：

$$L_W = 10\lg\frac{W}{W_0}$$

式中　W_0——基准声功率，$W_0 = 10^{-12}$ W。

3. 声强和声强级

(1) 声强　声强是在声波传播方向上，与该方向垂直的单位面积、单位时间内通过的声能量，常用 I 表示，单位是 W/m^2。声压与声强有密切关系。在自由声场中，对于平面波和球面波，某处的声强与该处声压的平方成正比。

(2) 声强级　声强级的数学表达式为：

$$L_I = 10\lg\frac{I}{I_0}$$

式中　I_0——基准声强，$I_0 = 10^{-12}$ W/m^2。

四、噪声级的相加和平均值

1. 噪声级的相加

噪声级相加不是简单的声压相加，而是要按能量（声功率或声压平方）相加。

(1) 公式法　两个声压级 L_1 和 L_2 相加，求合成的声压级 L_{1+2}（分贝），可按下列步骤计算：

① 因 $L_1 = 20\lg\frac{p_1}{p_0}$ （dB）和 $L_2 = 20\lg\frac{p_2}{p_0}$ （dB），运用对数换算得：

$$p_1 = p_0 \times 10^{\frac{L_1}{20}} \text{ 和 } p_2 = p_0 \times 10^{\frac{L_2}{20}}$$

② 合成声压 p_{1+2}，按能量相加则 $(p_{1+2})^2 = p_1^2 + p_2^2$

即　　$(p_{1+2})^2 = p_0^2(10^{\frac{L_1}{10}} + 10^{\frac{L_2}{10}})$ 或 $\left(\dfrac{p_{1+2}}{p_0}\right)^2 = (10^{\frac{L_1}{10}} + 10^{\frac{L_2}{10}})$

③ 按声压级的定义合成的声压级

$$L_{1+2} = 20\lg\frac{p_{1+2}}{p_0} = 10\lg\left(\frac{p_{1+2}}{p_0}\right)^2$$

即　　$L_{1+2} = 10\lg(10^{\frac{L_1}{10}} + 10^{\frac{L_2}{10}})$ dB

(2) 查表法　先算出两个声音 L_1 和 L_2 的分贝差，再查表 6-3 或图 6-1。找出相应的增值 ΔL，然后加在分贝数大的 L 上，之和即为两个噪声的叠加值。

2. 噪声级的平均值

表 6-3　声压级差与其增值

声压级差 $L_1 - L_2$(dB)	0	1	2	3	4	5	6	7	8	9	10
增值 ΔL	3.0	2.5	2.1	1.8	1.5	1.2	1.0	0.8	0.6	0.5	0.4

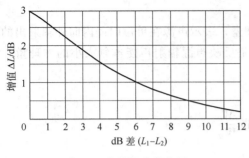

图 6-1　分贝和的增值图

一般而言，噪声级的平均值不按算术平均值计算，计算平均值有两种方法。

（1）公式法

$$\overline{L} = 10\lg\left[\frac{1}{n}\sum_{i=1}^{n}10^{\frac{L_i}{10}}\right] = 10\lg\sum_{i=1}^{n}10^{\frac{L_i}{10}} - 10\lg n$$

式中　L_i——第 i 个噪声源的声级；

　　　n——噪声源的个数；

　　　$\overline{L}$——n 个噪声的平均声级。

（2）查表法　先按求和的方法，把几个噪声源相加，再减去 $10\lg n$。如将 105、103、100、98 四个噪声求平均，则先在图 6-1、表 6-3 查得其加和值为 108.3dB，然后再减去 $10\lg 4$，即得 102.3dB，经四舍五入得平均数为 102dB。

五、环境噪声评价值

环境噪声的度量，不仅与噪声的物理量有关，还与人对声音的主观听觉有关；人耳对声音的感觉不仅和声压级大小有关，而且也和频率的高低有关。声压级相同而频率不同的声音，听起来不一样响，高频声音比低频声音响，这是人耳的听觉特性所决定。我国在听觉范围（0～130dB）采用三种计权特性，即 A 声级、B 声级和 C 声级。其中 A 声级使接收到的噪声在低频有较大的衰减，而高频不衰减甚至稍有放大。这样，A 声级测得的噪声值比较接近人的听觉。A 声级能较好地反映出人们对噪声吵闹的主观感，它几乎成为一切噪声评价的基本值。在环境噪声评价时，常常采用等效连续 A 声级、昼夜等效声级、统计噪声级和计权有效连续感觉噪声级等。

六、噪声的危害

1. 干扰睡眠

睡眠是人消除疲劳、恢复体力、维持健康的一个重要条件，但是噪声会干扰人的睡眠，尤其对老人和病人这种干扰更显著。当人的睡眠受到噪声干扰后，工作效率和健康都会受到影响。一般说来，40dB（A）的连续噪声可使 10％的人受到影响，70dB（A）可影响到50％；而突发的噪声在 40dB（A）时，可使 10％的人惊醒，到 60dB（A）时，可使 70％的人惊醒。由于睡眠受干扰而不能入睡所引起的失眠、耳鸣多梦、疲劳无力、记忆力衰退，在医学上称为神经衰弱症候群，在高噪声环境下，这种病的发病率可达 50％～60％以上。

2. 损伤听力

噪声可以使人造成暂时性的或持久性的听力损伤，后者即耳聋。A 声级在 80dB（A）以下的职业性噪声暴露，可能造成听力损失，一般不致引起噪声性耳聋；在 80～85dB（A），会造成轻度的听力损伤；在 85～90dB（A），会造成少量的噪声性耳聋；在 90～100dB（A），会造成一定数量的噪声性耳聋；在 100dB（A）以上，会造成相当多的噪声性耳聋。但是，高至 90dB（A）的噪声，也只产生暂时性的病患，休息后即可恢复。因此噪声的危害，关键在于它的长期作用。

1971 年国际标准化组织（ISO）公布了 0～45 年间连续噪声的 A 声级与听力损害危险率的关系，见表 6-4。

表 6-4　0～45 年的等效连续 A 声级与听力损害危险率（%）的关系

等效连续 A 声级 /dB(A)		年数（即年龄减去 18 岁）									
		0	5	10	15	20	25	30	35	40	45
≤80	危险率/%	0	0	0	0	0	0	0	0	0	0
	听力损害率/%	1	2	3	5	7	10	14	21	33	50
85	危险率/%	0	1	3	5	6	7	8	9	10	7
	听力损害率/%	1	2	6	10	13	17	22	30	43	57
90	危险率/%	0	4	10	14	16	16	18	20	21	15
	听力损害率/%	1	6	13	19	23	26	32	41	54	65
95	危险率/%	0	7	17	24	28	29	31	32	29	23
	听力损害率/%	1	9	20	29	35	39	45	53	62	73
100	危险率/%	0	12	29	37	42	43	44	44	41	33
	听力损害率/%	1	14	32	42	49	53	58	65	74	83
105	危险率/%	0	18	42	53	58	60	62	61	54	41
	听力损害率/%	1	20	45	58	65	70	76	82	87	91
110	危险率/%	0	26	55	71	78	78	77	72	62	45
	听力损害率/%	1	28	58	76	85	88	91	93	95	95
115	危险率/%	0	36	71	83	87	84	81	75	64	47
	听力损害率/%	1	38	74	88	94	94	95	96	97	97

3. 对人体生理的影响

一些实验表明，噪声会引起人体紧张的反应，刺激肾上素的分泌，进而引起心率改变和血压升高。噪声会使人的唾液、胃液分泌减少，从而易患胃溃疡和十二指肠溃疡；某些吵闹的工业企业里，溃疡症的发病率会比安静环境的高 5 倍。在高噪声环境下，会使一些女性的性机能紊乱，月经失调，孕妇流产率增高。有些生理学家和肿瘤学家指出：人的细胞是产生热量的器官，当人受到噪声或各种神经刺激时，血液中的肾上腺素显著增加，促使细胞产生的热能增加，而癌细胞则由于热能增高而有明显的增殖倾向，特别是在睡眠之中。极强的噪声［如 175dB(A)］，还会导致死亡。

4. 对心理的影响

噪声使人烦恼激动、易怒，甚至失去理智。噪声也容易使人疲劳，往往会影响精力集中和工作效率，尤其是对那些要求注意力高度集中的复杂作业和从事脑力劳动的人，影响更大。另外，噪声分散人们的注意力，容易引起工伤事故。特别是在能够遮蔽危险警报信号和行车信号的强噪声下，更容易发生事故。

5. 影响儿童和胎儿发育

在噪声环境下，儿童的智力发育缓慢。有人做过调查，吵闹环境下儿童智力发育比安静环境中的低 20%。噪声使母体产生紧张反应，会引起子宫血管收缩，以致影响供给胎儿发育所必需的养料和氧气。有人对机场附近居民的研究发现，噪声与胎儿畸形有关。此外，噪声还影响胎儿的体重，吵闹区婴儿体重轻的比例较高。

6. 干扰语言交流

噪声对语言通信的影响，来自噪声对听力的影响。这种影响，轻则降低通信效率，影响通信过程；重则损伤人们的语言听力，甚至使人们丧失语言听力。实验证明，60dB(A) 噪声下，普通交谈声的交谈距离仅 1.3m，大声的交谈距离为 2.5m。噪声对谈话的干扰程度见表 6-5。

表 6-5　噪声对谈话的干扰程度

噪声级/dB(A)	主 观 反 映	保证正常谈话的距离/m	通 讯 质 量
45	安静	10	很好
55	稍吵	3.5	好
65	吵	1.2	较困难
75	很吵	0.3	困难
85	大吵	0.1	不可能

7. 影响动物生长

强噪声会使鸟类羽毛脱落，不下蛋，甚至内出血，最终死亡。如 20 世纪 60 年代初期，美国 F104 喷气机在俄克拉荷马市上空作超音速飞行试验，飞行高度为 10000m，每天飞越 8 次，共 6 个月，导致附近一个农场的 10000 只鸡被轰鸣声杀死 6000 只。

8. 损害建筑物

在美国统计的 3000 件喷气飞机使建筑物受损害的事件中，抹灰开裂的占 43%，损坏的占 32%，墙开裂的占 15%；瓦损坏的占 6%。由于飞机噪声造成的经济损失，1968 年约为 40 亿～185 亿美元，1978 年约为 60 亿～277 亿美元。

七、噪声控制措施

控制噪声的措施是多种多样的。它主要是根据噪声源、声音传播的途径和接收者的具体情况，采取相应的技术措施。噪声控制的基本原则是：既要满足降噪量的要求，又要符合技术和经济指标的合理条件，权衡治理污染所投入的人力、物力和环境效益，研究确定一个比较合理的控制和治理方案。

1. 消除和降低声源

消除和减少声源是控制噪声的最有效的办法。例如，防止冲击、减少摩擦、保持平衡、去除振动等都是消除和减少声源的办法。此外，防止流体形成涡流运动等都是消除和减少流体噪声的好办法。通过研制和选用低噪声设备、改进生产加工工艺、提高机械设备的加工精度和安装技术，或者采用别的生产工艺代替噪声大的工艺。达到减少发声体的数量，或降低发声体的辐射声功率，都是控制噪声的根本途径。

2. 消声降噪

风机、水泵、空气压缩机等难以密闭的机械设备，最常用的消声办法是在设备的入口、出口或管道上安装消声器或类似的消声装置。消声器就是防治空气动力性噪声的主要装置，它既能阻止声音的传播，又允许气流的通过，装在设备的气流通道上，可使该设备本身发出的噪声和管道中空气动力噪声降低。根据消声机理，消声器主要分为三大类，即阻性消声器、抗性消声器和多孔扩散消声器。

（1）阻性消声器　阻性消声器利用吸声材料吸声，把吸声材料如玻璃棉、木丝板、泡沫塑料等，固定在管道内壁，或按一定方式在管道中排列，就构成了阻性消声器。声波进入消声器后被吸声材料吸收转化为热，就像电流通过电阻产生热一样而消耗电能，吸声材料消耗的是声能，故称为阻性消声器。在应用中应避免把它用于高温、高湿气体的场合。阻性消声器的性能见表 6-6。

表 6-6　阻性消声器的性能

形　式	消声频率	阻　力	流速/(m/s)	用　途
管式	中	小	<15	中小型风机进排气消声
片式	中	小	<15	大中型风机进排气消声
蜂窝式	中	小	<15	中型风机进排气消声
折板式	中高	中	<10	空调风机进排气消声
室式	中高	大	<5	空调风机进排气消声

（2）抗性消声器　抗性消声器是利用声波的反射或干涉来达到消声目的的。抗性消声器中一部分声能被突变截面反射回声源，贮存起来，类似于电路中的电感、电容对电能的存储，故称为抗性消声器。通常，扩张室式消声器、共振消声器、干涉消声器以及弯头、管道内的障板和穿孔片等组合而成的消声器，都是抗性消声器。

抗性消声器的优点是具有良好的低、中频消声性能，构造简单，耐高温，耐气体腐蚀和冲击。缺点是消声频带较窄，高频消声效果较差。其主要性能见表 6-7。

表 6-7　抗性消声器的性能

形　式	消声频率	阻　力	流速/(m/s)	用　途
共鸣式	低	小	<30	内燃机排气消声
扩张式	低、中	大	<20	空压机进气、内燃机排气消声
管式	中、高	小	<40	中小型风机进排气消声
片式	中、高	小	<30	大中型风机进排气及燃气轮机排气消声
声流式	宽带	中	<20	内燃机排气消声

（3）多孔扩散消声器　多孔扩散消声器是让气流通过多孔装置而扩散，从而达到降低噪声的目的，其构造如图 6-2 所示。这种消声器降低噪声效果显著，一般可使噪声降低 30～50dB（A），而且结构简单，质量较轻。但容易积尘，造成小孔堵塞，所以在使用中要定期清洗。多孔扩散消声器多用于消除风动工具、高压设备等排气所产生的噪声，而不在进排气管道之中使用。

3. 吸声降噪

声源发出的声波遇到顶棚、地面、墙面及其他物体表面时，会发出声波的反射。声波在室内的多次反射形成的叠加声波，称为混响声。由于混响声的存在，

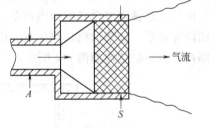

图 6-2　多孔扩散消声器

室内任何声源的噪声级比室外旷野的噪声级明显提高。这就要求充分利用吸声技术进行消声降噪处理，能够达到十分明显的效果。例如，在墙面和顶棚上粘贴吸声材料，或在空间悬挂吸声板、吸声体等，同时在房屋设计时采用吸声结构。通过这一系列措施，可以使室内噪声减少数分贝或十多分贝以上。

吸声材料大都是由多孔材料做成的。因此，在使用时往往要加护面板或织物封套。当空气中湿度较大时，水分进入材料的孔隙，可导致吸声性能的下降。此外，同一种吸声材料对不同频率的噪声，其吸声系数是不同的。对于低频噪声，吸声材料往往不是很有效的。因此，读低频噪声常常采用共振吸声结构来降低噪声。

4. 隔声降噪

声音从室内传到室外或从室外传到室内，也会从一个厂房传到另一个厂房。就需要应用隔声结构，阻碍噪声向空间的传播，使吵闹环境与需安静的环境分隔开，这种降噪措施称为隔声降噪。各种隔声结构，如隔声间、隔声墙、隔声罩、隔声屏等统称为隔声围护结构。

(1) 隔声墙　具有空气夹层的双层墙体或泡沫混凝土砖墙隔声结构比同样质量的单层墙的隔声性能好。这主要是夹层中的空气具有弹性作用，使声能衰减的缘故。如果隔声效果相同，夹层结构比单层结构的质量将减轻 2/3～3/4。留有足够间隔的间壁墙也有较好的隔声性能。实际上普通板门、双层玻璃窗和空心楼板，其中间都留有一定的距离，它们不仅有保温作用，而且有隔声作用。图6-3是常用的隔声墙的隔声量同墙的质量和频率的关系。

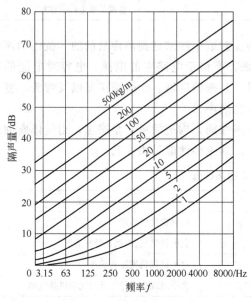

图 6-3　隔声墙的隔声性能

(2) 隔声间（室）　隔声间是由隔声墙及隔声门等构件组成的房间。隔声间的实际隔声量不仅与各构件的隔声量有关，而且还与隔声间内表面的吸声效果以及内表面的面积有关。一般来说，隔声间内表面的吸声量愈大，隔声间内面积愈小，则其隔声量则愈大。隔声间中的门、窗和孔洞往往是隔声间最薄弱的环节。一般门窗平均隔声量不超过 15～20dB，普通分隔墙的平均隔声量至少可达 30～40dB。孔、洞和缝隙对构件的隔声影响很大，若门、窗、墙体上有较多细小的孔隙，则隔声墙再厚，隔声效果也是不佳的。

(3) 隔声罩　当噪声源比较集中或只有个别噪声源时，可将噪声源封闭在一个小的隔声空间内，这种隔声设备称为隔声罩。隔声罩是抑制机械噪声的较好方法，它往往能获得很好的降噪效果。如柴油机、空压机、电动机、气轮机等强噪声设备，常常使用隔声罩来降噪。隔声罩的一般结构如图 6-4 所示。

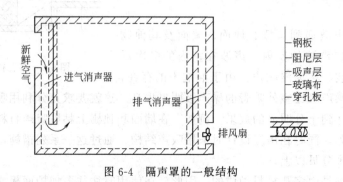

图 6-4　隔声罩的一般结构

5. 距离降噪

如果有条件的话，把噪声源与受害者分开一定的距离来防止噪声，会收到理想的效果。用距离防止噪声是一个重要的防止噪声的技术措施。由于在一定的立体角内，声源辐射的声功率是不变的，声强随距离的平方衰减，即距离加倍，波阵面的面积扩大 4 倍，声强减少到 1/4，声压级减少 6dB。即有：

$$L_r = L_0 - 20 \lg \frac{r}{r_0}$$

式中　　L_0——r_0 距离上的声压级；

　　　　L_r——r 距离上的声压级。

6. 隔振与阻尼

声音的本质是振动在弹性介质（如空气、水等）中的传播。当振源直接与空气接触，形成声源的辐射，称为空气声。当振动经过固体介质传递到与空气接触的界面，然后再引起声辐射，称为固体声。因此，隔绝振动在固体介质构件中的传递，改变固体界面声辐射部分的物理性质都是有助于控制噪声的，前者称为隔振，后者称为阻尼。

（1）隔振　机器产生的振动直接传递到基础，并以弹性波的形式从基础传递到房屋结构上，引起其他房间结构的振动和声辐射。许多隔声材料，如钢筋混凝土、金属虽然是隔绝空气声的良好材料，但对固体声却难以减弱。隔振的原理是用弹性连接代替钢性连接，以削弱机器与基础之间的振动传递。各种弹性构件，如弹簧、橡皮、软木、沥青、玻璃纤维等都可以减小振动的传递。控制振动传递的弹性构件称为减振器，减振器有钢弹簧减振器、橡胶减振器及减振垫层等。

（2）阻尼　阻尼材料所以能减弱振动是基于材料的内摩擦原理。当涂有阻尼材料的金属薄板做弯曲振动时，振动能量迅速传递给阻尼材料，由于阻尼材料忽而被拉伸，忽而被压缩，因而使阻尼材料内部分子产生相对位移，产生相对摩擦，使振动的能量转变为热能而被消耗掉。

衡量阻尼材料阻尼大小的物理量通常以阻尼系数 η 表示。它表示物体将振动能量转化为热能的本领。阻尼系数越大，吸收振动的能力就越强。大多数金属材料的阻尼系数在 $10^{-5} \sim 10^{-4}$ 之间，木材为 10^{-2}，软橡胶为 $10^{-2} \sim 10^{-1}$。表 6-8 是几种国产阻尼材料的阻尼系数。作为阻尼材料，其阻尼系数至少要在 10^{-2} 数量级范围内。

表 6-8　几种国产阻尼材料的阻尼系数

名　　称	厚度/mm	阻尼系数	名　　称	厚度/mm	阻尼系数
石棉漆	3	3.5×10^{-2}	聚氯乙烯胶泥	3	9.3×10^{-2}
硅石阻尼漆	4	1.4×10^{-2}	软木纸板	1.5	3.1×10^{-2}
石棉沥青膏	2.5	1.1×10^{-2}			

7. 对接受者的防护

当采用以上两种措施仍不能达到预期的降噪效果时，可采用个人防护的办法。最常用的个人防护用品有防声耳塞、防声棉、耳罩和防声头盔等。采取工人轮换作业，缩短工人进入高噪声环境的工作时间。

第二节　热污染与防护

由于工业生产排入水和空气中的废热而造成的环境污染称为热污染。热污染也会带来各种危害，所以热污染的控制也是环境污染防治的重要内容。

一、热污染的来源和危害

热污染的间接来源是能源的大量消耗，直接来源是工厂所排放的废热水和废热气。化工生产过程中除了需要大量的热能外，还需要大量的冷却水。化工生产中所排放的废水和废气中含有大量的热量，构成了水体和大气的热污染。

1. 水体热污染

例如生产 1t 烧碱，大约需要 100t 冷却水，即便没有加入有关的化学物质，冷却水也会对周围环境带来热污染问题。热污染会影响到渔业生产，因水温升高可使水中溶解氧减少，另一方面又使鱼的代谢率增高而需要更多的溶解氧，鱼在热应力作用下发育受到阻碍，甚至死亡。根据研究表明，在不适合的季节，河流水温只要增高 5℃，就会破坏鱼类的生活。一般水生生物能够生存的水温上限是 33～35℃，大约在此温度下，一般的淡水有机体还能保持正常的种群结构，超过这一温度就会丧失许多典型的有机体。藻类种群也随温度而发生变化。在具有正常混合藻类种的河流中，在 20℃ 时，硅藻占优势；在 30℃ 时绿藻占优势；在 35～40℃ 时蓝藻占优势。蓝藻占优势时，则发生水污染，水有不好的味道，不宜供水，有些种属还会对牲畜和人类有毒害作用。

2. 大气热污染

由于向大气排放含热废气和蒸汽，导致大气温度升高而影响气象条件时，称为大气热污染。大气热污染也会给人类带来多种不良的影响。大的化工企业，如大型炼油厂上空，由于生产废热的大量排放，其中心地区的气温可比周围地区的温度年平均高出 0.5～1.5℃，甚至更高，这种现象在气象学中称为热岛效应。

由于热岛的存在，使得工业区排放的污染物和废热总是在局部地区上空循环徘徊，难以向下风向扩散，从而更加重了工业区的环境污染。在一般静风的情况下，热岛是整天存在的。只有风速比较大，上空受较大气压梯度影响时，污染物才有可能向下风向输送、扩散和稀释。

二、热污染的控制

热污染的控制途径主要从以下几个方面入手。

1. 提高热能利用效率

目前因燃烧装置效率较低，使得大量能源以废热形式消耗，并产生热污染。工业企业锅炉的热效率约为 20%～70%，与发达国家相比要低得多。所以改进现有的能源利用技术，提高热力装置的热利用率是非常重要的，既节约了能源，又减轻了对环境的热污染。

2. 废热的综合利用

如果把废热当作宝贵的资源和能源看待，加以利用，将可以大量节约能源，减少热污染。在化工生产中产生大量的废热，可以利用这部分废热生产蒸汽或热水，被认为是废热利用的一个重要形式。

3. 开发和利用少污染或无污染的新能源

这是减少热污染的重要途径和办法，而且已成为全球能源利用的必然趋势。如把太阳能用于发电、空气调节用热、冬季采暖、洗澡等大大减少了热污染源。

具体防治措施见表 6-9。

表 6-9 热污染及其防治

类型	名 称	成 因	危害/影响	防 治 措 施
1	城市热岛	人口稠密,工业集中;燃料燃烧及工业产生的废热	造成局部地区的对流性环流	改进热能利用技术,提高热能利用率
	水体热污染	工业废热	影响渔业生产	废热综合利用
2	全球变暖	温室气体(二氧化碳,甲烷等)的排放(主要来源于化石燃料的燃烧),改变了大气组成	海平面上升,气候异常等	开发和利用无污染或减少污染的新能源,减少温室气体排放《全球气候变化框架公约》
3	臭氧层破坏	CFCs(氟氯昂)类消耗臭氧层物质的排放,改变了大气组成	太阳辐射(紫外线)增强,可引起皮肤灼伤,影响地表热状况	减少 CFCs 类物质的排放《保护臭氧层的蒙特利尔议定书》
4	地表状态的改变	农牧业发展,开垦不当,导致沙漠化;城市的发展	改变地表发射率,改变热平衡,影响大气循环	生态保护

第三节 电磁污染与防护

一、电磁污染及来源

广义上,电磁污染是指天然的和人为的各种电磁波干扰及对人体有害的电磁辐射。狭义上,电磁污染主要是指当电磁场的强度达到一定限度时,对人体机能产生的破坏作用。

人为的电磁污染主要有以下三种。

① 脉冲放电。例如切断大电流电路时产生的火花放电,其瞬时电流变化率很大,会产生很强的电磁干扰。

② 工频交变电磁场。例如在大功率电机、变压器以及输电线等附近的电磁场,它并不以电磁波形式向外辐射,但在近场区会产生严重电磁干扰。

③ 射频电磁辐射。例如无线电广播、电视、微波通信等各种射频设备的辐射。频率范围宽广,影响区域也较大,能危害近场区的工作人员。目前,射频电磁辐射已经成为电磁污染环境的主要因素。

二、电磁污染的危害

1. 损害中枢神经系统

头部长期受微波照射后,轻则引起失眠多梦、头痛头昏、疲劳无力、记忆力减退、易怒、抑郁等神经衰弱症候群;重则造成脑损伤。

2. 影响遗传和生殖功能

父母一方曾经长期受到微波辐射的,其子女中畸形儿童如先天愚型、畸形足等的发病率异常高。强度在 $5 \sim 10 \mathrm{mW/cm^2}$ 的微波,对皮肤的影响不大,但可使睾丸受到伤害,造成不育或女孩出生率明显增加。

3. 增加癌症发病率

典型的事件发生于 1976 年美国驻莫斯科大使馆。前苏联人为监听美驻苏使馆的通信联络情况,向使馆发射微波,由于使馆工作人员长期处在微波环境中,结果造成使馆内被检查的 313 人里,有 64 人淋巴细胞平均数高 44%,有 15 个妇女得了腮腺癌。

4. 引起心血管和眼睛等多种疾病

高强度微波连续照射全身，可使体温升高、产生高温的生理反应，如心率加快、血压升高、呼吸率加快、喘息、出汗等，严重的还会出现抽搐和呼吸障碍，直至死亡。强度在 $100\mathrm{mW/cm^2}$ 的微波照射眼睛几分钟，就可以使晶状体出现水肿，严重的则成白内障；强度更高的微波，会使视力完全消失。

三、电磁污染的防护

电磁污染的主要防治措施有屏蔽辐射源、距离控制及个人防护三个方面。

减少电磁污染、防止电磁辐射污染，应从产品设计、屏蔽吸收入手，采取治本与治表相结合的方法。显然，为了从根本上防治电磁辐射污染，首先要从国家标准出发，对产生电磁波的各种工业设备、产品，提出较严格的设计指标，尽量减少电磁能量的泄漏，从而为防护电磁辐射提供良好的前提，并采取必要的技术措施来防治电磁辐射污染。屏蔽和吸收是两种基本的防护技术。

电磁辐射输出功率越大，辐射强度就越大，对人影响也越大；频率愈高和距离愈近，对人影响也愈大，所以对电磁辐射电子设备进行距离控制可以减少电磁辐射的强度。但对激光则意义不大，因为激光在空气中随距离衰减很慢。

个人防护措施因电磁辐射作用于人的特点不同而异。例如，对于微波与激光应着重采取对眼睛和皮肤的防护措施。此外，由于电磁污染的危害与接触时间长短有关，所以减少暴露时间便可以减轻电磁污染对人的危害。

第七章　化工清洁生产工艺

众所周知，化学工业是产生废气、废水、废渣的"三废"大户，对化学工业来说，清洁生产更是刻不容缓的重要课题。清洁生产不能片面地理解为保持生产车间环境的清洁、减少"跑、冒、滴、漏"，而应理解为应用于工业生产的一种预防性的环境战略。它的关键是应用清洁技术，从产品的源头和生产过程中削减或消除对环境有害的污染物。清洁技术可以在产品的设计阶段引进，从而使生产工艺发生根本改变；也可以在现有工艺中引进，从而分离和利用本来要排放的污染物，实现"零排放"的循环利用策略。由此，人们也把清洁技术称为"清洁工艺"。

第一节　清洁生产工艺概述

一、清洁生产的由来

随着工业化的发展，进入自然生态环境的废物和污染物将越来越多，已经超出了自然界自身的消化吸收能力，既造成了通常意义上的污染环境，又对人类自身造成了威胁。同时，工业化的不断深入也将使自然资源的消耗超出其恢复能力，破坏全球生态环境的平衡。20世纪 70 年代以来，针对日益恶化的全球环境，世界各国通过不断增加投入，治理生产过程中所排放出来的废气、废水和固体废物，以减少对环境的污染，保护生态环境，这种污染控制战略被称为"末端处理"。末端处理虽然在某种程度上能减轻部分环境污染，但并没有从根本上改变全球环境恶化的趋势。在实践中，人们逐渐认识到，被动式的末端处理为主的污染控制战略必须改变，否则，环境问题将难以得到根本的解决，而且社会、经济发展将陷入困境，最终将危及人类的生存。为此，联合国环境规划署理事会于 1989 年 5 月就做出关于环境无害化技术的决定。1990 年 10 月在英国坎特伯雷清洁生产研讨会上环境署工业与环境中心推出了清洁生产计划，当时只有屈指可数的政策、管理经验和技术经验可供交流。此项计划的推出在很大程度上取决于来自政府、工业界、研究机构和环境团体的 150 位清洁生产"斗士"或"鼓动家"的个人决心，他们鼓励推出"环境署清洁生产计划"，渴望他们本国或其他国家摆脱末端污染控制技术，超越废物最小化，走向清洁生产。从此以后，清洁生产的发展势头越来越猛。清洁生产代表着世界工业发展的方向，其核心是改变以往依赖"末端处理"的思想，以污染预防为主，推行清洁生产是实现可持续发展战略的重要举措。

1979 年 4 月欧洲共同体理事会宣布推行清洁生产的政策。同年 11 月在日内瓦举行的"在环境领域内进行国际合作的全欧高级会议"上，通过了《关于少废无废工艺的废料利用的宣言》，指出无废工艺是使社会和自然取得和谐关系的战略方向和主要手段。此后召开了不少地区性的、国家的和国际性的研讨会。1984 年、1985 年、1987 年欧共体环境事务委员会三次拨款支持建立清洁生产示范工程。

美国国会于 1984 年通过了《资源保护与恢复法——固体及有害废物修正案》，明确规定：废物最少化即"在可行的部位将有害废物尽可能削减和消除"是美国的一项国策。这项法案要求产生有毒有害废物的单位应向环保当局申报废物产生量、采取削减废物的措施、废物的削减量，并制定本单位废物最少化的规划。1990 年 10 月美国国会又通过了《污染防治法案》，从法律上确认污染首先应削减或消除在其产生之前。

1988 年秋，荷兰技术评价组织在经济部和环境部的支持下，在典型的工厂企业中进行了防止废物产生的大规模调查，并在 10 家工业公司中进行了预防污染的试点。这项由一些大学参加称作 PRISMA 的研究项目取得了重大的成果。实践表明，防止废物产生可以通过多种途径得以实现，而且预防措施往往能获得可贵的经济效益。实践活动确认实施清洁生产可以取得如下的效果：

　　① 更容易达到环保法规的要求；

　　② 通过节能、降耗、减污，降低生产成本，提高经济效益；

　　③ 有效保护工人安全，保护公众健康，保护生态环境；

　　④ 促进能源结构的调整和利用方式的改善；

　　⑤ 优化产业结构和布局；

　　⑥ 推动产品升级换代，增强市场竞争能力；

　　⑦ 发挥技术进步的作用，通过技术改造，实现经济的持续发展和经济与环境的良性循环。

1989 年联合国环境规划署工业与环境计划活动中心（UNEPIE/PAC）根据 UNEP 理事会会议的决议，制订了《清洁生产计划》，在全球范围内推行清洁生产。这一计划主要包括五方面的内容。

　　① 建立国际性清洁生产信息交换中心，收集世界范围内关于清洁生产的新闻和重大事件、案例研究、有关文件的摘要、专家名单等信息资料。

　　② 组建工作组。专业工作组有制革、纺织、溶剂、金属表面加工、纸浆和造纸、石油、生物技术；业务工作组有数据网络、教育、政策以及战略等。

　　③ 从事出版活动，包括《清洁生产通讯》、培训教材、手册等。

　　④ 开展培训活动。面向政界、工业界、学术界人士，以提高清洁生产意识，教育公众，推进行动，帮助制订清洁生产计划。

　　⑤ 组织技术支持，特别是在发展中国家，协助联系有关专家，建立示范工程等。

1990 年 9 月在英国坎特伯雷举办了"首届促进清洁生产研讨会"，会上提出了一系列建议，如支持世界不同地区发起和制订国家级的清洁生产计划，开展必要的培训活动，收集、处理和传播有关清洁生产的信息，支持创办国家级的清洁生产中心，进一步与有关国际组织以及其他组织联结成网等。

1992 年 6 月，在巴西里约热内卢召开了联合国环境与发展大会，183 个国家的代表团和联合国及其下属机构等 70 个国际组织的代表出席了会议。102 位元首和政府首脑亲自与会。这是联合国自建立以来，出席的国家最多的一次会议。会议发表的《里约环境与发展宣言》确认"地球的整体性和相互依存性"，"环境保护工作应是发展进程的一个整体组成部分"，"各国应当减少和消除不能持续的生产和消费方式"。大会所通过的《21 世纪议程》中多次提及与清洁生产有关的内容。

有关资料表明：我国目前污染的 80% 来自企业，而企业往往把控制污染的重点放在排放口（末端），希望通过"末端治理"达到排放标准。清洁生产与末端治理不同，它是在追求经济效益的前提下解决污染问题，它要求在生产全过程中节能、降耗、减污，从而在源头预防和削减污染，同时给企业带来经济和社会效益。由此可见，在企业推行清洁生产工作是十分必要的。

二、什么是清洁生产

清洁生产的概念，最早可追溯到 1976 年，这一年的 11 月、12 月间欧洲共同体在巴黎举行了"无废工艺和无废生产的国际研究会"，提出了为协调社会和自然的相互关系应主要着眼于消除造成污染的根源，而不仅仅是消除污染引起的后果这样一种新的思路。

清洁生产在不同的地区和国家有许多不同但相近的提法，例如中国和欧洲的有关国家有时又称"少废无废工艺"、"无废生产"，日本多称"无公害工艺"，美国则定义为"废料最少化"、"污染预防"、"削废技术"。此外，个别学者还有"绿色工艺"、"生态工艺"、"环境完美工艺"、"与环境相容（友善）工艺"、"预测和预防战略"、"避免战略"、"环境工艺"、"过程与环境一体化工艺"、"再循环工艺"、"源削减"、"污染削减"、"再循环"等叫法。这些不同的提法实际上描述了清洁生产概念的不同方面。我国以往比较通行"无废工艺"的提法。

清洁生产虽然已成为当前的热门话题，但至今还没有完全统一、完整的定义。此外，清洁生产是一个相对的、抽象的概念，没有统一的标准，因此，有关清洁生产的定义因时间的推移而不断发生变化。目前，比较权威的定义是联合国环境署在 1996 年提出的清洁生产的概念，即：

清洁生产是指将整体预防的环境战略持续应用于生产过程、产品和服务中，以期增加生态效率并减少对人类和环境的风险。

对生产，清洁生产包括节约原材料，淘汰有毒原材料，减降所有废物的数量和毒性。

对于产品，清洁生产战略旨在减少从原材料的提炼到产品的最终处置的全生命周期的不利影响。

对服务，要求将环境因素纳入设计和所提供的服务中。

从上述概念出发，清洁生产是一种预防性方法。它要求在产品或工艺的整个寿命周期的所有阶段，都必须考虑预防污染，或将产品或工艺过程中对人体健康及环境的短期和长期风险降至最小。清洁生产打破了传统的"管端"管理模式，而注意从源头寻找使污染最小化的途径。清洁生产的实施能够节约能源、降低原材料消耗、减少污染、降低产品成本和"废物"处理费用，提高劳动生产率，改善劳动条件，直接或间接地提高经济效益。因此，清洁生产是兼顾工业和环境的一个方兴未艾的话题。它既要求对环境的破坏最小化，又要求企业经济效益最大化。所以清洁生产可以概括为以下两个目标。

① 通过资源的综合利用、短缺资源的代用、二次资源的利用以及节能、省料、节水，合理利用自然资源，减缓自然资源的耗竭。

② 减少废料和污染物的生产和排放，促进工业产品的生产、消费过程与环境相容，降低整个工业活动对人类和环境的风险。

这两个目标的实现，将体现工业生产的经济效益、社会效益和环境效应的相互统一，保证国民经济、社会和环境的可持续发展。

三、清洁生产的内容

清洁生产主要包括以下三方面的内容。

（1）清洁的能源　常规能源的清洁利用，如采用洁净煤技术，逐步提高液体燃料、天然气的使用比例；可再生能源的利用，如水力资源的充分开发和利用；新能源的开发，如太阳能、生物质能、风能、潮汐能、地热能的开发和利用；各种节能技术和措施等，如在能耗大的化工行业采用热电联产技术，提高能源利用率。

（2）清洁的生产过程　包括尽量少用、不用有毒有害的原料，这需要在工艺设计中充分考虑；无毒、无害的中间产品；减少或消除生产过程的各种危险性因素，如高温、高压、低温、低压、易燃、易爆、强噪声、强震动等；少废、无废的工艺；高效的设备；物料的再循环（厂内、厂外）；简便、可靠的操作和控制；完善的管理等。

（3）清洁的产品　节约原料和能源，少用昂贵和稀缺原料，利用二次资源作原料；产品在使用过程中以及使用后不含有危害人体健康和生态环境的因素；易于回收、复用和再生；合理包装；合理的使用功能（以及具有节能、节水、降低噪声的功能）和合理的使用寿命；产品报废后易处理、易降解等。

推行清洁生产在于实现两个全过程控制。

在宏观层次上组织工业生产的全过程控制，包括资源和地域的评价、规划、组织、实施、运营管理和效益评价等环节。

在微观层次上的物料转化生产全过程的控制，包括原料的采集、贮运、预处理、加工、成型、包装、产品和贮存等环节。

在清洁生产的概念中不但含有技术上的可行性，还包括经济上可盈利性，体现经济效益、环境效益和社会效益的统一。

四、清洁生产的途径

从清洁生产的概念来看，清洁生产的基本途径为清洁工艺及清洁产品两个部分。

清洁工艺是指既能提高经济效益，又能减少环境问题的工艺技术。它要求在提高生产效率的同时必须兼顾削减或消除危险废物及其他有毒化学品的用量，改善劳动条件，减少对职工的健康威胁，并能生产出安全的与环境兼容的产品。是技术改造和创新的目标。

清洁产品则是从产品的可回收利用性、可处置性或可重新加工性等方面考虑。这就要求产品的设计人员本着产品促进污染预防的宗旨设计产品。一旦产品被确定，产品的环境影响也被注定。

开发清洁生产技术，是一个带有综合性的问题，要求人们转变概念，从生产—环保一体化的原则出发，不但熟悉有关环保的法规和要求，还需要了解本行业及有关行业的生产、消费过程，在这里没有一个万能的方案可以沿袭，对每个具体问题、具体情况都要作具体的分析。清洁生产是对生产全过程以及产品整个生命周期采取预防污染的综合措施。图7-1是生产全过程和产品生命周期的示意图。

从原料到产品的生产全过程又可分为若干工序，一般包括原料准备、若干加工工序、产品成型、产品包装等，每个工序都涉及工艺、设备、操作、管理等几个方面，都需要消耗能量，并往往有废料排出。

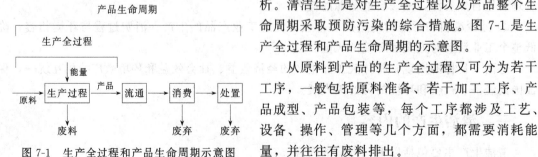

图7-1　生产全过程和产品生命周期示意图

推行清洁生产的起点在于揭示传统生产技术的重大缺点，针对生产过程系统的主要环节和组分，采取改变、替代、革除等方式谋求实现节能、降耗、减污的目的。

开发清洁生产是十分复杂的综合过程，且因生产过程的特点及产品种类而各不相同，但根据清洁生产的概念以及近年来工业实践在开发和应用清洁生产技术方面所积累的经验，可以归纳如下一些实现清洁生产的主要途径。

1. 革新产品体系，正确规划产品方案及选择原料路线

清洁生产的产品和原料均应是对环境和人类无害无毒的，因此必须首先对产品方案进行正确的规划，并选择合理的原料路线。采取安全无害的产品和原料代替有毒有害的产品和原料，采用精料代替粗料。

2. 实现自然资源的充分、综合利用，采用清洁的能源

我国一般工业生产中原料费用约占产品成本的70%，这表明过去的工业生产模式是以大量消耗资源为前提的，生产过程中对资源的浪费很惊人。对原料和能源的充分、综合利用，可以显著降低产品的生产成本，同时可以减少污染物的排放，降低"三废"处理的成本。

3. 改革工艺和设备，采用高效设备和少废、无废的工艺

改革工艺和设备以实现清洁生产的做法有：①简化工艺流程，减少工序和设备；②实现过程的连续操作，自动控制，减少因不稳定运行而造成的物料损耗；③改革工艺条件，实现优化操作，使反应更趋完全，以提高利用率并减少污染物的产生；④采用高效设备，提高生产能力，减少设备的泄漏率。

4. 组织厂内的物料循环使用系统

工业生产中贯彻贯穿着物料流和能量流两大系统。传统的工业生产采用的大多是一次通过的顺序式物料流和能量流，如图7-2所示。而清洁生产工艺要求物料流和能量流应采用循环使用系统，如将流失的物料回收后作为原料返回流程，将废料适当处理后也作为原料返回生产流程，如图7-3所示。当然，这里所指的物料循环使用系统可以在不同工厂之间执行，即组织区域范围内的清洁生产。

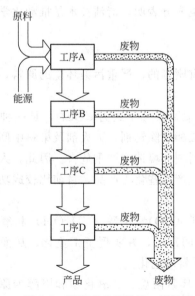

图 7-2　顺序式的物料流、能量流

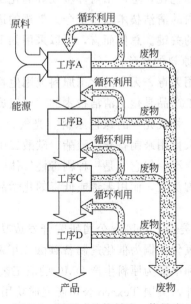

图 7-3　循环式的物料流、能量流

5. 改进操作，加强管理，提高操作工人的素质

强化管理与其他措施相比，是花费最小或不花钱就可以得到较大收益的措施，包括：①安装必要的监测仪表，加强计量监督；②建立环境审计制度、考核制度，对各岗位明确环境责任制；③加强设备日常维修，减少跑、冒、滴、漏；④妥善存放原料和产品，防止损耗流失；⑤采取奖惩制度及经济手段组织清洁生产。

6. 采取必要的末端"三废"处理

采用清洁生产工艺后，不等于不产生污染物，所以必要的末端"三废"处理对实现清洁生产是非常必要的。

这些途径可以单独实施，也可以相互组合，一切要根据实际情况来确定。

第二节 化工清洁生产技术

目前化学工业使用的工艺技术和生产的产品，大多数是 20 世纪 40 年代或 50 年代研究开发成功的。这些工艺和产品存在着不同程度的环境污染问题。为了治理化学工业的污染，我国已投资数千亿元的费用来整治环境。随着环保法规的日益严格，投入的环境污染治理费用也将急剧增加。人们现已认识到，现有的化工技术和产品如不进行大的变革，将制约人类社会经济的持续发展。革新现有技术和产品的最好办法就是大力研究和开发从源头根除环境污染的清洁技术。

一、概述

化工生产清洁技术就是用化学原理和工程技术来减少或消除造成环境污染的有害原料、催化剂、溶剂、副产品及部分产品。人们有时把化工中的清洁技术称为绿色化工。绿色化工的研究工作主要围绕以下几个方面展开：原料的绿色化，选择无毒、无害原料；化学反应绿色化，目标是实现"原子经济"反应；反应介质绿色化，采用无毒、无害的催化剂和溶剂；产品的绿色化，生产出对环境友好的化工产品。

国内的清洁技术取得了令人鼓舞的进展，同时也充分表明，清洁技术是推动化学工业清洁生产的关键。总体而言，可以采用如下技术。

1. 原料的绿色化

采用无毒、无害的化工原料或用生物废物替代有剧毒的、严重污染环境的原料，生产特定的化工产品是化工清洁技术的重要组成部分。

(1) 替代光气的绿色原料　光气，亦称为碳酰氯，其分子式为 $COCl_2$，是一种活泼气体，可大量用来制备异氰酸酯、碳酸二甲酯、聚碳酸酯及除锈剂、灭火剂及染料中间体，用途十分广泛。但它又是一种剧毒性气体，对人体和周围环境造成严重危害。因此，人们千方百计地淘汰它，而用无毒或低毒的化学品替代，来生产某些化工产品，目前比较成功的有以下几例。

① 美国 Enichem 公司研究开发成功了一氧化碳（CO）、甲醇（CH_3OH）和氧气为原料，以氧化亚铜为催化剂制备碳酸二甲酯（DMC）的工艺，并实现了工业化。从而淘汰了用光气和甲醇为原料生产 DMC 的旧工艺，实现了原料绿色化。

另外，美国 Texaco 公司研究成功用环氧乙烷或环氧丙烷、二氧化碳和甲醇为原料，两步法制备碳酸二甲酯的技术。最近，日本的一家公司研究成功了以尿素、丙二醇和甲酸为原

料，两步法制备碳酸二甲酯。这些新技术均实现了原料的绿色化，不再用剧毒的光气作为生产的原料。

② 甲苯二异氰酸酯是聚氨酯泡沫塑料的主要原料，最近国外研究成功采用二氧化碳或一氧化碳与有机氨反应生产异氰酸酯的工艺，并实现了工业化。这种技术改变了过去用光气作原料的生产工艺。

③ 聚碳酸酯是一种透明度高、性能优良、应用广泛的高分子材料。现在仍有一些工厂用光气和双酚 A 为原料生产聚碳酸酯。Komiya 成功地研究了用碳酸二甲酯和双酚 A 为原料生产聚碳酸酯的清洁工艺。

碳酸二甲酯现已被国际化学品权威机构确认为毒性极低的绿色化学品，它可以取代剧毒的光气，还可以用作羰基化剂、甲基化剂，因此它可以作为绿色化工原料制造多种化工产品。在绿色化工制造过程中，具有非常广阔的应用前景。

（2）替代氢氰酸的绿色原料　氢氰酸（HCN）是一种极毒的化学品，但它可提供 CN^- 而被广泛用于生产制备多种含氰化合物，如丙烯腈、农药中间体和杀虫剂等。由于它对环境和人体的严重毒害，国内外正在开发替代氢氰酸为原料的清洁生产技术。

日本旭化成公司研究成功了异丁烯直接氧化生产甲基丙烯酸的技术，取代了传统的用氢氰酸和丙酮为原料生产甲基丙烯酸的 ACH 技术。德国 BASF 公司还成功地开发了以丙醛和甲醛为原料生产甲基丙烯酸的技术。从而淘汰了以剧毒的氢氰酸为原料的旧工艺。

采用氢氰酸和异丁烯为原料生产重要化学品叔丁胺的工艺延续了多年，最近，德国 BASF 公司研究开发了异丁烯和氨直接反应生产叔丁胺的技术，这不仅避免了采用剧毒的氢氰酸为原料，而且还降低了生产成本。

美国 Mensanto 公司以无毒无害的二乙醇胺为原料，经过催化脱氢生产出氨基二乙酸钠。这一清洁工艺改变了过去的以氢氰酸和甲醛为原料的两步合成工艺。

氰化钠与氢氰酸一样，也是含有 CN^- 的剧毒化学品。但目前仍采用氰化钠溶液提取氧化矿中的金，因而造成大面积的氰化物毒性污染。最近我国中科院化冶所开发成功用硫代硫酸盐溶液浸取提金的技术，这是一个对环境友好的清洁生产技术。

2. 化学反应绿色化

化学反应绿色化是基于化学反应的高效原子经济性，设计出高效利用原子的化学合成反应。Trost 在 1991 年首先提出了原子经济性的概念。理想的原子经济反应是原料分子中的原子全部转化为产物，最大限度地利用资源，从源头不产生任何副产物或废物，实现废物的"零排放"。

目前，在石油化工的基本有机原料的生产工艺中，相当多的过程是以"原子经济反应"为基础开发的。如乙烯聚合生产聚乙烯，丙烯聚合生产聚丙烯，对苯二甲酸和乙二醇聚合生产聚酯等。近年来，美国 Enichem 公司采用钛硅分子筛催化剂，将环己酮、氨和过氧化氢发生反应，直接合成环己酮，转化率达 99.9%，基本上实现了原子经济反应。日本科学家后藤繁雄用铯离子通过部分离子交换把杂多酸（磷钨酸等）固定起来，制成了新的催化剂，让甲苯和苯酸酐在常压下进行反应 6h 后，可生成苯基甲苯酮（PTK）。在反应达到 150℃ 时转化率接近 100%。而传统的工艺一般是以氯化铝为催化剂，让酰基氯与芳香族化合物发生反应，生成芳香酮，该工艺转化率较低，并产生大量的氯化物废物。因此，新工艺是传统工艺的革命性的变革，对清洁生产具有重要意义。

橡胶的关键中间体是 4-氨基二苯胺（4-ADPA）。生产 4-ADPA 的工艺通常用对氯硝基苯与甲酰苯胺的碱金属盐反应。此工艺路线产生大量含多种污染物的高浓度无机物废水。最近，美国的阿美利加公司基于原子经济性原理，开发成功了新的清洁生产工艺，将苯胺和硝基苯在氢氧化四甲基铵存在下直接缩合，然后用铂/碳催化剂还原缩合反应产物，得到高收率的4-ADPA。与原工艺相比，新工艺减少了99％的无机废物，74％的有机废物和97％的废水，显示了基于"原子经济性"绿色技术的巨大优势。

我国中科院化冶所开发成功的绿色铬化工清洁生产集成技术，就是利用原子经济性原理，以拟均相高效无合成取代高温异相反应的清洁工艺。新工艺大大提高了铬的回收率，铬渣中含总铬由4％～5％下降到0.5％，渣排铬量为老工艺的1/40，铬化工行业首次实现了从源头控制污染的"零排放"清洁生产。

3. 反应介质的绿色化

化学反应介质主要是指反应过程中采用的催化剂或溶剂。采用绿色催化剂和溶剂是化工清洁生产的关键技术之一。

在很多化工生产过程中，采用氢氟酸、硫酸、三氯化铝、磷酸、三氟化硼等化学品作为催化剂，这些有毒的催化剂严重污染环境，腐蚀设备，危害人体健康。因此人们不断地开发研究出新一代的绿色催化剂来取代以往有毒的催化剂。目前取得进展较大的是用Y型分子筛、ZSM-5分子筛、β沸石等固体催化剂来取代硫酸、氢氟酸等催化剂，如国内石油科学研究院开发成功的异丁烷与丁烯烷基制备异辛烷的固体催化剂，彻底地解决了因使用硫酸、氢氟酸催化剂而存在的设备腐蚀和环境污染问题，是生产烷基化油的清洁生产工艺。另外，当用醇和有机羧酸制备酯类化合物时，通常使用硫酸作催化剂，在改用强酸性树脂的固体酸酯化催化剂后，就可以基本做到三废的"零排放"，这也是目前一种比较成熟的清洁生产工艺。

酶是一种生物催化剂，利用酶促进反应强化来制备和生产化学品是化工清洁生产的重要领域。有文献报道以葡萄糖为原料，通过酶反应可制得己二酸、邻苯二酚和对苯二酚。改变了传统的以苯为原料生产这些化合物的老工艺。石油的生物脱硫也是利用生物酶反应进行脱硫精制的清洁工艺。生物技术中的化学反应，大都是以自然界中的酶或者通过DNA重组及基因工程等生物技术使微生物产出酶为催化剂的。在应用上既可使用酶，也可以使用产出酶的微生物作为催化剂。酶反应大多数条件温和、设备简单、选择性好、副反应少、产品性质优良、不产生新的污染。因此酶将取代许多现在使用的化学催化剂，大大促进化工行业的清洁生产。

大量的化学反应都是在溶剂化状态下进行的。因此，溶剂是另一类必不可少的反应介质。例如，丁二烯聚合生产顺丁橡胶时，其化学反应是在甲苯溶液中进行的。大量与化工产品制造有关的污染问题不仅起源于原料和催化剂，而且也源自其制造过程所使用的溶剂，所以溶剂的绿色化是化工中清洁技术的重大研究课题。

经过长期的工业实践，人们已经认识和开发出一些低毒或无毒的溶剂，应该将它们大力推广应用到化工生产过程中去。不含芳烃的烃类溶剂是无毒的，可以用它们取代某些有毒的芳烃溶剂，如己烷油（俗称6#溶剂油）是用于浸取大豆食用油的优良溶剂。最近研究成功的环戊烷、戊烷发泡剂，可以取代氟利昂作为生产聚氨酯的发泡剂，它不会造成大气臭氧层的破坏。目前油漆、涂料行业中不少厂家仍采用C_9或C_{10}芳烃作溶剂，由于C_9或C_{10}芳烃有较大的毒性，经常发生油漆工人的中毒事件，华东理工大学开发成功的用碳酸二甲酯作为涂料溶剂的技术，不仅使涂料的性能达到涂料行业的各项技术指标，而且也保护了大气环境和人体健康。

溶剂萃取分离在石油化工生产中有广泛应用，但有些含磷、含硫的萃取剂有较大的毒性，严重地污染环境。因此，采用绿色溶剂作为萃取剂是溶剂萃取技术的发展趋势。绿色溶剂有低毒或无毒的有机溶剂，如己烷油、碳酸二甲酯；也有室温下的离子液体或超临界流体等。目前，首先要淘汰那些采用剧毒溶剂的老工艺，如从蒸汽裂解的 C_4 馏分中抽提丁二烯，老工艺中使用的萃取剂是乙腈（ACN）、二甲基甲酰胺（DMF），而现在正推广应用以 N-甲基吡咯酮（NMP）为萃取剂的新工艺。NMP 由于没有毒性，对人体和环境的危害小。因而，用 NMP 作丁二烯的抽提剂是一个绿色的萃取工艺。同样，NMP 可取代有毒的苯酚和糠醛作为润滑油精制的萃取溶剂。

当前，溶剂绿色化最活跃的研究领域是超临界流体（SCF），在超临界状态下，利用二氧化碳或水替代以往在有机合成中使用的对环境有害的有机溶剂，已成为一种新型的有机合成工艺。据报道，当采用一种催化剂在近临界水中的烷基化芳香族化合物，可选择性地进行氧化反应。例如对二甲苯与氧反应时，可得到浓度很高的对苯二甲酸；又如乙苯与氧反应时，α位的碳可以被氧化为酮，改变反应条件也可以生成醛。在近临界水中进行的化学反应具有副产品少、目的产物收率高的特点。

近临界水（250～300℃，5～10MPa）中有大量的能够溶解有机化合物的氢氧离子。这些离子在某些化合反应中还充当催化剂，研究表明，近临界水能够代替烷基化反应中的酸催化剂，消除了废酸的治理问题，同时，当水冷却降压时，产物可由溶液中分离出来。

超临界二氧化碳作为溶剂主要有两种用途。一是作为抽提剂，用于食品、医药行业的香料和药用有效成分的提取，另一个是作为反应介质充当溶剂，如丙烯酸自由基沉淀聚合反应中，使用超临界二氧化碳为溶剂，得到相对分子质量分布均匀的聚丙烯酸。同时最终产品中均不再会有残存的溶剂。当然，超临界二氧化碳还有用作涂料溶剂、清洗剂等其他绿色溶剂的功能。

4. 绿色的化工产品

化工产品广泛用于日常生活和生产活动的各个方面，因此化工产品的绿色化与人体健康及生态环境有着密切的关系。化工清洁技术就是要生产出与环境友好的清洁产品。如传统的含磷洗衣粉中的洗涤助剂三聚磷酸钠，由于它严重污染环境，对人体健康有害，国家环保局2000 年将其列为禁止使用的产品。作为磷酸盐的主要替代品是 4A 沸石，以它为洗涤助剂的无磷洗涤剂对人体与环境无害，将逐步占领市场，成为人们喜爱的清洁产品。为防止"白色污染"，国内外正在大力开发生物可降解的塑料。为保护大气臭氧层，国内外研究出了几种氟氯烃的替代品制冷剂，高效生物农药也正在逐步取代有毒的化学农药。车用清洁燃料的使用大大减少了汽车尾气对大气的污染。总之，为化工产品的清洁化，人们正设计出越来越多的与环境友好的更安全的绿色化学品。

近年来，国内外开发和应用清洁生产的进展迅速，出现了很多成功的范例。本节选择其中的一部分作简要的介绍，可以看出清洁生产的巨大经济效益和环境效益。

二、乙苯生产的干法除杂工艺

聚苯乙烯是由单体苯乙烯聚合而成，苯乙烯生产分两步进行，第一步是以苯与乙烯为原料在催化剂（氯乙烷和氯化铝）作用下，发生烷基化反应，生成乙苯；第二步再以乙苯脱氢制取苯乙烯。

合成乙苯时，应除去烷基化反应的副产品和杂质，在常规处理中是用氨中和后经水洗、碱洗和水洗的方法，废水用絮凝沉降处理分出污泥后排放。

干法除杂工艺，不改变原来基本的乙苯生成的工艺和设备，烷基化反应后的产物同样用氨中和，但中和后即进行絮凝沉淀，沉淀物经分离后用真空干燥法制取固体粉末，这种固体粉末可用来生成肥料，因此可作为副产品看待。干法工艺消除了废水的处理和排放，亦无其他废物排放。新旧工艺流程对比见图 7-4。表 7-1 为生产能力为 5.0×10^4 t 乙苯的新旧工艺的排污情况对比。

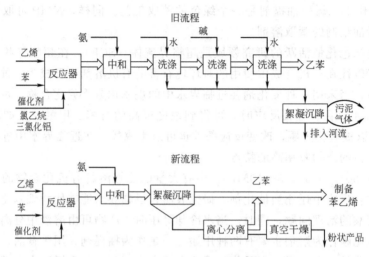

图 7-4 乙苯生成除杂工艺的新旧流程对比

表 7-1 苯乙烯生产新旧工艺对比

项　　目	单　　位	原有工艺	干法工艺
废水量	m³/t	1.5	0
废水中悬浮物	kg/t	2	0
有机物	kg/t	3	0
固体渣	kg/t		9
投资(1980 年价)	万法郎	400	525
运行费用	法郎/t	1.6	不明

本例是一个辅助工艺的小改革，实施起来难度不大，但消除了全部废水的排放，得到的固体渣可以作为副产品利用，从而使苯的烷基化过程实现了无废生成。

三、蒽醌制取四氯蒽醌工艺

染料工业中蒽醌制取四氯蒽醌的老工艺流程比较长，由于每一步工序中或多或少将产生污染物，所以整个反应产生了大量有毒的含汞废液和废水，以及含有大量原料、中间产物及产品的废水，而且产品的产率比较低。具体老工艺见图 7-5。现在改用碘作催化剂，革除了原来的汞催化剂，大大简化了生产工艺流程，减少了生产工序，减少了废水的排放量，而且降低了废水的毒性，提高了产品的产率。新工艺如图 7-6 所示。

四、合成氨废水综合利用

合成氨的制备方法是以石油或天然气裂解制氢，与氮气在高温、高压及催化剂的条件下

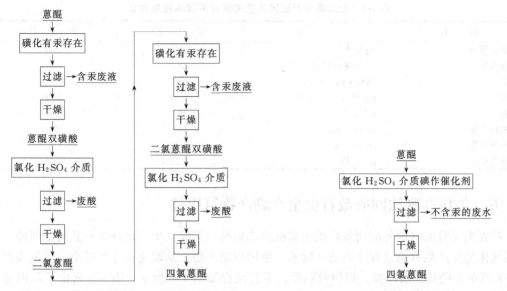

图 7-5 汞作催化剂制备四氯蒽醌工艺流程 　　图 7-6 碘作催化剂制备四氯蒽醌工艺流程

合成。以轻油或天然气为原料的合成氨所排放废水的特性是：含甲醇、氨、COD 等。以渣油为原料的合成氨则含有甲醇、氰、炭黑、氨、硫化物及金属等。废气中主要含有 H_2、CH_4、NH_3，另外还有氮气和氩气等。所以传统工艺排放的废气和废水等将对环境造成危害。新工艺从废水中回收油，从废气中回收氨并供应至职工居住区作生活用煤气，取得了明显的经济效益和环境效益。合成氨生产的新旧工艺流程对比如图 7-7。

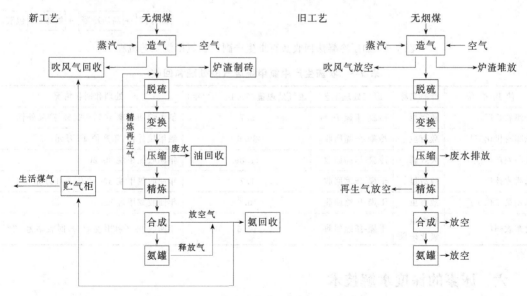

图 7-7　合成氨生产的新旧工艺流程

新旧工艺的主要经济技术指标见表 7-2。由表可知，以年 3 万吨合成氨计算，采用新工艺后每年可以节约标准煤 4700t，增产合成氨 500t，回收润滑油 75t，节约新鲜水约 96 万吨，同时可以利用工业废渣作建筑材料，并利用废气解决 1000 户职工的生活用煤气。总计可获利润 148 万元，并缓解了对水体和大气环境的恶劣影响。

表 7-2　合成氨生产新旧工艺主要经济技术指标对比

项　目	单　位	旧　工　艺	新　工　艺
无烟煤用量	kg 标煤/t 产品	1441	1240
烟煤用量	kg 标煤/t 产品	640	260
电耗	(kW·h)/t 产品	1621	1520
煤耗	t/t 产品	2.08	1.50
水耗	m³/t 产品	201	169
废水排放量	m³/t 产品	140	70
废气排放量	m³/t 产品	2833	56
废渣排放量	t/t 产品	0.25	0.05

五、加压冷凝法回收敌百虫生产副产物氯甲烷

敌百虫是目前国内外应用较广泛的有机磷杀虫剂,同时是生产敌敌畏产品的中间体。氯甲烷气体是生产敌百虫过程中制造亚磷酸二甲酯的副产物,从酯化反应器排出,工艺流程如图 7-8 所示。经加压后冷凝,以回收利用。工艺流程如图 7-9 所示。表 7-3 列出了国内主要农药厂敌百虫及相关产品生产中氯甲烷废气处理和回收情况。

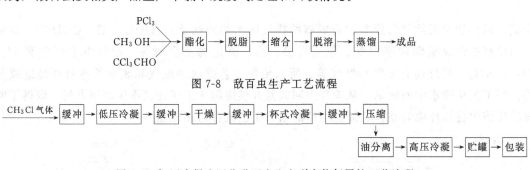

图 7-8　敌百虫生产工艺流程

图 7-9　加压冷凝法回收敌百虫生产副产物氯甲烷工艺流程

表 7-3　农药生产中氯甲烷废气的处理和回收

使用单位	产品名称	废气处理工艺	废气处理量/(×10⁴m³/年)	处理和回收情况
天津农药厂	敌百虫	冷凝-干燥-压缩	5.7	氯甲烷回收率40%~50%,产品外销
抚顺有机化工厂	敌百虫	冷凝-压缩回收	39.6	氯甲烷外销,年产值45万元
青岛农药厂	久效磷	冷凝-压缩回收	11.86	年回收氯甲烷30.2t
山西农药厂	敌敌畏	干燥-压缩回收	1.7	年回收氯甲烷37t,产值5.3万元
福州第二化工厂	敌百虫	干燥-压缩回收	10.6	年回收氯甲烷83.4t
山东农药厂	敌百虫 氧化乐果	干燥-压缩回收	17.6	年回收99%氯甲烷400t,回收率为43%

六、尿素的深度水解技术

自 20 世纪初尿素作为一种高浓度的氮肥品种问世以来,迄今为止,全世界的尿素总产量已达到 8000 万吨左右。我国自 20 世纪 60 年代开发和引进尿素生产技术,先后建成了 31 套大型装置和 40 多套中型装置,80 年代小化肥行业推广的碳铵改产尿素项目,建成了 140 多套小型尿素装置,目前我国的尿素总产量接近 3000 万吨,占世界总量的 37%左右。

深度水解技术是解决尿素生产中尿素工艺冷凝液 NH_3-N 污染的有效技术,20 世纪 70

年代在工业国家推广。我国引进的 50 万吨级大型尿素装置先后配备了深度水解装置，每套装置年回收尿素 2000t 左右，价值 200 多万元；80 年代后建成的中型尿素装置（如 CO_2 汽提法、氨汽提法）也配备了深度水解装置；但早先建成的 30 套水溶液全循环法中型尿素装置和后来建成的 140 套小型尿素装置，基本上未配备深度水解装置，这部分尿素装置的产量之和占全国尿素总产量的一半以上，若进行深度水解回收尿素，每年总计可回收 12 万吨尿素，相当于捡回来一套中型尿素装置，价值 1.2 亿元人民币，更重要的是通过深度水解，使尿素装置排放的生产废水中的氨氮指标达标，它标志着尿素工厂进入了清洁生产的良性发展轨道。

所谓深度水解，是将尿素生产中要排放的工艺冷凝液中的尿素分解成氨和 CO_2，再进行解吸将氨和 CO_2 从工艺冷凝液中分离出来回收至生产系统，使排放废液中的氨氮值低于环保规定值。深度水解技术可使废液中的 NH_3 和 CO_2 残余量均小于 50×10^{-6}，水解解吸后的残液完全符合国家和行业制定的排放标准，还可将残液处理后作为软水回收至锅炉房循环使用，不外排。

深度水解的流程为：污染废液由解吸泵送至解吸换热器，与来自第二解吸塔底部的废液进行换热后送入第一解吸塔上部，与水解塔和第二解吸塔蒸汽逆流接触，经塔盘蒸馏后，塔顶得到的 NH_3-CO_2-H_2O 混合气体进入回流冷凝器进行部分冷凝，冷凝液一部分返回第一解吸塔塔顶作为回流液，其余送尿素装置中的二循一冷作吸收液，未凝气去尾吸塔进一步吸氨后放空。第一解吸塔排出的液体由水解塔给料泵加压后进入水解塔换热器，然后进入水解塔上部，在水解塔内溶液中的尿素水解为 NH_3 和 CO_2，从水解塔塔底排出。第二解吸塔塔底排出的废液中尿素和氨含量均小于 50×10^{-6}，此废液经解吸塔换热器，废水冷却器冷却后排入下水系统或送锅炉房水处理站回收使用。

一般地，每生产 1t 尿素理论上需排出 300kg 废水，再加上喷射器、升压器等非工艺冷凝液，共计每吨尿素排废液在 400~500kg 之间。装置越大，回收效益越好，据测算，如年产 50 万吨级的大型尿素装置，深度水解投资 400 多万元，年回收尿素 2000t，可降低成本 200 多万元，不到两年时间即可回收投资；对年产 13 万吨级的中型尿素装置，深度水解投资 300 万元左右，年回收尿素 800t 左右，可降低成本 100 万元左右，三年可回收投资；对年产 4 万~6 万吨级的小型尿素装置，深度水解投资 200 万元左右，年回收尿素 400t 左右，可降低成本 50 万元左右，需 4 年才能回收投资。

七、甲醇生产装置的清洁生产

浙江巨化合成氨厂使用双塔流程进行年产 3 万吨精甲醇的过程中，有甲醇残液连续排放，年排放量达 1.2 万吨，甲醇含量 2%，年损失甲醇 200 多吨，造成资源浪费。残液中含 COD 2000~20000mg/L，及高沸点醇、异庚酮等，使残液处理的难度很大。该厂攻关小组实施清洁生产，使甲醇残液产生的污染消除在生产过程中，其主工艺甲醇精馏塔优化操作主要内容如下。

① 对原有工艺流程、控制指标、产品等进行现场调研，对不合理的、产生污染的工艺进行相应的整改。

② 在物料、热量衡算的基础上，利用化工软件模拟精馏操作，选取精馏塔的最佳设计和操作条件，建立了甲醇精馏模型。

③ 将优化改进的主要工艺指标——优化工艺的操作条件，输入操作的指示仪中，以方

便操作控制。

实施清洁生产后甲醇残液成分有很大变化，见表 7-4。由表可知，甲醇残液中甲醇含量控制在 0.05％以下，COD 降至 1000mg/L 以下，每年可从残液中回收甲醇 210t，可创效益 42 万元，该项目投资 35 万元（包括工艺流程改造、控制分析仪表等）以 10 年折旧期限，1 年可收回投资。该项目实行了清洁生产，将污染物消除在生产过程中，在不影响主装置正常生产、不增能耗的情况下，实现减污增效，且提高了产品质量。

表 7-4 实施清洁生产前后甲醛浓度的变化

残液成分	实施清洁生产前	实施清洁生产后	残液成分	实施清洁生产前	实施清洁生产后
甲醇/%	1.69 1.66	0.025 0.043	COD/(mg/L)	>15000 9229	751 488

八、催化裂化装置的清洁生产

天津石化公司炼油厂对催化裂化装置进行了 6 个月的清洁生产审计，提出了 23 个清洁生产方案，目前有 22 个投入实施，取得了下列成绩。

① 降低能、水、物耗，提高原料利用率，降低了污染和加工成本，使产品通过了 ISO 9000 质量认证，使企业树立了良好形象，可参与国际竞争。

② 使企业享受金融、资源、税收等方面的优惠政策。

③ 取得了显著的环境、经济效益。

可看出清洁生产是在市场经济的压力下的自觉行动和必由之路。

（1）催化裂化装置简介　该装置设计能力为 120 万吨/年，原料为直馏蜡油，产品为汽油、轻柴油、石油液化气等。

（2）催化裂化中主要项目进行清洁生产概况见表 7-5。

表 7-5 炼油厂实施清洁生产项目概况

清洁生产项目	原存在问题	清洁生产方案	效　果
炼油厂干气回收利用	炼油厂年产干气近万吨，在催化裂化等工序中因阀门泄漏，多年来，干气通过火炬燃烧排放	熄灭火矩工程 一期：投资 350 万元，建 5000m³ 气柜、压缩机等工程，回收部分低压，1997 年 11 月运行成功 二期：投资 2075 万元，建 2 万立方米气柜及系统工程全面进行，1998 年 8 月成功运行，干气 100% 回收	一年回收干气 10400t，价值 1040 万元，节约燃料近万吨 保护环境，年减少下列污染气体排放：烟尘 7.7t/年，SO₂ 375t/年，CO 0.17t/年，NOₓ 43.8t/年
烟气能量回收催化裂化装置	蜡油在高温、催化裂解过程中，每小时产生高温、高压、烟气 1700m³（650℃，0.235MPa）	投资 4600 万元，采用烟气轮机-轴流风机-汽轮机-电动机/发电机四机同轴方式，利用废烟气中压力、热能来驱动轴流风机	大大降低能耗，年节约燃料油 7020t
含硫污水密闭输送污水回用	催化裂化油水分离，排污水 10t/h，用 6t/h 软化水洗涤富气	污水经分离罐后用于洗涤富气污水（含 S 800mg/L）密闭输送，消除含硫污水中 H₂S 散发点 10 个，改善厂内空气质量	减少污水排放，节约软水 6t/h 节约软化水费 4.3 万元/年 节约污水处理费 16.8 万元/年 减少排污交易费 2.6 万元/年 节约脱硫费 43 万元/年

第三节 化工清洁生产工艺实例

一、燕山石化公司炼油厂清洁生产实例

1. 企业概况

炼油厂有常减压、催化裂化等 20 套生产装置，年加工原油 660 万吨，生产汽油、柴油、煤油、润滑油、石蜡等 60 多种产品。1995 年起，先后完成了催化改建扩建、60 万吨/年连续重整、100 万吨/年中压加氢联合装置的开工投产，第三套重油催化裂化装置的开车成功，已发展为目前国内最大的炼油厂之一。

随着企业的发展，炼油厂的各层工作人员更加重视环境保护工作，对原有的碱渣提酚装置、脱硫制硫装置进行改扩建，并投资 1000 多万元改建全厂含油污水预处理装置。

尽管如此，在生产中产生的工业废物还较多，位居"全国三千家重点污染企业"之列。1997 年，废水排放量为 596 万吨，废气 55 亿标立方米，废渣 2067t，废水处理费用达 1928 万元，上缴排污费 247 万元。

炼油厂的主要环境问题是生产中产生和排放的含油、含硫和含碱废水，其中含油污水先经过隔油，再进入射流浮选机浮选后，排入污水处理厂进行处理；含硫污水经脱硫制硫装置后去污水处理厂；含碱污水经专门管线排入污水处理厂。固体废物包括废催化剂、废活性炭和碱渣，碱渣经碱渣提酚装置处理后去污水处理厂。废气包括燃烧炉烟气和废蒸汽，直接排放到大气中。1997 年废水处理费高达 1928 万元，占废物处理总费用的 90% 以上。

炼油厂各装置废水排放情况见表 7-6。

表 7-6　炼油厂各装置 1997 年废水排放情况

生产装置	COD 年平均/(mg/L)	生产装置	COD 年平均/(mg/L)
一蒸馏装置	420	老糠醛装置	418
二蒸馏装置	484	新糠醛装置	465
三蒸馏装置	325	润滑油加氢装置	249
一蒸馏装置	216	石蜡加氢装置	217
二蒸馏装置	340	丙烷装置	320
铂重整装置	180	制硫装置	142
酮、苯装置	581		

2. 清洁生产概况

炼油厂从 1994 年开始推行清洁生产工作，合理利用资源和能源、改用无污染或少污染的新技术和新工艺。

炼油厂共有 20 套生产装置，目前正常运行的有 14 套装置（包括刚开车成功的三催化装置），已进行过清洁生产审计的有酮苯、二催化、一催化、加氢和二蒸馏等装置。

共提出清洁生产备选方案 134 项，其中无费、低费方案 55 项，中费方案 64 项，高费方案 15 项，已实施 79 项，其中无费、低费 55 项全部实施，中费方案 24 项，高费方案 1 项。实施情况见表 7-7。

炼油厂清洁生产目标如下。

① 降低蒸汽消耗量，近期目标降低 30%，远期目标降低 50%。依据：该装置原有近一

表 7-7　清洁生产实施情况表

装置名称	备选方案/项	已实施/项	备　注
酮苯装置	32	21	全厂共提出备选方案 134 项,已实施 79 项,占 58.96%。其中无费、低费 55 项,100%实施;中费 64 项已实施 24 项,实施率 37.5%;高费方案 15 项,实施 1 项,占 6.7%
二催化装置	28	16	
二蒸馏装置	24	13	
加氢装置	22	14	
一催化装置	28	15	
总　计	134	79	

半蒸汽用于降低烟气温度,该部分蒸汽消耗可以通过技术改造加以解决。

② 降低软化水消耗量,近期目标降低 20%,远期目标降低 30%。依据:空冷系统软化水可以部分回收,以降低消耗。

③ 减少碱渣排放量,近期目标降低 20%,远期目标降低 50%。依据:该装置已开始采用注氨工艺,可大大降低碱渣产生量。

④ 降低含油废水排放量,近期目标降低 10%,远期目标降低 20%。依据:该装置含油废水主要来源于机泵冷却水和地面冲洗水,通过采用节水技术降低废水排放量。

⑤ 降低含硫废水产生量,近期目标降低 10%,远期目标降低 20%。依据:含硫废水处理费用较高,采用技术革新和加强生产管理等多种手段,降低其产生量。

⑥ 降低含油废水中的油含量和 COD 浓度,近期目标降低 20%,远期目标降低 50%。依据:通过加强生产管理和废水污染物总量控制,逐步降低废水中污染物浓度。

3. 清洁生产的方法

(1) 领导参与、组织保证　炼油厂领导重视清洁生产工作,要求全厂各部门、各基层单位密切配合,积极推行清洁生产,以提高企业的现代化管理水平,实现可持续发展,争取获得环境和经济双重效益。炼油厂主管生产的厂长担任清洁生产审计小组组长,全面负责全厂的清洁生产工作,协调各车间和各部门,作好清洁生产的各项工作。组建清洁生产领导小组和工作小组(由厂、车间领导及环保、技术及审计人员组成),有计划地进行清洁生产工作。

在组织健全、领导重视的前提下,各层领导特别是厂级领导的清洁生产意识是关键。炼油厂为了企业生产发展,进行了二催化改造、新增三催化装置和润滑油白土精制装置,引用了十几项新技术,如:以渣油替代重油作原料,使渣油得以充分利用;催化剂循环使用,不但节约了物料,而且提高了产品的品位,减少了含硫污水排放,同时增加了产品的附加值,获得了可观的经济效益。

(2) 生产装置"三废排放"目标管理　例如各项生产装置达标的具体内容中规定了废水排放量、COD 总量、废水含油量、pH 等指标,并纳入生产考核指标中。对各装置外排水质管理实行排污费指标控制。实行每日外排废水计量、油含量和 COD 含量等分析。并按指标实行考核。

(3) 装置达标管理　根据各装置的特点,制定定期检查、保养维修制度;并且责任到人,各负其责,提高了装置的完好率,确保装置正常运转。

(4) 实行环境保护工作承包合同　炼油厂与环保处签订环保工作承包合同,内容包括:装置——环保设施的正常运转、污染物达标排放、三同时和环境影响评价等。主要内容如下。

① 全厂 COD 排放量不得超过 300t,超过或削减者按奖惩制度处理。

② 对外排废水进行管理并按照（浓度和总量）指标考核。

③ 保证环保设施正常运行。

④ 认真执行"环评"和"三同时"。

⑤ 达标管理。

⑥ 对全厂进行安全、环保、清洁生产宣传教育。

⑦ 全年不发生污染、扰民事故。

⑧ 推广公司的环境监测工作条例及实施办法。

⑨ 制作环境监测月报、报表，定期通报环境保护管理情况（环境保护动态、装置检修及环保工程、装置达标情况、环保装置运行情况）、环境监测情况（排放水质、环境大气质量、烟气林格曼黑度等）。

⑩ 厂河道排水 COD 不得超过 100mg/L。

（5）环境监测机制保证

① 监测计划，全厂各主要装置主要排放物都要有监测计划。

② 各项环境指标监测纳入生产考核。

③ 保证监测仪器正常运装。

④ 污水排放口在线监测水量、含油量、COD、pH 等。

⑤ 监测人员组织配套，考核持证上岗。

⑥ 监测人员每周学习，定期考核。

（6）实行奖惩制度　炼油厂将环保指标纳入车间生产和经济考核之中，环保指标在奖金核算中占 10%，指标达到与否直接与岗位班组人员利益发生关系，环保处根据"环保指标考核办法"（例如各装置环保考核指标、各装置排污总量及浓度、合格率），不合格的装置根据情况，按环保指标所占的比例扣罚当月奖金，如某装置排放的含油废水中油含量大于 $1000\mu g/L$ 扣 0.5 分，超过 $2000\mu g/L$ 扣 1 分，这就与该装置的每个人的利益密切相关。又如燕山石化总公司给炼油厂的 COD 排放指标是 300t，减少排放 1t 奖励 300 元，摊入成本；超标 1t，罚款 200 元。若超标罚款，则该罚款将根据追查的责任排放源落实到装置，进而落实到班组的每个人。

一系列的具体措施保证了清洁生产在炼油厂得以顺利实施，取得了良好的环境、经济和社会效益。

二、中成化工有限公司清洁生产实例

1. 企业概况

广东中成化工有限公司是一家中型民营化工企业，主要产品有三大系列：以保险粉为核心的硫化工系列；以双氧水为中心的过氧化物系列；综合利用基础上的工业和高纯气体产业。

中成化工始建于 1993 年，1994 年投产。当时是单一的保险粉产品，规模 1.8 万吨。目前中成保险粉已经达到 19 万吨（包括湘中成），成为世界上最大的保险粉生产和经营企业，国内市场占有率达 80%，出口量占世界各国出口总量的 40%，产品也扩展到 10 个。2001 年底的产品情况见表 7-8。

中成化工的产品并非高附加价值的产品，国内同类企业全部亏损或在亏损边沿，但中成化工不仅盈利而且在激烈的竞争中取得了良好的效益，可以说，公司启动的"清洁生产工程"

表 7-8 2001 年底中成化工的产品情况　　　　　　　　　　　　　单位：万吨

序号	产品名称	年生产能力	2001 年	主要用途	行业地位
1	保险粉	19	14.5	印染、造纸、食品	世界最大
2	亚硫酸钠	2	1.3	造纸、农药	副产品
3	焦亚硫酸钠	10	6.8	自用及造纸、食品	世界最大
4	海波	回收	0.3	农药	
5	雕白块	0.3	0.2	印染、皮革	华南最大
6	氧化锌	0.2	0.15	陶瓷、橡胶	联产
7	二氧化碳	5	2.4	工业气体饮料啤酒	华南最大
8	干冰	0.8	0.04	食品保鲜	华南最大
9	双氧水	3.5①	试车	造纸、印染、污水治理	中国最大
10	过碳酸钠	1.6	试车	洗衣粉添加剂	华南最大

① 双氧水为折算成纯度为 100％的量。

起了至关重要的作用。

2. 企业实施清洁生产的过程

在企业的发展过程中公司决策层没有把清洁生产与追求利润对立起来，而是努力做到相辅相成。以清洁生产、节能降耗来创造利润，利润多了就更加重视清洁生产，形成了良性循环。1998 年后，公司以"清洁生产"的系统概念为指导，启动了"清洁生产工程"，到 2001 年年底已经完成了三期工程，取得了丰硕的成果。

第一期"清洁生产工程"从 1998 年 8 月开始启动，到 1999 年末总结。这期间公司结合保险粉的扩产改造，完成了包括 24 个子项目的四大环保工程。

① 完善了综合回收车间，每年从保险粉残液中回收甲酸钠 10000t，多回收亚硫酸钠 1000t。累计投资 2500 万元，年回收效益 1100 万元。

② 建立了残液焚烧与海波回收装置。回收甲酸钠和亚硫酸钠后的残液还有不少资源，但组成复杂，暂时没有技术可以全部回收利用，排放有很高的 COD，会污染环境。为此自行设计烧污炉进行一次焚烧，基本上去除了有机 COD，再利用焚烧残渣回收海波。经过两期工程，到 2000 年 3 月，该装置已经形成五炉三系统，基本与 16 万吨的保险粉配套，累计投资 1500 万元，年回收海波 4000t，增加销售额 400 万元，并使大部分工艺水可以达标排放。

③ 建立−44℃深冷装置和合成尾气活性炭吸附装置，使尾气排放达到国家二级标准，溶剂回收率提高 1.2 个百分点，并显著减少了尾气中的异味，累计投资 300 万元。

④ 全面推广可回收包装。公司在世界上首创密封软包装，对铁皮包装桶也进行回收、修复，使包装回收率达到 48％以上，每年节约薄钢板 1.2 万吨。投资 1000 万元，年回收效益 1200 万元以上。

在 2000 年度实施的二期工程包括 17 个子项目，主要进行了三个方面的工作。

① 从焦亚生产尾气和甲酸钠合成尾气中回收 CO_2。建成 5 万吨/年能力的 CO_2 和 8000t/年的干冰装置。在生产 CO_2 的过程中，通过 14 道工序，全面滤除了尾气中的各种杂质，使 CO_2 质量超过了国家食品级标准，达到了"两可"标准，也使剩余尾气清洁排放。该项目累计投资 2000 万元，年增销售额 2400 万元。

② 甲酸钠造气废水全封闭循环利用。造气过程每天产生 1000 多吨废水，不仅污染环境而且浪费水资源。经过整改，仅投入数万元就使废水全封闭循环使用，大大减少了废水排放。

③ 产品包装工序的粉尘控制、分区噪声控制、完善各项检测仪表等。

2001 年实施的第三期工程包括 18 个子项目，除继续对一期、二期的"清洁生产工程"进行完善和提高外，重点解决了公司最后的一股废水问题。在残液回收甲酸钠过程中，进行浓缩时产生高浓度、高 COD 蒸发冷凝废水，以前采用芬顿法处理后排放，但 COD 去除不彻底，费用高。2001 年在设计双氧水工程时，将这股废水利用造气余热进行蒸发，蒸汽送入造气炉生产水煤气，残余的浓缩液返回烧污炉焚烧，仅追加投资 120 万元，基本彻底解决了公司工艺废水的达标排放问题。

三期"清洁生产工程"公司共投入 1.2 亿元左右（包括双氧水部分的环保投资），相当于公司固定资产投资额（约 5.8 亿元）的 20%。

2002 年公司将实施"清洁生产工程"的第四期工程，目标是全面通过环保验收，通过 ISO 14000 的认证。通过这两项工作，对全公司的清洁生产的硬件进一步完善和提高，配备必要的在线检测和终端检测仪器，同时注重观念和软件的提高，全面加强对清洁生产的各项管理，巩固"清洁生产工程"的成果。四期"清洁生产工程"的硬件部分包括 20 个子项，计划投资 300 万元。

表 7-9 是"清洁生产工程"实施前后的收率变化。表 7-10 是广东中成化工各项清洁生产指标与日本三菱瓦斯、国内其他保险粉企业（无锡大众、合肥化工厂、烟台金河）的对比。可以看出，实施"清洁生产工程"使中成化工的技术经济指标达到了国内外最先进的水平。

表 7-9　"清洁生产工程"实施前后的收率变化

清洁生产工程分期	一期末	二期末	三期末
时间点	1999/12	2000/12	2001/12
钠原子收率/%	91.2	95.4	97.3
硫原子收率/%	94.4	96.2	98.1
溶剂收率/%	97.5	98.7	99.1
二氧化碳收率/%	0	55.4	65.2
包装物收率/%	48.5	51.2	54.3
电耗/(kW/t)	519	508	450
蒸汽消耗/(t/t)	1.79	1.48	1.20
制造成本/(元/t)	3233	3046	2715

表 7-10　中成化工与日本三菱瓦斯和国内其他厂家对比

原子收率/能耗	中成化工	日本三菱瓦斯	国内其他
钠/%	97.3	78.0	87.8
硫/%	98.1	95.0	93.2
二氧化碳/%	65.2	0	0
溶剂消耗/(kg/t)	31.1	50	87.7
溶剂回收率/%	99.1	98.8	93.2
包装回收率/%	54.3	0	0
电耗/(kW/t)	450	450	480
汽耗/(t/t)	1.2	6.0	3.0
水耗/(t/t)	15	40	50

3. 企业实施清洁生产经验

（1）树立化工企业"生存线"的概念。化工企业的"生存线"就是安全和清洁生产。化工行业曾经走过"只污染，不治理"的路，也走过"先污染，后治理"的路。化工行业在对社会、对人类做出很大贡献的同时，也对环境和社会带来了很大危害。

（2）清洁生产的基础是工艺路线的选择。如果工艺路线选错了，选了一条污染大并技术上还很难处理的路线，那么仅靠以后的治理或局部的改造很难解决根本问题。保险粉生产就有不同的路线，如"钠汞齐法"，存在汞污染，而汞污染有极大的毒性危害，又很难根本解决。而另一种"锌粉法"，虽然避免了汞污染，但有含锌污水排放，其中有严重的重金属污染，也是有毒害性的。中成化工选择的是先进的"甲酸钠法"，避免了汞和重金属污染，虽然有 COD 污染，但具备治理的技术条件。因此"甲酸钠法"与"钠汞齐法"和"锌粉法"相比就是清洁生产工艺，这就为清洁生产创造了基础条件。推行清洁生产首先是先进工艺淘汰落后工艺的一场革命。

（3）创新是清洁生产的根本手段。为了实施清洁生产，中成化工进行了全方位的创新。首先是技术创新，其出发点就是最大限度地利用资源。清洁生产是一个全面的系统工程，要领导观念先行，技术、物流、管理的全面整合，要舍得投资，要坚持不懈。这样才有成效、有结果。

（4）大规模的集中生产是清洁生产的有利因素。清洁生产的根本思路是资源实现最大限度的利用。全面推进清洁生产就应当提倡和推进化工生产的规模化，通过市场资源的合理配置和法规的约束，促进高污染的小规模企业逐步退出，以达到资源的合理利用。

（5）选择清洁工艺、提高重复利用、综合利用、加强对原废弃资源回收，强化每个环节的管理是抓好清洁生产的五大措施。在加强管理方面，建立了分区、部门、岗位的清洁生产责任制，并配套建立了比较完善的分区监测控制体系以及清洁生产数据库管理评估体系，对整个流程的各个环节都有数据可查，可以及时发现问题，评估责任制的落实情况和清洁生产措施的效果。

（6）清洁生产是没有止境的，不可能一劳永逸。在企业今后的发展中，清洁生产仍然是决策中第一位要考虑的问题，从一开始就从源头上符合清洁生产的要求。

三、鲁北化工厂清洁生产实例

随着高浓度磷复肥工业的发展，磷石膏废渣急剧增加（每生产 1t 磷酸排放 5t 磷石膏）。目前，世界磷石膏年排放量达 2.8 亿吨，我国也将超过 2000 万吨。由于磷石膏含有 P_2O_5、F^- 及游离酸等有害物质，任意排放会造成严重的环境污染；设置堆场，不仅占地多、投资大、堆渣费用高，而且对堆场的地质条件要求高，磷石膏长期堆积会引起地表水及地下水的污染。

硫酸是生产磷复肥的主要原料之一（生产 1t 磷酸消耗 2.8t 硫酸）。目前我国生产硫酸的原料结构：硫铁矿占 66.72%、有色金属冶炼烟气占 18.54%、硫磺占 10.20%、其他原料占 4.54%。因我国硫铁矿后备资源不足、90% 以上是含硫小于 30% 的中低品位矿，并且可开采品位逐年下降，天然硫磺尚未开发利用，有色金属冶炼烟气及炼油工业硫酸回收也有限。硫资源紧张及硫铁矿制酸排放废渣的难题，严格制约了我国硫酸工业及磷复肥工业的发展。因而，如何综合利用磷石膏废渣、保护环境，拓宽硫资源渠道，一直是我国乃至世界亟待解决的课题。

利用石膏生产硫酸和水泥，可实现硫资源的良性循环，具有广阔的发展前景。

鲁北化工股份有限公司经小试、中试、产业化、大型化，攻克了大窑结圈、设备堵塞这一技术难关，控制了弱氧化气氛，创造出半水流程工艺及高饱和比、高硅酸率配料率值，解决了水平衡、热平衡、酸平衡等一系列技术难题；取得了盐石膏、磷石膏、天然石膏制硫酸联产水泥试验的成功，填补了我国石膏制酸技术的空白，获得国家发明专利。

磷铵副产磷石膏制硫酸联产水泥新技术，将磷铵、硫酸、水泥三套生产装置有机地排列组合为一体，形成绿色环保产业链。利用生产磷铵排放的废渣磷石膏制硫酸联产水泥，硫酸返回用于生产磷铵，硫酸尾气回收制取的液体 SO_2 作为海水提溴的原料，废水封闭循环利用，磷铵干燥采用节能型沸腾式热风炉，以锅炉排出的煤渣为原料，燃烬后成为合格的水泥混合材。废渣被吃光用净，变废为宝，硫在装置中循环利用。

（1）磷铵部分　磷铵装置采用湿法磨矿，三槽单桨再结晶萃取磷酸，真空吸滤，外环流氨中和与三效料浆浓缩一体化、内分级、内返料、内破碎喷浆造粒干燥工艺，制得粒状磷铵产品。

磷矿经破碎、球磨制成矿浆，与硫酸经计量后，加入萃取槽进行化学反应：

$$Ca_5F(PO_4)_3 + 5H_2SO_4 + 10H_2O = 3H_3PO_4 + 5CaSO_4 \cdot 2H_2O + HF\uparrow$$

磷酸料浆经过滤洗涤后，得到成品磷酸和副产品磷石膏。萃取反应产生的含氟气体进入氟吸收塔洗涤吸收。酸由泵送入外环流快速中和器，与气氨进行中和反应，经三效浓缩，由内分级、内返料、内破碎喷浆造粒干燥机制得粒状磷铵：

$$H_3PO_4 + NH_3 = NH_4H_2PO_4$$

$$NH_4H_2PO_4 + NH_3 = (NH_4)_2HPO_4$$

（2）硫酸、水泥部分　磷铵生产过程中排放的磷石膏废渣制取硫酸与水泥，采用半水烘干石膏流程、单级粉磨、旋风预热器窑分解煅烧、封闭稀酸洗涤净化、两转两吸工艺，包括原料均化、烘干脱水、生料制备、熟料烧成、窑气制酸和水泥磨制六个过程。磷石膏经烘干脱水成半水石膏，与焦炭、黏土等辅助材料按配比由微机计量、粉磨均化成生料，生料经旋风预热器预热后加入回转窑内，与窑气逆流接触，反应式为：

$$2CaSO_4 + C \xrightarrow{900 \sim 1200℃} 2CaO + 2SO_2\uparrow + CO_2\uparrow$$

① 生成的 CaO 与物料中的 SiO_2、Al_2O_3、Fe_2O_3 等发生矿化反应，形成水泥熟料：$12CaO + 2SiO_2 + 2Al_2O_3 + Fe_2O_3 = 3CaO \cdot SiO_2 + 2CaO \cdot SiO_2 + 3CaO \cdot Al_2O_3 + 4CaO \cdot Al_2O_3 \cdot Fe_2O_3$ 制得的熟料与石膏、混合材（煤渣）按一定比例经球磨机粉磨为水泥。

② 含 SO_2（11％～14％）的窑气经电除尘、酸洗净化、干燥，由 SO_2 鼓风机送入转化工序，在钒的催化作用下，经两次转化，SO_2 被氧化成 SO_3：

$$2SO_2 + O_2 \xrightarrow{V_2O_5} 2SO_3$$

SO_3 被浓度为 98％ 的 H_2SO_4 两次吸收后，与其中的水化合制得 H_2SO_4：

$$SO_3 + H_2O = H_2SO_4$$

磷铵副产磷石膏制硫酸联产水泥新技术，创新及突破点见表7-11。

磷铵副产磷石膏制硫酸联产水泥技术的开发，既开辟了磷铵生产原料硫酸的来源，找到了废渣磷石膏治理的有效途径，又解决了磷复肥工业"三废"污染的世界难题。磷铵、硫酸与水泥三产品联产，化害为利，变废为宝，形成了绿色环保产业链。与同规模厂家单独生产磷铵、采用硫铁矿生产硫酸和一般水泥厂相比，成本最低。硫酸成本约为硫铁矿制硫酸的1/2，水泥成本为一般水泥厂的2/3，磷铵成本降低700元/t。

若在全国推广该项技术，不仅每年节省磷石膏堆场建设费6000万元，而且为国家节省生产800万吨水泥的石灰石开采费21亿元，又节省生产600万吨硫酸的硫铁矿开采费30亿元，保护了矿山资源，对整个社会影响意义深远。

四、海四达化学电源有限公司清洁生产实例

1. 企业概况

江苏海四达化学电源有限公司生产的产品是镍镉、镍氢密封蓄电池。现在已经形成了年产1600万安时的生产规模。生产电池的主要原辅材料是镍和镉。每年生产用镍粉80t、硝酸镍340t、镉球110t。对环境造成污染的主要是镍、镉化合物。自企业投产以来，为了减少

表 7-11　鲁北法磷铵副产磷石膏制硫酸联产水泥技术创新及突破点

序号	传 统 法	鲁 北 法
1	采用中空长窑分解煅烧石膏生料,窑气 SO_2 浓度 8%,系统热耗高	采用旋风预热器窑分解石膏生料新技术,窑气 SO_2 浓度可达 11%~14%,系统热耗降低 30%,生产能力增大 30%,节省了装置投资,实现了装置大型化
2	原料石膏烘干采用烧僵工艺,即烘干成无水石膏;选用回转式烘干机,设备笨重庞大,热耗高,热效率低,不易大型化	原料石膏烘干采用半水工艺,即烘干成半水石膏;选用快速烘干机和节能型沸腾式热风炉,简化了流程,投资节省 28%,设备体积小,生产能力大,能耗降低 25%;热风炉炉渣作水泥混合材
3	因配料和窑内气氛等因素,经常出现石膏制硫酸回转窑结圈现象;煅烧回转窑采用单风道喷枪,火焰分散,火焰形式和温度调整不灵活,处理窑内结圈效果较差,对煤质要求高,无法适应窑内物料和条件的变化;窑中部设三次风加入风机;回转窑年运转率 80% 左右	创造了高饱和比、高硅酸率自动控制配料技术,研制了石膏煅烧回转窑三风道喷枪,采用"移动煤枪、长短结合、多点煅烧,变换窑速,调整二次风"操作,从根本上解决了大窑结圈的难题;取消了三次风的送入设备,杜绝了设备堵塞,简化了操作;石膏制酸回转窑年运转率达到 96% 以上
4	制硫酸所用的磷石膏采用再浆洗涤和重过滤的复杂工艺,使其 P_2O_5 含量降低至 0.5% 以下	磷石膏中 P_2O_5 含量在 1.5% 以下,可满足生产需要,生产出高强度水泥熟料,突破了国外磷石膏中 P_2O_5 含量超过 0.5% 会影响水泥质量和回转窑正常运行的极限,节省投资,简化工艺
5	石膏制酸联产的水泥产品强度低,标号为 325#	水泥熟料标号稳定达到 625# 以上,产品为低碱水泥,早强快凝,后期强度增进率高
6	石膏制酸系统 SO_2 浓度低,一般采用水洗净化、一转一吸工艺,设备投资大	硫酸系统 SO_2 浓度高,采用电收尘、酸洗净化、两转二吸工艺,总转化率≥99.5%,吸收率≥99.95%,解决了水平衡、热平衡、酸平衡等难题,设备投资少
7	磷酸萃取采用单槽多浆或单槽单浆等工艺,萃取率 97% 左右,磷得率低;气氨与磷酸中和采用中和槽或管式反应器;磷铵造粒采用氨化粒化或喷浆造粒干燥工艺	磷酸萃取采用三槽单浆再结晶工艺,操作稳定、生产灵活,矿种适应性强,磷石膏结晶粗大,萃取率达到 99% 以上,洗涤率达到 99.5% 以上,磷得率高,副产的磷石膏中 P_2O_5 含量小于 0.4%,无污水排放。磷铵采用外界流氨中和与料浆三效浓缩一体化工艺,并实现了大型化,节省能耗 25%,氨得率高。采用内分级、内返料、内破碎喷浆造粒干燥工艺,缩短了流程,节省了投资,降低了成本,改善了劳动条件

对环境带来的污染,采取了多项措施,提高资源、能源的利用率,尽量减少污染物产生的总量和排放量,取得了一定的成效。例如装配车间以前生产带极耳的电池,在锉极耳的过程中,镉、镍的粉尘污染比较严重,1997 年后逐步采用端面焊工艺替代旧工艺,使粉尘的污染大为减少。

1998 年 4 月公司作为江苏省南通市"清洁生产"试点单位,在全公司范围内开展了清洁生产工作。企业实施清洁生产带来了良好的环境效益、经济效益和社会效益、取得了可喜的成果。

2. 实施清洁生产的基本做法

自公司被定为"清洁生产审计"试点单位后,按照清洁生产审计的具体要求展开了各项工作,具体分为五个阶段。

(1) 组织筹划阶段　组织准备,建立清洁生产审计领导班子和工作班子。企业于 1998 年 4 月成立了清洁生产审计领导组和清洁生产审计工作组,并对工作组的具体工作进行了分工落实。

通过多种形式宣传教育,举办黑板报和宣传橱窗。利用黑板报、橱窗等宣传工具,宣传清洁生产的概念、内容、目的、意义和 ISO 14000 标准等有关知识。

召开中层干部会议,宣讲企业实施清洁生产的重要性和必要性,对清洁生产审计工作进行了深入细致的讲解,再由各部门负责人分头召开会议,做到层层发动,层层落实。使企业的全体员工明白为什么要搞清洁生产。邀请环保局专家授课，对班组长以上的管理人员和科技人员进行了相关的业务技术培训。

制订工作计划，在宣传、发动、业务培训的基础上，制定"清洁生产工作实施方案"。

（2）对企业的生产现状进行调研、分析　在组织发动的同时，公司组织工程部和生产技术部的人员，对公司生产的现状进行调研、分析。工作组成员对全厂污染源现状进行调研，评估产污、排污状况。企业组织工程部、生产技术部和办公室有关人员，对公司的生产现状进行调研、分析。

企业电池的生产过程主要是生产制造电池的正极、负极然后将其装配组装成电池。现有的正、负极板生产工艺和装配的生产工艺基本上是可行的，但是有可以改进的地方。

正极生产采用湿法拉浆工艺，与泡沫镍等其他工艺相比，较为先进，镍粉尘污染少，生产稳定，易于组织大规模生产，对环境影响较少。

负极生产采用的氧化镉拉浆工艺，虽然比泡沫镍拉浆造成的废料粉尘污染少，但是比电沉积生产工艺落后。电沉积工艺无镉废水排放，而且粉尘污染也少。可以考虑以电沉积工艺代替拉浆负极生产工艺，减少氧化镉粉尘，氧化镉废渣、废水的污染。

生产中的装配工艺，采用较先进的卷绕机，它对极片造成的粉尘剥落较少。

在电池检测过程中，由于解决了开启漏液，并采用先进的电脑控制，防止了电池的过充、过放而引起的腐蚀物体，所以检测过程中不存在污染的问题。

能耗、物耗、水耗大的部位和原因如下。

① 能耗：能耗最大的主要是电耗，立炉、卧炉耗电量都比较大。

② 物耗：在浸渍工段，硝酸镍利用率偏低。

③ 水耗：水耗较大的工段主要是浸渍工段的硝酸镍回收的纯水刷洗极片和电沉积冷却系统和装配封口系统的冷却用水。

极板负极工段生产中产生的污染物主要是镉废渣和镉废水，镉废水每月排放量400 t。

镍废渣、镍废水的产生部位是在极板的浸渍工段。废水通过三级沉淀、二级过滤、调整pH达标后排放，废渣集中在废渣池。

（3）备选方案的产生和筛选阶段　发动群众提出增效、减污的合理化建议，进行筛选和可行性分析和评估，确定实施清洁生产的备选方案及审计重点。

工作组成员对全厂污染源现状进行考察、调研的同时，在职工中开展"减污增效，提合理化建议"活动，经过车间、工段的层层筛选，共收到9条有效的合理化建议。清洁生产审计工作组对建议进行了归纳、分类、排序。把近期内不能解决，但最终必须要解决的为一类，这一类包括生产镍氢电池。镍氢电池在国际上被称为绿色电池，最终会替代镍镉电池，公司已经开始小批量生产，要全部替代镍镉电池需要一定的时间。第二类是必须解决，但仅靠自己的力量不能解决的。例如职工们当时提出停开小锅炉改用启东市集中供热管道蒸汽。办成这件事难度并不大，但市政规划的蓝天工程还未竣工，只能待管道接通后实施。第三类，指公司已具备了条件，通过一段时间的努力能办成的。经过筛选和可行性分析，确定了可以在近期内实施的六个备选方案，这六个方案分别为：硝酸镍回收装置的工艺改造；浸渍刷片纯水的循环利用；硝酸镍蒸汽结晶工艺；电沉积工艺替代拉浆工艺；冷却系统的改造；镍废水沉淀池的扩建。

（4）可行性分析阶段　在方案实施之前，为了少走弯路，使清洁生产方案能够成功、顺利地实施，对筛选确定的方案逐条逐项进行可行性分析。

① 硝酸镍回收装置的工艺改造。在生产正极浸渍过程中，会生成氢氧化亚镍，每百米产生 10kg。以前，把这些沉淀出来的氢氧化亚镍废渣从污水沉淀池中取出，售给其他单位，导致污染源转移。如果把氢氧化亚镍回收后循环利用，既可以降低极板制造的成本，又不使污染源转移。经过几年摸索，其生产工艺已基本掌握，年产 30 万米正极板，会产生 30t 废渣，可生产 96t 硝酸镍。把氢氧化亚镍卖给其他单位只有 2000 元/t，制成硝酸镍 15000 元/t，经济效益较为明显。

随着浸渍系统内不断循环，废渣内杂质过多，造成浸渍带料增多。为了能够生产合格的硝酸镍，必须进行工艺改造。通过小试，生产出的硝酸镍所含杂质能达到化学纯标准。

② 浸渍刷片纯水的循环利用。极板车间浸渍刷片的主要目的是用纯水冲洗去除极板表面氢氧化亚镍浮粉，避免浮粉带入电池组，影响电池的质量。刷片后的废水由氢氧化亚镍悬浮颗粒和水组成，经过多级沉降后，废水中的氢氧化亚镍基本已经沉淀分离出来。这种含有微量的氢氧化亚镍的水可以循环利用。投入使用后可以节约大量纯水，生产成本随之降低，而且污水排放量相应减少，此方案在操作上只需对管道进行适当的改造。利用原有的沉淀池，安装循环泵就可以实现。预计一个生产日可以节约纯水 50t，同时减少了制造纯水所必需的电能、酸、碱等化学物质的消耗及废水的排放量。

③ 硝酸镍蒸汽结晶工艺。在浸渍工艺中，硝酸镍自然结晶工艺带料现象较为严重。采用自然结晶工艺，硝酸镍溶液在极带表面形成结晶层，在浸碱过程中，大量氢氧化亚镍在碱桶中沉淀。同时大量沉积物附在极带表面，造成刷片困难，严重影响极板质量。硝酸镍的利用率只有 65% 左右。通过改造应用蒸汽结晶工艺，可以提高硝酸镍的利用率，减少废渣的排放量。工艺改造只需要将原有设备稍作改进，原有设备完全可以利用。使用蒸汽结晶工艺，大约可提高的硝酸镍利用率在 20% 左右，能够达到 85%，每月可节约硝酸镍 5t，废渣的排放量由 6t 降至 2.5~3t。

④ 电沉积工艺替代拉浆工艺。以前负极生产常用的是拉浆工艺，1996 年从国外引进了具有国际先进水平的负极电沉积生产工艺，通过一段时间的试运行，对两种工艺做了比较，拉浆工艺生产过程中的污染环节比较多，有氧化镉的粉尘污染和镉废水污染。电沉积工艺生产环节无污染，镉废水可以零排放，产品的质量比拉浆工艺高，而制造成本低于拉浆工艺。

1997 年企业自制了四台，使电沉积负极的产量达到总产量的 80%。要彻底根除镉废水污染，减少镉粉尘的产生量和排放量，负极生产必须全部采用电沉积工艺，根据企业的生产能力需要增加四台电沉积设备。

⑤ 冷却系统的改造。为封口机、电沉积安装两座冷却塔，项目建成后可以节电和节水。

⑥ 镍废水沉淀池的扩建。废水实行三级沉淀，一级过滤，将 pH 调至 6~9 后排放。

随着产量的增加，为了提高沉淀质量，需要再建一个废水沉淀池，这样可以使全部污水达标排放。

(5) 组织实施阶段　将备选方案进行可行性分析之后，确认可行的落实专人负责实施。

① 硝酸镍回收装置的工艺改造。投入 4 万元，将硝酸镍回收装置的工艺进行改造，运行的结果证明硝酸镍产品的质量符合要求。在生产正极浸渍过程中所产生的氢氧化亚镍经过沉淀回收，再生产成硝酸镍。在生产硝酸镍过程中，各工序产生的母液回到酸化工序循环利用，漂洗过程产生的含氢氧化亚镍的废水回到污水沉淀池中，整个生产过程无污染产生。全年可产硝酸镍 96t。

② 浸渍刷片纯水的循环利用。投资 0.3 万元，由车间机修工自己安装循环水管、水泵

和自控装置，由于新安装的循环泵压力比原来高，使刷片的质量和操作的稳定性有了提高，减少了纯水的使用量和废水的排放量。年减少污水排放 1.26 万吨，节约纯水 1.26 万吨。

③ 硝酸镍蒸汽结晶工艺。投资 0.5 万元，蒸汽管道的改造由极板车间自己完成，生产工艺由车间技术人员制订。投入使用后硝酸镍利用率和废渣的排放量达到预期的效果。蒸汽利用率由 65% 增加到 85%，节约硝酸镍 60t。

④ 负极电沉积生产工艺。自制 4 台电沉积设备，投资 100 万元由公司技术人自行设计制造的电沉积设备。现在生产的镉镍电池全部用上了电沉积负极，镉废水达到了零排放，环境效果明显。

⑤ 冷却系统的改造。新安装两座冷却塔，投资 2.5 万元，由企业的工程部负责安装。投入使用后效果良好，每年节水 2.4 万吨。

⑥ 污水沉淀池扩建。新建的废水沉淀池一个，投资 2.3 万元，投入使用后，企业全部污水达标排放。

3. 实施清洁生产的效果

通过清洁生产方案的实施，企业在环境和经济上均有了很大的收益，具体的收益如下。

（1）在实施硝酸镍回收装置的工艺改造的备选方案中，企业投入 4 万元对硝酸镍回收装置的工艺进行改造，将在生产正极浸渍过程中产生的氢氧化亚镍废渣进行漂洗清除杂质后，生产硝酸镍。在生产硝酸镍过程中，各工序产生的母液回到酸化工序循环利用，漂洗废氢氧化亚镍废水回到污水沉淀池，整个生产过程无污染产生。每年可生产合格的硝酸镍产品 96t，使镍废渣变废为宝。以前产生的氢氧化亚镍废渣以 2000 元/t 的价格卖给其他单位，每年只有 6 万元的收益。现在生产的硝酸镍，价格以 1.5 万元/t 计，为 144 万元，减除装置的运行费用，年创效益 81 万元。

（2）浸渍刷片工段在安装循环水管、水泵和自控装置后，建立了纯水循环利用系统，系统投入使用效果很好。新安装的循环泵压力比较高，刷片的质量和工艺操作的稳定性都有所提高。系统使用前每百米极板消耗纯水 8t，使用后每百米消耗纯水降至 3.8t，年减少污水排放 1.26 万吨，降低成本 12.6 万元。节约了大量纯水，使得生产成本降低，而且污水排放量也相应减少。

（3）采用了硝酸镍蒸汽结晶工艺后，硝酸镍利用率由原来的 65% 提高到现在的 85%，镍废渣的排放量减少了 57%，由原来的 6t 降至 2.5～3t。同时废碱排放量减少了 20%，年节约硝酸镍 60t，仅此一项每年降低成本 90 万元。

（4）用负极电沉积生产工艺替代拉浆工艺，使原 400t/月含镉废水不再外排，在此工艺段形成了废水零排放（原含镉废水污染物含量为：pH 8.26，镍 0.23mg/L，镉 0.04mg/L）。年节约含镉废水处理费用 20 万元，降低成本 72.8 万元。

（5）通过冷却系统的改造，每年节水 2.4 万吨，计 2.4 万元，电费 1.15 万元。

（6）镍废水沉淀池扩建后，使企业的全部污水达标排放。

综上所述，由于企业采取了一系列的有效措施，实施清洁生产后，使企业生产过程的污染情况得到了有效的控制，生产成本有了显著的降低。六个实施清洁生产的备选方案总投资 109.6 万元，全年创经济效益达 280 万元，含镉废水实现了零排放，取得了良好的环境与经济效益。

第八章　环境质量评价工程

　　环境质量评价工程主要研究环境各组成要素及其整体的组成、性质及变化规律，以及对人类生产、生活及生存的影响，其目的是为了保护、控制、利用、改造环境质量，使之与人类的生存和发展相适应。

　　为了实施可持续发展战略，预防因规划和建设项目实施后对环境造成不良影响，促进经济、社会和环境的协调发展，我国制定了《中华人民共和国环境影响评价法》，并已于2003年9月1日起施行。

　　化学工业是国民经济的重要基础产业和支柱产业，日常流通的化学品已超过8万种，每年还有近1000种新化学品问世，我国常用的有毒有害的危险化学品也超过1000种之多。化工产品及其所需原辅材料多而杂，它们大都是有毒有害、易燃、易爆、辐射等危险性物质，有的化工产品可以说是跨行业的综合产品，故化工项目环境影响报告书的编制难度较大。实践证明化工项目环境影响报告书编制过程中，首先是必须严格执行有关的法律、法规、环保标准；其次，强化工程分析，做好物料平衡及水平衡，采取成熟可靠的环保措施，设置清洁生产专题及事故风险评价和化工有毒废渣填埋场评价等。

　　鉴于化工环评的复杂性，本章仅就建设项目环境质量评价工程做简要介绍，为进一步学习化工环评打下基础。

第一节　概　　述

一、环境质量评价的概念和类型

　　确定、说明和预测一定区域范围内人类活动对人体健康、生态系统和环境的影响程度称为环境质量评价。简而言之，环境质量评价就是对环境素质的优劣做定量的评述。环境质量评价可分为广义与狭义两种，广义的环境质量评价包括自然环境与社会环境质量的评价，狭义的环境质量评价则仅指污染环境质量评价。

　　由于环境在时空上存在着较大的差异，人类的社会活动又多种多样，所以环境质量评价的类型，在时间域上可分为环境质量回顾评价、环境质量现状评价、环境质量影响评价。

　　(1) 回顾评价　是指对某一地区过去的环境质量，根据记载资料及有关的调查研究进行评价。通过环境质量回顾评价可以揭示该地区引起环境问题的原因和演变过程。进行这种评价必须有过去较长时间的环境监测和资料的积累。

　　(2) 现状评价　依据一定的标准和方法，着眼于当前情况对一个区域内人类活动所造成的环境质量进行评价，为区域环境污染综合防治提供科学依据。同时，通过现状评价还可以明了过去已采取的环境保护措施的技术经济效果和收益。

　　(3) 影响评价　环境影响评价是对建设项目、区域开发计划及国家政策实施后可能对环境造成的影响进行预测和估计。我国到现在为止只作前面两项。因此，环境影响评价不仅要研究建设项目在开发、建设和生产过程中对自然环境的影响；也要研究对社会和经济的影响。

另外，环境质量评价的类型还可以按照空间域划分为建设项目环境质量评价、城市环境质量评价、区域环境质量评价和全球环境质量评价等；还可以从环境要素来分，包括单个环境要素的单项评价和整体环境要素的综合评价，有时还可以是部分环境要素的联合评价；按环境介质可以分为大气环境质量评价、水体环境质量评价、土壤环境质量评价、作物污染评价等；按参数选择分为卫生学、生态学、地球化学、污染物、经济学等参数的质量评价。

二、环境质量评价的目的和任务

环境质量评价是人们认识和研究环境的一种科学方法。环境质量评价的任务是在大量监测数据和调查分析资料的基础上，按照一定的评价标准和方法来说明、确定和预测一定区域范围内人类活动对人体健康、生态系统和环境的影响程度。

环境质量评价的基本目的是为环境管理和环境规划提供依据，同时也是为了比较各地区受污染的程度。从而达到保护、控制、利用、改造环境质量，使之与人类的生存和发展相适应。

环境质量评价研究，不仅是开展区域环境综合治理、进行环境区域规划的基础，而且对于搞好环境管理、制定环境对策，具有重要的指导意义。

三、环境质量评价的由来和发展

环境污染作为一个重大的社会问题，是从产业革命开始的。由于当时只顾生产，不顾生产对环境的污染，造成了严重的后果。产业革命的故乡——英国伦敦市早在 1873 年、1880 年、1882 年、1891 年和 1892 年连续发生了一系列煤烟型大气污染事件，每次都造成众多人员的伤亡。

进入 20 世纪，特别是二次世界大战之后，科学、工业、交通都发生了迅猛的发展，尤其是石油工业的崛起，工业过分集中，城市人口过分密集，环境污染由局部逐步扩大到区域，由单一的大气污染扩大到大气、水体、土壤和食品等各方面的污染，酿成了不少震惊世界的公害事件。所谓世界八大公害事件，就是指 20 世纪 30～60 年代在一些工业发达国家中发生的对公众造成严重危害的事件。

为治理和改善已被污染的环境，防止新的污染发生就要求加强环境质量评价工作，这首先就有一个如何全面正确地认识环境的问题。为在研究和认识环境问题中有共同语言、共同方法、共同标准，环境质量评价便应运而生。

环境质量评价的实践经历了曲折的道路。开始时，环境质量评价仅限于资料的收集和整理、环境现状的调查，繁琐而无重点的工作常常导致工程延期、费用增加。在美国，环境质量评价单位常常因为环境影响报告书不符合法律要求而受到法院起诉。所有这些都促使人们对环境质量评价工作进行改进和完善。

四、环境质量评价的一般方法

环境质量评价的好坏是由许多因素决定的，是一个很复杂的问题，既要将它分解为各个部分进行分析，同时要将它作为有机整体研究。既要从宏观观察其表象的特点，更需要从微观探索其形成、变化和发展的机理，即从定性至定量分析。这样才能作出科学评价。

环境质量评价又根据评价对象不同、评价目的的不同、评价范围大小不同，所提出的评价精度要求也不一样，即对所能得出的评价结论与实际的环境质量两者之间允许的差异，有着不同的要求。因此进行环境质量评价有多种方法。例如，指数法；模式和模拟法；动态系统分析法；随机分析和概率统计法；矩阵法；网络法；综合分析法；经济损益分析法等。上述各种方法对环境质量评价结果，均表示的是环境质量的相对概念，每种方法也都还可以引申出许多具体方法。

五、环境标准

环境标准是控制污染、保护环境的各种标准的总称。它是国家根据人群健康、生态平衡和社会经济发展对环境结构、状态的要求，在综合考虑本国自然环境特征、科学技术水平和经济条件的基础上，对环境要素间的配比、布局和各环境要素的组成（特别是污染物质的容许含量）所规定的技术规范。环境标准是评价环境状况和其他一切环境保护工作的法定依据。

环境标准在控制污染、保护人类生存环境中所起的作用表现为以下几个方面。

（1）环境标准是制订环境规划和环境计划的主要依据　保护人民群众的身体健康，需要制订环境保护规划，而环境保护规划需要一个明确的环境目标。这个环境目标应当是从保护人民群众的健康出发，把环境质量和污染物排放控制在适宜的水平上，也就是要符合环境标准要求。根据环境标准的要求来控制污染、改善环境，并使环境保护工作纳入整个国民经济和社会发展计划中。

（2）环境标准是环境评价的准绳　无论进行环境质量现状评价，编制环境质量报告书，还是进行环境影响评价，编制环境影响报告书，都需要环境标准。只有依靠环境标准，方能做出定量化的比较和评价，正确判断环境质量的好坏，从而为控制环境质量，进行环境污染综合整治，以及设计切实可行的治理方案提供科学的依据。

（3）环境标准是环境管理的技术基础　环境管理包括环境立法、环境政策、环境规划、环境评价和环境监测等。如大气、水质、噪声、固体废物等方面的法令和条例，这些法规包含了环境标准的要求。环境标准用具体数字体现了环境质量和污染物排放应控制的界限和尺度。违背这些界限，污染了环境，即违背了环境保护法规。环境法规的执行过程与实施环境标准的过程是紧密联系的，如果没有各种环境标准，环境法规将难以具体执行。

（4）环境标准是提高环境质量的重要手段　通过颁布和实施环境标准，加强环境管理，还可以促进企业进行技术改造和技术革新，积极开展综合利用，提高资源和能源的利用率。努力做到治理污染，保护环境，持续发展。

环境标准的种类繁多，按适用范围和地区，可分为国际标准、国家标准和地方标准等，按其性质可分为环境质量标准、污染物排放标准等。这些环境标准组成了环境标准体系。我国从 1973 年颁布第一个环境标准《工业"三废"排放试行标准》至今，环境标准从单一的排放标准逐步发展成为较为完整的环境标准体系，并形成一支环境标准的制定、修订、研究及实施监督的队伍。它分为两级、七种类型，详见图 8-1。

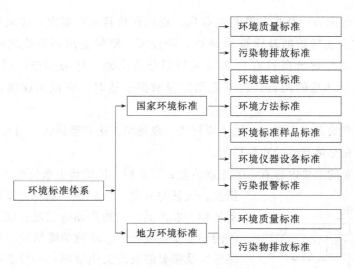

图 8-1 我国目前的环境标准体系

第二节 环境质量现状评价

一、环境质量现状评价的内容

环境质量现状评价中，首先应确定评价的对象、评价目的、评价范围和评价精度。通常对城市和工业区的评价要求精度比较高，对流域及海洋的精度要求比较低。

环境质量现状评价包括单项因素的评价和整体环境质量的综合评价。前者是后者的前提和基础；后者是前者的提高和综合。但不管哪一种评价，实质上都是对一定环境因素的系统分析和这种分析基础上的系统总结。其主要的工作内容如下。

（1）环境污染评价　指进行污染源调查，了解进入环境的污染物种类和数量及其在环境中的迁移、扩散和转化，研究各种污染物浓度在时空上的变化规律，建立数学模型，说明人类活动所排放的污染物对生态系统，特别是对人群健康已经造成的或未来（包括对后代）将造成的危害。具体包括气候环境、大气环境质量、水环境质量、土壤理化特征等。

（2）生态评价　指为了维护生态平衡，合理利用和开发资源而进行的区域范围的自然环境质量评价。包括生物形态结构、能量分配、物质循环、生态功能、生态效果和生态效益等。

（3）美学评价　指评价当前环境的美学价值。美学评价主要评价受拟建项目影响的自然景观、风景区、游览区以及人工景观等具有美学价值的景点。

（4）社会环境质量评价　包括经济结构、经济功能、经济效益、社会效益和文化状况等。

环境现状评价的范围可以按环境功能、自然条件、行政区等划分，评价过程中一般以国家颁发的环境质量标准或环境背景值为评价依据，它为环境管理和环境影响评价提供了基础资料。

二、环境质量现状评价的步骤和程序

环境质量现状评价，一般可以按以下步骤进行。

（1）环境现状调查、数据和资料的收集　根据评价目的和要求，收集有关环境本底特征的资料，并结合现场踏勘及污染源调查，经分析、研究提出环境监测内容和要求。环境现场调查中，对与评价项目有密切关系的部分应全面、详细调查，尽量做到定量化；对一般自然和社会环境的调查，若不能用定量数据表达时，应做出详细说明，内容也可适当调整。

环境现状调查的方法主要有：搜集资料法、现场调查法和遥感法。通常这三种方法的有机结合、互相补充是最有效的和可行的。

环境现状调查的主要内容有：①地理位置；②地貌、地质和土壤情况，水系分布和水文情况，气候与气象；③矿藏、森林、草原、水产和野生动植物、农产品、动物产品等情况；④大气、水、土壤等的环境质量现状；⑤环境功能情况（特别注意环境敏感区）及重要的政治文化设施；⑥社会经济情况；⑦人群健康状况及地方病情况；⑧其他环境污染和破坏的现状资料。

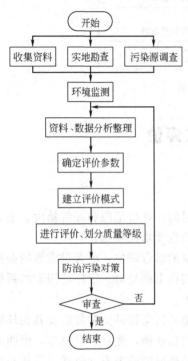

图 8-2　环境质量现状评价的基本程序

（2）根据调研资料及监测数据，经分析整理，选定评价参数和评价的环境标准　选取评价标准是现状评价的一个关键问题。首先要根据评价目的选择评价标准，例如评价渔区水体，就应当采取渔业水质标准作为评价标准。同时这些标准能包括和反映的污染物。如不能完全包括和反映污染物的影响时，可借鉴和参考国外的标准。

（3）选择评价的方法，建立评价的数学模式并进行评价　各种污染物的计算和评价方法是不一样的，必须分别进行。

（4）划分环境质量等级。

（5）提出环境质量评价的结论，并提出综合防治环境污染的对策和建议。

环境质量现状评价的基本程序如图 8-2。

三、现状评价的方法

环境质量现状评价的方法主要有调查法、监测法和综合分析法。

（1）调查法　是对评价区域内的污染源（包括排放的污染物的种类、排放量和排放规律）、自然环境特征进行实地考察，取得定性和定量的资料，并以评价区域的环境背景值作为标准来衡量环境污染的程度。

（2）监测法　是按评价区域的环境特征布点采样，进行分析测试，取得环境污染现状的数据，按环境质量标准或背景值来说明环境质量变化的情况。

（3）综合分析法　是根据评价目的、环境结构功能的特点和污染源评价的结论，并根据环境质量标准、参考污染物之间的协同作用以及环境背景值和评价的特殊要求等因素而确定评价标准，来说明环境质量变化状况。该法是环境现状评价的主要方法。

四、大气环境质量评价

大气环境质量评价主要是通过环境污染的监测和调查研究，了解大气环境的污染现状并加以评价。在进行大气环境质量评价时，要选定评价参数，合理布置监测网点，科学处理监测数据，建立环境质量指数计算模式，确定大气环境质量等级或绘制环境质量评价图等。

1. 评价参数

评价参数（亦称评价因子）就是在进行环境评价时，所认定的对环境有较大影响的那些污染物（污染因子）。选择评价参数的依据是：本地区大气污染源评价的结果，大气例行的监测结果以及生态和人群健康的环境效应。凡是主要的大气污染物、大气例行监测浓度较高以及对生态及人群健康已经有所影响的污染物，均应选作污染监测的评价参数。

常用的大气环境质量评价参数有以下四种。

① 颗粒物　降尘、总悬浮颗粒物、飘尘。

② 有害气体　二氧化硫、氮氧化物、一氧化碳、臭氧。

③ 有害元素　氟、铅、汞、砷、氯、镉等。

④ 有机物　芳烃、卤代烃、脂肪烃、总烃。

评价因子的选择因评价区污染源构成和评价目的而异。进行某个地区的大气环境质量评价时，可根据该地区大气污染物的特点和评价目的从上述因子中选择几项，不宜过多。常用的有二氧化硫、氮氧化物和总悬浮颗粒物。化工行业的环境质量评价中除前面的三个评价因子外，通常包括化工生产中的原料成分、中间体及产品作为评价因子。

确定评价因子之后，就要安排对这些污染物的监测。

2. 监测

在大气环境污染监测中，采样点位置及点数的合理安排非常重要。大气环境中污染物的浓度随时间和空间不同变化很大，因此在监测时要注意考虑各种因素和条件，并详细地掌握污染物浓度分布情况，使之将采样点尽量布置合理。

常用的大气监测点的布设方法有：①方格坐标平均布设采样（亦称网格布点法）；② 同心圆布点法（亦称放射式布点法）；③ 扇形布点法；④ 功能分区布点法；⑤ 人口密度布点法等。具体应用时可根据人力、物力条件及监测点条件的限制灵活运用。一般在污染源的下风向应多设监测点；在污染源少的地区和评价地区的边缘可少设监测点。另外，还要在不受大气污染影响的附近地区或者在上风侧，选定一两个对照监测点，以确定大气污染物的背景值，作为监测的对照值。

监测的频率、采样及分析方法均参照监测规范中的规定条文和分析方法，有时在大气监测时需要同步监测气象条件，因为大气污染物和气象条件有密切的关系，要准确地分析、比较大气污染物监测的结果，一定要结合气象条件来说明。

3. 监测数据的整理和评价

监测数据的整理，就是对监测的数据计算出统计值。目前使用最多的方法是几何平方法，计算式为：

$$C_i = \sqrt{C_{i,\,max} \times C_{i,\,av}}$$

式中　C_i——某污染物浓度的统计值；

$C_{i,av}$——某污染物浓度的算术平均值；

$C_{i,max}$——某污染物的最大浓度。

该法适当考虑了污染物的最大浓度时的环境质量，故较为合理。

评价就是对监测数据进行统计、分析，并选用适宜的大气质量指数模型求取大气质量指数 AQI(air quality index)。目前提出的评价大气质量的指数类型很多，如污染物标准指数（PSI）、自勃考大气综合指数（PI）、橡树岭大气指数（ORAQI）和密特大气质量指数（MAQI）等。但它们的特点和依据的原则都很类似。

环境质量指数有两种：反映单一污染物（污染因子）影响的为分指数；反映多项污染物共同影响的为综合指数。

（1）分指数 分指数 I_i 又称为污染指数，是表示某种单一污染物对环境产生的影响。分指数 I_i 的计算分三种情况。

① 污染物的危害程度随着污染物浓度的增加而增加的，污染物（评价参数）的分指数是污染物的实测浓度 C_i 与该污染物在环境中的允许浓度（评价标准）$C_{s,i}$ 的比值，其计算式为：

$$I_i = \frac{C_i}{C_{s,i}}$$

② 污染物的危害程度随着污染物浓度的增加而降低的评价参数（如溶解氧），分指数按下式计算：

$$I_i = \frac{C_{i,max} - C_i}{C_{i,max} - C_{s,i}}$$

③ 具有最低和最高两种浓度限值的评价参数（如 pH），分指数按下式计算：

$$I_i = \frac{C_i - C_{s,i}}{C_{s,i(max)} - C_{s,i}}$$

或

$$I_i = \frac{C_i - C_{s,i}}{C_{s,i(min)} - C_{s,i}}$$

式中　$C_{s,i(max)}$——污染物的评价标准最高值；

　　　$C_{s,i(min)}$——污染物的评价标准最低值；

　　　$C_{s,i}$——污染物评价标准的最佳值。

（2）综合指数 综合指数表示多项污染物对环境产生的综合影响，它是由各污染物的分指数，通过综合计算求得。综合计算的方法有叠加法、算术平均法、加权平均法、平均值与最大值的平方和的均方根法以及几何均值法等。目前，以几何均值法使用最多。其计算式为：

$$P_i = \sqrt{I_{max} \times \frac{1}{n} \sum_{i=1}^{n} I_i}$$

式中　P_i——大气环境质量综合指数；

　　　I_i——某污染物的分指数；

　　　I_{max}——各污染物中的最大分指数；

　　　n——参加评价的污染物（评价参数）个数。

（3）美国密特大气质量指数（MAQI） MAQI 是五项分指数的综合计算结果，计算式如下：

$$MAQI = \sqrt{I_C^2 + I_S^2 + I_P^2 + I_N^2 + I_O^2}$$

式中，I_C^2、I_S^2、I_P^2、I_N^2、I_O^2 分别为 CO、SO_2、颗粒物、NO_2 和臭氧污染物的分指数。

各分指数按下列诸式计算：

$$I_C = \sqrt{\left(\frac{C_{C8}}{S_{C8}}\right)^2 + \delta_1 \left(\frac{C_{C1}}{S_{C1}}\right)^2}$$

$$I_S = \sqrt{\left(\frac{C_{Sa}}{S_{Sa}}\right)^2 + \delta_2 \left(\frac{C_{S24}}{S_{S24}}\right)^2 + \delta_3 \left(\frac{C_{S3}}{S_{S3}}\right)^2}$$

$$I_P = \sqrt{\left(\frac{C_{Pa}}{S_{Pa}}\right)^2 + \delta_4 \left(\frac{C_{P24}}{S_{P24}}\right)^2}$$

$$I_N = \frac{C_{Na}}{S_{Na}}$$

$$I_O = \frac{C_{Oa}}{S_{Oa}}$$

式中，分子 C 表示某种污染物的实测浓度，分母 S 代表该污染物的相应标准（C 和 S 单位相同）；下角字母 C、S、P、N、O 代表各污染物种类，意义同上；下角字母 a 代表年平均，24、8、3、1 分别表示所指浓度的平均时间（h）；δ_1、δ_2、δ_3、δ_4 为系数，当 $C_i > S_i$ 时，$\delta_i = 1$，当 $C_i < S_i$ 时，$\delta_i = 0$。

该指数用于评价大气质量的长期变化，要求掌握全年完整的监测数据。

我国在评价上海大气质量时采用了此方法。

（4）美国橡树岭大气质量指数（ORAQI） 它是由美国原子能委员会橡树岭国立实验室于 1971 年 9 月提出的。其计算式为：

$$\text{ORAQI} = \left[5.7 \sum_{i=1}^{5} \frac{C_i}{S_i}\right]^{1.37}$$

式中 C_i——污染物 i 24h 的平均浓度；

S_i——污染物 i 的大气质量标准。

ORAQI 规定了五种污染物，即二氧化硫、氮氧化物、一氧化碳、氧化剂、颗粒物等。ORAQI 的尺度是这样确定的：当各种污染物的浓度相当于未受污染的本底浓度时，ORAQI = 10；当各种污染物的浓度均达相应标准，即 $C_i = S_i$ 时，ORAQI = 100。橡树岭国立实验室按 ORAQI 的大小，将大气质量分为六级。见表 8-1。

表 8-1 ORAQI 与大气环境质量分级

分　级	优　良	好	尚　可	差	坏	危　险
ORAQI	<20	20~39	40~59	60~79	80~100	≥10

ORAQI 所选参数比较多，可以综合反应大气环境质量，在应用时如果低于五个参数，可以参照 ORAQI 确定系数的方法加以修正。

（5）上海大气质量指数及分级 环境质量的分级，可以按照环境质量标准来划分；但环境质量又难以用特定的几项污染物浓度来全面表达。目前，除国家规定的空气环境质量标准（GB 3095—1996）分级外，还有其他一些大气环境质量的分级方法。大气环境质量评价所采用的指数法，就是根据环境质量综合指数 P_i，将大气环境质量分为五个等级（上海大气质量指数），质量指数计算如下：

$$I_{\pm} = \sqrt{\max\left(\frac{C_i}{S_i}\right) \times \left(\frac{1}{K}\sum_{i=1}^{K}\frac{C_i}{S_i}\right)}$$

式中　C_i——某污染物的实测浓度;

　　　S_i——某污染物的环境质量标准。

$I_{\pm}$ 以最高 C_i/S_i 值与平均 C_i/S_i 值的几何均值兼顾了多种污染物的平均污染水平和某种污染物的最大污染水平。这种指数形式简单,适应污染物个数的增减,是比较适用的大气质量指数。对 P_i 值进行大气污染分级,结果见表 8-2。

表 8-2　空气质量等级

P_i	<0.6	0.6~1.0	1.0~1.9	1.9~2.8	>2.8
分级	清洁级	轻污染级	中度污染级	重污染级	极重污染级
大气污染程度	清　洁	符合大气质量指数	警戒水平	报警水平	紧急水平

由于各种分级方法均还不够完善,故目前的分级方法只能近似地反映环境质量状况。

(6)沈阳大气质量指数　在评价沈阳地区环境质量时,提出了如下的指数模式:

$$I_{沈} = \left[1.12 \times 10^{-5} \sum_{i=1}^{4}\frac{C_s}{S_s}\right]^{-0.40}$$

$I_{沈}$ 取 4 个污染参数:二氧化硫、氮氧化物、飘尘、铅。制定的基本思路同美国橡树岭大气质量指数。所选用的基本参数见表 8-3。

表 8-3　沈阳大气质量指数基本参数　　　　　单位:mg/m³

污　染　物	SO_2	NO_x	飘尘	Pb
背景浓度	0.02	0.01	0.05	0.0001
标准	0.15	0.13	0.15	0.0007
明显危害浓度	2.0	1.0	1.0	0.01

确定系数时为照顾我们的习惯,当 4 项污染物浓度等于背景浓度时,$I_{沈}=100$;当 4 项污染物浓度等于明显危害浓度时,$I_{沈}=20$。这样确定的系数当污染物浓度等于标准时,$I_{沈}=60$,符合于我们的习惯。

沈阳大气质量指数分级是在确定 PSI 值与 $I_{沈}$ 值之间关系后,按 PSI 分级标准进行的,分级见表 8-4。

表 8-4　沈阳大气质量指数分级

质 量 等 级	极重污染	重污染	中等污染	轻污染	清　洁
$I_{沈}$	<31	31~40	40~55	55~61	>61
大气污染水平	紧急水平	警报水平	警戒水平	大气质量标准	清洁

五、水体环境质量评价

为了保护和改善水域水质,合理利用水资源,维护生态平衡,保障人体健康和促进工农业生产的发展,各国都在大力开展水质污染的研究和水质污染评价的工作。

1. 水体评价的分类

在一个水体评价中，可以只对其水质（即水的理化性质）进行评价，也可以对水域的综合体（包括水质、水中生物和底质）进行评价。从评价参数看，有单项参数评价和多项参数综合评价。从评价方法看，有生物学评价和化学监测指标为主的评价方法，后者应用较为广泛。

2. 水体环境质量评价参数

随着人们对水质好坏及其变化规律认识加深，水体环境质量评价参数不断增加，目前常采用的有数十项。根据评价参数反映的内容，将其大致可以区分为以下几类。

（1）感官性状的参数　色度、味、嗅、透明度、浑浊度、悬浮物、总固体含量、pH 等。

（2）流行病学参数　大肠杆菌、细菌总数等。

（3）营养盐类参数　硝酸盐、氨盐、磷酸盐、NH_3-N、NO_2^--N、NO_3^--N、有机态 N 和总磷等。

（4）毒物参数　砷、氰化物、汞、铬、铅、镉、酚、有机氯等。

（5）氧平衡参数　溶解氧（DO）、化学耗氧量（COD）、生物化学耗氧量（BOD_5）、总有机碳（TOC）、总耗氧量（TOD）等。

一般常选用其中的 10 项左右，如 pH、悬浮物、溶解氧（DO）、化学耗氧量（COD）、生物化学耗氧量（BOD_5）、酚、氰化物、砷、汞、铬、大肠杆菌等。

3. 监测

环境水质的监测，一般都要在水体处于稳定状态的时间进行，并且对监测范围内所布设的各采样点应同时采样。这样既可得到某一时间里的水质状况，又能掌握整个监测范围水体中污染物的动态。

目前，我国对河水、湖泊、水库、海域、底泥等各监测项目的取样器具、取样时间、取样点布设和取样方法等，已制定了统一的一般性原则。同时对主要评价参数的监测分析方法也作了统一的规定。

在采集水样的同时，还要测量水的流速、流量、水温、过水断面面积、流道的坡度及糙度等。

4. 水质评价方法及水质分级

水质评价分为单一参数和多项参数两种评价方法。单一参数常采用溶解氧（DO）或生物化学耗氧量（BOD_5）。多参数法系将各评价参数综合成一个概括的指数值来评定水质，也叫做指数评价法或数学模式评价法。目前，水质指数法是采用较多的水质评价方法。我国在评价水质时，较多采用加权综合指数法。该方法确定的评价参数：酚、氰化物、砷、六价铬等。水质综合指数 P_i 是以污染物的各分指数 I_i 乘以该污染物的加权值 W_i，然后再相加求出均值，其计算式为：

$$P_i = \frac{1}{n} \sum_{i=1}^{n} I_i W_i$$

式中　n——参加评价的污染物（评价参数）的项目数。

加权值 W_i 可根据环境对某种污染物可以容纳的程度（即环境容量）来确定，其计算式为：

$$W_i = \left(\frac{B_i}{C_{s,i} - B_i} \right) \bigg/ \left(\sum_{i=1}^{n} \frac{B_i}{C_{s,i} - B_i} \right)$$

式中　B_i——某污染物在环境中原有的浓度（背景值或称为本底值）；

　　　　$C_{s,i}$——某污染物的评价标准。

根据加权综合指数 P_i（水质指数）的大小，将地表水质量划分为六个等级，分级情况见表 8-5。

表 8-5　地表水质量等级

水质指数 P_i	<0.2	0.2~0.4	0.4~0.7	0.7~1.0	1.0~2.0	>2.0
分级	1	2	3	4	5	6
污染程度	清洁	尚清洁	轻污染	中污染	重污染	严重污染

除此之外，还可以根据污染物对环境的危害情况确定出主要污染物作为评价参数，再由各参数的分指数，经算术平均、几何平均或者取平均值与最大值的平方和的均方根等方法加以综合，求出各水质综合指数，最后按照不同形式的水质综合指数大小，进行各种相应的分级。

此外，环境现状评价还包括污染源的调查和评价、地下水环境质量评价、土壤环境质量评价、声环境质量评价、城市环境质量评价、区域环境质量评价等，在此不再详述。

第三节　环境影响评价

一、环境影响评价的由来

环境影响评价是环境质量评价的一种类型，它是对一个建设项目或一种土地利用方式将来可能给环境带来的影响作出评价，进而研究建设开发项目的环境可行性。环境影响评价包括对自然环境的影响（生物地球物理影响和生物地球化学影响）和对社会环境的影响评价。自 1969 年美国国会通过环境政策法（1970 年 1 月 1 日实施），建立起环境影响评价制度之后，作为加强环境管理、防治污染、协调经济发展和环境保护的有效手段，环境影响评价的发展很快。世界各国纷纷通过立法建立环境影响评价制度，一些国际组织，特别是国际金融组织也踊跃参加与推动环境影响评价制度的发展。20 世纪 80 年代以来，无论是发达国家还是发展中国家都明确提出要求，政府部门在制定对人类环境具有相当影响的方案和实行重要计划、批准开发建设项目时，必须先编写环境影响报告书。

我国于 2003 年 9 月 1 日起施行《环境影响评价法》，它标志着我国环境影响评价工作进入了一个新的阶段。

二、环境影响评价制度的必要性

环境影响评价是一项非常重要的工作，是防止环境污染和破坏的战略措施。是指在进行新建、改建、扩建等项目动工之前，对它在建设施工过程中和建成之后投产过程中，可能对环境造成的影响作出预测和估断，也就是在掌握环境质量现状的基础上，评价环境质量未来的趋势。

我国《基本建设项目环境保护管理办法》中规定："建设单位及其主管部门，必须在基本建设项目可行性研究的基础上，编制基本建设项目环境影响报告书。经环境保护部门审查同意后，再编制建设项目的计划任务书"。这里必须提出环境影响评价是在生产建设过程中，由国家规定的必须进行的一项环境保护工作。

根据建设项目对环境的影响程度，我国的《环境影响评价法》对建设项目的环境影响评价实行分类管理。建设项目的环境影响评价分类管理名录，由国务院环境保护行政主管部门制定并公布。建设单位应当按照下列规定组织编制环境影响报告书、环境影响报告表或者填报环境影响登记表。

① 可能造成重大环境影响的，应当编制环境影响报告书，对产生的环境影响进行全面评价。

② 可能造成轻度环境影响的，应当编制环境影响报告表，对产生的环境影响进行分析或者专项评价。

③ 对环境影响很小、不需要进行环境影响评价的，应当填报环境影响登记表。

三、环境质量评价的程序

环境质量评价工作大体分为三个阶段。第一阶段为准备阶段，主要工作为研究有关文件，进行初步的工程分析和环境现状调查，筛选重点评价项目，确定各单项环境影响评价的工作等，编制评价工作大纲；第二阶段为正式工作阶段，其主要工作为进一步做工程分析和环境现状调查，并进行环境影响预测和评价环境影响；第三阶段为报告书编制阶段，其主要工作为汇总、分析第二阶段工作所得到的各种资料、数据，给出结论，完成环境影响评价报告书的编制。具体如图 8-3 所示。

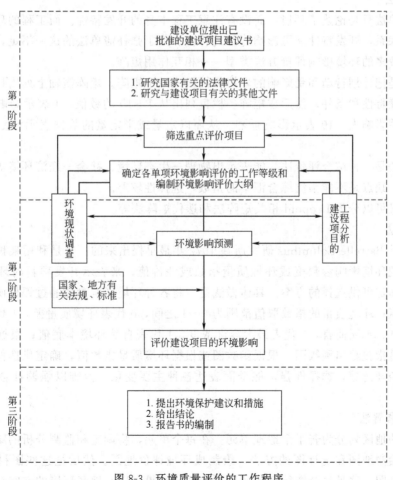

图 8-3 环境质量评价的工作程序

四、环境影响评价方法

在环境影响评价工作中,评价方法是必不可少的主要手段。自环境影响评价制度实施以来,各国在影响评价的实际工作中已提出了许多不同类型的评价方法。在美国,仅经Warner 和 Preston(1973)、Smith(1974)、Viohe 和 Mason(1974)、Canter(1977)、Jain等(1977)进行分析、比较、研究过的方法就有 50 余种。其他如瑞典、澳大利亚、法国、日本、英国、加拿大、德国、新西兰、中国等,也都提出了一些影响评价的方法。

关于环境影响评价的方法可以归纳很多,主要有以下五种方法。

1. 立表清单法

清单法是最早发展起来的环境影响评价方法,现在还在普遍使用,有许多不同的形式。它是将环境影响参数和工作开发方案,同时列在一种表格里进行表述的办法。譬如,把建设方案分成规划设计、施工和运行三个阶段,把方案可能造成的影响如大气质量、水质、施工、噪声、社会、经济等中的每一项再分成若干等级,与上述阶段排列在一种表格里。根据此表可以鉴别出各个建设阶段对环境造成有利或不利的影响。清单的范围是由简单的明细表到包括对各种影响的分级和加权提供指导的比较复杂的变形。清单法包括简单清单法、描述性清单、分级清单和询问型清单等多种。

2. 矩阵法

各种清单法只是论述了环境,而没有注意工程本身的开发特性。而工程的环境影响和工程特性紧密联系,开发特性又可影响清单的特征。为了弥补清单法的这一不足,人们研制了当前使用比较多的环境影响评价方法类型——相互作用矩阵。

该方法是把计划行动和受影响的环境特性组成一个矩阵。矩阵横轴上列出计划行动,纵轴上列出环境特性和条件,然后在矩阵各栏目列出从 1~10 的数值,1 表示影响小,随着数值的增大表明影响大,10 表示影响强烈。从而以定量或半定量的数据表示计划行动对环境影响的大小。

这种方法是一种综合评价法,能表示出物理—生态环境、社会—经济环境等多种行动和项目的关系。缺点是不能预测综合汇集的指数,选择性较差。

矩阵法又可以分为 Leopold 相关矩阵法和迭代矩阵法等。

3. 指数法

指数法是 Battelle-Columbus 研究所在 1972 年最早提出来的。它是利用某种函数曲线作图的方法,把环境影响参数变成环境质量指数或评价值,来表示开发项目对环境造成的影响,并由此确定可供选择的方案。具体做法是:将各种环境影响参数通过评价函数计算转换成环境质量值;环境质量的指数取值范围为 0~1 之间,0 代表环境质量差,1 代表环境质量良好,对大气、水质而言,0 代表最大容许浓度,1 代表自然环境本底值;根据环境影响参数和环境质量指数绘出函数图;根据函数图或根据环境质量指数值,确定供选择的方案。

该方法条理清楚,选择性强,能全面表达各种主要变化,但难以强调社会经济方面的评价。

4. 图形叠置法

将评价的地区划分为若干个地理单元。在每个单元,将调查和监测分析的结果和影响评价值,按照绘制地图和统计图的方法,绘制成环境评价地图。然后把这些图衬于地区图之上,做成复合图。这种复合图能反映环境质量评价结果,以及地区环境的空间结构和分布规律，一般以网格图、类型图或分区图表示。为了清晰起见，可以通过涂加颜色和阴影深浅表示影响大小。这种图形可由人工绘制也可以用收集和贮存数据的计算机绘制。

图形法的优点是，简便易行，能一目了然地认识有关环境质量影响状况、动态及发展规律，指明影响的性质和程度。缺点是表达不够全面、细致，不能对建设项目的影响做出定量表示。

5. 模拟模型法

在物理、生物、社会-经济领域中，复杂关系的定量或定性的探索性描述就叫模拟模型法。在环境影响评价中，已提出的模拟模型有多种，如生态系统模拟模型、动态系统模拟模型、环境影响综合评价模型、污染分析模型等。但不管哪一种模型都是把开发、生产、资源、能源和环境污染、社会经济影响等复杂关系整个构成各种能模拟实际情况的关系式、图示或程序，从而预测环境变化和污染状况，评价建设项目或计划行动带来的环境影响。

环境影响评价方法还包括网络法、组合计算辅助法、系统图示法、定量的综合评价方法—ECES法等。在这些环境影响评价方法中，应用的原理、需要的设备条件及最后结果的表示方式等都不一样。在结果的表述中，有的是定量的数据，有的则是定性的表述。

环境影响评价方法正在不断改进，科学性和实用性不断提高。目前已从孤立地处理单个环境参数发展到综合参数之间的联系，从静态地考察开发行为对环境生态的影响，发展到用动态观点来研究这些影响。

五、环境影响评价报告书的编制

环境影响报告书是环境影响评价程序和内容的书面表现形式之一，在编写过程中应遵循下列原则：环境影响报告书应该全面、客观、公正，概括地反映环境影响评价的全面工作；评价内容较多的报告书，其重点评价项目另编分项报告书；主要的技术问题另编专题报告书。

文字应简洁、准确、图表要明确。大项目，应有主报告和分报告（或附件）。主报告应简明扼要，分报告把专题报告、计算依据列入。

环境影响报告书应根据环境和工程特点及评价工作等级，选择下列全部或部分内容进行编制。

环境影响报告书编写的基本格式有两种，一种是以环境现状（背景）调查、污染源调查、影响预测及评价分章编排的。另一种是以环境要素（含现状评价及影响评价）分章编排的。下面仅介绍前一种编排法的要点。

1. 总则

① 环境影响评价项目的由来。说明建设项目立项始末，批准单位及文件，评价项目的委托，完成评价工作概况。

② 结合评价项目的特点，阐述编制环境影响的目的。

③ 编制依据

a. 建设项目建议书的批准文件或可行性研究报告的批准文件；

b. 评价大纲及其审查意见；

c. 评价委托书（合同）或任务书；

d. 国家的《环境影响评价法》和《建设项目环境保护管理办法》及地方环保部门为贯彻此办法而颁布的实施细则或规定；

e. 建设项目可行性研究报告或设计文件。

在编写报告书时用到的其他资料，如农业区域发展规划，国土资源调查，气象、水文资料等不应列入编制依据中，可列入报告书后面的参考文献中。

④ 采用标准。包括国家标准、地方标准或拟参照的国外有关标准（参照的国外标准应按国家环保局规定的程序报有关部门批准）。当标准中分类或分级时，应指出执行标准的哪一类或哪一级。评价标准一般应包括大气环境、水环境、土壤、环境噪声等环境质量标准，以及污染物排放标准。

⑤ 评价范围。评价范围可按大气环境、地表水环境、地下水环境、环境噪声、土壤及生态环境分别列出，并应简述评价范围确定的理由，应给出评价范围的评价地图。

⑥ 控制污染与环境保护的目标。应指出建设项目中有没有需要特殊加以控制的污染源，主要是排放量特别大或排放污染物毒性很大的污染源。应指出在评价区内有没有需要重点保护的目标，例如，特殊住宅区、自然保护区、疗养院、文物古迹、风景游览区等。指出在评价区内保护的目标，例如，人群、森林、草场、农作物等。

2. 建设项目概况

① 建设项目的名称、地点及建设性质。

② 建设规模（扩建项目应说明原有规模）、占地面积及厂区平面布置（应附平面图）。

③ 土地利用情况和发展规划。

④ 产品方案和主要的工艺流程。

⑤ 职工人数和生活区布局。

3. 工程分析

报告书应对建设项目的下列情况进行说明，并要作出分析。

① 主要原料、燃料及其来源、储运和物料平衡，水的用量与平衡，水的回用情况。

② 工艺过程（附工艺流程图）。

③ 排放的废水、废气、废渣、颗粒物（粉尘）、放射性废物等的种类、排放量和排放方式，以及其中所含污染物种类、性质、排放浓度；产生的噪声、振动的特征及数值等。

④ 废物的回收利用、综合利用和处理、处置方案。

⑤ 交通运输情况及场地的开发利用。

4. 建设项目周围地区的环境现状（背景）调查

环境现状（背景）值是环境影响预测的基础数据。环境现状（背景）调查包括如下内容。

① 评价区的地理位置（应附平面图）。

② 评价区内的地质、地形、地貌和土壤情况，河流、湖泊（水库）、海湾的水文情况，气候与气象情况。

③ 大气、地面水、地下水和土壤的环境质量现状调查。

④ 矿藏、森林、草原、水产和野生动物、野生植物、农作物等情况。

⑤ 自然保护、风景游览区、名胜古迹、温泉、疗养区以及重要的政治文化设施情况。

⑥ 社会经济情况，包括现有工矿企业和生活居住区的分布情况、人口密度、农业概况、土地利用情况、交通运输情况及其社会经济活动情况。

⑦ 人群健康状况和地方病情况。

⑧ 其他环境污染、环境破坏的现状资料。

5. 环境影响预测与评价

环境影响预测与评价分为大气环境影响预测与评价、水环境影响预测与评价、噪声环境预测与评价、土壤与农作物环境影响分析、固体废物环境影响分析、对人群健康影响分析等。具体的影响预测及分析包括：

① 预测环境影响的时段；

② 预测范围；

③ 预测内容及预测方法；

④ 预测结果及其分析和说明。

6. 评价建设项目的环境影响

① 建设项目环境影响的特征。

② 建设项目环境影响的范围、程度和性质。

③ 如果进行多个厂址的优选时，应综合评价每个厂址的环境影响并进行比较和分析。

7. 环境保护措施的评述及环境经济论证，并提出各项措施的投资估算（列表）。

8. 环境影响经济损益分析

环境影响经济损益分析是从社会效益、经济效益、环境效益统一的角度论述建设项目的可行性。由于这三个效益的估算难度很大，特别是环境效益中的环境代价估算难度更大，目前还没有较好的方法，使环境影响经济损益分析还处于探索阶段，有待于今后的研究和开发。

9. 环境监测制度及环境管理、环境规划的建议

10. 环境影响评价结论

要简要、明确、客观地阐述评价工作的主要结论，包括下述内容。

① 评价区的环境质量现状；

② 污染源评价的主要结论，主要污染源及主要污染物；

③ 建设项目对评价区环境的影响；

④ 环保措施可行性分析的主要结论及建议；

⑤ 从三个效益统一的角度，综合提出建设项目的选址、规模、布局等是否可行；

⑥ 建议应包括各节中的主要建议。

11. 附件、附图及参考文献

主要包括建设项目建议书及其批复，评价大纲及其批复；在图表比较多的报告书中可编附图分册。

此外，有些项目要做风险评价，要有公众参与章节，有的项目生态评价或社会评价也是重点。

第九章 化工环境保护对策
与可持续发展

第一节 环境保护法律、法规

为了有效地解决人类面临的环境问题，必须采取相应的环境保护对策。环境保护对策是指一切有助于达到某种目的的手段，如环境保护战略方针、环境保护法律、环境法规、环境管理、环境教育以及具体的技术措施，都可以作为环境保护对策。环境"硬"对策是指具体的技术措施；环境"软"对策则是指管理性措施，它主要着眼于调节人类的行为。

我国的环境保护工作起始于 20 世纪 70 年代初，1973 年召开全国环境保护工作会议，确定了"全面规划、合理布局、综合利用、化害为利、依靠群众、保护环境、造福人民"的 32 字方针。在这个方针的指导下，国家和地方开始有组织地制定了环境保护政策、法规、标准，并逐步形成了具有中国特色的环境保护工作制度。

1979 年，我国正式颁布了《中华人民共和国环境保护法（试行）》，这标志着我国环境保护工作步入了法制轨道。以《试行法》为依据，以后又相继颁布了《中华人民共和国海洋环境保护法》、《中华人民共和国大气污染防治法》、《中华人民共和国水污染防治法》、《中华人民共和国噪声污染防治条例》及相关的资源法、环保行政法规和许多部门规章及标准。基本形成了具有我国特色的环境法律法规体系。

1989 年根据我国环境保护事业发展的需要，对《中华人民共和国保护法》进行了修改；1995 年、2000 年两次对《中华人民共和国大气污染防治法》进行了修改，同时，1995 年颁布了《中华人民共和国固体废物污染环境防治法》，并于 2004 对其进行了修订，1996 年对《中华人民共和国水污染防治法》进行了修改，1996 年颁布了《中华人民共和国环境噪声污染防治法》，2002 年颁布了《中华人民共和国环境影响评价法》，环保法律的颁布与修订完善，有力地保障和推动了我国环境保护事业的深入发展。

一、环境保护法的概念

所谓法是体现统治阶级的意志，由国家制定或认可，在国家强制力保证下，必须执行的行为规则的总称。环境保护法，是为了调整因保护环境而产生的各种社会关系的法律规范的总称，是指国家、政府部门根据发展经济、保护人民身体健康与财产安全、保护和改善环境需要而制定的一系列法律、法规、规章等。环保法规迅速成为一门新兴的独立法律分支，是和近几十年来世界很多国家和地区环境严重恶化，以致需要国家政府干预这种情况相联系的。

环保法所调整的社会关系，大体分为两类：一是因防治污染和其他公害而产生的社会关系；二是因保护生态，合理开发利用和保护自然资源而产生的社会关系。由于环境污染和生态破坏通常是由人类活动造成的，所以环保法所调整的社会关系，表面上看是人与物的关系，实质上是人与人的关系，环保法的目的就是在于通过这种调整，造成一个良好的生活和生态环境，保障人民健康，促进经济发展。

二、环境保护法的特点

环保法同其他法律一样，就其本质而言，都属社会上层建筑的重要组成部分，代表了统治阶级的意志，反映了整个统治阶级的根本利益、愿望和要求，是统治阶级管理国家的工具。我国环保法是代表广大人民群众的根本利益，是巩固无产阶级专政，建设社会主义的重要工具，属于社会主义性质。

鉴于环保法的任务和内容同其他法律有所不同，环保法具备以下特点。

（1）广泛性　由环境包括围绕在人群周围的一切自然要素和社会要素，所以保护环境涉及整个自然环境和社会环境，涉及全社会的各个领域以及社会生活的各个方面。环保法以环境科学和法学理论为基础，以保护和改善环境为宗旨，所涉及的内容十分广泛。因此，在许多国家，环保法已形成了一套完整的法规体系。

（2）科学性　环境保护和改善，不但需要必要的经济基础，而且必须有相应的科技保证。环境质量的描述、监测、评价以及污染防治、生态保护等，都涉及多方面的现代科学技术。环境科学又是一门新兴的综合学科，有许多问题还处于开拓发展时期，环保法直接反映环境规律和经济规律，环保法的制定和实施均具有鲜明的科学性。

（3）复杂性　环保法同刑法等法不同，它所约束的对象通常不是公民个人，而包含社会团体、企事业单位，以至政府机关。环保法的实施又涉及经济条件和技术水平，所以，环保法执行起来，要比其他法律更为困难而复杂。

（4）区域性　我国是一个大国，区域差别很大，如自然环境、资源状况、经济发展水平等方面的差别，因此我国的环保法要求，各省市都可根据本地区的特点制订地方性法规和地方标准，体现了地方间的差异。

（5）奖励与惩罚相结合　我国的环保法不仅要对违法者给予惩罚，而且还要对保护资源和对环保有功者给予相应的奖励，做到赏罚分明。

三、环境保护法的任务与作用

《中华人民共和国环境保护法》规定"为保护和改善人类生活环境和生态环境，防治污染和其他公害，保护人体健康，促进社会主义现代化建设的发展，制定本法"，他明确规定了环境保护法的任务和作用。

生活环境，是指人类在开发利用和改善自然中创造出来的生存环境。诸如院落、村庄、城市等，同人们的生活息息相关。生态环境则是指整个自然环境，包含自然资源在内的整个生态系统。这是人类赖以生存和发展的基本条件和物质源泉。人口增长的失控和经济的迅速发展，资源的不合理开发和利用，给自然环境造成了巨大的压力，如何保护和改善生活环境和生态环境，合理地开发和利用自然环境和自然资源，有效地制定经济政策和其他有关政策，是关系到人类生存与发展的重大问题。

同时环境破坏的一个重要因素是人类活动对环境的污染以致引起公害。环境污染已严重影响了人体健康，也是制约经济发展的一个重要因素，根据我国《宪法》和《环境保护法》的规定，我国环境保护法有两项任务。

① 保证合理地利用自然环境，自然资源也是自然环境的重要组成部分。

② 保证防治环境污染与生态破坏，防治环境污染是指防治废气、废渣、粉尘、垃圾、滥伐森林、破坏草原、破坏植物，乱采乱挖矿产资源、滥捕滥猎鱼类和动物等。

一切环境保护工作的出发点和归宿在于提高人民的生活环境质量。而提高环境质量的目的，归根结底在于保障人体健康，促进经济的发展。所以环境保护的根本目的和作用主要是"保护人民健康，促进社会主义现代化建设事业的发展"。除此之外，环境保护法的作用还包括：推动我国环境保护法制建设的动力；进一步提高广大干部、群众的环境保护意识和环境保护法制观念；维护我国环境权益；促进环境保护的国际交流与合作，开展国际环境保护活动等。

四、我国环境保护法体系

环境保护法是国家整个法律体系的重要组成部分，具有自身一套比较完整的体系，《中华人民共和国宪法》是我国的基本大法，它为制定环境保护基本法和专项法奠定了基础；新的《中华人民共和国刑法》增加了"破坏环境资源罪"的条款，使得违反国家环境保护规定的个人或集体都不只负有行政责任，而且还要负刑事责任。5个环境保护专项法为防治大气、水体、海洋、固体废物及噪声污染制定了法规依据。环境保护工作涉及方方面面，特别是资源、能源的利用，因此资源法和其他有关的法也是环境保护法规体系的重要组成部分。

此外，还有地方环境保护法，环境保护行政法规、规章以及环境保护标准等，分述如下。

1. 宪法中有关环境保护的规范

宪法第二十六条规定："国家保护和改善生活环境和生态环境，防治污染和其他公害。国家鼓励植树造林，保护林木"。第九条第二款规定："国家保障自然资源的合理利用，保护珍贵的动物和植物，禁止任何组织或者个人用任何手段侵占或者破坏自然资源"。第十条第五款规定"一切使用土地的组织和个人必须合理地利用土地"，宪法中明确规定"环境保护是我国的一项基本国策"等。宪法中的这些规定是环境立法的依据和指导原则。

2. 环境保护法

1979年正式颁布了《中华人民共和国环境保护法》（试行），并根据我国环境保护事业发展的需要，1989年对《中华人民共和国环境保护法》（试行）进行了修改，并于12月26日第七届全国人民代表大会常务委员会第十一次会议通过该法，并从公布日起施行，该法是我国有关环境保护的综合性法规，也是环境保护领域的基本法律，主要是规定了国家的环境政策、环境保护的方针、原则和措施，是制定其他环境保护单行法规的基本依据，是由全国人大常务委员会批准颁布的。

3. 环境保护单行法律

环境保护单行法律是针对特定的污染防治领域和特定资源保护对象而制订的单项法律，目前已经颁布的环境保护单行法包括《中华人民共和国大气污染防治法》、《中华人民共和国水污染防治法》、《中华人民共和国海洋环境保护法》、《中华人民共和国森林法》、《中华人民共和国土地管理法》、《中华人民共和国固体废物污染环境防治法》、《中华人民共和国环境噪声污染防治法》等。这些法律属于防治环境污染、保护自然资源等方面的专门性法规。通过这些环保法律的颁布与修订完善，有力地保障和推动了我国环保事业的发展。

4. 环境保护行政法规

这是由国家最高行政机关即国务院制定的有关环境保护的法规。比如：国务院《关于环境保护工作的决定》，国务院《征收排污费暂行办法》，国务院《中华人民共和国海洋倾废管理条例》，《水污染防治法实施细则》，《大气污染防治法实施细则》等，目前已有20余项。

5. 地方性环境法规

这是由各省、自治区、直辖市根据国家环境法规和地区的实际情况制定的综合性或单行环境法规，是针对于国家环境保护法律、法规的补充和完善，是以解决本地区某一特定的环境问题为目标的，具有较强的针对性和可操作性。如：《吉林省环境保护条例》，《北京市文物保护管理办法》，《内蒙古自治区草原管理条例》，《杭州西湖水域保护条例》等。

6. 环境保护标准

这是为了执行各种专门环境法而制定的技术规范。它是中国环境法体系中的一个重要组成部分，也是环境法制管理的基础和重要依据。我国环境保护标准包括环境质量标准、污染物排放标准、环保基础标准和环保方法标准。如已颁布的环境质量标准，有《环境空气质量标准》、《地面水环境质量》、《城市区域环境噪声标准》等，污染物排放标准有《工业"三废"排放标准》、《污水综合排放标准》、《锅炉烟尘排放标准》等。

7. 环境保护部门规章

这是由国务院有关部门为加强环境保护工作而颁布的环境保护规范性文件，如国家环保局颁布的《城市环境综合整治定量考核实施办法》、《污染物排放申报登记规定》、《建设项目环境保护管理办法》等。

此外，在我国其他法律（如刑法、民法、经济法等）以及在我国参加的国际条约或由他国签订、为我国承认的国际协定中有关环境保护的条款，也属我国环保法体系的组成部分。比如《刑法》第六章"妨害社会管理秩序罪"中第六节"破坏环境资源罪"中有9条规定，凡违反国家有关环境保护的规定，应负有相应的刑事责任。我国环境保护法的体系具体如图9-1。

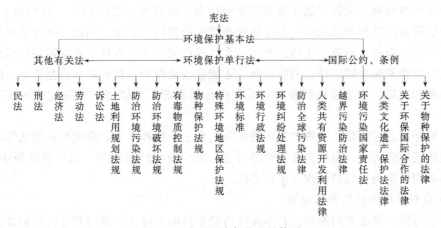

图 9-1　我国环境保护法的体系

五、我国环境保护法的基本原则

环境保护法的基本原则是我国环境保护方针、政策在法律上的体现，它是调整环境保护方面社会关系的基本指导方针和规范，也是环境保护立法、执法、司法和守法必须遵循的基本原则，是环境保护法本质的反映，并贯穿在全部环境保护法中，研究和掌握这些原则，对正确理解、认识和贯彻环境保护法具有十分重要的意义。

1. 经济建设和环境保护协调发展的原则

经济建设和环境保护协调发展是指我们在发展经济的同时，也要保护好环境，使经济建设、城乡建设、环境建设同步规划、同步实施、同步发展，即符合"三同时"政策，使经济效益、环境效益和社会效益统一协调起来，达到经济和环境和谐有序地向前发展。

事实证明，经济发展与保护环境是对立统一的关系，两者是互相制约、互相依存、又互相促进的。在经济发展的同时必然要污染环境，而经济的发展同样受到的环境的制约，如果环境受到严重的污染、资源受到破坏，势必也影响到经济的发展。我们不能因为保护环境、维持生态平衡，而主张实行经济停滞发展方针，即所谓的经济"零增长"，也不能先发展经济后治理环境污染，以牺牲环境来谋求经济的发展。同时环境污染如果没有经济基础的支持，就得不到有效的治理，所以经济发展了，也为保护环境和改善环境创造了经济条件。

2. 预防为主、防治结合、综合治理的原则

预防为主，它是解决环境问题的一个重要途径。近百年来，世界各国，主要发达国家的环境保护工作，经历了环境污染的限制阶段、"三废"治理阶段、综合防治阶段、规划管理阶段四个发展阶段。可见发达国家在环境保护上走了很多弯路，付出了沉重的代价。我国的环境保护也有相同的教训，很多地方已产生了较为严重的环境污染和生态破坏问题，就要采取有效的措施进行积极治理。对于治理环境污染和生态的破坏要采取防治结合、治中有防、防中有治的办法。

同时，环境保护应冲破以环境论环境的狭隘观点，应把环境与人口、资源和发展联系在一起，从整体上来解决环境污染和生态破坏问题。同时应采取各种有效的手段，包括经济、行政、法律、技术、教育等手段，对环境污染和生态破坏进行综合防治。

3. 污染者付费的原则

污染者付费原则，在我国的环境保护法中称为"谁开发、谁保护"，"谁污染、谁治理"原则，自然资源的保护涉及面广，不可能由环境保护部门包下来。因此，开发利用自然资源的单位和个人对森林、草原、土地、水体、大气等资源，不但有依法开发利用的权利，而且还负有依法管理和保护的责任，只有这样，才能有效地保护自然环境和自然资源，防止生态系统的失调和破坏，也才能做到合理开发利用自然资源，为经济的可持续发展创造有利的条件。

凡是对环境造成污染，对资源造成破坏的企事业单位和个人，都应该根据法律的有关规定，承担防治环境污染、保护自然资源的责任，都应支付防治污染、保护资源所需的费用，这是排污者理所应当负起的治理污染的责任。

4. 政府对环境质量负责的原则

实行谁污染、谁治理的原则，并不排除污染单位的上级主管部门和环境保护部门治理环境污染的责任，环境保护是一项涉及政治、经济、技术、社会各方面的复杂而又艰巨的任务，是我国的基本国策，关系到国家和人民的长远利益，解决这种事关全局、综合性很强的问题，只有政府才有这样的职能。

污染单位的上级主管部门必须支持和帮助所属企业对已经造成的环境污染进行积极治理，同时在必要的情况下要给予经济上和技术上的帮助；环境保护部门也要检查和督促污染单位治理污染，并负责组织协调区域性环境污染的综合治理，把单项治理和区域的综合治理结合起来，以达到有效地、合理地防治环境污染，保护和改善本地区的环境质量，实现国家制订的环境目标。

5. 依靠群众保护环境的原则

环境质量的好坏关系到广大群众的切身利益，保护环境不受污染危害，不仅是公民的义务，也是公民的权利。因此，每个公民都有了解环境状况、参与保护环境的权利。在环境保护工作中，按照依靠广大群众的原则，组织和发动群众对污染环境、破坏资源和破坏生态的行为进行监督和检举，组织群众参加并依靠他们加强环境管理活动，使我国的环境保护工作真正做到"公众参与、公众监督"，把环境保护事业变成全民的事业。

6. 奖励和惩罚相结合的原则

我国的环保法不仅要对违法者给予惩罚，依法追究法律责任，给予必要的法律制裁；而且还要对保护资源和对环保有功者给予相应的奖励，做到赏罚分明，通过这条原则，加强环境保护工作。

第二节　环境管理和环境教育

一、环境管理

1974 年，联合国环境规划署（UNEP）和联合国贸易与发展会议（UNCTAD）在墨西哥召开"资源利用、环境与发展战略方针"专题研讨会，会上形成三点共识：①全人类的一切基本需要应当得到满足；②要进行发展以满足基本需要，但不能超出生物圈的容许权限；③协调这两个目标的方法即环境管理。

同年，休埃尔在其《环境管理》一书中指出："环境管理是对损害人类自然环境质量的人为活动（特别是损害气、水和陆地外貌质量的人为活动）施加影响。"他特别说明，所谓"施加影响"系指"多人协同的活动，以求创造一种美学上会令人愉快、经济上可以持续发展、身体上有益于健康的环境所作出的自觉的、系统的努力"。

显然，环境管理概念受到环境科学、管理理论、经济学理论和法学理论这四方面不断发展的巨大影响。因此，环境管理的涵义也在不断经历着变化与发展。20 多年来，环境保护经历了从消极的"公害治理"与应对"全球性环境问题"（如臭氧层耗损、全球变暖、生物多样性消失、荒漠化、海洋污染等）到着手实施"可持续发展"的阶段；管理理论从"管理科学"和"行为科学"这两大流派分别发展到同"系统理论"结合而形成"系统管理理论"，从"双因素论"到"多因素论"，从"封闭系统"到"开放系统"；经济学也经历了围绕罗马俱乐部的"零增长"论到新古典经济学派的"自我限制"论与美国经济学家鲍尔丁的"宇宙飞船经济"论的变迁，并在福利经济学、发展经济学的基础上发展形成了环境经济学理论；同时，围绕全球性环境问题，法学理论也有很大的发展。

（一）环境管理的基本概念

狭义的环境管理，主要是指采取各种措施控制污染的行为，例如：通过制定法律、法规和标准，实施各种有利于环境保护的方针、政策，控制各种污染物的排放。这种狭义的环境管理只是单一地去考察环境问题，并没有从环境与发展的高度，从国家经济社会发展战略和发展计划的高度来管理环境。因此，狭义的环境管理并不能从根本上解决好管理环境的问题，只能在一定的历史条件下，在一定范围内起到有限的作用。

随着环境问题的发展，尤其是人们对环境问题认识的不断提高，狭义的环境管理已经不能满足环境保护事业的需要，人们已普遍认识到，要从根本上解决环境问题，必须从经济社会发展战略的高度去采取对策和制定措施。因此，环境管理的内容就大大扩展了，要求也大大提高了，从而逐渐形成了广义的环境管理。

所谓广义的环境管理，是指运用经济、法律、技术、行政、教育等手段，限制人类损害环境质量的活动，通过全面规划使经济发展与环境相协调，达到既要发展经济满足人类的基本需要，又不超出环境的容许极限。

广义的环境管理的核心就是实施经济社会与环境的协调发展。很显然，要实现这一目的单靠环保部门是不行的，只有靠政府才能真正实现协调发展战略。因此，广义的环境管理是政府在实施经济、社会发展战略中的一个重要组成部分，是政府的一项基本职能。

(二) 环境管理的理论基础

1. 生态学理论

生态学理论包括自然生态系统（由各种各样的生物物种、群落及其环境构成，小如一滴水、一片草地，大如江河、湖海、森林、草原乃至生物圈）及其功能、人工生态系统、系统功能协调、生物多样性、生态平衡等。

2. 管理理论

管理理论包括系统管理理论（系统工程、系统分析、环境系统分析、系统预测、系统决策等）和工商管理理论。

3. 经济学理论

经济学理论包括环境资源的稀缺性和资源的资本化管理、环境资源的供给与需求、供求弹性、均衡理论、外部性理论及其管理策略（税费、市场、法制、规划、绿色账户等）。

4. 法学理论

法学理论包括环境权、环境损害的责任与赔偿及其复原、国家主权与全球性环境问题及全球资源管理等。

(三) 环境管理的内容

从广义上讲，环境管理的内容可从两个方面来划分。

1. 按环境管理的性质分

(1) 环境规划与计划管理　首先是制定好环境规划，使之成为经济社会发展规划的有机组成部分，然后是执行环境规划，用规划指导环境保护工作，并根据实际情况检查和调整环境规划。

(2) 污染源管理　污染源管理包括点源管理与面源管理。不仅是消极地进行"末端治理"，更要积极地推行"清洁生产"。其中，特别要针对污染者的特点，实施有效的法规和经济政策手段。

(3) 环境质量管理　环境管理的核心是保护和改善环境质量。环境质量管理是为了保持人类生存与健康所必需的环境质量而进行的各项管理工作。通过调查、监测、评价、研究、确立目标、制定规划与计划之后，要科学地组织人力、物力去逐步实现目标。实施中，要经常进行对照检查，采取措施纠正偏差。

(4) 环境技术管理　通过制定技术标准、技术规程、技术政策以及技术发展方向、技术路线、生产工艺和污染防治技术进行环境经济评价，以协调技术经济发展与环境保护的关系，使科学技术的发展既能促进经济不断发展，又能保护好环境。

2. 按环境管理的范围分

(1) 资源（生态）管理　资源（生态）管理包括可再生的与不可再生的各种自然资源的管理。如水资源、海洋资源、土地资源、矿藏资源、森林资源、草原资源、生物资源、能源等的保护与可持续利用。

（2）区域环境管理　区域环境管理主要是指协调区域经济发展目标与环境目标，进行环境影响预测，制定区域环境规划等，包括整个国土的环境管理，经济协作区和省、自治区的环境管理，城市环境管理，以及水域环境管理等。

（3）部门环境管理　部门环境管理包括工业（如冶金、化工、轻工等）、农业、能源、交通、商业、医疗、建筑业及企业环境管理等。

（四）环境管理的特点

环境管理有三个显著的特点，即综合性、区域性和群众性。

1. 综合性

环境管理是环境科学与管理科学、管理工程学交叉渗透的产物，具有高度的综合性。主要表现在其对象和内容的综合性以及管理手段的综合性。

2. 区域性

环境问题由于自然背景、人类活动方式、经济发展水平和环境质量标准的差异，存在着明显的区域性，这就决定了环境管理必须根据区域环境特征，因地制宜采取不同的措施，以地区为主进行环境管理。

3. 公众性

环境问题如果没有公众的合作是难以解决的。因此，要解决环境问题，不能单凭技术，还必须通过环境教育，使人们认识到必须保护和合理利用环境资源。只有公众的积极参与和舆论的强大监督，才能搞好环境管理，成功地改善环境。

（五）环境管理的基本职能

所谓职能，是指人、事物或机构所应有的作用。环境管理的基本职能有三条，这就是规划、协调和监督。也就是说，环境管理这项事务和环境管理机构，在环境保护事业中，应起到规划、协调和监督三方面作用。

1. 规划

环境规划是指对一定时期内环境保护目标和措施所做出的规定。编制环境规划是环境管理的一项职能，已经批准的环境规划，又是环境管理的重要依据。实行环境管理，也就是通过实施环境规划，使经济发展和环境保护相协调，达到既要发展经济，满足人类不断增长的基本要求，又要限制人类损害环境质量的行为，使环境质量得到保护和改善。

2. 协调

环保事业涉及各行各业，搞好环境保护必须依靠各地区、各部门，这就是环境管理的广泛性和群众性。环境又是一个整体，各项环保工作都存在着有机联系。在一个地域内，各行各业又必须在统一的方针、政策、法规、标准和规划的指导下进行，这就是环境管理的区域性和综合性。基于环境管理的这些特点，要求有一个部门，进行统一组织协调，把各地区、各部门、各单位都推动起来，按照统一的目标要求，做好各自范围内的环境保护工作。可见，组织协调是环境管理的一项重要职能，特别是对解决一些跨地区、跨部门的环境问题，搞好协调就更为重要。

3. 监督

环境监督是指对环境质量的监测和对一切影响环境质量行为的监察。我们在这里强调的主要是后者，即对危害环境行为的监察和对保护环境行为的督促。对环境质量的监测主要由各项环境监测机关实施。

实行切实有效的监督是把环境规划付诸实施的重要保证，没有强有力的监督，即使有了法律和规划，进行了协调也是难以实现的。特别是在我国社会上目前还存在着有法不依、执法不严的情况下，实行监督就尤为重要。

我们之所以实行环境监督，还因为环境法规的实施，具有以下三个特点：一是环境法的制约对象不单是公民个人，还包含许多机关、团体、企事业单位，还涉及政府的一些决策者；二是保护和改善环境还受到经济实力和技术条件制约，使环境法的实施难度更大；三是虽然我国环境法规已授予各级环保部门环境监督权，但实际上因受现行体制等条件限制还难以很好地行使这一权力。因此，强化环境监察是当前深化改革、转变职能、改善环保工作的一项迫切任务。

环境监督的目的是为了维护和保障公民的环境权，即公民在良好适宜的环境里生存与发展的权利。维护环境权的实质是维护人民群众的切身利益，包括子孙后代的长远利益，这种利益是通过符合一定标准的环境质量来体现的。所以，环境监督的基本任务是通过监督来维护和改善环境质量。

环境监督的内容包括：①监督环境政策、法律、规定和标准的实施；②监督环保规划、计划的实行；③监督各有关部门所担负的环保工作的执行情况。目前由环保部门行使的环境监督权主要有：建设项目环境管理和区域与单位排污监察权。前者主要包括：①环境影响报告书（表）审批权；②"三同时"制度监察权；③项目验收投产审查权；④排污许可申报审批权；⑤征收排污费权；⑥向政府提出限期治理或其他处置权；⑦对其他有关事宜、案件进行审查并提出处理意见权。

环境监督应集中力量紧紧围绕着改善环境质量这个中心，针对主要环境问题进行。目前，监督的重点是认真实行建设项目的环境影响报告书制度、"三同时"制度、排污许可申报制度和排污收费制度。

（六）环境管理的基本手段

1. 法律手段

法律手段是环境管理的一个最基本的手段，依法管理环境是控制并消除污染，保障自然资源合理利用并维护生态平衡的重要措施。目前，我国已初步形成了由国家宪法、环境保护法、与环境保护有关的相关法、环境保护单行法和环保法规等组成的环境保护法律体系。一个有法必依、执法必严、违法必究的环境保护执法风气已在全国逐步形成。

2. 经济手段

经济手段是指运用经济杠杆、经济规律和市场经济理论促进和诱导人们的生产、生活活动遵循环境保护和生态建设的基本要求。例如：国家实行的排污收费、综合利用利润提成、污染损失赔偿等就属于环境管理中的经济手段。

3. 技术手段

技术手段是指借助那些既能提高生产率又能把对环境的污染和生态的破坏控制到最小限度的技术以及先进的污染治理技术等来达到保护环境的目的。例如：国家制定的环境保护技术、政策推广的环境保护最佳实用技术等就属于环境管理中的技术手段。

4. 行政手段

行政手段是指国家通过各级行政管理机关，根据国家的有关环境保护方针政策、法律法规和标准而实施的环境管理措施。例如：对污染严重而又难以治理的企业实行的关、停、并、转、迁等就属于环境管理中的行政手段。

5. 教育手段

教育手段是指通过基础的、专业的和社会的环境教育，不断提高环保人员的业务水平和社会公民的环境意识，来实现科学管理环境以及提倡社会监督的环境管理措施。例如：各种专业环境教育、环保岗位培训、环境社会教育等就属于环境管理中的教育手段。

二、环境教育

环境教育既不同于部门教育，又不同于行业教育，而是对人的一种素质教育。因此，环境教育不但是环境保护事业的重要组成部分，而且是教育事业的一个重要组成部分。环境教育可以分为四个部分：环境保护事业教育、社会教育、中小学环境教育及环境保护系统在职干部的培训。开展环境教育，提高全民族环境意识，已受到越来越多的重视。

1. 环境教育的目的和任务

（1）培养和造就消除环境污染和防治生态破坏、改善和创造高质量的生产和生活环境所需的各种专门人才以及具有环境保护与持续发展综合决策和管理能力的各层次管理人才。

（2）培养广大人民群众自觉保护环境的道德风尚，提高全民族的环境和发展意识。

2. 我国环境教育现状

（1）环境保护事业人才的培养　环境保护事业人才的培养，包括环境保护事业教育和环境保护系统在职干部的培训。经过30多年的努力，在全国范围内已经形成初具规模、学科配套的环境科研系统，各级各类科研机构已拥有数万名高、中级环境保护科技人才。

从环境保护人才需求来看，今后一个相当长的时间内，中国需要大量的环境保护专业技术人员。

中国大量环境问题是由于管理不当造成的，环境管理是专业技术要求高、政策综合性强的工作，直接关系到持续发展的重大问题的设计、实施。因此，培养众多具有环境保护与持续发展综合决策和管理能力的各层次管理人才至关重要。

通过20余年的环保专业教育，我国培养了大批环境专业的人才。到目前为止，全国已有140所高等院校开办了206个本科环境专业类，每年招收环境类本科生5000多人，在校环境类本科生达2万多人，研究生1200多人。但毕业后从事环境的学生并不多。即使从事了本专业的工作，也未必能够发挥应有的才能。所以目前急需对这部分人力资源进行合理的管理、规划和开发，使其为中国的环境保护事业作出应有的贡献。

环境保护事业是我国一项新兴的事业，环保战线上的大批干部都是从其他行业转过来的，他们大部分都未受过专业的环境教育，因此很难适应日益发展的环境保护事业的需要，所以对环境保护系统在职干部的培训显得极为重要。通过环保干部的岗位培训、继续教育和学历教育，从而提高环保队伍的素质。

（2）全民环境意识教育　加强环境教育，提高全民环境意识，正确认识环境及环境问题，使人的行为与环境相协调，并使自己能自觉地参与保护环境的行动，这是解决环境问题的根本途径。

当前世界各国都很重视环境教育问题，究其原因有三：环境教育是一种终身教育；可持续发展战略要求人们应有节制地消费；国内环境保护的严峻形势。

环境意识不仅是科学意识和道德意识，也是现代意识和艺术意识的重要内容。缺乏环境意识，就不可能揭示和实现人与环境的对立统一的关系。

我国从 1973 年以来，为了提高全民族的环境意识，从中央到地方，从城市到农村，从政府机关到学校和学术团体，从工厂到事业单位，都采取了形式多样的环境教育，取得了良好的社会效果。

通过幼儿园、中小学的环境教育，增强了年轻一代的环境意识。自 1979 年起，广东、浙江、辽宁、黑龙江、甘肃、上海、北京等地进行了中小学的环境教育试点。20 年来，随着环保事业的进一步深入，各地区中小学和幼儿园的环境教育有了很大的发展。同时在中等专业技术学校和高等学校，非环境专业的学生也开设了相应的环境课程，特别是与环境保护密切相关的专业，如能源、化工等专业，环境保护已成为大学生的必修课。在很多学校，环境科学基础知识的介绍已成为全校性的课程。

有些国家已经颁布了《环境教育法》，我国也正在着手研究制定关于环境教育的规定或条例，使环境教育逐步走向法制轨道。

总之，环境教育是保护环境、维护生态平衡、实现可持续发展的根本性措施之一。加强环境教育既是环境保护工作者的一项基本职责，同时也是教育工作者特别是幼儿、中小学教育工作者的一项基本任务。

3. 我国环境教育要做的工作

（1）环境专业教育　我国环境专业教育取得了一定的成绩，但起步较晚，基础薄弱，学历专业结构分布不均衡，与环境保护事业发展和持续发展新形势的要求相比，尚存在一定的差距。为适应并适当超前于国家经济建设和环保事业发展的需要，有计划、有步骤、全方位、多层次地发展高等院校和中专学校的环境保护专业教育刻不容缓。

今后我国环境专业教育应在以下几个方面开展工作。

① 根据国民经济建设和环境事业发展的需求，进一步搞好环境保护专业人才的预测和专业结构调查，制定面向未来、面向世界、面向我国环境保护事业实际的环境专业教育的发展战略和中、长期总体发展规划及年度计划，将环境教育纳入到整个教育事业发展规划和计划中。

② 相对稳定环境专业教育总体规模，适当扩大招生名额，调整环境类专业结构和学历结构，保持一定数量高层次环境科技人员的培养和环境理论基础专业学科的发展；加强工程技术规划管理专业方向的培养教育工作，有分工、多层次、集中力量办好一批重点大中专院校和重点学科。

③ 加强环境专业教育的教材建设，尽快组织编写、审定、出版发行并推荐一批反映我国环境问题复杂多样性和地域差别、知识技术先进新颖、突出和体现可持续发展思想、益于培养综合人才的适用教材，并发展与文学教材配合的声像教材。

④ 通过多种方式组织教师培训，提高环境专业师资队伍的学术水平和工作能力，创造机会和条件对高等院校、中等专业学校从事环境专业教育的中、青年骨干教师，进行有计划更新知识、及时跟踪吸收国内外环境科学技术新发展、新动向的学习考察活动。

⑤ 改革教育结构、教学内容及升学、考试制度，倡导行之有效的教育方法和发展促进环境专业教育工作的新教学方法，不断提高教学质量。

⑥ 筹建环境教育研究机构，加强环境教育理论方法、环境教育规划、环境教育与其他学科相关性及环境专业教育体系研究等，使我国环境专业教育、管理工作逐步走上系统化、正规化和科学化的轨道。

⑦ 建立环境专业教育工作信息网，增强环境专业教育的信息联系和社会服务。

⑧ 加强国内国际环境教育的交流合作，组织教师与学生参加环境科学技术和环境教育学术研讨、交流活动，广泛发展国际联系，通过邀请国外专家学者（包括海外留学人员）讲课、举办国际会议、建立国际姐妹学校联合培养、项目合作、出国学习进修等，积极开展环境教育领域内的国际合作交流，促进环境保护人才的培养成长和环境教育事业的发展。

（2）在职环境人员的专业培训　我国工矿企业的环保专业人才密度较小，环保处理设备操作人员素质普遍较低，在职的环保人员，大多数是由相关专业或其他专业转岗过来的，绝大部分人未受过系统的环境科学专业教育，因此，在职环保人员的专业培训任务十分艰巨。

今后我国应开展以下几方面工作：

① 加强培训基地的建设，充分发挥当地院校的作用；

② 加强师资队伍的建设，建立一支专职、兼职结合的成人教育教师队伍；

③ 加强成人教育教材建设，在制定成人教育岗位规范、培训计划和教学大纲基础上，组织编写一定数量的管理、监测、科研方面的岗位培训教材；

④ 加强成人远距离教育和成人自学高考的建设；

⑤ 加强成人教育方面的国际学术交流。

（3）全民环境意识教育　环境和发展是全民族乃至人类共同的问题，理应受到全民的广泛了解和重视。据有关部门对我国公民环境和发展意识工作的调查结果表明，广大民众对环境问题的关注程度比较高，但对危及全人类的重大环境问题却知之甚少，在环境保护上对政府的依赖意识偏重。

因此，今后我国全民环境意识教育应开展以下工作。

① 充分利用广播、电视、电影、报纸等大众传播媒介进行环境知识普及教育、全民环境意识教育。可通过增加环保题材在新闻类广播电视节目和影片中的比重，及时报道环境保护方面的方针、政策、重大举措、科技成果、经验和典型。鼓励制作环境题材的新闻和科教影片，拍摄一批有关保护和合理利用土地、矿藏、森林、水等自然资源，改善生态环境，防止灾害加剧和物种濒危灭绝方面的纪录片，拍摄一批有关污染防治、环保法制、沙漠、环境与发展、自然保护区的专题片。还可在各级广播电台开办环境专题讲座，各级电视台举办环保问题电视讲座，并制作适于青少年收听和收看的广播电视节目，举办多种形式的环保宣传活动。

② 对在校学生的启蒙环境意识，灌输环境知识，鼓励积极参与和自觉保护环境为主，以学习并获得初步的环境技能为辅，使之走上不同的工作岗位后都能自觉履行保护环境的责任和义务。在高等院校和中等专业学校可开设选修课《环境科学概论》，中小学和幼儿园则应以教学大纲和教材中的环境教育内容为主，采用"渗透"和"结合"方式讲授。在高中也可开设选修课，但要避免教学内容与高中地理、生物、化学等学科的重复。除课堂教学外，在中小学和幼儿园中，要因地制宜，广泛开展形式多样，内容丰富的课外和校外活动，使广大少年儿童初步了解环境保护的意义和知识。

③ 科技人员的环境教育应以现有的各级政府部门的工作人员管理和进修学院为基础，结合岗位培训和继续教育，提高环境与发展意识。

④ 重视排污企业的职工环境意识的培养，结合岗位培训和专项培训进行。

⑤ 对广大农民进行环保基本知识和技能传授，可结合扫盲、文化夜校和农民技术培训等进行。

第三节　发展环境科学技术

一、发展环境科学技术的重要性

据预测，至21世纪中叶世界人口将增长到100亿，而全球经济规模将达到近百万亿，是目前的6倍。假如人类仍沿袭以往的经济增长方式，这对环境的压力是不言而喻的。

中国作为一个人口绝对数量仍将继续上升、经济规模不断迅速扩大的发展中国家，在很长时期内，在保护环境与发展经济这两者之间就更是面临着一种两难境地。

20世纪80年代初，我国曾明确提出：防治环境污染，一靠政策，二靠管理，三靠技术。根据客观经济形势和环境保护工作的实际需要，在继续强化环境管理的同时，必须强调依靠科学技术的进步。

科学技术的不断进步可以为持续发展政策的制订提供条件，促进持续发展管理水平的提高，加深人类对人与自然关系的理解，扩大自然资源的可供给范围和可供给量，提高资源利用效率和经济效益，提供保护生态环境和控制污染的有效手段。可见，科学技术是持续发展的一个重要基础。

众所周知，科学技术的进步，对生产力发展水平和速度有举足轻重的影响。纵观世界各国生产力的发展与综合国力的提高，都离不开科学技术。科技进步不仅是经济发展的主要源泉，也是经济发展的核心与关键。在经济发展日益受到各种资源制约的今天，不依靠科学技术进步是不可思议的。对整个国民经济来讲是如此，对环境保护来讲也是如此。离开科学技术的进步，不仅难以实现改善环境质量的目标，就是做到控制环境污染的发展也很困难。发达国家经验表明，只有以先进的防治技术为基础，通过实施严格的法律监督，才能实现控制污染、改善环境的目标。在美国、日本和西欧各国政府通过各种法规、政策、标准，促进了环保科技的迅速发展，有效地控制了污染物的排放，显著地改善了环境质量，并在很多领域不断有新的发明，形成了新兴的"绿色产业"，为环境保护提供了可靠的技术基础。

可持续发展观所追求的境界是：通过大幅度降低污染强度而实现在人口总量虽绝对增长、人均收入水平日益提高的情况下抑制环境退化的目标。大幅度降低污染强度的目标在相当大程度上要依靠科技进步来实现。

人类发展的历史表明：科学技术进步在改变人类命运过程中具有伟大而神奇的力量。在今天人类面临环境退化与经济发展两难境地从而寻求可持续发展的新的历史关头，希望再一次被极大地寄托在科学技术的发展上。各主要国家都在纷纷考虑21世纪自己在国际领域的地位并为此制定对策和战略，在形形色色的对策、战略中，科学技术的发展无不占据极其重要的地位。而且一个日益显著的趋势是：科学技术、环境保护、经济竞争力和国家安全这几个重大战略课题被愈来愈密切地联系在一起而被给予一体化的考虑。这至少表明科学技术发展已经被十分密切地结合到有关环境的政策与战略考虑中去了。中国政府提出以"科教兴国"促进经济增长从粗放型增长方式向集约型增长方式转变的战略，正是基于可持续发展的总体战略考虑。

二、我国环境科学技术发展状况及问题

环境技术是指能节约或保护能源和自然资源、减少人类活动的环境负荷从而保护环境的

生产设备、生产方法和规程、产品设计以及产品发送的方法等。环境技术不仅包括硬技术，如污染控制设备、环境监测仪器以及清洁生产技术；还包括软技术（操作及运营方法），如废物管理（如物料再循环、废物交换）和那些旨在保护环境的工作与活动（如环境规划、环境评价、环境标志设计、环境信息系统的研制与维护等一系列管理活动与智能活动）等。

1. 我国环境科学技术发展状况

我国的环境技术是从 20 世纪 70 年代开始，在国家、部门（行业）、地方和企业四个层次支持下发展起来的新型科技领域。自"六五"期间国家将环保科技列入国家科技计划以来，环境技术得到了稳定且逐步加强的支持渠道。30 多年来，国家自然科学基金、国家高技术研究发展计划、科技攻关计划、星火计划、科技成果计划等对环境保护中一些迫切需要解决的技术关键，在环保基础研究、技术开发方面开展了跨学科、跨部门联合攻关。

这些年来，环保科研工作由工业"三废"治理技术扩展到综合治理技术，由污染源治理技术扩展到区域性综合防治技术，由污染防治技术扩展到自然和农业生态工程技术。技术领域涉及区域环境综合防治、水资源合理开发和生态环境保护、煤的清洁利用、水污染防治及城市污水资源化利用、大气污染控制、固体废物处理处置、生态恢复整治等。近十几年来，我国在环境技术研究开发方面取得了丰硕成果。据统计，目前在国家环保总局科技成果库登记的环境技术成果达 5200 多项。

在基础研究方面，开展了环境背景值、环境容量、环境质量评价等方面的研究，建立了一些新方法、新概念。在管理研究方面，重点开展了预测、规划、标准和管理制度等方面的研究。

与此同时，随着全民环境意识的逐步提高和激烈的市场竞争，许多企业开始注重自身的环保形象，在企业层次的环境技术开发逐渐活跃起来。我国的环境技术研究开发活动取得了丰硕的成果，并为产业化奠定了坚实的基础；从整体上看，我国的环境技术水平发展迅速、潜力很大；目前，少数环境技术已达到世界先进水平，一些具有国际水平的技术、设备正在研究开发中。

现已形成了一支涉及生态环境领域的环保科研开发队伍，据不完全统计，目前，我国从事环境技术研究开发的单位近 700 个，20 万人，从事环境技术咨询服务的单位达 1000 多个，近 15 万人。

总体而言，我国环保科技还比较落后，指导工作不得力，科技在环保工作中未能发挥重要的支持作用。从科技管理角度来讲，还未真正起到宏观规划、指导、监督、协调工作。因此，必须改变这种状况。

2. 我国环境技术产业化状况

所谓技术产业化，即是指以技术成果研究开发为起点，以市场为终点，使知识形态的科研技术成果变为物质性商品，并最终进入国内外市场，获得高经济效益的全过程。环境技术产业化的目的是为了解决经济发展中的环境问题，实现经济、社会、环境的协调发展。

环境技术产业化包括三个方面：一是采取什么样的措施鼓励发明创造、研究开发具有一流水准的高新环境技术和产品；二是怎样才能把具有市场应用前景的优秀环境技术成果转化为现实可行的技术和设施；三是如何推广已经得到实际应用并收到良好效益的环境技术和设备。

然而，由于许多环境技术成果往往有较高的环境效益但经济效益不明显，因此环境技术产业化工作遇到的阻力往往较其他技术产业化要大。

促进环境技术产业化一直是国家和各部门科技工作的重要内容。但由于种种原因，我国环境技术产业化程度较低，到目前为止，环境技术成果中直接转化为现实生产力的还不到20％，形成产业规模的还不到5％。

20世纪80年代以来，由于我国环境污染和生态破坏日益恶化以及国外环境技术产业化对我国产生的巨大影响，把我国环境科技工作者进一步推向了保护环境、改善环境质量、实现经济、社会、环境协调发展的主战场。20世纪80年代，国务院批转和颁布的《新的技术革命与我国对策研究的汇报提纲》、《中共中央关于科技体制改革的决定》以及为适应高技术产业化，国家科委制定的高技术研究和开发计划等一系列制度、法规和计划，为我国环境技术产业化的发展提供了良好的支撑环境。

"八五"期间，国家科委建立了一系列工程技术研究中心，在工程技术研究中心及其科技和产业网络之间建立了合理的运行机制，创造了良好的科技产业合作环境，加速了环境技术的工程化和产业化过程。

我国各地方环境保护主管部门也积极开展了环境技术推广转化工作，江苏、四川、天津、大连等省市成立了环境技术成果推广领导小组或办公室，还有13个省市建立了环境技术推广机构，技术咨询服务机构，并制定环境技术推广管理办法和各项优惠政策；各地还重视环境技术市场在环境技术产业化过程中的作用，积极利用技术交易会、推广会等形式促进环境技术成果的推广转化。

国家环保总局于1991年提出的把环保科技成果管理工作的重点转移到对现有环保科技成果的筛选、评价、推广上来的决定以及国务院颁布的《一九九二年国家环境保护局最佳实用技术推广项目计划》标志着我国环境技术产业化进入一个新的发展时期。

可见，环境技术产业化问题已成为我国政府、企业界、科技界共同关注的问题，加速环境技术产业化已成为当前形势赋予我们的紧迫任务。

三、加强环境科学技术研究及应用

要充分发挥环境科学科技在环境保护工作的作用，应从以下几方面入手。

1. 增加科技投入，稳定科研队伍

根据我国环保产业的发展需要和国民经济、社会发展的需求与可承担的能力，制定我国环保产业科技开发纲要，引导环保产业科技集中力量，早出成果，快出成果，避免贻误时机和浪费。

要加大环保产业技术开发力度，国家在科研投资总计划中，环保产业应占适当的地位。美国政府每年拿出4.2亿元，用于环保产业技术开发，占R&D支出的0.5％，而我国的环保技术开发投资比例相当低。在国家财力有限的情况下，要组织社会财力和环保企业自身力量解决环保科技投资问题，尤其是企业应拿出适当比例，以不低于利润总额5％的经费用于技术开发。国家投资银行贷款广开融资渠道用于环保科技开发，稳定企业科研队伍，留住人才，依靠我们自己的力量，优先研制一批我国环境治理与生态保护所急需的实用技术与装备。

此外，建立高新技术开发的激励机制，调动科技人员积极性，充分发挥科技人才的能动作用。

2. 开展环境高新技术开发研究，发展绿色科技

环境保护正在推动一场技术革命，如节能技术、新能源技术、无害或低害工业技术、有

害废物处理技术、资源综合利用技术、资源替代技术等。这些高新技术的发展将带来 21 世纪环境保护领域的绿色革命，推动世界经济朝着可持续方向发展。这些技术作为绿色科技的组成部分，必将推动环保产业的进步。

绿色科技是当今国际社会发展的趋势。要保持资源的持久利用，就必须加速科技进步以改变过去那种耗竭型的工业发展模式。日本富士胶卷公司将一次性相机长纸板再打浆成纸，塑料体则分离压碎后再制成其他塑料制品；意大利 ENL 公司利用新技术对生产石油过程中排出的甲基乙醚回收利用，控制了污染，并使石油产量大增；德国也一直致力于以绿色科技推动社会经济朝着良性循环的方向发展，使其成为现代化发展的重要组成部分。绿色科技的发展，带来了世界范围内的绿色革命消费的兴起，这个绿色革命消费的中心内容就是要利用绿色高新技术开发绿色产品，引导绿色消费。美国的污染预防法，日本的环境协调产品计划，加拿大的"环境优选"等对促进绿色科技的发展起重要的推动作用。21 世纪绿色产品设计，环境标志产品，绿色营销和绿色消费将成为全球现代化发展的主流，绿色科技将是实现绿色发展的先导。

3. 科研单位转化机制，为经济建设服务

要扭转目前科研部门与企业生产脱节的状况，实现环保科技成果产业化，仅有政策是不够的。必须在继续培养环保科技人才的同时，研究如何利用好环保产业内部现有的人才优势、技术优势，实行科研单位与环保企业联姻嫁接，实现优势互补，实现技术资源、人才资源和资产重组，是 21 世纪环保产业上台阶，向国际化、规模化迈进的关键。

科研单位在深化改革中，应以面向市场经济体系中科技格局的建立为重点，而不再以科技为重点。国家只能稳住一小部分从事基础型研究、高技术研究与产业共性技术研究的开发院所，使其从事：①环境法规、标准、污染物迁移转化和影响、环境经济、资源保护和提高资源效率、清洁生产和产业技术政策等方面的研究；②信息及环保产业共性技术。

市场经济仍需一定的科技计划，以提高国家整体的技术创新能力，实施国家技术创新战略，增加面向环保产业的科技计划。科技计划必须向企业全面开放，使企业更全面、更深层次地参与到科技计划中。科技计划的大部分经费则由企业配套出资。不断扩大环保企业的规模、增加固定资产存量和组建产业集团，使大型环保企业有足够的资金、技术力量和有能力从事较大规模的工业创新研究，建立健全创新组织，实施技术创新战略。

4. 加强环境科学技术产业化

我国在环保科研做了不少工作，但对科研成果的推广应用工作往往做得不够，特别在基础理论的研究方面我们花了很大力气，而且投资也比较高，如环境背景值的研究，花了很大的代价，也取得了一定的成果。但对这些成果的应用却不能配套。按照国外的经验，科学技术的基础研究、应用研究和推广使用的投资应保持一个合理的结构，在应用研究和推广使用方面要配备更雄厚的资金和科技力量，我们应努力弥补这方面的不足。

长期以来，我们对环保科技成果推广不够重视，忽视了开发技术和引进技术的综合分析、评价比较和优化筛选，使不少科技成果不能有效的推广使用。因此，必须加强环保科技成果的推广应用及其组织管理工作。

5. 加速环保科技管理体制的改革

加速环保科技管理体制的改革，使环保科技管理部门有效地发挥规划、指导、监督、协调的作用。现今，环保科技力量比较分散，虽然有了初步分工，但实际上各行其是，造成研究工作在低水平上重复，不少领域缺乏研究，而有些领域又互相竞争，科研经费浪费较大，收不到应有的效果。要改变这种状况，就必须改革环保科研体制，使环保科技管理部门能真正起到宏观的调控作用。

6. 广泛开展环境科学技术交流

学术交流是发展科学技术的重要形式，可以促进新的学术思想的产生，促进科技人才的成长，我们不仅应注意国内的环境科学技术的交流，同时要开展国际环境科学技术的交流，及时掌握国际的科技信息，扩大视野，不断提高我国环境科学技术水平。

在国内资金有限，科技力量有限，且研究周期较长的情况下，对重大技术装备采取引进的办法，消化吸收外国的先进技术为我所用。对引进技术要注意统一规划管理和系统地筛选、评价、消化吸收以提高引进效果。

第四节　环境与化工可持续发展

一、可持续发展

当前，把走持续发展道路作为 21 世纪人类社会发展的主题，已在全世界范围内得到共识，可持续发展指"既满足当代人的需要，又不对后代人满足其需要的能力构成危害的发展"。具体地讲，就是在经济和社会发展的同时，采取保护环境和合理开发与利用自然资源的方针，实现经济、社会与环境的协调发展，为人类提供包括适宜的环境质量在内的物质文明和精神文明。同时，还要考虑把局部利益和整体利益、眼前利益和长远利益结合起来。

我国是人口众多、资源相对不足的国家，在现代化建设中必须实施可持续发展战略，正确处理经济发展同人口、资源、环境的关系。1992 年 6 月在巴西里约热内卢召开的"环境与发展"世界首脑会议上，通过《里约宣言》和《21 世纪议程》，就已表明各国政府达成一个共识：经济发展必须与环境保护相协调，必须加强国际合作，全面实施全球的可持续发展战略。可持续发展已成为世界各国 21 世纪的发展主题！

中国是一个发展中国家，人口基数大、底子比较薄，人均资源相对紧缺、经济发展和科学技术水平与发达国家相比较为落后，全面认识中国在推进工业化过程中环境污染日趋严重，并由于我国受所处地质和自然条件影响，生态环境尤为脆弱的现实，对于实施可持续发展战略，仍是我们推进社会主义现代化建设中必须十分明确的基本准则。

二、资源与可持续发展

资源是人类社会赖以生存发展的物质基础，是可持续发展的动力和客观条件。可持续发展实质上是通过实现资源的可持续利用来保证人口、经济、社会与环境的相互协调发展的。我国耕地、水和矿产等重要资源的人均占有量都很低，而且分布极不均匀。今后随着人口的进一步增加和经济的发展，对资源的需求量会更多，环境保护的难度会更大。必须切实保护资源和环境，不仅安排好当前的发展，还要为子孙后代着想，决不能吃祖宗饭，断子孙路。在较严重资源形势面前，也许有人会发出我国的资源能否支撑起可持续发展的疑问，对此任何悲观都是缺少信心的表现。资源状况不如我们的日本、韩国、英国、意大利等国家，今天仍旧在不断发展。这说明只要正确认识和处理好资源与发展的关系，矛盾是可以化解的。日本是一个矿产资源小国，许多资源要靠进口满足需要，但日本人却以丰富的智力资源、信息资源等社会资源与进口的矿产资源进行充分的结合，从提高资源产品的附加值上求发展，成为仅次于美国的第二经济大国。但我们也不可盲目乐观。世界银行的最新研究表明，一个国家的财富由已形成的资产、人力资源和自然资源三部分组成。如果三者都很丰富，这个国家具有很强的可持续发展能力。据世界银行的统计研究，中国已形成的资产、人力资源、自然资源的百分比是：18：73：9，而发达国家的比例为16：64：17。这表明中国的自然资源储备是世界上比较低的。因此，我们如果仍一味地承袭发达国家过去那种以高消耗资源为代价来换取经济高增长的模式，其结果是不可能实现资源的可持续发展。

三、环境与可持续发展

环境是社会经济发展的客观条件和存在的空间，任何生产发展和布局都必须落实到一定的区位。其中环境因素又是重要的先决条件，很多生产活动离开了环境因素将无法进行，或必须付出很高的代价才能进行。有人说保护环境就是保护生产力，就是保护发展，这是有一定道理的。环境一旦遭到破坏，最直接的后果就是削弱生产力，影响发展后劲，降低经济效益。另一方面，社会经济的发展能改善自然环境条件，给环境问题的解决提供根本的手段和力量，为环境质量的改善和治理水平的提高提供必要的资金和技术。

社会经济的可持续发展必须考虑到自然资源的长期供给能力和自然生态环境的承受能力，不为眼前的、局部的利益而损害将来的、全局利益；社会经济的发展既要满足当代人现实的需要，又要满足支撑后代人的潜在需求，既要关注发展数量和速度，又要重视发展的质量与可持续性。中国面临着人口多、需求量大的客观现实，只有处理好眼前的需求与可持续发展的关系，才能做到可持续发展。小平同志指出"发展生产力是社会主义的根本任务，发展才是硬道理。"基于我国的国情，必须以人口、资源、环境和社会经济协调发展为目标，走出一条具有中国特色的可持续发展之路来。

四、化工的可持续发展

化学工业是对环境中的各种资源进行化学处理和转化加工的生产部门，其产品和废物从化学组成上讲都是多样化的，而且数量也相当大，这些废物在一定浓度以上大多是有害的，有的还是剧毒物质，进入环境就会造成污染。有些化工产品在使用过程中又会引起一些污染，甚至比生产本身所造成的污染更为严重、更为广泛。

实施循环经济是我国化工行业可持续发展的必然选择，这一行业也只有重视工业废物的回收和再生利用，才能提高企业的经济效益。另外，发展循环经济已经成为一些地方政府和企业的共识，这也为我国化工行业发展循环经济提供了必不可少的条件。

正因为化学工业有以上的特点，所以化学工业实施可持续发展尤为重要。它的基本内容包含如下几个方面。

1. 发展化工产业是实现本行业可持续发展的基础

我国是发展中国家，可持续发展的前提是发展。化工行业是我国的一个支柱产业之一，不能因为该行业有严重的环境污染而使本行业停滞不前，只有继续坚持走发展之路，采用先进的生产设备和工艺，实现化工行业的清洁生产技术，降低能耗和成本，提高经济效益，才能使企业为防治污染提供必要的资金和设备，才能为改善环境质量提供保障，因此，没有经济的发展和科学技术的进步，环境保护也就失去了物质基础。经济发展是保护生态系统和环境的前提条件，只有强大的物质和技术支持能力，才能使环境保护与经济发展能有序协调的发展。

2. 大力提倡和鼓励开拓国内外两个市场、利用国内外两种资源

资源是最重要的物质基础。但当今世界没有哪一个国家的资源是完全配套的、应有尽有的。在世界经济一体化不断增强、资源领域的国际合作不断拓宽、国际资源市场供过于求的情况下，国内短缺的或在 21 世纪初保证程度不高的大多数资源，在国际市场上供应良好。因此，要在立足用好国内资源的基础上，扩大资源领域的国际合作与交流，通过国际市场调剂和互补优势，实现我国资源的优化配置，保障资源的可持续利用。同时，化工产品在国内外有巨大的市场，通过开拓两个市场，获得更为丰厚的利润，为改善化工行业的环境质量提供保障。

3. 制订超前标准，促进企业由"末端治污"向"清洁生产"转变

中国是发展中国家，经济增长速度较快，环境污染的问题尽管在一些经济发达地区正日益受到重视，但总的污染趋势不容乐观。因此，应结合我国国民经济和社会发展规划制定出环境保护上比较具体和明确的超前标准。近百年来，世界各国，尤其是发达国家的环境保护工作给了人们很多的教训。在现阶段提到环境保护，人们往往想到的只是污染治理，也就是如何处理和处置"三废"，实际上这是一种被动的方法，而且治理的费用非常昂贵，有好多企业因为环境污染问题，不得不关闭。只有从源头开始控制污染，向污染预防、清洁生产和废物资源化、减量化方向转变，才能促进企业的可持续发展之路。

化工生产也必须向资源集约化转变，化学工业必须转变以大量消耗资源能源来推动经济增长的传统发展模式，在建立与资源、能源集约化相适应的化工技术体系基础上，通过调整自身产业结构和产品结构，优化产业布局，创新新工艺和新技术，大力开展资源节约和综合利用，把节能、降耗、保护人类健康和环境放在突出战略位置上，推进化学工业的可持续发展。

4. 调整产业结构，开发清洁产品

目前，我国化工行业工艺技术落后，与世界先进水平相比存在着较大的差距，基本上仍然以大量消耗资源、能源和粗放经营为特征的传统发展模式，致使单位产品的能耗高、排污量大，从而增加了末端治理的负担，加重了环境的污染。另一方面，由于规模经济性的存在，客观上在大中型企业和小型企业间存在着排污及其治理上的技术差别。小化工遍地开花现象到处可见，而小企业的研究和开发力量几乎没有（尤其是在生产工艺上），采用的工艺大多是较为原始的生产工艺，污染现象极其严重。所以调整产业结构尤为重要，走高科技、低污染的跨越式产业发展之路，乡镇企业要走小城镇集中化路子，认真贯彻"三同时"原则，形成集约化的产业链。

大力发展绿色化工和生物化工，设计开发耐用的、能重复使用和环境友好的化学产品。加强化工技术研究开发与科技成果的转化应用，依靠技术进步促进产品结构的调整和行业整体水平的提高。

主要参考文献

1 关伯仁等编著. 环境科学基础教程. 北京：中国环境科学出版社，1995

2 唐永銮等编著. 环境学导论. 北京：高等教育出版社，1987

3 王兆熊等编著. 化工环境保护和三废治理技术. 北京：化学工业出版社，1984

4 国家环境保护局. 化学工业废气治理. 北京：中国环境科学出版社，1993

5 张自杰主编. 环境工程手册—水污染防治卷. 北京：高等教育出版社，1996

6 湘潭大学化工环境保护教研室编著. 化工炼油工业环境保护基本知识. 北京：化学工业出版社，1981

7 张秋望等编著. 化工环境污染及治理技术. 杭州：浙江大学出版社，1990

8 唐受印等编著. 废水处理工程. 北京：化学工业出版社，1998

9 李国鼎等编著. 固体废物处理及资源化. 北京：清华大学出版社，1990

10 王振成等编著. 固体废物利用及处理. 西安：西安交通大学出版社，1987

11 国家环保局编著. 化学工业废气治理. 北京：中国环境科学出版社，1993

12 国家环保局编著. 石油石化废水治理. 北京：中国环境科学出版社，1992

13 席德立编著. 清洁生产. 重庆：重庆大学出版社，1995

14 国家环保局编著. 人类共同的责任. 北京：中国环境科学出版社，1993

15 湖南大学编. 环境工程概论. 北京：中国建筑工业出版社，1986

16 国家环境保护局. 环境影响评价技术导则. HJ/T2.1-2.3，1993

17 中国环境管理体系认证指导委员会办公室编著. 环境管理体系审核员培训教程. 北京：航空工业出版社，1997

18 周中平、赵毅红、朱慎林编著. 清洁生产工艺及应用实例. 北京：化学工业出版社，2002

19 郭殿福主编. 废弃物通用手册. 北京：科学出版社，2004

20 吴忠标主编. 大气污染控制工程. 北京：科学出版社，2002

21 聂永丰主编. 三废处理工程技术手册（固体废物卷）. 北京：化学工业出版社，2000

22 刘天齐主编. 三废处理工程技术手册（废气卷）. 北京：化学工业出版社，1999

23 国家环境保护总局监督管理司编. 化工、石化及医药行业建设项目环境影响评价. 北京：中国环境科学出版社，2003